# 센서전자공학

민 남 기 저

동일
출판사

# 머리말

　우리는 흔히 현대사회를 정보가 모든 것을 지배하는 시대로 규정한다. 이와 같이, 고도화된 정보화 사회를 지탱하고 있는 정보처리시스템을 움직이기 위해서는 외부로부터 정보를 수집하고 입력하는 장치가 필요한데, 이 입력 장치가 바로 센서(sensor)이다. 센서기술의 발전이 정보혁명을 주도하는 핵심기술로 부상함으로써 산업과 우리의 일상생활에 엄청난 파급효과를 가져오고 있어, 정보화 사회에서 센서의 역할은 실로 막중하다고 할 것이다.

　저자는 오랜 동안 대학에서 센서공학을 강의해 오고 있으며, 수 년 동안 산업체 종사자들에게 강의와 기술 지도를 한 바 있다. 그러나 대학 수준의 적당한 교과서가 없어 매번 어려움을 겪고 있다

　국내에서 출판된 센서 관련서적은 대부분 비전문가들이 일본서적을 그대로 번역한 것이 여서 상당한 오류가 발견되고 있다. 또 내용도 응용을 중심으로 기술되었거나 특정 센서에 편중되어 있고, 최근에 진행되고 있는 센서기술의 눈부신 발전을 전혀 반영하지 못하고 있어, 관련 독자들이 공부하는데 고충이 크다는 이야기를 많이 들어왔다.

　본서는 이러한 현실을 극복하는데 다소나마 보탬이 되고자 저자의 강의노트를 기초로 해서 저술된 것이다. 한정된 지면에서 쉽지는 않았지만 기존의 교과서가 가지고 있는 단점을 보완하려고 최대한 노력하였다.

　본서의 특징을 살펴보면 다음과 같다.

- 각 장마다 본론에 들어가기 전에 주제와 관련된 용어·정의·기초사항 등을 먼저 설명함으로써 센서의 특성을 올바르게 이해하도록 하였다.
- 센서기술은 학제적 성격이 매우 강한 학문이기 때문에 센서를 이해하기 위해서는 여러 분야에 대한 상당한 지식이 요구된다. 그래서 각 센서와 관련된 물리적·화학적 현상이나 효과를 먼저 제시한 다음. 구조와 동작원리를 설명함으로써 가능한 한 다른 책의 도움 없이도 공부할 수 있도록 저술하였다.

• 센서는 다종다양하기 때문에 모든 센서를 다루는 것은 불가능하며, 본서에서는 우리 주변에서 많이 사용되고 있는 센서를 중심으로 기술하였다. 다만, 아직은 실용화가 지연되고 있지만, 미래에는 중요할 것으로 평가되고 있는 분야중 연구개발이 활발한 일부 센서를 선정하여 설명하였다. 제 14장의 광섬유 센서가 이 경우에 해당된다.

본서는 대학의 전공 교과서로 저술한 것이지만, 관련분야에 종사하는 실무자나 전문가들이 센서에 대한 이해의 폭을 넓히는데 큰 도움이 될 것이라고 확신한다. 또한 우리나라의 센서기술 발전에 조그마한 도움이 되기를 기대한다.

저술하는 동안 주제선정과 배열순서에 대해 많은 고민을 하고 여러 번 수정을 가했지만 아직도 부족한 점이 많아 불만스럽다. 설명이 미진하거나 저자가 미처 생각하지 못한 실수가 있다면 독자들이 지적해 주기 바라며, 여러분들의 고견을 반영하고 새로운 자료를 추가하여 조속히 보완할 것이다. 집필하는 과정에서 다수의 국내외 유명 저서들뿐만 아니라 회사·연구소·대학 등에서 인터넷에 공개한 수많은 자료 들를 인용하였다. 각 저자들에게 깊은 사의를 표하는 바이다.

본서를 출판하는데 있어서 여러 분에게 많은 도움을 받았다. 특히 자료수집과 정리에 많은 시간을 할애한 대림대학교 이성재 교수, 원고교정을 도와준 고려대학교 대학원생들, 인터넷으로 아름다운 시와 음악을 보내와 즐겁고 행복한 시간을 갖게 해준 최예균 선생님, 빠른 기간 내에 출판을 가능케 한 동일출판사 모든 분들에게 깊은 감사를 드립니다.

2003년 7월
저자

---

**■강의 보조 자료**

본서에서는 연습문제나 센서회로를 다루지 않았습니다. 본서를 교재로 선택해서 강의하시는 분 중 저자의 강의노트와 추가 자료가 필요한 분은 다음으로 연락하시기 바랍니다.

- **고려대학교**　homepage : http://cie.korea.ac.kr/~microsensor
　　　　　　　　e-mail　　: nkmin@korea.ac.kr
- **동일 출판사**　homepage : http://www.dongilbook.co.kr
　　　　　　　　e-mail　　: dongil@dongilbook.co.kr

# 차 례

## 1장 센서의 기초

## 2장 광 센서

## 3장 자기센서

# 4장 온도 센서

# 5장 위치 · 변위 센서

# 6장 점유 · 이동 · 근접센서

# 7장 힘 · 토크 · 촉각센서

# 11장 가속도·진동·충격센서

# 12장 유량·유속센서

# 13장 레벨센서

# 14장 광섬유 센서

# 15장 화학센서

# 16장 바이오센서

# 17장 이미지 센서

# 제 1 장

# 센서의 기초

## 1.1 센서의 정의

센서(sensor)는 간단히 "외부자극(stimulus)을 받아 이것을 전기신호로 변환하는 소자"로 정의할 수 있다. 여기서 외부자극이란 우리가 검출 또는 측정하고자 하는 양(quantity), 특성(property) 또는 상태(condition)을 의미한다.

그림 1.1은 센서의 기능을 좀 더 구체적으로 나타낸 것이다. 센서는 여러 외부 자극으로부터 측정(검출)대상의 상태를 파악하고 경우에 따라서는 제어하기 위해서 필요한 정보(information)를 추출하여 처리가 용이한 전기신호(electrical signal)로 변환하는 것이다. 이때 측정대상으로부터 정보를 추출하는데 관련되는 소프트웨어(S/W)와 하드웨어(H/W) 기술을 센서기술(sensor technology)라고 한다.

다종다양한 외부 신호로부터 필요한 정보를 얻기 위해서는, 특정한 현상에 대해서 선택성을 갖는 센서가 필요하며, 이때 선택(변환) 방법을 원리적으로 분류하면 물리효과를 이용하는 물리센서(physical sensor), 화학효과를 이용하는 화학센서(chemical sensor), 생체인식능력을 이용하는 바이오센서(biosensor) 등이 있다. 바이오센서도 원리적으로는 화학센서의 일종이지만 생체의 우수한 식별능력을 이용해서 화학센서의 낮은 선택성을 보완하려는 센서이다. 일반적으로 센서의 선택성을 실현하기 위해서 센서재료의 특성, 구조, 신호처리 방법 등 2개 이상의 특징을 조합시켜 센서를 제작한다.

필요한 정보를 전기신호로 변환하는 이유는 증폭, 귀환(feedback), 여파(filtering), 미분(differential), 저장 등 신호처리가 간단하고, 또 물리적으로 멀리 떨어진 장소까지 정보의 전송이 가능하기 때문이다.

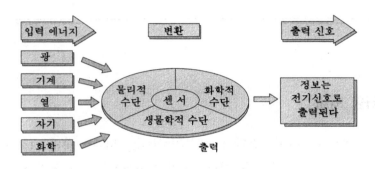

**[그림 1.1]** 센서의 정의

센서와 함께 자주 사용되는 용어에 트랜스듀서(transducer)가 있다. 트랜스듀서는 한 에너지 형태(신호)를 다른 에너지 형태(신호)로 변환하는 소자를 총칭하는 용어이다. 예를 들면, 그림 1.2의 정보처리 시스템(계측 시스템)에서 입력과 출력에 트랜스듀서가 사용되는데, 비전기적 양을 전기신호로 변환하는(즉 정보를 추출하는) 입력 트랜스듀서(input transducer)를 센서, 전기신호를 다른 에너지로 변환하는 출력 트랜스듀서(output transducer)를 액추에이터(actuator)라고 부른다. 현재, 센서와 트랜스듀서를 같은 의미로 사용하는 경우가 많다.

**[그림 1.2]** 측정 시스템에서 트랜스듀서와 센서

센서가 외계의 정보를 변환할 때 관련되는 에너지 형태(energy form)는 표 1.1
과 같이 6가지로 분류할 수 있다. 원리적으로는 이 6가지 에너지 형태가 모두 센
서의 입력과 출력으로 될 수 있으나, 가장 흔히 사용되는 출력형태는 전기 에너
지이다. 5개의 비전기적 에너지 형태 중 4개는 인간의 오감(human senses)에 대
응시킬 수 있는데, 예로써, 물리정보에 해당하는 기계적 에너지(mechanical
energy)는 인간의 오감 중 청각과 촉각에 의해서 검출된다. 또 전자파는 시각과
촉각에, 열에너지는 촉각에 대응된다. 화학정보의 예로는 습도, 냄세, 맛, 성분
등이 있고, 이것들은 인간의 후각과 미각에 대응한다. 후각과 미각은 개인차가
있으므로, 화학 센서는 그 절대량을 검출하기가 매우 곤란하다.

**[표 1.1]** 센서동작에 관련된 에너지 형태와 인간의 오감

| 에너지 형태 | 센서에 이용되는 특성 예 | 인간의 오감 |
|---|---|---|
| 기계적 에너지<br>(mechanical energy) | 위치, 속도, 가속도, 힘, 토크, 압력, 응력, 변형<br>유량, 질량, 밀도, 모우멘트, 변위, 형상, 방위,<br>점도 | 청각(hearing)<br>촉각(touch) |
| 복사 에너지<br>(radiant ennergy) | 복사강도, 에너지, 파장, 진폭, 위상, 투과율,<br>편광(polarization) | 시각(sight)<br>촉각(touch) |
| 열 에너지<br>(thermal energy) | 열(heat), 온도(temperature), 열속(flux) | 촉각(touch) |
| 자기 에너지<br>(magnetic energy) | 자계세기, 자기 모우멘트(magnetic moment)<br>투자율, 자속밀도 | |
| 화학 에너지<br>(chemical energy) | 농도, 반응율(reaction rate)<br>산화환원전위(redox potential)<br>생물학적 특성 | 후각(smell)<br>미각(taste) |
| 전기 에너지<br>(electrical energy) | 전압, 전류, 저항, 정전용량, 주파수 | |

## 1.2 센서의 기본 특성

센서에 요구되는 성능은 입력과 출력이 정확한 관계를 가지며, 이 관계가 변하지 않고 일정하게 유지되는 것이다. 그러나 현실적으로 그와 같은 요구를 만족시키는 것은 거의 불가능하다.

센서의 특성은 입력이 시간적으로 변하지 않을 때의 정특성(static characteristics)과, 시간에 따라 변할 때의 동특성(dynamic characteristics)으로 생각할 수 있다. 정특성에는 감도(sensitivity), 직선성(linearity), 히스테리시스 (hysteresis), 선택성(selectivity) 등이 있으며, 동특성에는 응답시간과 주파수 특성이 있다.

센서를 올바르게 사용하기 위해서는 센서의 동작원리와 기본적 특성을 정확히 이해하는 것이 중요하다. 여기서는 센서의 기본적인 특성에 대해서 간단히 설명한다.

### 1.2.1 감도

그림 1.3은 이상적인 센서의 입력과 출력사이의 관계를 나타낸 것이다. 그림과 같이, 센서의 입력 - 출력 관계가 직선으로 되면,

$$y = S x \tag{1.1}$$

로 나타낼 수 있다. 여기서 $S$는 변환계수로 센서의 감도(感度; sensitivity)라고 부른다. 센서의 감도는 입력량에 대한 출력량의 비율이며, 그림에서 직선의 기울기를 말한다. 즉,

$$S = \frac{출력량}{입력량} = \frac{\Delta y}{\Delta x} \tag{1.2}$$

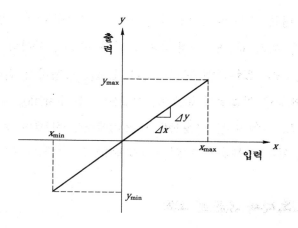

[그림 1.3] 이상적인 센서의 입출력 특성

## 1.2.2 동작범위와 풀 스케일 출력

의미 있는 센서출력을 발생시키는 최대입력과 최소입력사이의 범위를 센서의 동작범위(operating range) 또는 스팬(span)이라고 부른다. 그림 1.3에서 $-x_{min}$ $\sim +x_{max}$가 동작범위이다. 이것을 입력 풀 스케일(input full scale ; FS) 또는 풀-스케일 레인지(full - scale range)이라고도 한다.

출력에 대해서는 풀 스케일 출력(full - scale output ; FSO)를 사용한다. FSO란 최대 입력시 출력 $y_{max}$과 최소 입력시 출력 $y_{min}$ 사이의 대수적 차를 의미한다.

많은 경우 (+)측정 범위와 (-)측정 범위가 다르다. 만약 $x_{min}$이 0이면 스팬은 $0 \sim x_{max}$로 된다. 또 정격입력 또는 정격출력이란 용어도 함께 사용된다.

## 1.2.3 분해능

식 (1.2)에서, $\Delta x$가 작아지면 $\Delta y$도 작아져서 결국 입력이 변해도 그것에 대응하는 $\Delta y$를 식별할 수 없게 되는데(즉 $\Delta y = 0$ ), 이때의 입력크기 $\Delta x$를 분해능(分解能;resolution)이라고 부른다. 즉 분해능은 검출할 수 있는 최소입력증분(smallest increment)을 나타낸다. 이와 같은 현상이 일어나는 원인은 두 가지로 생각할 수 있다. 하나는 입력의 변화분이 센서내부에서 흡수되어 출력으로 나타나지 않는 경우이고, 또 다른 하나는 센서내부에서 발생하는 잡음(noise)이다. 잡음은 여러 경로를 거쳐 출력에 나타나므로, 센서의 입력변화 ($\Delta x$)에 대한 응답 ($\Delta y$)이 잡음레벨이하로 되면 오차를 발생하게 된다.

분해능은 작을수록 좋으며, 아날로그 센서(analog sensor)에서는 0.1%/FS 정도이고, 디지털 센서(digital sensor)에서는 비트(bit)로 정해진다. 예를 들면, 12 bit의 경우 분해능은 $1/2^{12} = 1/4096 = 0.024\%$/FS이다.

### 1.2.4  감도오차와 오프셋 오차

감도오차(sensitivity error) 또는 감도변동(sensitivity drift)이란 센서의 입출력 특성의 기울기가 이상적인(정상적인) 직선의 기울기로부터 벗어나는 것을 의미한다. 예를 들면, 그림 1.4에서 센서 특성곡선이 (a)에서 (b)로 변하면 곡선의 기울기가 증가하므로 감도가 증가하여 오차가 발생한다.

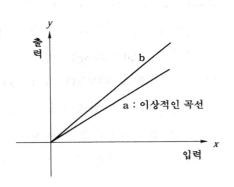

[**그림 1.4**]  감도 오차

그림 1.5와 같이 입력 ($x$)이 0일 때 센서출력 ($y$)이 0으로 되지 않는 것을 오프셋(offset) 또는 영점 변동(zero drift)라고 부른다. 이와 같은 경우 입출력 관계는 다음 식으로 된다.

$$y = S\,x + c \tag{1.3}$$

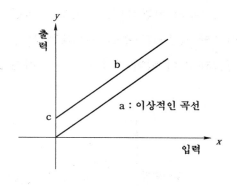

**[그림 1.5]** 오프셋

　　만약, 영점변동과 감도변동이 동시에 일어나면 센서의 출력특성은 그림 1.6과 같이 변형되어 오차는 더욱 크게 된다.

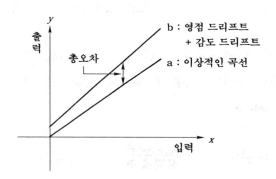

**[그림 1.6]** 영점 드리프트와 감도 드리프트가 동시에 발생하면 총 오차는 증가한다.

　　이상 설명한 바와 같이, 시간, 온도, 또는 어떤 원인에 기인한 감도나 출력 레벨(output level)의 변화를 센서특성의 불안정성(instability) 및 드리프트(drift)라고 부른다.

## 1.2.5 직선성

　　센서의 출력특성은 그림 1.7의 점선과 같이 직선으로 되는 것이 바람직하다.

그것은 출력으로부터 직관적으로 입력의 크기를 알 수 있고, 또 센서 출력을 제어신호로 사용할 경우에도 편리하기 때문이다. 그러나, 실제의 많은 센서의 출력은 그림 1.7과 같이 되어 식(1.1)이 성립하지 않는다.

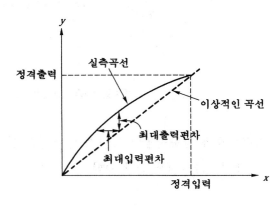

**[그림 1.7]** 센서의 비직선성

센서의 특성곡선이 이상적인 직선관계로부터 벗어남의 정도를 직선성(linearity)이라고 정의한다. 센서의 직선성은 자주 비직선성(nonlinearity)의 백분율로 나타낸다.

$$직선성[\%] = \frac{최대출력편차}{정격출력} \times 100\%\text{FS} \qquad (1.4a)$$

$$= \frac{최대입력편차}{정격입력} \times 100\%\text{FS} \qquad (1.4b)$$

어떠한 센서도 입력량에 무관하게 직선성이 성립하는 경우는 없다. 즉, 그림 1.8에 나타낸 것과 같이 센서입력이 허용한계를 초과하면 출력이 포화(saturation)되기 시작하여 응답의 직선성을 상실하기 때문에 동작범위의 상한 또는 정격을 정한다.

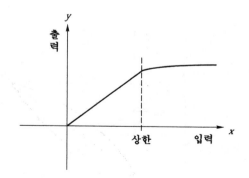

**[그림 1.8]** 입력이 상한을 초과하면 출력은 비직선으로 된다.

만약, 센서소자 자체의 특성이나 변환원리 자체가 직선으로 되지 않는 경우에는(즉 1차 함수가 아닐 때) 변환회로를 사용해서 센서 전체의 입출력이 직선성을 갖도록 한다. 센서소자를 직선성이 우수한 범위에서 사용하여도, 변환회로나 증폭기의 직선성이 좋지 않으면 센서 전체의 직선성은 나빠진다.

## 1.2.6 히스테리시스

그림 1.9에서 입력 $x$를 증가시켜가면서 출력을 측정할 때와 감소시켜가면서 출력을 측정하였을 때 동일한 입력 $x_1$에서 출력이 같지 않는 현상을 히스테리시스(hysteresis)라고 부르며, $y_2 - y_1$을 히스테리시스 차라고 한다. 히스테리시스 차는 입력변화의 진폭과 입력크기에 의존한다. 센서의 히스테리시스 특성은 FSO에 대한 비율로 나타낸다. 즉

$$\text{히스테리시스} = \frac{y_2 - y_1}{\text{FSO}} \times 100\,\%\text{FSO} \tag{1.5}$$

히스테리시스는 센서에 사용되는 각종 재료가 갖는 물리적 성질에 따라서 나타난다. 특히, 센서에서는 탄성재료, 강자성체, 강유전체에 생기는 히스테리시스가 중요하다.

다시 됐다. 일반적으로, 이 성분 외에도 입력신호에서 발생하는 잡음(noise)이다. 잡음은 숙명 그래프 위에 병기로 나타나므로, 센서의 $f$함수와 그녀에 대한 응답($\Delta V$)이 필요대행이라도라면 오차를 받았하게 된다.

분해능은 입출수가 충요며, 아날로그형 센서(analog sensor)에서는 $0.1\%/FS$ 정도이고, 디지털 센서(digital sensor)는 비트수(bit)로 정해진다. 예를 들면, 12 bit의 경우 분해능은 $1/2^{12}$ ... 1/024로 /FS이다.

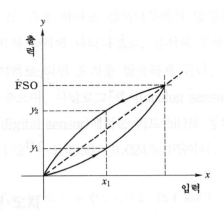

**[그림 1.9]**　히스테리시스

## 1.2.7　확도와 정도

감도오차(sensitivity error) 또는 감도미동(sensitivity drift)은 센서의 감도가 정격치로부터 벗어난가를 나타낸다. 저항의 기울기의 변화 정도라는 것을 의미한다. 측정축을 그림 1.8에서처럼 센서 출력곡선이 (a)에서 (b)로 변화면 감도의

확도(確度;accuracy)는 센서 출력이 참값(true value)에 얼마나 가까운가를 나타내는 척도이다. 모든 측정에는 부정확(inaccuracy) 또는 불확실성(uncertainty)이 수반되는 데, 이것을 오차(error)라고 부른다. 일반적으로 오차는 다음 식과 같이 백분율 오차(percent error)로 정의한다.

$$\varepsilon_a [\%] = \frac{x_m - x_t}{x_t} \times 100 \,[\%] \tag{1.6}$$

여기서, $x_t$는 미지량 $x$의 참값, $x_m$은 측정값이다. 실제로, 오차는 정격출력(FSO)의 백분율로 나타낸다.

$$\varepsilon_f [\%] = \frac{x_m - x_t}{x_{FSO}} \times 100 \,\%FSO \tag{1.7}$$

동일한 양을 동일조건(환경, 사람 등)하에서 동일방법으로 단기간(short time interval)에 연속 측정할 때 측정값들이 서로 얼마나 일치하는가를 나타내는 것이 반복성(repeatability)이다. 한편, 동일한 양을 같은 방법으로 장기간에 걸쳐 측정하거나 다른 사람에 의해서 측정되거나 또는 다른 실험실에서 측정될 때 측정값

사이에 일치한 정도를 나타내는 것이 재현성(reproducibility)이다. 동일한 양을 측정하더라도 측정시기에 따라 환경조건이 다르기 때문에 센서출력이 변하는 경우가 많다. 또, 센서 특성이 시간의 경과와 함께 변함으로써 출력이 일정방향으로 조금씩 이동하는 경우도 자주 발생한다. 이것을 드리프트(drift)라고 한다.

정도(精度;precision)란 측정의 반복성이나 재현성의 척도를 나타낸다. 재현성을 좋게 유지하기 위해서는 센서를 정기적으로 검사, 교정, 보수해야 한다.

그림 1.10은 확도와 정도의 차이를 비교해서 나타낸 것이다. 그림(a)에서는, 측정값의 평균이 참값과 일치하므로 확도는 높아지고, 반면 측정값들이 넓게 분포하므로 정도가 나쁘다고 말 할 수 있다. 그림 (b)의 경우는 측정값 사이가 (a)보다 가까우므로 정도는 더 높으나, 평균값이 참값과 크게 다르므로 확도는 나쁘다.

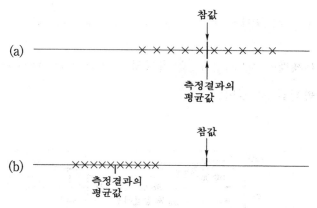

**[그림 1.10]** 확도와 정도의 차이를 보여주는 그림

## 1.2.8  선택성

센서는 원하는 물리현상만을 검출하고, 다른 현상의 영향을 받지 않는 것이 바람직하다. 예를 들면, 일반적으로 대부분의 센서는 온도나 습도의 영향을 받기 때문에, 센서 구조를 변경하거나 전자회로로 보상하여 센서의 선택성을 향상시키기도 하고, 또는 습도센서와 가스센서 등에서처럼 특정한 화학물질에 의해 선택성을 실현하기도 한다.

### 1.2.9 동특성

센서의 동특성은 입력의 크기를 갑자기 변화시킬 때의 시간응답특성(과도특성)과, 입력을 정현적으로 변화시킬 때의 주파수 응답특성이 있다.

센서에 입력되는 물리량이 시간에 따라 변동할 때, 센서의 출력은 즉시 변하지 않으며, 보통 입력과 출력신호 사이에는 시간적 지연이 일어난다. 즉, 출력이 새로운 상태로 변할 때 어느 정도의 시간이 요구된다. 이것을 응답시간(response time)이라고 부른다. 일반적으로 센서의 응답시간은 입력에 계단함수(step function)를 인가하여 측정하는데, 계단응답(step response)은 상승시간(rise time), 감쇠시간(decay time), 시정수(time constant)로 기술한다.

그림 1.11은 계단응답의 예를 나타낸다. 시정수는 시간응답이 순수한 지수함적일 때 만 정의되는 시간이다. 이 경우 다음의 관계가 성립한다

$$t_{0.1} = 0.104\,\tau, \quad t_{0.9} = 2.303\,\tau, \quad t_{0.9}/t_{0.5} = 3.32 \tag{1.8}$$

위 관계에서 비 $t_{0.9}/t_{0.5}$을 측정하면 응답이 순수한 지수함수적인지 아닌지를 쉽게 판정할 수 있다.

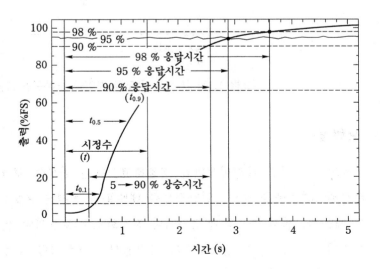

[**그림 1.11**] 센서의 시간응답특성

그림 1.12는 주파수 특성을 나타낸다. 입력 주파수에 대해서 출력이 −3dB로 될 때의 주파수 범위를 응답 주파수라고 한다.

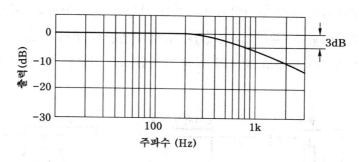

[**그림 1.12**]  주파수 특성

## 1.2.10  잡음

잡음(雜音;noise)이란 원하지 않는 불규칙한 신호를 말한다. 센서소자나 변환회로로부터 불규칙적으로 변동하는 작음이 발생하고 있다. 이것은 원리적으로 제거할 수 없는 것이 있으며, 또한 전원의 리플(ripple)이나 진동 등 환경의 변동에 의한 것도 포함된다. 이러한 작음은 여러 경로를 거쳐 출력에 나타나므로, 센서의 입력변화($\Delta x$)에 대한 응답($\Delta y$)이 잡음레벨이하가 되면 오차를 발생하게 된다. 센서의 감도가 높으면, 미소입력신호도 검지할 수 있다. 그러나 센서에 유입되는 잡음이 증대되면, 감도가 높더라도 미소입력신호의 검출이 불가능해져 측정 하한치는 크게 된다. 그러므로, 센서의 신호대 잡음비(signal to noise ratio ; S/N ratio)를 향상시킴으로써 검출 하한치를 작게 할 수 있다. 신호 대 잡음비를 개선하기 위해서는 필터(filter)등을 사용한다.

## 1.2.11  출력 임피던스

센서와 전자회로를 접속할 때 더 잘 인터페이스하기 위해서는 센서의 출력 임피던스(output impedance)를 아는 것이 중요하다. 그림 1.13은 센서가 인터페이스 회로에 접속되는 예를 나타낸다. 그림(a)와 같이 센서의 출력이 전압일 때,

센서 임피던스 $Z_o$는 회로의 입력 임피던스 $Z_i$와 병렬로 접속되고, 그림(b)와 같이 전류 출력인 경우는 센서 임피던스가 회로에 직렬로 접속된다.

출력신호의 일그러짐(distortion)을 최소화하기 위해서는, 회로(b)의 전류출력 센서에서 출력 임피던스의 크기는 가능한 한 커야하고, 회로의 입력 임피던스는 작아야한다. 한편, 회로 (a)와 같이 전압출력 센서의 경우는 센서의 출력 임피던스가 작아야하고 회로의 입력 임피던스는 가능한 한 커야한다.

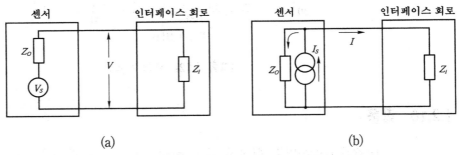

[**그림 1.13**] 센서의 전자회로의 결합

## 1.2.12 환경특성

센서는 여러 환경 조건에서 사용된다. 온도, 습도 등은 센서의 정·동특성에 매우 큰 영향을 미친다. 센서의 성능에 영향을 미치는 이러한 외부 변수들을 환경 파라미터(environmental parameter)라고 부른다.

특히 온도는 거의 모든 센서에 영향을 미친다. 센서에 미치는 온도의 영향을 생각해보자. 다른 환경 파라미터도 유사한 방법으로 다룰 수 있을 것이다. 센서에 대한 온도의 영향은 그림 1.14에 나타낸 것과 같이 영점 오차(zero error)와 스팬 오차(span error)에 의해서 결정된다. 온도영점오차는 센서입력을 0으로 했을 때 온도변화에 기인한 센서의 출력 레벨 변화를 말한다. 온도 스팬 오차는 입력을 정격입력(100%FS)으로 설정했을 때 온도변화에 기인한 센서의 출력레벨 변화를 의미한다.

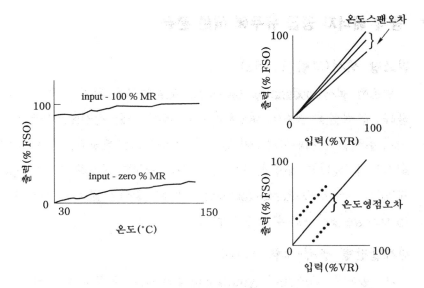

**[그림 1.14]** 온도 영점오차와 온도 스팬오차

반도체 센서의 특성은 온도 의존성이 매우 크므로 온도 보상에 충분한 주의를 기우리지 않으면 않된다. 온도 변동은 또한 광 센서나 정전용량형 센서에 영향을 미친다. 전자의 경우는 온도에 의한 굴절율의 변화가, 후자의 경우는 유전율의 변화가 센서 특성을 변화시킨다.

동작원리상 상대적 변위를 이용하는 센서는 진동의 영향을 무시할 수 없다. 센서에 진동이 가해짐으로써 출력이 변동하는 것 이외에 지지부의 탈락이나 영구 변형, 리드선의 단선등에 의한 고장이 일어날 수 있다.

전원전압이 변동하면 감도의 변화나 드리프트(drift)가 일어난다. 또한 소자자체에서 발생하는 주울 열의 변동에 의해 열적 드리프트도 일어날 수 있다.

## 1.3  센서의 분류

일반적인 공학 기술과 마찬가지로 센서도 여러 가지 관점에서 분류되고 있다. 그러나, 센서의 종류는 언급할 수 없을 만큼 다양해서 표준화된 분류 방법이 없지만 학계나 산업체에서 자주 사용하는 용어를 소개한다.

## 1.3.1  동작 에너지 공급 유무에 따른 분류

### 1. 변조형 센서(그림 1.15a)

　　변조형 센서(modulating sensor)는 변환동작을 위해서 외부에서 전원을 공급한다. 출력신호 전력의 대부분은 외부에서 가한 전원으로부터 얻는다. 입력은 단지 출력만을 제어한다. 이 형식의 장점은 공급전원전압이 전체적인 감도를 변화시킬 수 있다는 점이다. 변조형 센서의 예로는 포토트랜지스터(phototransitor; 제2장), 서미스터(thermistor; 제4장) 등이 있다. 변조형 센서를 능동형 센서(active sensor)라고 부르기도 한다.

### 2. 자기발전형 센서(그림 1.15b)

　　자기발전형 센서(self‑generating sensor)는 외부에서 전원을 공급할 필요가 없으며, 출력전력은 입력으로부터 얻어진다. 즉, 변환에 필요한 전력을 측정대상(입력)으로부터 얻는다. 이 형식의 예로는 태양전지(solar cell; 제2장), 열전대(thermocouple; 제4장) 등이 있다. 자기발전형 센서를 수동형 센서(passive sensor)라고도 한다.

　　변조형 센서는 보통 자기 발전형 센서보다 더 많은 전선을 필요로 한다. 더구나 보조전원이 폭발성 분위기에서 사용되는 경우 폭팔 위험을 증가시킨다.

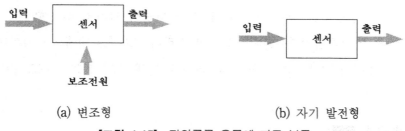

(a) 변조형                    (b) 자기 발전형

**[그림 1.15]** 전원공급 유무에 따른 분류

　　저자에 따라서는, 변조형을 수동형 센서, 자기발전형을 능동형 센서라고 부르기도 하지만, 혼동을 피하기 위해서 본서에서는 사용하지 않는다.

### 1.3.2 출력신호 형식에 따른 분류

### 1. 아날로그 센서

출력은 연속적으로 변하는 아날로그 신호이며, 보통 정보는 출력신호의 진폭으로부터 얻어진다. 출력신호가 가변주파수인 센서도 아날로그 센서로 분류하지만, 주기신호는 디지털 신호로 변환이 용이하므로 준 디지털 센서(quasi-digital sensor)라고 부르기도 한다. 대부분의 센서가 아날로그 센서이다.

### 2. 디지털 센서

이 형식의 센서 출력은 디지털 신호이다. 디지털 신호는 아날로그 신호보다 전송이 더 용이하고, 재현성이 우수하고, 신뢰성이 높고, 더 정확한 경우가 많다. 이 형식의 센서로는 로터리 인코더(제10장)가 있다. 센서소자의 출력자체가 디지털인 경우는 흔하지 않으며, 아날로그 - 디지털 변환기를 조합해서 디지털 신호출력을 얻고 있다.

지금까지 분류는 주로 학술적 분류라고 할 수 있으며, 센서 산업계에서는 다음에서 설명하는 센서의 특수성에 따른 분류를 더 선호한다.

### 1.3.3 검출대상에 따른 분류

센서의 주요 검출대상을 열거하면 표 1.2와 같이 "수(number)"에서 "냄새(smell)"에 이르기까지 다양한 물리적, 화학적, 생물학적 양들이 있으며, 또한 이들은 1차원적인 것부터 3차원적인 것까지 있어, 하나의 양을 검출하기 위해서는 다수의 센서가 사용되기도 한다.

**[표 1.2]** 센서의 주요 검지 대상

| 수 | 위치 | 변형 | 유속 | 성분조성 | 입자 | 열량 | 유해·유독가스 |
|---|---|---|---|---|---|---|---|
| 길이 | 레벨 | 압력 | 속도 가속도 | 수분 | 비중밀도 | 온도 | 맛 |
| 면 | 직선변위 | 토크 | 음파 | 이온농도 | 탐상 | 화재 | 냄새 |
| 입체 | 회전변위 | 유량 | 진동 | 탁도 | 습도 | 연기 | |

### 1.3.4  센서재료에 따른 분류

센서를 변환기능재료에 따라 분류하면 표 1.3과 같다. 현재 개발되어 사용되고 있는 센서재료는 크게 유기재료, 무기재료, 복합재료로 분류된다. 무기재료에는 금속, 반도체, 세라믹, 광섬유 등이 있고, 유기재료에는 고분자가 대표적이다. 이중에서도 반도체는 지금까지 가장 많이 사용되어 왔고, 또한 향후 다양한 센서 개발이 기대되는 재료이다. 특히 실리콘을 베이스로 한 반도체 센서기술은 광 센서를 중심으로 큰 발전을 해 왔으며, 최근에는 반도체 기술과 마이크로머시닝 (micromachining) 기술을 조합해서 새로운 기능을 갖는 센서가 개발되고 있다. 이러한 센서를 MEMS(microelectromechanical system) 센서라고 부르며, 대표적인 MEMS 센서로는 자동차에 사용되고 있는 실리콘 압력 센서(MAP 센서) 및 가속도 센서를 들 수 있으며, 앞으로 유량/유속 센서, 가스 센서 등도 실용화 될 전망이다.

**[표 1.3]**  재료에 따른 센서 분류

| 센서재료 | 대표적인 센서 예 |
|---|---|
| 금    속 | RTD, 스트레인 게이지, 로드셀, 열전대 |
| 반 도 체 | 홀 소자, 홀 IC, 반도체 압력센서, 포토다이오드, CCD |
| 세 라 믹 | 습도센서, 서미스터, 가스센서, 압전센서, 산소센서 |
| 광 섬 유 | 온도센서, 레벨센서, 압력센서, 변형센서 |
| 유 전 체 | 초전형 센서, 온도센서 |
| 고 분 자 | 습도센서, 압전 센서 |
| 생체 물질 | 각종 바이오센서 |
| 복합 재료 | PZT 압전 센서 |

최근 신소재 개발이라는 관점에서 발전이 현저한 것이 세라믹과 유기재료이다. 세라믹은 내식성, 내열성, 내마모성이 뛰어나고 유기 재료는 바이오 센서용 혹은 무기 재료의 단점을 보완하기 위해서 사용된다.

광섬유 센서는 전기신호를 사용하는 센서의 문제점(전자유도에 의한 외란 등)

을 해결하려는 발상을 토대로 연구가 시작된 것으로, 광섬유가 신호를 빛으로 전송하기 위한 매체로서 사용되는 방식과, 혹은 광섬유 자체가 센서 기능을 갖도록 한 것이 있다. 또한 무기재료와 유기재료의 장점을 살린 고분자 복합재료가 개발되었고 앞으로 기존재료의 복합에 의해 새로운 기능성 재료의 개발이 개대되고 있다.

금속은 지금까지 기계적 혹은 전자적 센서에서 지속적으로 사용되어 온 재료이며, 최근에는 비정질 금속이나 형상기억합금 등의 재료가 개발되어 새로운 센서재료로서 주목받고 있다.

## 1.3.5  변환현상에 따른 분류

변환에 이용되는 원리·효과에 따라 센서를 분류하면 표 1.4와 같이 역학센서, 전자기센서, 광센서, 온도센서, 화학센서 등이 있다.

역학센서는 공장 자동화의 핵심센서이며, 크게는 기계량 센서와 유체량 센서로 대별된다. 기계량 센서에는 거리, 위치, 회전각을 측정하는 직선/회전 변위센서, 근접센서, 속도/가속도 센서, 하중(힘)/토크 센서 등이 대표적이다. 유체량 센서에는 압력센서, 유량/유속 센서, 점도센서, 밀도센서 등이 있다.

온도센서는 가장 많이 사용되고 있는 센서중의 하나로 금속, 산화물 반도체, 비산화물 반도체, 유기 반도체 등이 사용되고 있다. 최근에는 온도계측범위가 극저온으로부터 초고온으로 더욱 확대되고 있으며, 정밀도도 더욱 높아지고 있다.

자기센서는 주로 홀 효과와 자기저항효과를 이용한 센서가 주류를 이루고 있으며, 유속, 유량, 변위, 전류, 온도, 두께, 레벨 등 여러 물리량을 비접촉 방식으로 검출 가능케 한다.

광센서는 반도체를 이용해 광을 전기신호로 변환하여 검출하는 방식이 많이 사용되고 있으며, 원리, 기능, 용도에 따라 여러 가지로 구분된다. 대표적인 광센서로는 포토다이오드, 포토트랜지스터 등이 있으며, 검출파장에 따라 가시광선, 적외선, 자외선, 방사선 센서로 분류된다. 현재 광센서는 공장 자동화 센서로 광범위하게 사용되고 있으며, 앞으로 그 응용이 더욱 확대될 것으로 기대된다.

화학센서는 크게 이온센서, 가스센서, 습도센서, 성분/조성센서 등이 있다. 특히 바이오 센서는 현재 유아기에 불과하지만 의료분야에서 질병의 조기진단, 생체계측에 필수적인 중요한 센서로 대두되고 있어, 연구개발이 가장 활발하게 진행되고 있는 센서분야중의 하나이며, 앞으로 큰 발전이 기대되는 센서기술이다.

**[표 1.4]** 센서의 기능상 분류

| 분류 | 대표적 센서 |
|---|---|
| 역학센서 | 근접센서, 회전각센서, 레벨센서, 속도센서, 가속도센서, 진동센서, 하중센서, 압력센서, 유량센서 |
| 전자기센서 | 홀센서, 홀IC, 자기저항(MR)센서 |
| 광 센 서 | 포토다이오드, 포토트랜지스터, 적외선센서, 가시광센서, 자외선센서, 광전관, 이미지센서(CCD) |
| 온도센서 | 열전대, RTD, NTC/PTC 서미스터, IC온도센서 |
| 화학센서 | 가스센서, 습도센서, 이온센서, 바이오센서(효소센서, 면역센서) |

## 1.3.6 용도에 따른 분류

용도분야, 즉 센서를 적용하는 산업분야에 따른 분류로서, 산업용, 민생용, 연구용, 의료용, 군사용 등으로 분류한다. 또 더 구체적으로 분류하는 경우는 자동차용, 로봇용, 방재용 등으로 분류할 수 있다. 센서의 용도에 대해서는 다음절에서 좀 더 상세히 설명한다.

## 1.4 센서의 응용분야와 역할

정보화사회에서 센서의 역할을 막중하며, 그림 1.16과 같이 자동화, 성력화, 성에너지, 공해감시, 이상진단, 방범·방재, 안전관리, 건강관리 등을 통하여 인류의 복지와 번영에 기여하는 것이다. 또 동시에 이러한 니즈(needs)에 최적의 센서개발이 센서 연구자나 기술자에 주어진 의무이다.

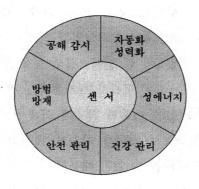

[그림 1.16] 센서의 역할

이와 같은 센서의 사회적 니즈에 따라 그 용도도 무척 다양하다. 그림 1.17은 센서가 응용되고 있는 각종 분야에서 그 역할과 사용되고 있는 대표적인 센서 예를 나타낸 것이다.

| | 응용분야 | 역할 | 중심센서 |
|---|---|---|---|
| **센서의 니즈** | 운송용기기 | ·연비절약 ·배기가스규제<br>·안정성 ·교통관제 | 온도, 압력, 회전수, 속도,<br>변위, 유량, 광, 초음파 |
| | 가전용기기 | ·성에너지 ·쾌적성<br>·편리성 ·안정성 | 온도, 습도, 압력, 가스광 |
| | 공업계측 | ·석유, 화학, 전력, 철강 등<br>프로세스 산업 | 온도, 압력, 습도, 유량음 |
| | 의료용기기 | ·ME화 ·신체장애자 대책 | 온도, 압력, 광, 자기,<br>초음파, 바이오센서 |
| | 안전·방재 | ·화재경보기 ·가스량경보기<br>·하천, 댐수량 ·지진예측 | 변위, 온도, 가스, 초음파,<br>적외선 이미지센서, 연기 |
| | 자원,<br>에너지 개발기술 | ·광물자원 물리탐사<br>·지열탐사 | 자기, 초음파, 광 |
| | 식량관련기술 | ·냉동식품가공 ·농업의 공업화<br>·양식관계 ·어군탐지 | 온도, 습도, 자기, 초음파<br>적외선 이미지센서, 성분 |
| | 공해방지 | ·대기중, 하천, 하수내의 유해<br>물질 | 가스, 온도, 화학 |
| | 정보화기기 | ·정보입력 ·정보검출 | 광센서, 자기센서 |

[그림 1.17] 센서의 주요 응용분야와 역할

자동차의 전자제어시스템은 센서사용에 의해 시스템의 고도화가 이루어진 대표적인 예이다. 자동차는 전자산업의 발전으로 더욱 더 전자화 되고있는 추세이며 연비제어, 주행제어 및 진단, 경보 등을 위하여 각종 센서가 사용되고 있다.

가전기기의 전자화는 편리하고(자동화), 쾌적한 생활을 추구하려는 경향과 에너지(자원) 절약 등의 사회적 니즈에 의해서 급속히 진전되어 왔다. 마이크로컴퓨터의 도입은 고도의 제어를 가능케 했지만, 센서에 의한 정보입력 없이는 그 기능을 충분히 발휘할 수 없기 때문에 센서의 우열에 의해 가전제품의 기능과 특징이 차별화 되었고, 상품의 사활을 결정하게 될 정도로 센서가 중요한 위치에 있다. 그러므로 독특하고 경쟁력이 강한 제품을 만들기 위해서는 성능이 우수한 센서의 개발이 불가피하다.

계측이 의료행위의 기초라는 것은 언급할 필요조차 없다. 이것은 환자로부터 수집된 정보가 치료나 예후판정을 결정하는 근거가 되기 때문이다. 의료기술의 발달로 생체계측은 점점 고도화되고 있으며, 여러 가지 용도의 센서가 이를 위해 사용되고 있다.

철강, 석유정제, 화학, 종이, 펄프 등의 산업은 최근 니즈의 다양화로 보다 가공도가 높은 제품을 필요로 하며, 취급물질이 주로 기체, 액체이어서 계측·제어의 적용이 비교적 용이하기 때문에 모든 산업분야 중에서도 가장 자동화를 필요로 한다.

안전방재용 센서가 필요한 기술적 배경은 플랜트나 시스템의 대규모화와 고도화가 진전된 결과 이상검출이나 고장진단을 자동으로 하지 않고서는 이것들을 안전하게 운전할 수 없기 때문이다. 안전방재 센서 시스템은 지진, 홍수, 해일, 화재와 같은 자연재해와 인위적 재해를 예방하기 위한 시스템을 말하며, 안전방재 센서에 요청되는 특징으로는 신뢰성이 가장 중요한 요소이다.

일반적으로 천연자원은 지하, 수중, 지면에 광범위하게 분포하기 때문에 그들을 탐사하거나 또는 그 상황을 파악하기 위해서는 넓은 영역에 걸친 관측이 불가결하며, 이와 같은 광역관측은 센서의 힘을 빌리지 않고서는 불가능한 일이며, 이에 적합한 관측 수법이 원격 센싱이다. 또, 우리나라도 농림수산분야에서 생

산성 향상을 위해 기계화, 자동화, 성력화가 진행되고 있으며, 이를 위해서는
센서기술의 도입이 반드시 필요하다. 현재 사용되고 있는 센서로는 재배와 생육
시 필요한 것과 저장·유통시 필요한 것으로 나눌 수 있다. 또한 농경지의 실태
파악과 어군 탐지 등을 위해서도 원격센싱 기술이 필요하다.

제 *2* 장

# 광 센서

## 2.1 광 센서의 기초

빛을 검출하는 역사는 매우 오래되었다. 이것은 빛으로부터 많은 신호와 정보를 얻을 수 있을 뿐만 아니라, 빛이 우리 일상생활과 매우 밀접한 관계를 갖고 있기 때문이다. 또한 빛을 이용한 검출은 비접촉으로 할 수 있고, 빛 에너지를 전기 에너지로, 역으로 전기 에너지를 빛 에너지로 변환이 용이한 장점이 있다. 그러므로 광 검출은 매우 중요한 부분이고, 많은 분야에 이용되고 있다. 먼저 광 센서(optical sensor)를 이해하는데 필요한 빛의 기본적인 성질과 관련 용어에 대해서 설명한다.

### 2.1.1 빛의 성질

빛은 파(wave)와 입자(particle)의 성질을 모두 갖는데, 이것을 빛의 파 - 입자 이중성(wave - particle duality)이라고 한다.

빛의 파동성질을 강조하는 경우 빛을 광파(光波; light wave)라고 부른다. 광파는 전자파(電磁波; electromagnetic wave; EM wave)의 일종이다. 그림 2.1에 나타낸 바와 같이, 광파(전자파)는 서로 직교하는 전계(電界)와 자계(磁界)로 구성되며, 정현파로 진동하는 전계와 자계에 수직한 축방향을 따라 진행한다. 이때 전계와 자계는 다음 식으로 나타낼 수 있다.

$$E(z,\ t) = E_o \cos(\omega t - \beta z)$$
$$H(z,\ t) = H_o \cos(\omega t - \beta z) \tag{2.1}$$

여기서 $\omega$는 각속도(角速度), $\beta$는 위상정수(位相定數; phase constant) 또는 전파정수(傳播定數; propagation constant)라고 부른다.

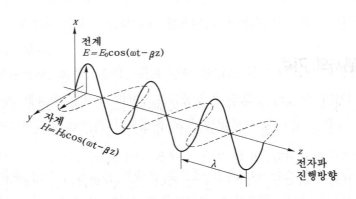

[그림 2.1] 전자파(광파)

진공 속에서 전자파는 파장과 주파수에 무관한 속도로 전파하며, 진공에서 빛의 속도는

$$c = \lambda \nu = 2.998 \times 10^8\,[\text{m/s}] \tag{2.2}$$

여기서, $\lambda$는 전자파의 파장(波長; wave length), $\nu$는 주파수(周波數; frequency)이다. 진공이 아닌 물질 내를 진행하는 전자파의 속도는 $c$보다 작아지

며, 매질의 굴절률(屈折率; refractive index) $n$을 사용하여 나타낸다. 즉, 매질 내에서 전자파의 속도 $v$는

$$v = \frac{c}{n} \tag{2.3}$$

광파(전자파)는 보통 주파수나 파장을 가지고 기술한다. 그림 2.2는 광 센서의 검출대상이 되는 각종 파와 그 에너지를 정리하여 나타낸 것이다. 가시광선 (visible light)은 파장이 약 390 [nm]~780 [nm] 사이인 전자파를 말한다. 이 대역(帶域; band)은 사람의 눈이 식별할 수 있는 전자파의 파장이며, 파장의 크기에 따라 색이 변한다. 특히 태양이나 백열전구의 빛을 백색광(白色光; white light) 이라 부르며, 모든 파장의 가시광선을 갖고 있다. 가시광선보다 긴 0.78 [$\mu$m]~ 1000 [$\mu$m] 파장의 전자파를 적외선(赤外線; infrared; IR)이라 하는데, 어떤 경우 더 세분화하여 파장인 0.78 [$\mu$m]~2.5 [$\mu$m]인 전자파를 근적외선(近赤外線; near - infrared; NIR), 2.5 [$\mu$m]~50 [$\mu$m] 사이를 적외선, 50 [$\mu$m]~1000 [$\mu$m] 사이를 원적외선(遠赤外線; far - infrared; FIR) 또는 서브밀리(subm) 파라고 부른다. 또, 가시광선보다 단파장의 전자파(1~400 [nm])를 자외선(ultraviolet; UV)이라고 한다. 대부분의 광 센서는 가시광, 적외선, 자외선을 검출한다.

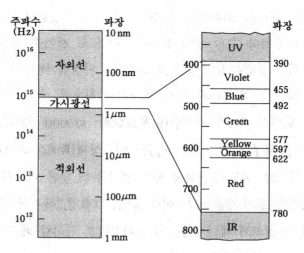

[**그림 2.2**] 각종 전자파의 파장과 주파수

지금까지 빛을 파동으로만 설명하였는데, 과학자들에 의해서 관측된 많은 실험적 사실들은 빛을 입자로 생각해야만 설명할 수 있다. 광파가 물질(원자, 분자)과 상호작용할 때 나타내는 입자의 성질을 광자(光子; photon) 또는 광양자(光量子; light quantum)라고 하며, 주파수 $\nu$인 빛의 광자가 갖는 에너지는

$$E_{ph} = h\nu \tag{2.4}$$

여기서, $h$는 플랭크 상수(Planck's constant)로 $h = 6.623 \times 10^{-27}$[erg] $= 6.623 \times 10^{-34}$ [J·s] 이다. 식 (2.2)과 (2.4)를 결합하면,

$$E_{ph} = h\nu = h\frac{c}{\lambda} \tag{2.5}$$

광자의 에너지는 파장에 역비례함을 알 수 있다.

## 2.1.2 빛의 방출과 흡수

물체에서 빛의 방출과 흡수는 물체를 구성하는 원자 및 분자와 광파의 상호작용에 기인하는 것인데, 양자역학에 의하면 다음과 같이 설명된다.

그림 2.3(a)에 나타낸 바와 같이 원자는 (+)전하를 갖는 원자핵과 그것을 중심으로 궤도를 회전하는 전자(- 전하)로 구성된다. 일반적으로 원자는 핵에 있는 (+)전하와 같은 수의 전자를 가지므로 전기적 중성을 유지한다. 전자궤도의 에너지는 불연속적인 값으로 되는데, 이것을 에너지 준위(準位; level)라 하고, 전자의 운동 에너지와 위치 에너지의 합으로 주어진다. 에너지가 가장 낮은 상태(그림에서 $E_1$)를 기저상태(基底狀態; ground state), 그것보다 에너지가 높은 모든 상태($E_2$, $E_3$, ⋯, $E_n$)를 여기상태(勵起; exited state)라고 부른다.

만약 높은 에너지 준위에 있는 전자가 더 낮은 에너지 상태로 천이(遷移; transition)하면 빛이 방출된다. 예를 들면, 그림 2.3에서와 같이 에너지 $E_2$의 여기상태에 있는 전자가 에너지 $E_1$의 기저상태로 천이할 때, 에너지 차 $E_2 - E_1$에 해당하는 빛이 방출되며, 그 주파수는

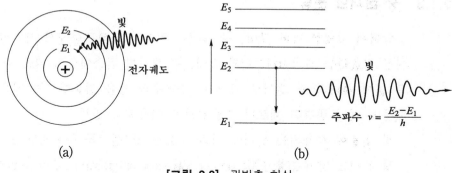

[그림 2.3] 광방출 현상

$$\nu = \frac{E_2 - E_1}{h} \tag{2.6}$$

따라서, 어떤 광원이 빛을 방출할 때, 사실상 이 에너지는 식 (2.4)로 주어지는 수많은 개수의 광자로 방출된다.

한편 물체가 빛(전자파)을 흡수하면, 전자는 기저상태에서 여기상태로 올라간다. 예를 들면, $E_1$에 있던 전자가 식 (2.6)으로 주어지는 빛을 흡수하면, 전자는 에너지를 얻어 $E_1$에서 $E_2$로 천이한다. 이와 같이, 빛(전자파)을 방출하는 물체는 에너지를 상실하고, 흡수하는 물체는 에너지를 얻게 된다.

발광현상에는 열을 수반하지 않는 루미네슨스(luminescence)와 열방사(熱放射; thermal radiation)가 있다. 루미네슨스는 물체나 분자를 구성하는 원자가 빛, x-선, 전자선, 방사선, 전기 또는 화학반응 등의 에너지를 흡수하여 여기상태로 된 후 다시 천이하여 발광하는 현상을 말하며, 우리 주위에서 흔히 볼 수 있는 발광 다이오드(LED)나 레이져(laser) 등에 이용된다.

한편, 전구의 필라멘트, 태양 표면 등에서 방출되는 빛을 열방사라고 하며, 연속 스펙트럼의 빛이 방출된다. 이때, 저온에서는 적외선이 방사되며, 고온으로 감에 따라 방사량이 증가되는 동시에 단파장의 가시광 쪽으로 이동하여 휘도를 증가시킨다.

## 2.1.3  광 센서의 분류

앞에서 설명한 바와 같이, 광 센서는 전자파 스펙트럼에서 자외선~적외선 사이를 검출하는 센서이다. 이와 같이, 광 센서의 검출대상이 되는 파장 범위가 매우 넓어 하나의 광 센서로 이 모든 주파수의 광을 검출한다는 것은 불가능하기 때문에 여러 종류의 재료나 검출원리가 이용되고 있다.

광 검출에 사용되는 원리에 따라 주요한 광 센서를 분류하면 표 2.1과 같다.

광 센서는 양자형(量子型; photon detector or quantum detector)과 열형(熱型; thermal detector)으로 대별할 수 있다. 양자형 센서는 전자파의 양자를 흡수해서 전하 케리어(charge carrier)로 직접 변환하는 센서로, 광도전 셀(photocell), 포토다이오드(photodiode), 포토트랜지스터(phototransistor) 등이 여기에 속한다. 양자형은 자외선에서 중적외선(mid - IR) 범위에서 동작한다.

열형 검출기는 적외선을 흡수한 소자의 온도가 변화하고, 그 결과 소자의 전기적 특성(저항, 열기전력, 전기분극 등)이 변하는 효과를 이용하는 광 센서이다. 열형 센서에는 서미스터(thermistor), 볼로미터(bolometer), 서모파일(thermopile), 초전센서(pyroelectric detector) 등이 있으며, 중적외선부터 원적외선 범위를 검출하는데 유용하다.

2.2절 이하에서는 표 2.1의 분류에 따라서 각종 광 센서의 구조, 동작원리, 특성 등에 대해서 설명한다.

**[표 2.1]** 동작원리에 따른 광 센서 분류

| 동작원리 | 광 센서 | | 종류 |
|---|---|---|---|
| 내부광전효과<br>(內部光電效果) | 광도전형 | 광도전 셀 | CdS, CdSe, PbS, PbSe, HgCdTe |
| | 접 합 형 | pn 포토다이오드 | Si, Ge, GaAs, InGaAsP, InSb |
| | | pin 포토다이오드 | 〃 |
| | | 애벌랜치 포토다이오드 | 〃 |
| | | 포토트랜지스터 | 〃 |
| | | PSD | Si |
| | | 1차원, 2차원 어레이 | CCD형, MOS형 |

| 동작원리 | | 광 센서 | 종류 |
|---|---|---|---|
| | 복 합 형 | 포토인터럽터<br>포토커플러 | LED-포토트랜지스터<br>LED-포토다이오드 |
| 외부광전효과<br>(外部光電效果) | | 광 전 관 | Ag-O-Cs, Sb-Cs,<br>Na-K-Sb-Cs |
| | | 광전자증배관 | Ag-O-Cs, Sb-Cs |
| 열 형<br>(熱型) | | 초 전 형 | $LiTaO_3$, $PbTiO_3$, $PVF_2$ |
| | | 서모파일 | 열전대(thermocouple), Bi와 Sb 박막 |
| | | 볼로미터 | Pt, Ni, 서미스터 |

## 2.2 광도전 셀

### 2.2.1 광도전 효과

그림 2.4와 같이 반도체에 빛을 조사하면 전자 - 정공 쌍(electron - hole pair)이 발생하여, 그 부분의 전기 전도도(電氣傳導度 ; electrical conductivity; 보통 도전율이라고 부른다.)가 증가하는데, 이것을 광도전효과(光導電效果; photo-conductive effect)라고 부른다.

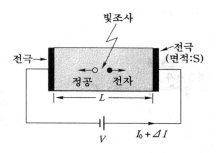

[**그림 2.4**] 광도전 효과

이와 같이 빛에 의해 전기 전도도가 증가하는 이유를 설명해 보자. 그림 2.5(a)는 진성 반도체의 에너지 밴드(energy band) 구조를 나타낸 것이다. 전자가 충만된 가전자대(價電子帶 ; valence band)와, 전자가 거의 없는 전도대(傳導帶 ; conduction band)가 있고, 그 사이에 전자가 존재하지 않는 금지대(禁止帶 ; forbidden band)가 있다. 전도대와 가전자대의 에너지 차, 즉 금지대 폭을 에너지 갭(energy gap)이라고 부르며, 흔히 $E_g$로 나타낸다.

빛을 조사하기전 반도체의 전기 전도도는

$$\sigma = ne\mu_n + pe\mu_p \tag{2.7}$$

여기서, $n$은 전도대에 있는 전자농도, $p$는 가전자대의 정공농도, $\mu_n$는 전자의 이동도(移動度 ; mobility), $\mu_p$는 정공의 이동도이다.

지금 반도체에 빛을 조사하면 그림 2.5(a)와 같이, 가전자대에 있는 전자 중 에너지 갭 $E_g$보다 더 큰 에너지를 얻은 전자는 전도대로 올라가 자유전자로 되어 전자 - 정공쌍(electron - hole pair)이 발생한다. 따라서, 전자농도는 $n \rightarrow n + \Delta n$, 정공농도는 $p \rightarrow p + \Delta p$로 각각 증가하고, 식 (2.7)로 주어진 반도체의 전기 전도도는 다음 식으로 된다.

$$\begin{aligned}
\sigma_{ph} &= e(n + \Delta n)\mu_n + e(p + \Delta p)\mu_p \\
&= e(n\mu_n + p\mu_p) + e(\Delta n\mu_n + \Delta p\mu_p) \\
&= \sigma + \Delta\sigma
\end{aligned} \tag{2.8}$$

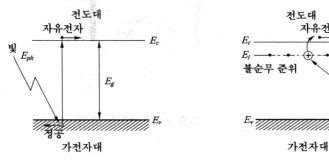

(a) 진성 반도체의 경우  (b) 불순물 반도체의 경우

**[그림 2.5]** 반도체에서 빛에 의한 자유 케리어 발생

이것을 광전도도(光傳導度; photoconductivity)라고 부르며, 식(2.7)과 비교해 보면 빛에 의해 전기 전도도가 $\Delta\sigma$만큼 증가함을 알 수 있다.

그러므로, 그림 2.4와 같이, 길이 $L$, 단면적 $S$인 반도체에 일정한 전류 $I_o$가 흐르고 있는 상태에서 빛을 조사하면, 전류는

$$\Delta I = \Delta\sigma \frac{SV}{L} = e(\Delta n\,\mu_n + \Delta p\,\mu_p)\, S\frac{V}{L} \tag{2.9}$$

만큼 증가하여 총 전류는 $I_o + \Delta I$로 된다. 이 전류의 변화분을 센서신호로 출력한다.

모든 빛이 광도전 효과를 나타내는 것은 아니다. 전자가 전도대로 올라가기 위해서는 식 (2.5)에 주어진 광자의 에너지 $E_{ph}$가 $E_g$보다 커야 되므로,

$$E_{ph} = h\frac{c}{\lambda} > E_g \tag{2.10}$$

$E_{ph} = E_g$로 되는 한계파장(threshold frequency)을 차단파장 $\lambda_c$라고 하며, 다음 식으로 주어진다.

$$\lambda_c = \frac{hc}{E_g} \tag{2.11}$$

정수 $h$와 $c$의 값을 대입하여 한계파장을 계산하면

$$\lambda_c = \frac{1.24}{E_g\,[\text{eV}]}\ [\mu\text{m}] \tag{2.12}$$

즉, 에너지 갭 $E_g$가 결정되면 센서의 장파장 측의 감도한계로 차단파장을 알 수 있다. 표 2.2는 광 센서 재료로 흔히 사용되는 반도체의 차단파장을 나타낸 것이다.

[표 2.2] 광 센서용 반도체의 차단파장

| 물질 | 에너지 갭 $E_g$ [eV] | 차단파장 $\lambda_c$ [$\mu$m] | 영역 |
|------|------|------|------|
| Ge | 0.67 | 1.85 | 적외선 |
| Si | 1.11 | 1.12 | 적외선 |
| GaAs | 1.43 | 0.86 | 적외선 |
| GaP | 2.30 | 0.54 | 가시광 |
| PbS | 0.62 | 2.00 | 적외선 |
| InSb | 0.18 | 6.89 | 적외선 |
| CdSe | 1.74 | 0.72 | 적외선 |
| CdS | 2.45 | 0.51 | 가시광 |
| CdTe | 1.45 | 0.86 | 적외선 |

　　지금까지 설명한 진성 반도체의 에너지 갭은 $0.1$[eV] 정도가 한계이기 때문에 차단파장이 $12$[$\mu$m] 이상의 원적외선을 검출할 수 없어 진성 반도체 대신 그림 2.5(b)와 불순물 반도체를 사용한다. 현재 사용하고 있는 것은 Si, Ge 에 국한되어 있는데, 도너(donor) 또는 억셉터(acceptor) 불순물를 도우핑함으로써 n형 또는 p형의 반도체가 된다. 그림 2.5(b)에서 전자는 불순물 준위 $E_i$로 부터 전도대로 올라가므로, $E_g$ 대신 $\Delta E = E_c - E_i$를 사용하면 차단파장 $\lambda_c (=1.24/\Delta E)$가 매우 길어져 원적외선에 응답하는 센서를 만들 수 있다. 단, $\Delta E$가 작아 열잡음이 문제로 되기 때문에 극저온으로 냉각할 필요가 있다. 예를 들면, Si 에 As를 도우핑하면 $\Delta E = 0.05$[eV], Ge에 Cd를 도우핑하면 $\Delta E = 0.06$[eV]이다.

## 2.2.2 CdS 셀

### 1. 구조와 동작원리

　　현재 가시광을 검출하는 광도전 셀로 가장 널리 사용되고 있는 것은 유화 카드 뮴 포토셀(CdS photocell)이다. 그림 2.6은 CdS 셀의 기본구조를 나타낸다. 세라믹 기판 위에 CdS 분말을 소결(燒結)한 것으로, 소결체(燒結體)의 양단에 In, Sn 등의 오믹(ohmic) 전극을 만든다. 또 CdS를 꾸불꾸불한 형태로 만들어 전극과의 접촉면적을 크게 한다. CdS 셀은 습기에 의해 열화(劣化)되므로, 기밀봉지(氣密封止)되어 있다. 빛은 유리 또는 플라스틱 도포막을 투과하여 셀 표면에 입사한다. 전극사이에 전압을 인가하고 노출되어 있는 CdS에 빛을 조사하면 자유전자와 정공이 발생하고, 입사광의 세기에 따라 CdS의 저항이 감소하여 전극에 흐르는 전류가 증가한다.

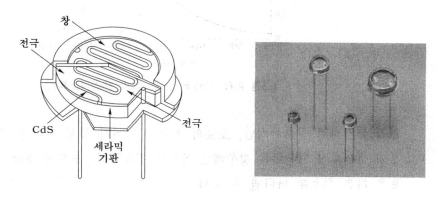

[그림 2.6]  CdS 포토셀

## 2. 특성과 응용

그림 2.7은 CdS와 CdSe 셀의 분광감도(分光感度)특성을 나타낸다. CdS 셀은 565 [nm] 부근의 파장에서 최대의 감도를 갖는다. CdSe는 735 [nm] 파장의 빛에 대해서 최대의 감도를 갖는다. CdS 셀은 인간의 눈과 매우 유사한 분광감도특성을 나타낸다.

그림 2.8은 CdS 셀의 대표적인 저항 - 조도 특성을 보이고 있다. 빛을 조사하기 전 CdS 소자의 저항치는 1~수십 [MΩ]이며, 10 [lux]의 빛를 조사하면 수 [kΩ]~ 수십 [kΩ]의 저항 변화를 얻을 수 있다. CdS 셀의 저항값은 조사광의 세

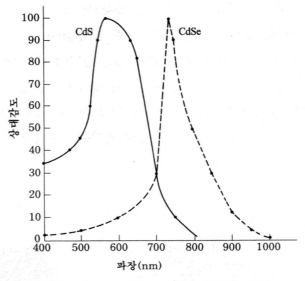

**[그림 2.7]**  CdS와 CdSe 셀의 분광감도특성

기가 증가하면 감소하지만, 조도와 저항치 사이가 항상 비직선 관계로 되기 때
문에 센서로서 사용하는 경우에는 보정이 필요하다. 조도에 대한 저항치의 변화
율은 다음 식으로 나타낼 수 있다.

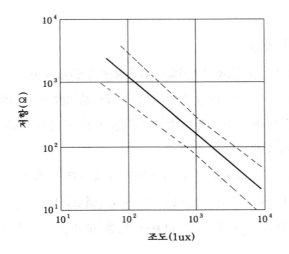

**[그림 2.8]**  CdS 셀의 조도-저항 특성

$$\gamma = \tan\theta = \frac{\log R_a - \log R_b}{\log b - \log a} = \frac{\log(R_a/R_b)}{\log(b/a)} \qquad (2.13)$$

여기서, $a$, $b$는 조도, $R_a$, $R_b$는 각각 $a$, $b$에 대응되는 저항값이다. 그림에서 알 수 있는 바와 같이, $\gamma$의 값은 조도범위에 따라 일정치 않다. 또 $\gamma$값은 소결막(燒結膜)의 조성(造成)과 소결 조건에 따라 $0.5 \sim 1.0$ 범위에서 변하며, 일반적으로 $\gamma = 0.7 \sim 0.9$ 범위에서 사용되고 있다.

표 2.3은 몇몇 포토 셀의 특성을 나타낸 것이다. CdS는 고감도인 반면, 응답시간(應答時間 ; response time)이 늦고, 히스테리시스(hysteresis)가 큰 결점을 가진다. 일반적으로 CdS의 응답시간은 $10 \sim 100$ [ms]이다.

**[표 2.3]** 포토 셀의 특성

| 파라미터 | 2322 600 9500 | P577-04 |
|---|---|---|
| 피크응답 $\lambda$ | 680 [nm] | 570 [nm] |
| 암저항 | $> 10$ [M$\Omega$] | $> 3$ [M$\Omega$] |
| 빛 조사시 저항 (Light resistance) | 30 [$\Omega$] to 300 [$\Omega$] [a] | 5 [k$\Omega$] to 16 [k$\Omega$] [b] |
| 상승시간 | $-$ | 45 [ms] [c] |
| 하강 시간 | $> 200$ [k$\Omega$/s] [d] | 30 [ms] [e] |
| 동작온도 | $-20$ [℃] to 60 [℃] | $-30$ [℃] to 70 [℃] |
| | $< 0.2$ [W] at 40 [℃] | 0.3 [W] at 25 [℃] |

a : 1000 [lx]에서
c : 0 → 10 [lx]
e : 10 [lx] → 0
b : 10 [lx]에서
d : 1000 [lx] → 0

CdS 셀의 응용분야를 열거하면, TV의 밝기와 명암의 자동조절, 카메라 노출계, 가로등 스위치, 물체의 존재유무 및 검출센서, 연기 검출기, 침입 경보기, 카드 리더(card reader), 복사기의 토너 밀도 측정 등에 사용된다.

### 2.2.3 광도전형 적외선 센서

광도전형 적외선 센서로는 PbS(lead sulfide), PbSe(lead selenide), MCT (mercury cadmium telluride;HgCdTe) 등이 사용되고 있다.

그림 2.9는 PbS 적외선 센서의 구조와 외관을 나타낸다. PbS와 PbSe는 잘 알려진 근적외선 검출기(near - IR detector)로써 1~3.4 [μm]의 파장영역에서 검출감도가 가장 높으며, 실온에서도 동작이 가능하므로 널리 이용되고 있다. PbS의 에너지 갭은 온도에 따라 감소하기 때문에 −30 [℃]로 냉각시키면 응답 파장은 5 [μm]까지 확장시킬 수 있다. 대신 전체이득과 주파수 응답은 감소한 다. PbS의 대표적인 응답시간은 약 200 [μm] 정도이다.

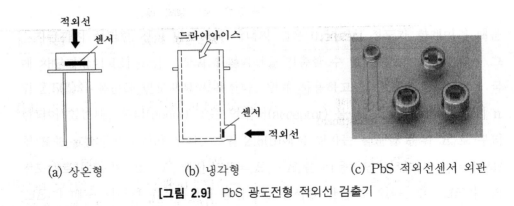

(a) 상온형            (b) 냉각형            (c) PbS 적외선센서 외관

**[그림 2.9]** PbS 광도전형 적외선 검출기

그림 2.10은 PbS의 분광감도특성과 광감도 특성을 나타낸다. PbS 셀은 2.2 [μm] 부근에서(PbSe 소자는 4 [μm])에서 피크감도를 가진다. 또 소자를 냉각 하면 감도파장한계가 장파장 쪽으로 이동한다. 또한 PbS, PbSe 소자의 암저항, 응답속도도 주위온도에 따라 변화한다. 온도가 감소하면 암전류도 증가한다. 암 전류의 온도변화는 실온부근에서 PbS 소자가 3 [%/℃], PbSe 소자가 2.5 [% /℃] 이다. 또 응답속도는 온도하강과 함께 모두 5.3 [%/℃] 정도의 비율로 지연 된다. 한편 온도의 증가는 감도의 저하를 가져올 뿐만 아니라 소자열화의 원인 이 된다.

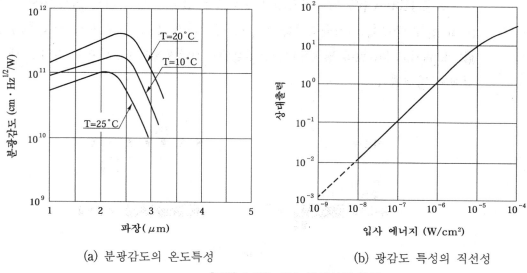

(a) 분광감도의 온도특성                    (b) 광감도 특성의 직선성

**[그림 2.10]** PbS 광센서의 특성

$Hg_{1-x}Cd_xTe$ 반도체는 수은과 카드뮴의 조성비 x를 조절함으로써 에너지 밴드갭($E_g$)을 0~1.5[eV]까지 변화시킬 수 있으며, 빛을 받았을 때 전자가 가전대에서 전도대로 직접 천이하는 특징을 갖는다. 따라서 HgCdTe 반도체를 이용하면 파장 1[um] 부근의 근적외선 영역에서부터 파장 20[um]에 달하는 원적외선 영역에 이르는 다양한 파장대역의 우수한 적외선 감지 소자를 제작할 수 있다.

## 2.3 포토다이오드

포토다이오드(photodiode)는 p-n 접합의 광기전력 효과를 이용해서 빛을 검출하는 광 센서이며, 현재 가장 널리 사용되고 있는 광센서이다.

### 2.3.1 광기전력효과

p-n 접합(junction)에 빛을 조사하였을 때 기전력(起電力)이 발생하는 현상을 광기전력 효과(photovoltaic effect)라 한다.

그림 2.11(a)의 p형 반도체와 n형 반도체를 접합시키면, 그림 2.11(b)와 같이
p‑n 접합 부근에는 자유전자와 정공이 존재하지 않는 두께 $w$의 공핍층(空乏
層; depletion layer)이 형성된다. 공핍층에는 n영역에서 p영역으로 향하는 내부
전계가 발생한다.

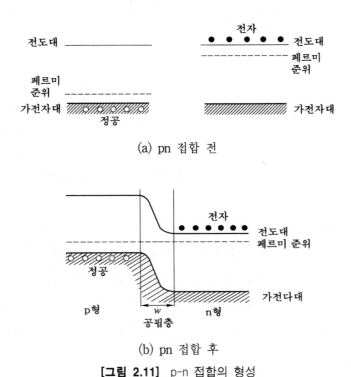

(a) pn 접합 전

(b) pn 접합 후

**[그림 2.11]** p-n 접합의 형성

그림 2.12는 광기전력 현상을 설명하는 그림이다. p‑n 접합에 빛이 조사되
면, n영역, p영역, 공핍층에서 전자‑정공 쌍이 발생한다. 공핍층에서 발생된
전자는 n영역으로, 정공은 p영역으로 내부전계 ($E$)에 의해서 가속된다. n영역
에서 발생된 전자는 전도대에 머무르고, 정공은 공핍층까지 확산한 다음 그곳에
서 전계에 의해 가속되어 p영역으로 흘러들어 간다. 또 p영역에서 발생된 정공
은 가전자대에 머무르고, 전자는 공핍층을 통과해 n영역으로 흘러들어 간다. 이
와 같이 빛에 의해 각 영역에서 발생된 전자는 n영역의 전도대에, 정공은 p영역

의 가전자대에 축적되고, 이로 인해  p영역이 정(+), n영역이 부(−)인 전위가 형성되어 광기전력으로 출력된다. 단자가 개방된 상태에서 이 전압을 개방전압 (開放電壓; open circuit voltage)이라고 부른다. 또, 단자를 단락시켰을 때 외부 회로를 통해 흐르는 전류를 단락전류(短絡電流; short circuit current)라 한다.

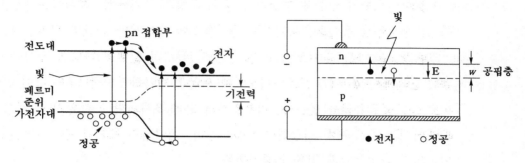

[**그림 2.12**] 광기전력효과

## 2.3.2  포토다이오드

### 1. 구조와 동작원리

포토다이오드(photodiode)로써 가장 널리 사용되고 있는 것이 실리콘 p−n접합 포토다이오드이다. 그림 2.13은 실리콘 포토다이오드의 구조를 나타낸 것이다. n 형 실리콘 단결정의 표면에 p형 불순물(보통 보론(B))을 선택 확산하여 1 [μm]

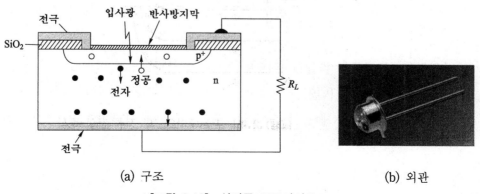

(a) 구조                    (b) 외관

[**그림 2.13**]  실리콘 포토다이오드

정도 깊이의 p - n 접합을 형성한다. 빛을 p층 방향에서 조사하면 앞에서 설명한 바와 같이 전자 - 정공 쌍이 발생하여 광기전력이 발생하고, 외부회로($R_L$)를 통해서 광전류가 흐른다.

## 2. 특성과 응용

포토다이오드의 성능을 결정하는 주요 특성은 출력특성, 분광감도특성, 잡음특성, 온도특성 등이다. 여기서는 출력특성에 대해서만 간단히 설명한다.

그림 2.14는 포토다이오드의 전류 - 전압 특성의 일예를 나타낸 것이다. 빛이 없는 상태에서($\Phi = 0$) 포토다이오드에 전압을 인가하면 곡선 ⓐ와 같이 일반 다이오드의 정류특성을 얻는다. 외부로부터 빛이 조사되면 곡선은 빛의 세기에 비례해서 ⓑ, ⓒ로 평행 이동한다. 이와 같이, 입사광의 세기가 증가하면, 포토다이오드의 출력전압과 전류가 증가한다.

포토다이오드의 전류 - 전압 관계는 다음 식으로 주어진다.

$$I = I_o \left[ \exp\left(\frac{eV}{kT}\right) - 1 \right] - I_{pt} \tag{2.14}$$

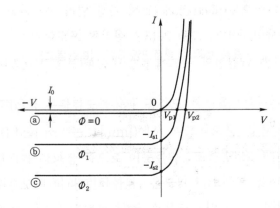

[그림 2.14] 포토다이오드의 전류-전압 특성

여기서, $k$는 볼쯔만 상수(Boltzmann constant), $T$는 절대온도, $I_o$는 역방향 누설전류, $I_{pt}$는 입사광의 세기($\Phi$)에 비례하는 광전류이다. 전극이 개방된 상태 ($R_L \rightarrow \infty$)에서 전압을 개방전압(開放電壓; open circuit voltage) $V_p$이라고 부른다. 또, 전극을 단락시켰을 때 ($R_L \rightarrow 0$) 외부회로를 통해 흐르는 광전류를 단락전류(短絡電流; short circuit current) $I_s$라 한다.

포토다이오드를 광센서로 사용할 때 다음과 같은 3가지 동작 모드가 있다.

- 광기전력 모드(photovoltatic mode) : 두 단자를 개방하거나 고저항을 접속하고 양단자의 기전력(그림에서 $V_{p1}$, $V_{p2}$, … 등)을 측정한다.
- 광전류 모드(photoamperic mode) : 두 단자를 단락하거나 매우 낮은 저항을 접속하고 외부회로에 흐르는 광전류(그림에서 $I_{p1}$, $I_{p2}$, … 등)를 측정한다.
- 광도전 모드(photoconductive mode) : p-n 접합에 비교적 큰 역방향 바이어스(reverse bias)를 인가하고 외부회로에 흐르는 전류를 측정한다. 이때 부하저항은 광전류 모드에서와 같이 작을 필요는 없다. 가장 흔히 사용하는 방법이다.

광도전 모드에서 외부회로에 흐르는 전류는 식 (2.14)에서 $V$대신 $-V$를 대입하면 다음 식으로 얻어진다.

$$I = -I_o - I_{pt} \tag{2.15}$$

여기서, 광전류 $I_{pt}$는 입사광 전력 $\Phi$에 비례한다.

그림 2.15는 포토다이오드의 출력전류 ($I_s$) - 조도 및 출력전압 ($V_p$) - 조도의 관계를 나타낸 것이다. 포토다이오드에 발생되는 광 전류는 넓은 범위에 걸쳐 조도에 비례하기 때문에 직선성이 매우 우수하다. 또, 출력전압은 광량변화에 대해 지수함수적으로 변화하는데, 온도변화가 큰 광량측정에는 부적당하다.

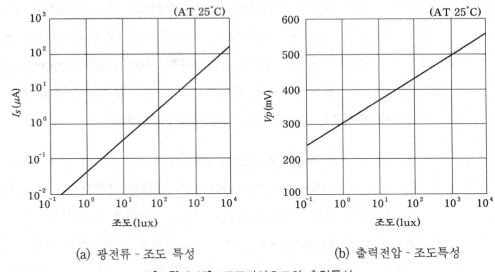

(a) 광전류 - 조도 특성                    (b) 출력전압 - 조도특성

[**그림 2.15**]  포토다이오드의 출력특성

## 2.3.3  pin 포토다이오드

### 1. 구조와 동작원리

그림 2.16과 같이 p - n 접합 사이에 비저항이 큰 진성영역(眞性領域 ; intrinsic layer)을 형성하여 pin 구조로 한 것을 pin 포토다이오드라 한다. i - 영역의 케리어 농도는 매우 작으므로 고저항으로 된다. $n^+$ - 영역에 (+), $p^+$ - 영역에 (−)의 역방향 전압을 인가하면, 그 전압의 대부분(수십 volt)은 고저항의 i - 층에 걸리

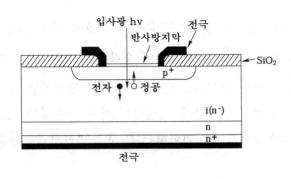

(a) 구조

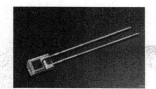 

(b) 외관

**[그림 2.16]** 실리콘 pin 포토다이오드

게 되어 i‒영역은 완전히 공핍층으로 된다. 이와 같은 구조의 소자에 에너지 갭보다 더 큰 에너지를 갖는 빛이 입사되면, 그 대부분이 i‒층에서 흡수되어 전자‒정공쌍이 발생하고, 이 전자와 정공은 공핍층을 이동하여 전류에 기여하게된다. 높은 효율을 얻기 위해서는 반사 방지막을 설치하여 반사계수를 가능한 한 작게 하고, i‒층의 두께를 가능한 한 크게 하여 입사된 빛이 i‒영역에서 모두 흡수될 수 있도록 해야한다.

### 2. 특성과 응용

pin 포토다이오드은 실질적인 공핍층의 두께가 증가하여 센서의 정전용량이 감소하므로 고속으로 되고, 양자효율이 높고, 암전류(dark current)가 작으며, 동작전압이 낮아 사용하기 쉬운 특징을 갖고 있다.

## 2.3.4 애벌랜치 포토다이오드

### 1. 구조와 동작원리

애벌랜치 포토다이오드(avalanche photodiode; APD)의 구조를 그림 2.17에 나타내었다. 그림에서 볼 수 있는 바와 같이, APD는 고전계의 애벌랜치 영역(p층)과 공핍층인 드리프트 영역($\pi$층)으로 구성되며, 입사광은 주로 $\pi$층($p^-$)에서 흡수되고 여기서 발생된 전자는 $n^+$ 영역으로, 정공은 $p^+$ 영역으로 이동한다. p영역에는 강한 전계가 형성되어 있기 때문에, 이 영역에 주입된 전자는 강한 전계에 의해 가속되어 격자에 충돌할 때마다 새로운 전자‒정공쌍을 발생시킨다. 이러한 충돌이 반복되면 p층에서 애벌랜치 현상에 의해 캐리어수는 급격히 증배된다.

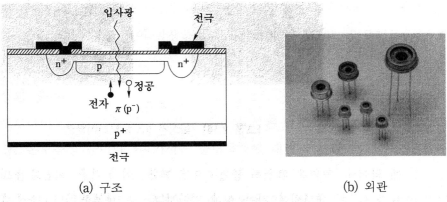

(a) 구조                                    (b) 외관

**[그림 2.17]** 애벌랜치 포토다이오드

　　그림 2.18은 애벌랜치 현상을 설명하는 그림이다.  p-n 접합에 충분히 큰 역
바이어스 전압을 인가하면, 빛에 의해 발생된 전자와 정공(ⓐ)은 높은 전계에 의
해 각각 반대방향으로 가속되어 큰 에너지를 얻고, 결정의 원자와 충돌하여 에
너지를 잃으면서 동시에 새로운 전자-정공 쌍(ⓑ)을 발생시킨다. 이러한 과정이
반복되면(ⓒ와 ⓓ) 전자와 정공의 수가 눈사태처럼 급격히 증배하는 현상을 애벌
랜치 효과(avalanche effect)라고 부른다. 애벌랜치 포도다이오드는 이 효과에
의한 전류증폭작용을 이용한 내부증폭형 광센서이다.

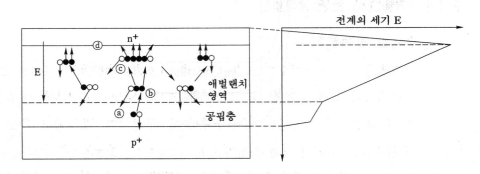

**[그림 2.18]** 애벌랜치 현상

## 2. 특성과 응용

애벌랜치 포토다이오드는 내부증배기구에 의해 미약한 신호를 열잡음 레벨 이상으로 증폭하는 것이 가능하여 큰 S/N비가 얻어지지만, 애벌랜치 증배과정 특유의 전류 불안정에 기인하는 과잉잡음이 발생한다.

APD를 사용하는 이점은 포토다이오드에 비해 작은 부하저항으로 충분한 출력전압을 얻기 때문에 고속화가 달성될 수 있어 장거리 광통신에 사용된다. 또 미약한 광 검출에도 사용된다. 사용상 유의할 점은 높은 역방향 바이어스를 인가하므로 이상 브레이크다운(breakdown)에 주의해야 하며, 역바이어스 전원이 충분히 안정되어야 한다.

## 2.3.5 포토다이오드 재료와 특성

실리콘(Si)의 에너지 갭 ($E_g$)은 상온에서 $1.12\,[\mathrm{eV}]$이므로 한계파장은 약 1100 [nm]이다. 그래서 가시광 및 근적외선 검출에는 실리콘 포토다이오드가 널리 사용된다.

게르마늄(Ge)는 에너지 갭이 $0.67\,[\mathrm{eV}]$로 작아 한계파장은 약 1800 [nm]로 되어 적외선 검출에 사용된다. 그러나 실리콘에 비해 암전류가 훨씬 크고, 동작온도가 낮다.

그림 2.19는 실리콘 APD 포토다이오드의 분광감도특성(spectral response)의 일례을 나타낸 것이다. 포토다이오드 a는 빛의 흡수가 $\pi$ 영역의 공핍층에서 발생하도록 설계하여 근적외선 영역에서 고감도를 유지하고 있다. 포토다이오드 b는 p층이 표면에 오도록 구조를 변경하여 입사광의 대부분이 소자표면근처에서 흡수되도록 한 것으로, 가시광 및 그 이하의 파장을 검출할 수 있다. 포토다이오드 a는 광통신에, b는 분석기기등의 미약광 검출부, 가시광 영역에서 정밀측광용으로 사용된다.

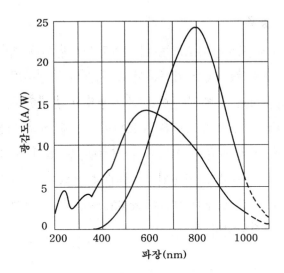

**[그림 2.19]** 실리콘 포토다이오드의 분광감도

　　실리콘 포토다이오드가 검출할 수 없는 적외선 영역에 대해 응답하는 다수의
화합물 반도체 포토다이오드가 개발되어 사용되고 있다. 특히, 최근에는 광섬유
통신 시스템의 발전으로, $1.3\,[\mu\mathrm{m}]\sim1.55\,[\mu\mathrm{m}]$의 파장에서 동작하는 고감도,
광대역 포토다이오드가 필요하게 되었다. 이를 위해 화합물 반도체를 사용한 이
종접합(異種接合; hetrojunction; n층과 p층의 물질이 다른 pn‑접합) 포토다이
오드 등이 개발되었다.

　　그림 2.20은 InGaAs pin 포토다이오드의 외관과 분광감도특성을 나타낸 것
이다.

　　표 2.4는 Si, Ge, InGaAs로 만든 각종 포토다이오드의 몇몇 특성을 요약한
것이다. 물론 포토다이오드는 응용분야에서 요구하는 특성에 맞게끔 소자구조를
설계하기 때문에 그 특성도 상당히 달라져 단순 비교는 어렵지만, 여기서는 독
자들의 이해를 돕기 위해서 대표적인 특성을 제시한 것이다.

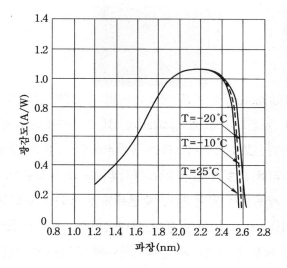

**[그림 2.20]** InGaAs pin 포토다이오드의 분광감도특성

**[표 2.4]** 포토다이오드의 대표적인 특성 예

| 포토다이오드 | $\lambda_{range}$ [nm] | $\lambda_{peak}$ [nm] | $R$ at $\lambda_{peak}$ [A/W] | 이득 | $t_r$ [ns] | $I_{dark}$ |
|---|---|---|---|---|---|---|
| Si *pn* junction | 200~1100 | 600~900 | 0.5~0.6 | < 1 | 0.5 | 0.01~0.1 [nA] |
| Si *pin* | 300~1100 | 800~900 | 0.5~0.6 | < 1 | 0.03~0.05 | 0.01~0.1 [nA] |
| Si APD | 400~1100 | 830~900 | 40~130 | 10~100 | 0.1 | 1~10 [nA] |
| Ge *pn* Junction | 700~1800 | 1500~1600 | 0.4~0.7 | < 1 | 0.05 | 0.1~1 [μA] |
| Ge APD | 700~1700 | 1500~1600 | 4~14 | 10~20 | 0.1 | 1~10 [μA] |
| InGaAS - InP *pin* | 800~1700 | 1500~1600 | 0.7~0.9 | < 1 | 0.03~0.1 | 0.1~10 [nA] |
| InGaAS - InP APD | 800~1700 | 1500~1600 | 7~18 | 10~20 | 0.07~0.1 | 10~100 [nA] |

## 2.4 포토트랜지스터

### 2.4.1 구조와 동작원리

　포토트랜지스터(phototransistor)의 기본 구조는 그림 2.21에 나타낸 것과 같이, 보통의 트랜지스터와 마찬가지로 베이스(base; B), 이미터(emitter; E), 컬렉터(collector; C)를 갖는다. 포토트랜지스터는 등가적으로 그림 2.12(a)와 같이 포토다이오드와 트랜지스터를 조합시킨 것으로 생각할 수 있어 트랜지스터의 증폭작용에 의해 고감도의 광센서가 얻어진다. 광전류가 발생하는 원리는 포토다이오드와 같다. 베이스(B) - 컬렉터(C) 접합이 역바이어스, 베이스(B) - 이미터(E) 접합이 순바이어스가 되도록 이미터와 컬렉터사이에 전압을 인가한다. 여기에 빛을 조사하면 베이스 영역에서 전자 - 정공쌍이 발생하고, 발생된 전자는 컬렉터 측으로, 정공은 이미터 측으로 이동한다. 순방향 바이어스된 이미터 접합에 전류가 흐르고($I_L$), 이것이 베이스 전류의 역할을 함으로써 컬렉터 - 이미터

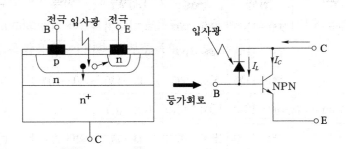

(a) 구조와 등가회로

(b) 외관

**[그림 2.21]** 포토트랜지스터

사이에 광량에 대응하는 전류가 흐르며, 이 전류 값으로부터 빛의 강도를 알 수 있다.

베이스 - 컬렉터 사이의 포토다이오드의 광전류를 $I_L$, 트랜지스터의 이미터 접지 증폭율을 $h_{FE}$라고 하면 포토트랜지스터의 출력전류 $I_c$는

$$I_c \fallingdotseq h_{FE} I_L \tag{2.16}$$

이와 같이 포토다이오드의 전류는 $h_{FE}$배로 증폭되어 컬렉터에 나타난다. 포토트랜지스터의 광전류 크기는 베이스 접합면적, 베이스 - 컬렉터 접합의 광전변환효율, 트랜지스터의 $h_{FE}$ 등의 요인에 의해서 결정된다. 포토트랜지스터의 감도는 pin 포토다이오드와 APD 사이에 있다.

그림 2.22는 포토트랜지스터의 종류를 나타낸 것으로, (a)는 일반적인 구조, (b)는 베이스 단자가 부착된 구조, (c)는 달링톤 구조를 갖는 포토다알링톤 (phtodarlington) 등이 있다. 그림 (b)의 경우는 베이스 단자에 외부 회로를 접속하여 암전류의 감소, 응답속도의 개선, 온도보상 등이 가능한 장점이 있는 반면

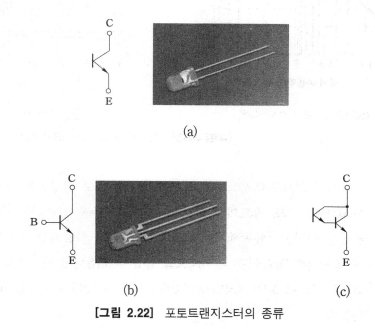

[**그림 2.22**] 포토트랜지스터의 종류

외부잡음을 받기 쉬운 결점도 있다. 특히 그림 (c)의 포토달링톤은 $h_{FE}$가 크기 때문에 릴레이를 직접 구동하는 것이 가능하다.

## 2.4.2  특성과 응용

그림 2.23은 포토트랜지스터의 출력특성 일례를 나타낸다. 출력전류는 입사광의 세기에 비선형으로 비례해서 증가한다.

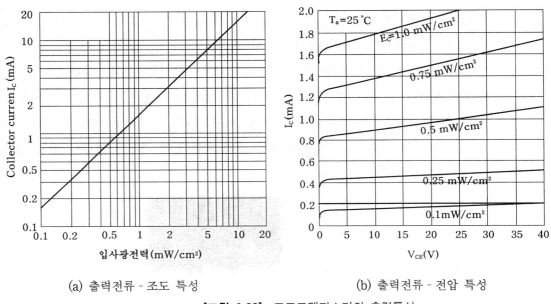

(a) 출력전류 - 조도 특성　　　　　　　　(b) 출력전류 - 전압 특성

**[그림 2.23]**  포토트랜지스터의 출력특성

실리콘 포트트랜지스터는 직선성이 나쁘므로 광강도의 측정에는 별로 사용되지 않는다.  또 속도가 느려 주로 광의 유무를 검출하는 스위치로써 사용되고 통신용으로는 사용되지 않는다. 또 단독으로 사용되는 경우보다, 발광원(LED)과 조합시켜 입출력을 전기적으로 절연한 광전달소자, 포토커플러, 포토인터럽터 등으로 더 많이 응용되고 있다. 이들에 대해서는 2.6절의 복합 광센서에서 다룬다.

## 2.5 복합 광 센서

발광소자와 수광소자(광 센서)를 조합시킨 것을 복합 광 센서라고 하며, 표 2.5는 각종 복합 광센서를 비교해서 나타낸 것이다. 복합 광 센서는 용도와 구조에 따라 다음과 같이 2가지로 크게 분류된다.

- 포토인터럽터(photointerupter) : 물체의 유무와 위치검출을 목적으로 한다.
- 포토커플러(phtocoupler) 또는 압토아이솔레이터(optoisolator) : 회로간의 신호전송을 목적으로 한다.

**[표 2.5]** 복합 광센서의 예

| 발광소자 | 수광소자 | 구 조 | 특 징 | 응답속도 |
|---|---|---|---|---|
| LED | CdS | | • dc, ac 양용<br>• 저가<br>• 응답속도 느림 | 수 [ms]<br>~수100 [ms] |
| IRED | pin<br>포토다이오드 | | • 응답속도 빠름<br>• 전류전달비 작음<br>• 출력 직선성 좋음 | 수10 [$\mu$s] |
| IRED | 포토트랜지스터 | | • 응답속도가 비교적 빠름<br>• 전류전달비가 비교적 큼<br>• 저가 | 1 [$\mu$s]<br>~10 [$\mu$s] |
| LED | 베이스 부착<br>포토트랜지스터 | | • 베이스 저항을 부착하면 응답속도를 빠르게 하고, 암전류를 작게 할 수 있다. | 1 [$\mu$s]<br>~10 [$\mu$s] |
| IRED | 달링톤<br>포토트랜지스터 | | • 암전류가 큼<br>• 전류전달비가 큼<br>• 응답속도가 느림 | 수10 [$\mu$s]<br>~수100 [$\mu$s] |

### 2.5.1 포토인터럽터

#### 1. 구조와 동작원리

그림 2.24는 포토인터럽터의 구조를 나타낸 것으로, 투과형(transmissive; 透過型)과 반사형(reflective; 反射型)으로 분류된다.

투과형 센서는 발광과 수광소자를 일정거리에 대향시켜 배치시킨 구조로, 두 소자사이를 물체가 통과할 때 생기는 광량의 변화를 수광소자가 받아 물체의 유무와 위치 등을 검출하는 것이다.

한편 반사형은 발광소자와 수광소자를 나란히 배치한 것으로, 발광소자에서 나온 빛이 물체에 닿아서 반사된 빛을 수광소자가 받아 반사광 강도변화를 검출하는 것이다. 발광 소자로는 적색 또는 가시광 LED가 사용되고, 수광소자는 포토트랜지스터와 이것을 달링톤으로 접속한 것이 가장 널리 사용되고 있다.

최근에는 출력 측의 주변회로(증폭회로, 슈미트 트리거 회로 등)를 동일 칩에 집적화한 IC 수광소자도 시판되고 있다. 발광소자와 수광소자의 거리는 3 [mm], 7.5 [mm] 등이 보통이다.

포토인터럽터의 특징으로는 무접촉으로 신호의 출력이 가능하고, 출력단에 TTL, CMOS 등의 IC를 직접 구동할 수 있으며, 소형으로 신뢰성이 높은 것 등을 들 수 있다.

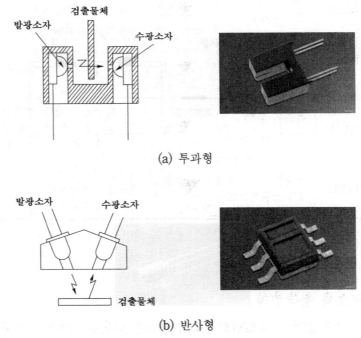

(a) 투과형

(b) 반사형

**[그림 2.24]** 포토인터럽터

## 2. 특성과 응용

포토인터럽터의 주요한 특성에는 전류전달비(Current transfer ratio; CTR)와 검출정도(精度)가 있다.

전류전달비는 LED의 순방향 전류 $I_F$(발광출력은 $I_F$에 비례한다.)와 출력 측의 광전류 $I_c$의 비, 즉 $CTR = I_c/I_F$로 정의한다. 그림 2.25는 포토인터럽터의 대표적인 입출력 특성을 나타낸다. 반사형 포토인터럽터는 외부광의 영향을 받기 쉽고, 수광소자가 받은 신호전류의 변화가 작으므로 오동작을 일으키기 쉽다. 이를 피하기 위해 LED를 펄스 발광시켜 신호전류의 변화분만을 교류증폭한다. 수광소자 앞에 가시광 차단 필터 등을 설치하는 등 배경광의 영향을 제거하는 노력이 필요하다.

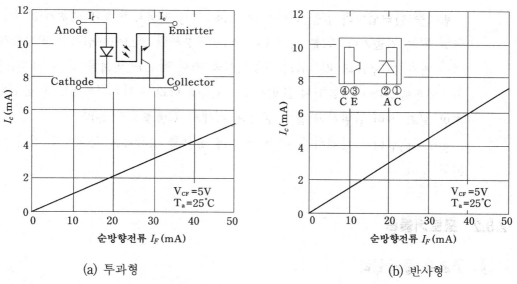

(a) 투과형          (b) 반사형

**[그림 2.25]** 포토인터럽터의 입출력 특성

그림 2.26은 투과형 포토인터럽터의 검출위치특성을 나타낸다. 검출위치 특성은 차광물체가 두 소자사이에 없을 때의 출력을 100으로 하고, 완전히 차폐했을 때의 출력을 0으로 한 특성이다. 이 특성은 좁은 슬릿(slit)을 검출하는 광 인코더(optical encoder)나 정확한 위치, 위상의 검출에는 중요한 사항이다.

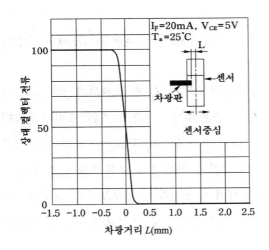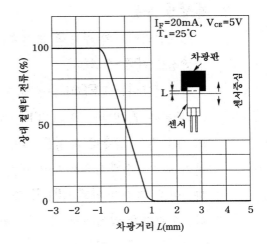

**[그림 2.26]** 투과형 포토인터럽터의 검출위치특성

반사형 인터럽터의 검출거리특성은 초점거리, 초점깊이(상대 광전류를 $50\,[\%]$ 이상 얻는 검출거리 폭)를 나타내며, 이것으로부터 포토인터럽터와 반사물체까지의 최적위치관계와 반사물의 평행이동에 의한 광전류 변화를 알 수 있다. 또, 검출위치특성은 반사물체의 표면상태, 색조에 따라서 다르며, 경면의 경우에는 지면 등과 같이 난반사가 많은 물체에 비해서 검출정도가 높다.

포토인터럽터는 물체의 통과 또는 존재 유무를 검출하는 목적으로 널리 사용되고 있다.

## 2.5.2 포토커플러

### 1. 구조와 동작원리

그림 2.27은 각종 포토커플러의 외관과, 포토트랜지스터를 사용한 포토커플러의 내부 구조의 일례를 나타낸 것이다. 포토인터럽터와 마찬가지로 발광소자와 수광소자를 조합하여 한 개의 소자로 한 것이지만, 포토인터럽터와는 달리 빛이 통과하지 못하는 흑색 수지로 패키징하여 외부광의 영향을 받지 않는 점이 다르다.

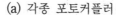

(a) 각종 포토커플러

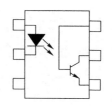

(b) 내부 구조예

**[그림 2.27]** 포토커플러

발광소자를 구동하는 입력 측과 신호출력 측은 전기적으로 절연되어 있고, 발광소자를 직류에서 고주파까지 넓은 범위로 변조했을 때, 충실도가 높은 신호를 출력 측에서 얻어진다.

## 2. 특성과 응용

포토커플러를 사용하는데 중요한 특성으로는 전류전달비, 응답속도, 입출력간 절연 내압(耐壓) 등이 있다.

그림 2.28은 입출력 특성과 전류전달비(CTR) 특성을 나타낸다. 전류전달비는 포토인터럽터에서 정의한 바와 같이 출력전류/입력전류비를 나타내며, 포토커플

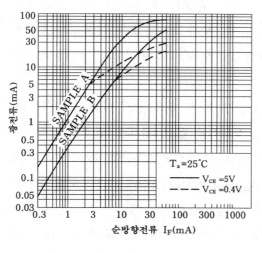

(a) 입출력 특성

(b) CRT 특성

**[그림 2.28]** 포토커플러의 특성

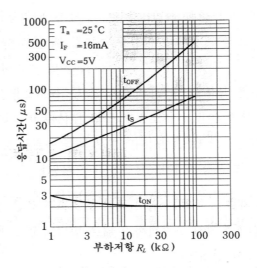

[**그림 2.29**] 포토커플러의 응답특성

러는 절연내력이 허용되는 범위에서 발광소자와 수광소자를 최대한 가까이하여 CTR가 가능한 한 크게 되도록 설계한다.

포토커플러의 응답특성은 주로 수광소자의 특성에 의해서 결정되며, CdS에서는 ms, 포토트랜지스터는 $\mu$s 범위이다. 포토달링톤의 경우는 수 $\mu$s이다. 또 고주파 신호를 충실히 전송할 때에는 고속 LED와 pin 다이오드를 조합시킨 것을 사용할 필요가 있다. 응답특성은 입력전류와 부하저항에 의해서도 변화하므로, 출력측 임피던스를 고려해서 소자를 선택한다. 그림 2.29는 포토트랜지스터의 응답특성 예를 보여준다.

포토커플러는 발광소자를 구동하는 입력 측과 신호 출력 측이 전기적으로 절연되어 있고, 발광소자를 직류에서 고주파까지 넓은 범위로 변조했을 때, 충실도가 높은 신호를 출력 측에서 얻는다. 이 같은 특징이 있으므로 변성기 (transformer)나 전자(電磁) 릴레이(magnetic relay) 대신에 소형·고신뢰성의 소자로 사용되거나, 외부로부터 전자계 유도를 받지 않고 임피던스가 다른 회로사이에 신호를 전송하는 인터페이스 소자로 OA, FA 기기에 널리 사용되고 있다.

## 2.6 광전자 방출효과를 이용한 광 센서

### 2.6.1 광전자 방출효과

광전자 방출효과란 진공 속에 놓여있는 금속이나 반도체에 빛을 조사할 때 그 표면으로부터 진공 속으로 전자가 방출되는 현상을 말한다. 이때 방출되는 전자를 광전자라고 부른다.

그림 2.30(a)에 나타낸 바와 같이, 금속 - 진공 계면에는 정전하인 금속이온과 부전하인 전자사이에 형성된 전기 이중층이 전도전자에 대해서 전위장벽을 형성한다. 금속내부의 전자가 이 전위장벽을 극복하고 진공으로 방출되는데 필요한 에너지를 일함수(work function)라고 부르며, 그림에 $\phi_m$로 표시되어 있다. 금속에 일함수 $\phi_m$ 또는 그 이상의 에너지를 갖는 빛(광자)이 입사되면, 전자는 전위장벽을 극복하고 진공 속으로 방출된다. 그림 2.31(b)은 반도체 광전면을 나타낸다. 빛에 의해 가전자대 중의 전자가 전도대 밑으로부터 전자친화력 ($\chi$)만큼 또는 그 이상의 높은 에너지 위치로 여기되면 진공 중으로 방출된다. 반도체에서 광전자 방출을 일으키는데 요구되는 광자 에너지는

$$E_{th} = E_g + \chi \tag{2.17}$$

로 주어진다. 여기서 $E_g$는 반도체의 금지대폭이다.

금속 중 Cs는 일함수가 아주 작아 $\phi_m = 2.1\,[\text{eV}]$이다. 그러므로, 금속은 0.59 [$\mu$m] 이상의 파장을 갖는 빛에 대해서는 광전자 방출효과를 나타내지 않는다. 그러나 일부 화합물반도체는 보다 긴 임계파장(threshold wavelength)과 높은 양자효율을 가진다. 예를 들면, CsSb 광전면의 경우는 $E_{th} = 2.05\,[\text{eV}]$로 되는데, 가시광 스펙트럼에 응답한다.

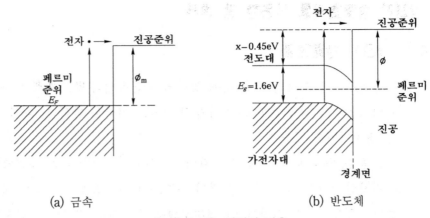

(a) 금속            (b) 반도체

**[그림 2.30]** 광전자 방출

## 2.6.2 광전관

### 1. 구조와 동작원리

광전관(phototube)은 광전자 방출효과를 이용한 것으로, 그림 2.31과 같이 음극(cathode)과 양극(plate)이 유리관에 봉입되어 있는 2극관이다. 음극에는 빛에 대해 높은 감도를 갖는 Cs 등으로 만들어진 광전면이 있고, 여기에 빛이 입사하면 광전자가 방출된다. 양극에는 정전압를 인가하여 방출된 광전자를 수집하고, 입사광의 세기에 비례하는 양극 전류가 흐른다. 유리창의 재질에 따라 적외선 영역의 감도가 크게 변한다.

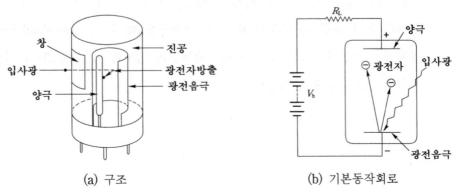

(a) 구조            (b) 기본동작회로

**[그림 2.31]** 광전관의 구조와 기본동작회로

## 2. 특성과 응용

그림 2.32는 광전관의 출력특성을 나타낸 것이다. 광전관은 다른 센서에 비해 전류는 작지만 감도가 안정되고, 빛의 세기에 대해서 직선성이 좋으므로 정밀한 측광에 사용된다. 또, 감광면이 크게되면 자외역에 높은 감도를 갖으며, 응답성이 좋은 것 등의 특징을 갖는다.

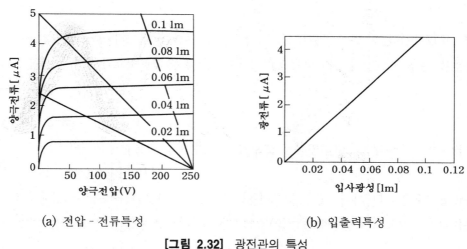

    (a) 전압 - 전류특성       (b) 입출력특성

**[그림 2.32]** 광전관의 특성

## 2.6.3 광전자증배관

### 1. 구조와 동작원리

그림 2.33의 광전자 증배관(photomultiplier)은 광전자 방출용 음극(cathode), 복수 개의 2차 전자 방출용 전극인 다이노드(dynode), 2차 전자를 수집하는 양극(plate)로 구성되며, 진공 유리관내에 봉입되어 있다. 빛이 음극에 입사하면 광전면으로부터 광전자가 방출되고, 이들 광전자가 가속되어 다이노드에 충돌하면, 그 결과 다이노드는 2차 전자를 방출한다. 입사 전자 ($I_1$)에 대한 2차 전자 ($I_2$)의 비 ($\delta = I_2/I_1$)는 다이노드의 재료($Cs_3Sb$, BeO, NEA, GaP 등) 및 가속전압(100~800 [V])에 의존하고, $\delta = 3 \sim 40$값을 갖는다. 10단의 다이노드를

사용하면, 음극에서 방출된 1개의 광전자는 $10^6 \sim 10^7$개로 증배되어 양극에 모아진다. 통상, 6~20단의 다이노드가 사용되며, 양극에서 얻어지는 출력전류의 크기로부터 빛의 강도를 알 수 있다.

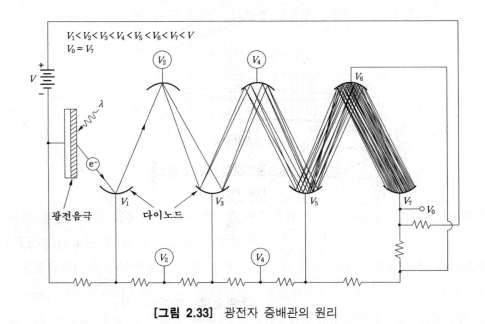

[그림 2.33] 광전자 증배관의 원리

그림 2.34는 시판되고 있는 각종 광전자증배관의 구조와 외관을 나타낸다.

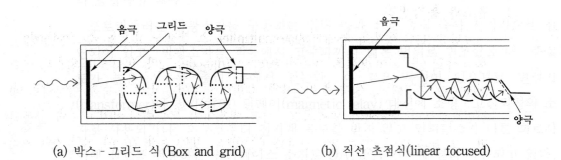

(a) 박스 - 그리드 식 (Box and grid)　　　　(b) 직선 초점식(linear focused)

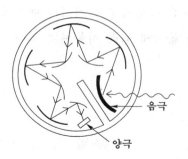

(c) 원형 초점식 (circular cage focused)

**[그림 2.34]** 여러 광전자증배관의 구조

## 2. 특성과 응용

광전자증배관은 현존하는 광검출기 중에서 최고의 감도를 가지며, 광전면으로
부터 전류출력을 외부증폭회로 없이 증폭하면 잡음을 감소시킬 수 있고, 고이
득, 고속응답이 가능하다. 응답시간은 전자의 주행시간에 따라 결정되며 1~10
[ns]이다. 광전자증배관의 신호대잡음비(S/N)는 매우 높으며, 광자 1개가 입사
하는 경우라도 검출할 수 있다. 그림 2.35는 전류 증폭율을 나타낸다.

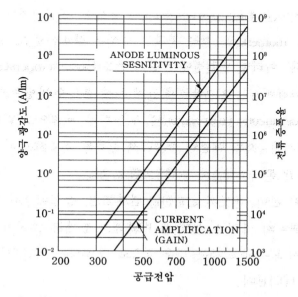

**[그림 2.35]** 대표적인 전류 증폭율-공급전압 특성

광전자증배관은 높은 감도, 빠른 응답속도를 가지기 때문에 극미약광의 검출기로써 의학, 이과학, 정밀계측 분야에 널리 사용되고 있다.

## 2.7  열형 적외선 검출기

적외선 검출기(Infrared detector)는 크게 양자형, 열형, 기타 등 3종류로 분류할 수 있다. 이미 설명한 광도전형과 광기전력형 등이 양자형 적외선 검출기에 속한다.

열형 검출기에는 적외선 흡수에 기인하는 소자온도변화에 의해서 반도체의 전기전도도가 변하는 서미스터(thermistor), 금속의 저항이 변하는 볼로미터(bolometer), 열기전력효과를 이용한 서모파일(thermopile), 전기분극에 의한 전하량의 변화를 검출하는 초전형(pyroelectric detector) 등이 있다.

### 2.7.1  초전형 적외선 센서

#### 1. 초전효과

초전기(焦電氣; pyroelectricity) 현상은 영구전기쌍극자(permanent electrical dipole moment)를 갖는 분자로 구성된 강유전체(ferroelectric material)에서 발생한다. 이러한 단결정에서 큐리 온도(Curie temperature)라고 부르는 임계온도 $T_c$ 이하에서는 전기쌍극자 들이 특정 결정축 방향으로 배열하여 결정에 자발분극(spontaneous polarization)을 일으킨다. 물질이 가열되면, 분자의 열운동에 의해 전기쌍극자의 배열이 흐트러져 분극은 감소하게 되고, 큐리 온도 $T_c$ 이상으로 되면 분극은 0으로 된다(그림 2.36).

이와 같이, 온도가 $\Delta T$만큼 변화하면, 결정내부에서 원자배열의 변화에 따라 자발분극의 세기가 $\Delta P$만큼 변화하는 현상을 초전기 또는 초전효과라고 부른다. 이 효과의 크기는 다음 식으로 주어지는 초전계수(pyroelectric coefficient) $p$로 나타낸다.

$$p = \frac{\Delta P}{\Delta T} \tag{2.18}$$

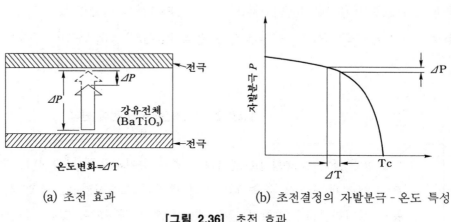

(a) 초전 효과          (b) 초전결정의 자발분극 - 온도 특성

**[그림 2.36]** 초전 효과

## 2. 구조와 동작원리

그림 2.37은 초전 센서의 동작원리를 나타낸다. LiTaO₃와 같이 초전 효과를 갖는 결정은 그림 (a)와 같이 자발분극에 의해서 그 표면에는 항상 (+)와 (−)전하가 발생한다. 그러나 공기 중을 떠돌아다니는 전하(이온)를 포획하여 전기적으로 중성으로 된다. 여기에 입사된 적외선이 흡수되면 초전체의 온도가 상승하고, 그 결과 자발분극의 세기가 감소한다. 그러나 표면에 부착된 전하는 자발분극의 변화에 신속히 대응하여 변화할 수 없기 때문에 결정표면의 전하는 그림 (b)와 같이 불평형으로 되고, 이 불평형 분의 전하를 전압변화로 출력한다.

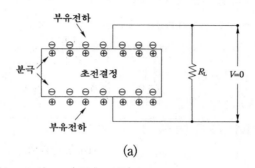

(a)

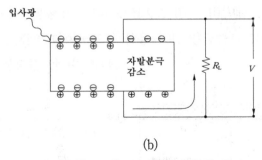

(b)

**[그림 2.37]**  초전센서의 동작 원리

그림 2.38은 초전형 IR 센서의 구조와 등가회로를 나타낸다. 지지대 위에 고정된 초전체 박판을 금속 베이스의 중앙에 고정시키고, 금속 베이스는 적외선 필터(실리콘 판)를 접착한 금속 켄(can)으로 차폐되어 있다. 초전소자는 임피던스가 매우 높아( $10^{12}$ [Ω]) 그대로 사용하면 외부 잡음을 유도하기가 쉽기 때문에 임피던스 매칭 회로를 같은 케이스에 내장하고 있으며, 보통 FET를 사용한 소오스 폴로워(source follower) 회로가 사용된다.

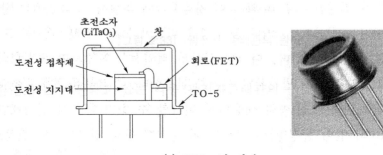

(a) 구조  및 외관

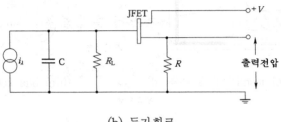

(b) 등가회로

**[그림 2.38]**  초전 IR 센서

## 3. 특성과 응용

초전형(LiTaO$_3$) 적외선 센서의 감도는 온도에 따른 변화가 매우 작기 때문에 실용상 사용범위($-20\,[℃]\sim80\,[℃]$)에서 온도변화는 무시된다.

표 2.5는 두 초전형 센서의 특성을 나타낸다. 분광감도특성은 열형 검출 소자이므로 파장 의존성은 없지만 사용하는 창의 재료의 투과 특성에 따라 파장 영역이 결정된다.

[표 2.5] 초전형 센서의 특성 예

| 특 성 | 단 위 | P3782[a] | 406[b] |
|---|---|---|---|
| 창 재료 | | Si | Ge |
| 검출 면적 직경 | mm | 2 | 2 |
| 광 대역(optical bandwidth) | $\mu$m | 2~20 | 2~15 |
| 전압 감도 | V/W | 1500[a] | 275[b] |
| NEP | pW/$\sqrt{\text{Hz}}$ | 850[a] | 500[b] |
| $D^*$ | cm$\sqrt{\text{Hz}}$/W | $2.2\times10^{8}$[a] | $1.7\times10^{8}$[b] |
| 동작 온도 범위 | ℃ | $-20$ to 60 | $-55$ to 125 |
| 상승시간(0~63 [%]) | ms | 100 | 0.2 |
| 감도의 온도계수 [max.] | %/℃ | 0.2 | 0.2 |

a : 1 [Hz]에서          b : 10 [Hz]에서

## 2.7.2 서모파일

서모파일(thermopile)은 다수의 열전대(thermocouple; 제3장 참조)를 전기적으로 직렬 접속하여 지백 전압(Seebeck voltage)이 더해지도록 한 광센서이다. 그림 2.39는 서모파일의 기본 구조를 나타낸다. 능동 접점(active junction)은 복사광을 집속하는 판에 열적으로 접속되어 있고, 개개의 열전대와 열전대를 접속하는 모든 기준접점(reference junction)은 방열판에 열적으로 접속되어 능동 접점보다 더 낮은 온도로 유지된다.

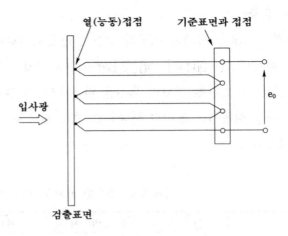

**[그림 2.39]**  서모파일의 구조

그림 2.40은 원형을 레이아웃을 갖는 박막 서모파일의 구조이다.  능동 접점은 기하학적 중심 부근에 형성되고, 입사 열(IR)을 흡수하는 흑화막(black material)으로 코팅된다. 기준 접점은 소자의 주변부에 형성되고 능동접점이 있는 검출영역과는 열적으로 절연된다. 출력단자는 기준접점으로부터 꺼낸다.

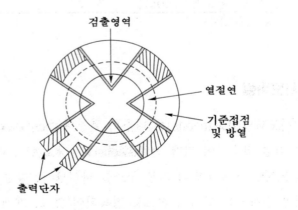

**[그림 2.40]**  원형 써모파일

　최근에는 실리콘 마이크로머시닝 기술을 이용한 서모파일이 상용화되고 있다. 열전물질로 종래의 비스무스(Bi)와 안티몬(Sb) 대신 다결정 실리콘와 알루미늄을 사용한다. 그림 2.41은 실리콘을 베이스로하는 서모파일의 구조를 나타낸다. 먼저 이방성 에칭에 의해서 $1-\mu m$ 두께의 $SiO_2/Si_3N_4$ 맴브레인을 형성한다. 이 맴브레인의 열전도율은 매우 낮다. 맴브레인의 중심에는 열접점을 형성하고, 그 위에 IR 흡수층을 코팅한다. 냉접점은 실리콘 기판 가장자리에 위치한다. 센서 칩은 TO - 베이스플레이트에 마운트된다.

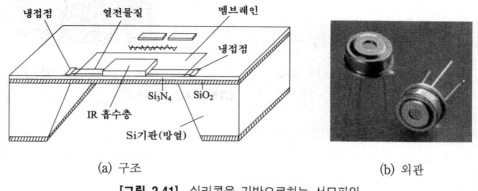

(a) 구조　　　　　　　　　　　　　　(b) 외관

**[그림 2.41]** 실리콘을 기반으로하는 서모파일

　이 센서는 CMOS 표준 반도체 공정을 사용할 수 있어 저가이면서도 신뢰성과 온도 안정도가 높고, 센서특성이 균일하다는 장점이 있다.

### 2.7.3 볼로미터

　볼로미터(bolometer)는 백금 또는 니켈과 같은 금속 세선 또는 서미스터 (themistor; 제3장 참조)와 같은 반도체로 만든 적외선 센서로, 입사 적외선을 흡수해서 가열되면 온도가 증가하고 이로 인해 저항이 변화한다. 최근에는 박막기술과 반도체 기술을 사용해서 제작된 각종 볼로미터가 상품화되고 있다. 이 센서는 보통 브리지(또는 반 브리지) 회로의 한 변에 삽입되어 사용된다.

그림 2.42(a)는 볼로미터가 삽입된 휘트스토운 브리지를, 그림 2.42(b)는 서미
스터 볼로미터의 외관을 나타낸다.

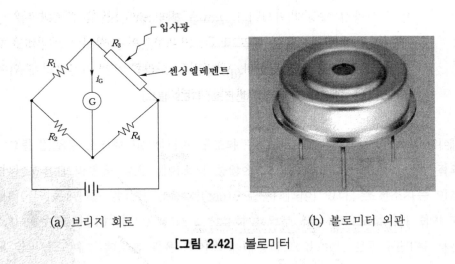

(a) 브리지 회로                    (b) 볼로미터 외관

[그림 2.42]  볼로미터

# 제 3 장

# 자기센서

## 3.1 개 요

지구가 하나의 커다란 자석이기 때문에 자기(磁氣)센서(magnetic sensor)는 비교적 오래 전부터 사용되어 왔다. 예를 들면, 예로부터 항해를 할 때 나침반으로 방향을 측정한 것은 최고의 자기센서라고 할 것이다. 자기센서는 종류도 많기 때문에 본 장에서 다루는 것은 자계를 검출하는 자기센서를 말한다.

현재 자기 센서의 주류는 반도체 홀 효과(Hall effect) 소자와 자기저항소자(magnetoresistor; MR)이지만, 최근에는 이방성자기저항(anisotropic magneto-resistive; AMR) 센서와 거대자기저항(giant magnetoresistive; GMR) 센서, 초전도양자간섭계(superconducting quantum interference device; SQUID) 등도 주목받고 있다.

자기 센서를 분류하는 방식에는 여러 가지가 있으나, 검출 범위에 따라 분류하면 그림 3.1과 같다. 약자계 센서(low field sensor)는 1 [$\mu$G] (마이크로가우스) 이하를 검출하는 센서로, 주로 의용·생체자기계측이나 군용으로 사용된다.

대표적인 약자계 센서로는 SQUID, 탐색코일(search‐coil)등이 있다.

중자계 센서(medium field sensor)는 1[$\mu$G]~10[G] 범위의 자계를 검출하며, 지자기(地磁氣) 센서(Earth's field sensor)라고도 부른다. 여기에는 자속게이트(fluxgate), 자기유도(magnetoinductive; MI) 센서, AMR 센서 등이 있다.

강자계 센서는 10[G] 이상의 자계를 검출한다. 대부분의 산업체에서는 검출 자계원으로 영구자석을 사용한다. 영구자석은 센서에 근접해 있는 강자성체를 자화(磁化)시키던가 또는 바이어스(bias)시킨다. 그래서 이 동작 범위의 센서를 바이어스 자계 센서(bias field sensor)라고도 부르며, 여기에는 리드 스위치(reed switch), InSb MR 센서, 홀 소자, GMR 센서 등이 속한다.

본 장에서는 현재 자계세기 측정에 널리 사용되고 있는 자기센서를 중심으로 설명한다.

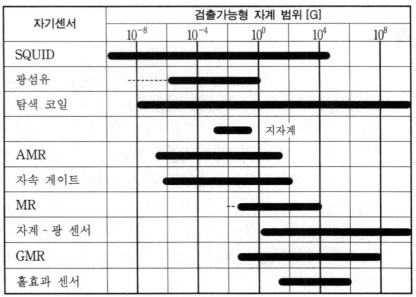

$1\,[\text{gass}] = 10^{-4}\,[\text{Tesla}] = 10^{5}\,[\text{gamma}]$

**[그림 3.1]** 각종 자기 센서의 자계 검출범위

## 3.2 자성 재료의 기초

자기 센서에 사용되는 자성체의 기본 구조와 자기발생의 원리에 대해서 설명한다. 자성체가 갖는 자기적 성질은 원자의 레벨에서 보면, 그림 3.2에 나타낸것과 같이

· 전자의 궤도운동에 수반되는 궤도 자기모멘트(orbital magnetic moment) $m_o$

· 전자의 스핀(spin)에 수반되는 스핀 자기모멘트(spin magnetic moment) $m_s$

에 의해서 결정된다.

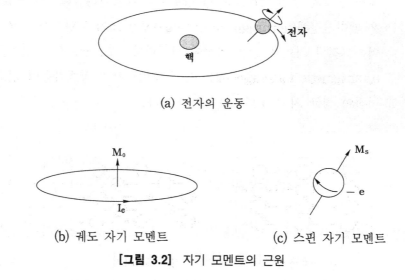

(a) 전자의 운동

(b) 궤도 자기 모멘트　　　　(c) 스핀 자기 모멘트

**[그림 3.2]** 자기 모멘트의 근원

각 원자에 대해 이들 자기 모멘트의 효과를 하나로 나타나면 그림 3.3과 같이전류 $I$가 흐르는 원형 전류 루프(current loop)로 생각할 수 있는데, 이때 원자의등가 자기 모멘트는 다음과 같이 쓸 수 있다.

$$m = IdS\,[\mathrm{A \cdot m^2}] \tag{3.1}$$

이 자기 모멘트의 배열 상태에 따라 여러 종류의 자성체가 된다.

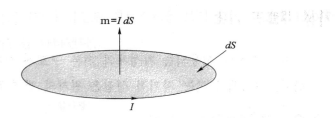

**[그림 3.3]** 전자운동과 등가인 원형 전류 루프

그림 3.4는 자성체 내부에서 자기 모멘트의 배열 상태를 나타내고 있다. 니켈(Ni), 철(Fe), 코발트(Co) 등과 같은 강자성체(强磁性體; ferromagnetic material)에서 원자의 자기 모멘트는 한 방향으로 배열한다. 페라이트(ferrite; $Fe_3O_4$)와 같은 페리자성체(ferrimagnetic material)에는 크기와 방향이 다른 자기 모멘트가 있어, 그것의 차이로 같은 자성이 발생한다. 또, 공기와 같은 상자성체(常磁性體; paramagnetic material)에서는 자기 모멘트간의 상호작용이 없고 그 방향이 무질서하여 평균 자기 모멘트가 0으로 된다.

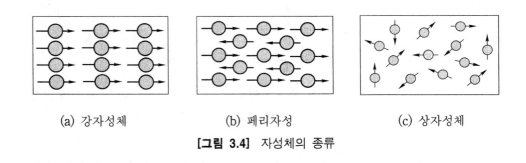

(a) 강자성체 　　　　(b) 페리자성 　　　　(c) 상자성체

**[그림 3.4]** 자성체의 종류

강자성체의 경우, 그림 3.5와 같이 온도가 상승함에따라 자기 모멘트 배열이 점점 흐트러져 어떤 온도 $T_C$에서 실제로 무질서하게 되어 자성이 상실된다. 이 온도를 큐리 온도(Curie temperature)라고 부른다. 보통 큐리 온도는 실온보다 아주 높은 영역에 있으며, Fe(770 [℃]), Co(1127 [℃]), Ni(358 [℃])이다.

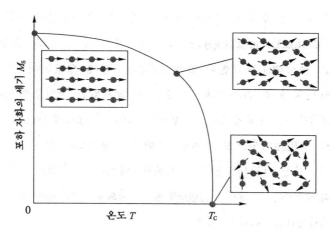

**[그림 3.5]** 큐리 온도

　자성체를 결정의 크기에서 보면, 그림 3.6과 같이 자화방향은 재료전체에 대해서 동일하지 않고, 자기 모멘트가 한 방향으로 정렬되어 있지만 자화 방향이 다른 영역들이 존재한다. 이와 같은 자화영역을 자구(磁區;magnetic domain)라고 부르며, 약 $10^{15} \sim 10^{16}$개의 원자를 포함하고 있다. 자구와 자구의 경계를 자벽(磁壁; domain wall)이라 한다. 외부 자계가 인가되면 각 자벽이 이동하고 자구는 자계 방향으로 회전하여 정렬한다.

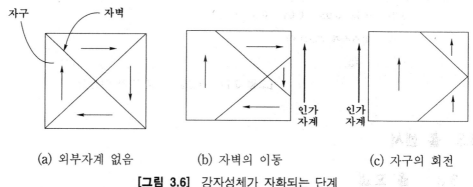

(a) 외부자계 없음　　　(b) 자벽의 이동　　　(c) 자구의 회전

**[그림 3.6]** 강자성체가 자화되는 단계

강자성체 결정은 결정방향에 따라 자기적 특성이 다른 자기 이방성(磁氣異方性; magnetic anistropy)를 갖는다. 예를 들어, 그림 3.7에 나타낸 철(Fe)의 경우를 생각해보자. 철의 결정구조는 그림에 삽입되어 있는 것과 같이 Fe원자가 정육면체의 각 모서리와 그 중심에 놓여있는 체심입방체(body‒centered cubic; BCC)이다. 자구에 있는 스핀들은 6개의 [100] 방향으로 가장 쉽게 정렬한다. 따라서, 〈100〉방향으로 자계를 가하면 그림 (b)와 같이 자구가 이동하여 쉽게 자화된다. 한편, [111]방향으로 자화를 시키려면, [100] 방향보다 더 강한 자계를 인가해야한다. 그래서, 〈100〉방향을 자화용이축(easy axis), 〈111〉방향을 자화곤란축(hard axis)라고 부른다.

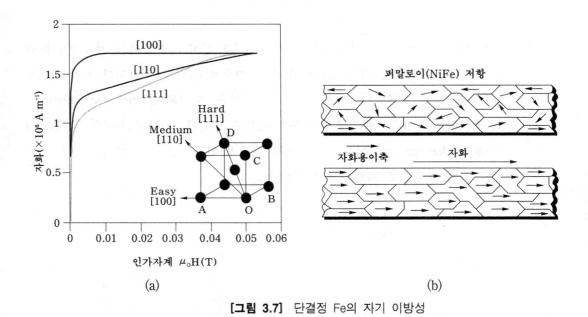

(a)                                                    (b)

**[그림 3.7]**  단결정 Fe의 자기 이방성

## 3.3  홀 센서

### 3.3.1  홀 효과

그림 3.8과 같이 길이가 충분히 긴 장방형 반도체 시료에 전류 $I_x$가 흐르고 있다고 생각하자. 자계 $B_z$가 없으면, 전자는 인가전계 $E_x$와 반대방향(−$x$ 방향)

으로 속도 $v_x(=-\mu_e E_x)$로 이동하고,　이때 흐르는 전류밀도 $J_x$와 전류 $I_x$는

$$J_x = -nqv_x = nq\mu_n E_x \tag{3.2a}$$

$$I_x = (tw)\times(nq\mu_n E_x) = twnq\mu_n E_x \tag{3.2b}$$

여기서, $n$은 전자농도, $q$는 전자 전하량, $\mu_n$은 전자 이동도, $t$는 시료 두께, $w$는 시료 폭이다.

이제 그림과 같이 시료에 수직한 방향($z$ 방향)으로 자계 $B_z$를 인가하면, 전자에 자기력 $F_m(=-qv_x B_z)$이 작용하여 전자는 그림과 같이 $y$방향으로 향하는 속도성분을 갖게 된다. 그러나 전자는 면 $A$의 경계를 통해서 이동할 수 없기 때문에 면 $A$에는 전자가 축적되고 반대 면 $B$에는 전자의 부족이 발생한다. 그 결과 $A$면에 $(-)$전하 $B$면에 $(+)$전하가 분포한다. 이와 같은 전하분포에 의해 다시 $B$측에서 $A$측을 향해 전계 $E_H$가 발생하고, 이 전계에 의해 전자에는 $F_e(=-qE_H)$라는 전기력이 작용하여 전자가 $A$면으로 이동하는 것을 방해한다.

평형상태에서는 자계 $B_z$에 의한 자기력 $F_m$과 전계 $E_H$에 의한 전기력 $F_e$가 균형을 이루어 그림과 같이 자계를 인가하기 전과 마찬가지로 전자는 외부전계 $E_x$에 평행하게 이동하여 전류도 나란히 흐른다.

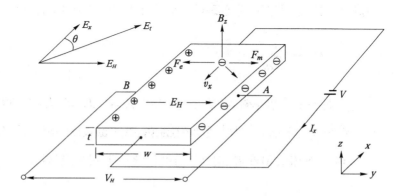

**[그림 3.8]** 홀 효과

두 힘의 균형은

$$qE_H = qv_xB_z \tag{3.3}$$

식 (3.2a)와 (3.3)으로부터 홀 전계(Hall field)는 다음과 같이 된다.

$$E_H = -\frac{J_xB_z}{nq} = R_HJ_xB_z \tag{3.4}$$

여기서 비례계수 $R_H$는

$$R_H = -\frac{1}{nq} \tag{3.5}$$

이것을 홀 계수(Hall constant)라고 부른다.

두 면 $A$, $B$ 사이에 발생하는 기전력을 홀 전압(Hall voltage)이라고 하며 다음과 같다.

$$
\begin{aligned}
V_H &= wE_H = R_HJ_xwB_z \\
&= R_H\frac{J_xwtB_z}{t} = R_H\frac{I_xB_z}{t}
\end{aligned} \tag{3.6}
$$

지금까지 전자에 대해서 설명하였으나, 정공(hole)에 대해서도 전하의 극성만 다를 뿐 유도 과정은 동일하다. 정공에 대한 홀 계수는 다음 식으로 된다.

$$R_H = \frac{1}{nq} \tag{3.7}$$

그림 3.8에서 반도체 내부의 총 전계 $E_t$는 $E_x$와 $E_H$의 벡터 합으로 주어진다. 전계 $E_t$와 $E_x$사이의 편향각(deflection angle) $\theta$을 홀 각(Hall angle)이라고 하며, 식 (3.2a)와 (3.4)으로 부터 다음과 같이 된다.

$$\tan\theta = \frac{E_H}{E_x} = \mu_nB_z \tag{3.8}$$

### 3.3.2 홀 센서

식 (3.6)는 그림 3.9(a)와 같이 무한히 긴 홀 소자에 대한 이상적인 홀 전압이다. 실제의 홀 센서는 그림 3.9(b), (c)에 나타낸 것처럼 유한의 크기를 가지므로 홀 전압은 식 (3.6)으로 주어지는 값보다 작아진다. 이것은 전극접촉부(electrode contact)가 전류의 유선(current line)을 왜곡시키기 때문에 발생한다(자기저항효과에서 설명한다). 그래서 그 감소의 비율을 형상계수(形狀係數; geometry factor) $f_H$를 사용해서 나타내며, 식 (3.6)을 다시 쓰면 다음과 같다.

$$V_H = \frac{R_H}{t} I_x B_z f_H \tag{3.9}$$

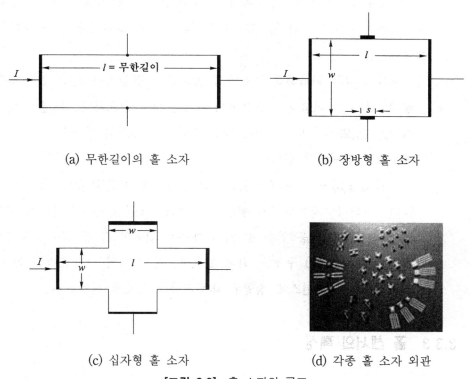

(a) 무한길이의 홀 소자          (b) 장방형 홀 소자

(c) 십자형 홀 소자          (d) 각종 홀 소자 외관

**[그림 3.9]** 홀 소자의 구조

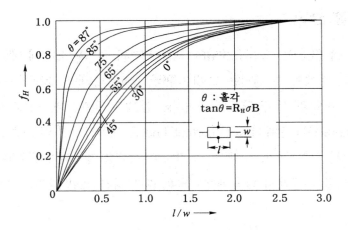

**[그림 3.10]** 홀 소자의 형상 계수

형상보정계수 $f_H$는 $l/w$와 $\theta$의 함수이며, 그림 3.10과 같다. $f_H$는 $l/w \gg 3$ 범위에서 거의 1과 같다. 그러므로, 홀 소자의 길이 $l$은 폭 $w$보다 3배 이상 커야한다.

완전히 다른 기하학적 구조의 홀 소자라도 형상계수 $f_H$의 값을 동일하게 설계할 수 있으며, 기술적인 관점에서 이것은 매우 중요하다. 큰 홀 전압을 얻으려면 식(3.6~3.9)에서 알 수 있는 바와 같이, 홀 계수와 이동도가 크고 두께가 얇은 반도체 박편이어야 한다.

그림 3.9(b)에서, $s/l < 0.1$이 되는 장방형 박편(薄片)을 제작하는 것은 쉽지 않다. 그러나, 제작하기가 훨씬 더 용이한 그림 3.9(c)의 십자형 구조로부터 동일한 형상계수 값을 얻을 수 있기 때문에 실용의 홀 센서는 그림 3.9(c)의 십자형(cross - shaped) 구조로 되어 있으며, 홀 전극의 단락효과를 억제하고, 또한 외부회로의 임피던스에 정합된 내부저항을 갖도록 설계된다.

## 3.3.3 홀 센서의 특성

### 1. 감도

홀 센서의 감도로는 보통 적감도(積感度)가 사용되고 있다. 식 (3.9)에서 홀 전압은 전류와 자속밀도의 곱에 비례하므로 다음과 같이 쓸 수 있다.

$$V_H = S_I I B \tag{3.10}$$

또는

$$S_I = \frac{V_H}{IB} = \frac{R_H}{t} f_H \tag{3.11}$$

여기서, $S_I$를 적감도(積感度)라고 부르며, 홀 소자의 감도를 나타내는데 사용된다. 보통 소자전류 1 [mA], 자속밀도 1 [kG]에 대한 홀 전압을 mV로 표현하며, 적감도의 단위로는 mV/mA·kG가 자주 사용된다.

식 (3.10)에서 알 수 있는 바와 같이, 적감도가 아무리 크더라도 소자전류가 작으면 홀 전압을 크게 할 수 없다. 예를 들면, InAs 홀 소자의 경우, 적감도는 매우 작지만, 소자 전류는 크게 할 수 있다. 반대로 Ge 홀 소자의 경우 적감도는 크지만 소자전류는 매우 작기 때문에 두 센서의 출력은 같은 정도로 된다.

만약 홀 센서를 정전압으로 구동하면 그때 감도는

$$S_v = \frac{V_H}{VB} = \frac{S_I I}{V} = \frac{S_I}{R} \tag{3.12}$$

여기서, $R$은 홀 소자의 저항이다.

## 2. 자계 직선성

홀 전압이 식 (3.6)의 이론치로부터 벗어 난 정도를 나타내는 것으로, 통상 %로 표시한다.

## 3. 감도의 온도 의존성

홀 전압의 온도 의존성은 적감도의 온도 의존성에 의해서 결정된다. 따라서, 온도 의존성을 작게 하려면 에너지 갭($E_g$)이 큰 반도체를 사용하여야 한다. 즉, 에너지 갭이 클수록 온도특성이 우수하다.

## 4. 불평형 전압

이상적인 홀 소자에서는 외부자계를 가하지 않았을 때 홀 전압이 0이어야 한다. 그러나, 실제의 홀 소자는 가공 정밀도의 문제, 소자 내부의 전기적 성질의 불균일, 홀 전극의 비대칭성 등에 의해서 외부자계가 존재하지 않는 경우에도 약간의 전압이 발생한다. 외부자계를 인가하지 않은 상태에서 홀 소자에 단위입력 전류를 흘릴 때 나타나는 출력전압을 불평형 전압(offset voltage) $V_0$라고 한다.

실용상 문제가 되는 것은 불평형 전압과 적감도와의 비(比)인 오프셋 자계 $H_o$이다.

$$H_o = \frac{V_o}{S} \tag{3.13}$$

본래는 $H_o = 0$이어야하지만, 통상의 시판 소자는 수십~수백 [G]의 $H_o$를 가지며, 이것이 홀 소자의 품질을 결정한다.

## 5. 동상전압

홀 소자는 4단자 소자이므로 동상전압이 홀 전압에 중첩된다. 동상전압(同相電壓)은 보통 차동 증폭기에 의해서 제거되지만 제거되지 않는 양은 0점의 드리프트(zero drift)가 되어 나타난다.

## 6. 각종 홀 센서의 특징

홀 소자의 재료로써는 InSb, InAs, GaAs, Si, Ge 등의 반도체가 사용되고 있다. 실리콘의 경우는 홀 소자와 증폭회로, 온도보상회로를 하나의 칩에다 집적시켜 홀 IC라고 하는 이름으로 시판되고 있기 때문에 다음 절(3.3.6절)에서 별도로 설명한다.

### (1) InSb 홀 센서

• 전자 이동도가 크므로 출력 전압이 크다.
   보통 GaAs 홀 센서의 수배~10배정도 크다.

• 에너지 밴드 갭이 작아서 동작범위가 작고 온도변화가 크다.

약 −20 ~ +100 [℃] 정도이며, 적감도, 전기저항의 온도변화는 약 수 [%/℃]로 크므로, 고온에서 열 폭주가 발생하지 않도록 주의할 필요가 있다. 그림 3.11은 InSb 홀 소자의 출력전압 - 온도특성의 일례이다.

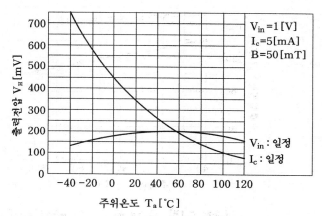

[**그림 3.11**] InSb 홀 소자의 출력전압-온도특성

• 정전압 구동시 온도 특성이 좋다.

• 높은 자계에서는 포화한다.

수 kG 이상에서는 직선성이 급격히 나빠진다.

• 가격이 저렴하다.

## (2) InAs 홀 센서

• 온도특성이 우수하다.

• 피에조 효과가 커서, 오프셋 자계가 변동한다.

• 출력도 InSb에 비해 약하다.

## (3) GaAs 홀 센서

• 밴드 갭이 가장 커서 동작온도범위가 넓다.

200 [℃] 이상에서도 동작가능하나 패키지가 견딜 수 없어 통상의 동작온도 범위는 약 −55 ~ +125 [℃]이다.

• 홀 전압의 온도계수가 작다(정전류 구동시).

대표적인 온도계수는 −0.04[%/℃]이다. 그림 3.12은 GaAs 홀 소자의 출력전압 - 온도특성의 일례를 나타낸다.

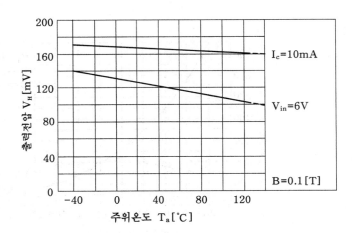

[그림 3.12] GaAs 홀 소자의 출력전압-온도특성

• 주파수 특성이 우수하다.
• 높은 자계까지 정확히 측정할 수 있다.
• 출력전압이 작다.

출력전압이 작은 결점을 제외하면, GaAs 홀 센서는 매우 특성이 뛰어나다.

### (4) Ge 홀 센서

• 홀 전압의 온도계수가 작다(정전류 구동시).

대표적인 온도계수는 +0.02[%/℃]이다. 소자저항의 온도계수는 0.5[%]이다.

• 직선성이 우수하다.

0~10[kG]에서 직선성은 ±0.5[%]로 우수하다.

• 일반적으로 곱감도가 작다.
• 고가이다.

　　표 3.1은 시판되고 있는 각종 홀 센서의 특성 예를 나타낸다. 일반적으로 InSb
홀 소자는 고감도(high sensitivity), GaAs 홀 소자는 높은 안정도(high
stability) 특성을 갖는다.

**[표 3.1]** 시판되고 있는 홀 센서의 특성 예

| 홀 소자 | 내부저항 $R$[Ω] | 구동전류 $I$[mA] | 홀 출력감도 $V_H/B$[V/T] | $V_H$의 온도계수 [%/℃] | 동작온도 [℃] | |
|---|---|---|---|---|---|---|
| InSb(단결정) | 50 | 10 | 6 | −2 | −40~100 | 자성기판 |
| InSb(박막) | 350 | 5 | 5.5 | −2 | −20~100 | 자성기판 |
| InAs(단결정) | 2.2 | 100 | 0.1 | −0.1 | −20~90 | |
| GaAs(ion 주입) | 650 | 5 | 1.2 | −0.06 | −55~125 | |
| Ge(단결정) | 500 | 10 | 1 | +0.02 | −10~60 | |
| Si(Hall IC용) | 2300 | 1.1 | 0.22 | −0.02 | −40~85 | |

## 3.3.4  오차 보상

　　홀 소자를 사용하는 경우 문제로 되는 오차의 원인으로는, 형상효과에 의한
직선성의 차이, 홀 전극의 비대칭성에 의한 불평형 전압, 배선 리드 때문에 생기
는 유도전압, 소자재료의 온도 의존성에 따른 특성 변동, 온도 불균일에 의한 열
기전력 등이 있다. 다음에 최대의 문제인 불평형 전압의 보상과 온도특성의 보
상에 대해서 설명한다.

### 1. 불평형 전압의 보상

　　앞에서 설명한 바와 같이, 실제의 홀 소자는 가공 정밀도의 문제, 소자 내부의
전기적 성질의 불균일, 홀 전극의 비대칭성 등에 의해서 외부자계를 인가하지
않는 경우에도 약간의 전압이 발생한다.

　　홀 전극 위치의 비대칭에 기인하는 불평형 전압을 보상하는 방법에는 2가지
방법이 있다. 첫째는 그림 3.13(a)와 같이 소자 제작공정에서 홀 전극 근방에 홈
을 내어 평형을 갖도록 하는 트리밍(trimming) 법과, 다른 하나는 그림 3.13(b)
와 같이 홀 출력 측에 보상용 저항을 넣어 브리지 회로를 만들어 회로적으로 보

상하는 방법이 있다. 또한 보다 현실적인 방법으로는 홀 전압을 증폭하는 차동
증폭기의 평형조절을 홀 소자와 일체화하여 할 수도 있다. 이 경우에는 불평형
전압이 가능한 한 작은 것이 바람직하다.

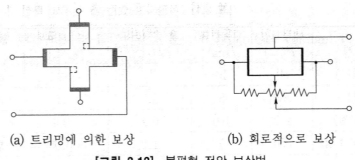

(a) 트리밍에 의한 보상          (b) 회로적으로 보상

**[그림 3.13]**  불평형 전압 보상법

## 2. 온도특성 보상

홀 소자의 온도보상은 그림 3.14(a), (b)와 같이 온도계수가 다른 서미스터 등
을 센서 회로 내에 조합시켜 온도를 보상하는 방법, 온도 의존성의 원인과 어떤
파라미터를 변화시켜 센서 회로를 구성하는 방법이 있다. 또, InSb 홀 소자의
경우 그림 3.14(c)의 정전압 구동방식으로 하면 온도특성이 약 1 오더 개선된다.

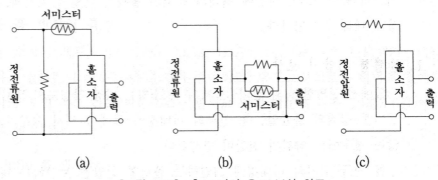

(a)                    (b)                    (c)

**[그림 3.14]**  홀 소자의 온도 보상 회로

### 3.3.5 기본 구동 회로

홀 센서를 이용하려면 용도에 따라 소자전류를 공급하는 방식을 결정해야 한다. 홀 센서의 대표적인 구동방식에는 그림 3.15와 같이 정전류 구동과 정전압 구동이 있다.

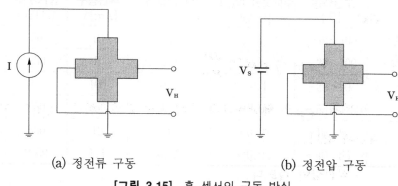

(a) 정전류 구동                    (b) 정전압 구동

**[그림 3.15]** 홀 센서의 구동 방식

### 1. 정전류 구동

그림 3.15(a)의 정전류 구동방식에서 홀 센서의 출력전압은 다음 식으로 표시된다.

$$V_H = \frac{R_H}{t} I B f_H \tag{3.14}$$

여기서, $R_H$는 홀 계수, $f_H$는 홀 소자의 형상계수이다. 정전류 구동방식의 특징은 다음과 같다.

- 자계 직선성이 우수하다.
  자속밀도가 커지면 소자저항이 증가하지만(자기저항효과), 소자전류가 소자 저항에 관계없이 일정하므로 직선성은 나빠지지 않는다.
- 소자전류가 일정하므로 홀 전압의 온도변화는 작다 (GaAs와 Ge 홀 센서의 경우).

- 인가전압($I \times R_H$)이 소자저항($R_H$)의 온도변화에 따라 변화하므로 불평형 전압의 온도변화가 크다.
- 회로가 복잡해진다.

## 2. 정전압 구동

그림 3.15(b)의 정전압 구동방식에서 홀 센서의 출력전압은 다음 식으로 표시된다.

$$V_H = \frac{w}{l}\, \mu B V_s \frac{f_H}{g_M}$$
(3.15)

여기서, $g_M$은 형상효과에 의한 저항 증가율이다. 정전압 구동방식의 특징은 다음과 같다.

- 직선성이 나쁘다.
  자속밀도가 증가하면 자기저항효과에 의해 저항치가 증가하여 소자전류가 작아지기 때문에 홀 전압이 변화한다.
- 소자전류($I = V_S/R$)가 소자 저항에 의해서 결정되므로 홀 전압의 온도변화가 크다.
- 인가전압이 일정하므로 불평형 전압의 온도변화가 작다.
- 회로가 간단하다.

### 3.3.6  홀 IC

실리콘 홀 소자는 전자 이동도가 작기 때문에 감도가 나빠서 단독으로 사용하지 않고, 실리콘 홀 소자와 증폭회로, 온도보상회로를 하나의 칩에 집적화한 IC를 홀 IC라고 부른다. 홀 IC에는 리니어(linear) 출력형과 디지털(digital) 출력형이 있으며, 디지털 출력형에는 슈미트 트리거(Schmitt trigger) 회로가 부가된다.

그림 3.16은 디지털 출력을 갖는 홀 IC의 회로 구성을 나타낸다. 자속밀도가 $B_{op}$(operate point)이상으로 증가하면, 출력전압은 'High'에서 'Low'로 변하고

소자는 스위치 ON한다. 자속밀도가 $B_{rp}$(release point) 이하로 떨어지면 출력전압은 'Low'에서 'High로 변하여 소자는 스위치 OFF 상태로 된다.

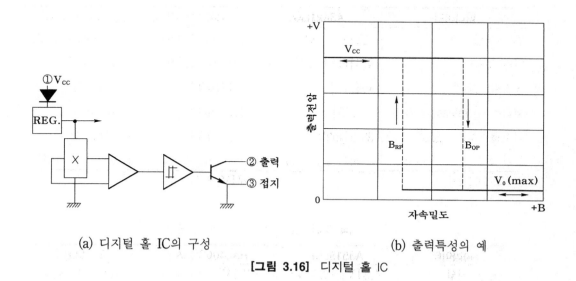

(a) 디지털 홀 IC의 구성  (b) 출력특성의 예

**[그림 3.16]** 디지털 홀 IC

그림 3.17은 리니어 홀 IC의 회로구성과 출력특성을 나타낸 것으로, 출력전압이 자계의 세기에 직선적으로 비례함을 알 수 있다.

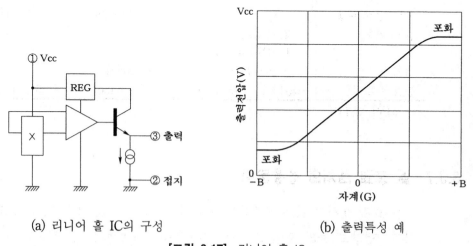

(a) 리니어 홀 IC의 구성  (b) 출력특성 예

**[그림 3.17]** 리니어 홀 IC

표 3.2와 3.3은 디지털 홀 IC와 리니어 홀 IC의 특성 예를 나타낸 것이다.

[**표 3.2**] 몇몇 디지털 홀 IC의 특성

| 파라미터 | A3421LKA | HAL114SO-A | HS-220-40 |
|---|---|---|---|
| 인가 전압 | $4.5\,[\text{V}]\sim18\,[\text{V}]$ | $4.5\,[\text{V}]\sim24\,[\text{V}]$ | $4.5\,[\text{V}]\sim24\,[\text{V}]$ |
| 인가 전류 | $4.0\,[\text{mA}]\sim18\,[\text{mA}]$ | $6\,[\text{mA}]\sim11\,[\text{mA}]$ | $14\,[\text{mA}]^{b}$ |
| 동작점, $B_{OP}{}^{a}$ | $16\,[\text{mT}]$ | $2.13\,[\text{mT}]$ | $15\,[\text{mT}]$ |
| 릴리스 점(release), $B_{RP}{}^{b}$ | $-17.5\,[\text{mT}]$ | $1.76\,[\text{mT}]$ | $10\,[\text{mT}]$ |
| 히스테리시스, $B_{hys}{}^{a}$ | $33.5\,[\text{mT}]$ | $0.37\,[\text{mT}]$ | $2\,[\text{mT}]$ |
| 동작 온도 | $-40\,[\text{℃}]\sim+150\,[\text{℃}]$ | $-40\,[\text{℃}]\sim+170\,[\text{℃}]$ | $0\,[\text{℃}]\sim+70\,[\text{℃}]$ |

a : 25 [℃]에서                                    b : 24 [V]에서

[**표 3.3**] 몇몇 리니어 홀 IC의 특성

| 파라미터 | A3515LUA | HAL400SO-A | SS495B |
|---|---|---|---|
| 공급 전압, $V_s$ | $4.5\,[\text{V}]\sim5.5\,[\text{V}]$ | $-12\,[\text{V}]\sim+12\,[\text{V}]$ | $4.5\,[\text{V}]\sim10.5\,[\text{V}]$ |
| 공급 전류 | $7.2\,[\text{mA}]^{a}$ | $14.5\,[\text{mA}]$ | $7\,[\text{mA}]^{a}$ |
| 자계 범위 | $\pm80\,[\text{mT}]$ | $\pm75\,[\text{mT}]$ | $\pm67\,[\text{mT}]$ |
| 출력 전압 스팬 | $0.2\,[\text{V}]\sim4.7\,[\text{V}]$ | $-0.3\,[\text{V}]\sim12\,[\text{V}]$ | $0.2\,[\text{V}]\sim V_s-0.2\,[\text{V}]$ |
| 감도 | $50\,[\text{mV/mT}]$ | $42.5\,[\text{mV/mT}]$ | $31.25\,[\text{mV/mT}]$ |
| 비선형 오차 | − | $0.5\,[\%]$ | 스팬의 $1\,[\%]$ |
| 온도 영점 변동 | − | $25\,[\mu\text{V/K}]$ max | $\pm0.08\,[\%/\text{℃}]$ |
| 감도 변동 | $2.5\,[\%]$ at $T_{max}$ $-1.3\,[\%]$ at $T_{min}$ | − | $+0.05\,[\%/\text{℃}]$ |
| 대역폭 | $30\,[\text{kHz}]$ | $10\,[\text{kHz}]$ | − |
| 동작 온도 | $-40\,[\text{℃}]\sim+150\,[\text{℃}]$ | $-40\,[\text{℃}]\sim+150\,[\text{℃}]$ | $-40\,[\text{℃}]\sim+150\,[\text{℃}]$ |

a : 5 [V], 25 [℃]

## 3.3.7 홀 효과 센서의 응용분야

홀 효과 센서는 자계 측정뿐만 아니라, 사무기기 및 가전제품의 모터 제어, 세탁기, 냉장고 등의 도어 스위치, 전류측정, 레벨센서, 전력측정, 근접센서, 속도센서, 위치센서 등 광범위하게 응용되고 있다.

## 3.4  자기저항 소자

자기저항소자(磁氣抵抗素子; magnetoresistor; 약해서 MR소자로 부른다)는 2 단자소자로서, 자계에 의해 물질의 저항이 변화하는 현상인 자기저항 효과(磁氣抵抗效果; magnetoresistance effect)를 이용하는 자기센서이다. 자기저항소자는 사용재료에 따라 반도체 자기저항 소자와 자성체 자기저항 소자로 분류한다.

### 3.4.1  반도체 자기저항 소자

반도체에 자계를 가했을 때 저항이 증가하는 원인으로는 물리적 자기저항 효과(physical magnetoresistance effect)와 형상 자기저항 효과(geometrical magnetoresistance effect)가 있다

### 1. 물리적 자기저항 효과

앞 절에서 홀 효과를 설명할 때, 형상계수가 도입되었다. 이것은 모든 전하 케리어가 동일한 속도를 갖지 않으며, 따라서 각 전하에 작용하는 로렌쯔 힘도 동일하지 않다는 사실에 기인한다.

그림 3.18은 반도체의 물리적 자기저항 효과를 간단히 나타낸 것이다. 지금 전류가 x - 방향으로 흐르고 있다고 가정하자. 반도체 내부의 모든 케리어가 동일한 속도(그래서 동일한 에너지)를 갖지는 않는다. 그러므로 그들이 받는 로렌쯔 힘(Lorentz force)도 서로 다르다. 정상상태에서 y - 방향으로 흐르는 총 전류는 0이어야 한다. 홀 전압은 이 상태가 될 때까지 증가할 것이다. 정상상태에서, 일부의 전하 케리어가 받는 로렌쯔 힘 $(F_m = qv_xB_z)$은 홀 전계(Hall field)에 기인하는 힘 $(F_e = qE_H)$보다 더 크고, 일부의 전하 케리어에 작용하는 힘은 더 작다. 이로 인해 그림 3.18과 같이 일부의 전하 케리어는 위로 편향되고, 일부는 아래로 편향된다. 따라서, 홀 소자를 가로지르는 케리어의 이동경로(path)가 다소 증가하여 저항이 약간 증가한다. 이 효과를 물리적 자기저항 효과 또는 간단히 자기저항율 효과라고 부르며, 저항변화는 다음과 같이 나타낸다.

$$\sigma(B) = \sigma_o(1 - r^2\mu^2 B_z^2) \tag{3.16}$$

여기서 $\sigma(B)$는 자계 인가 후 전기전도도, $\sigma_o$는 자계 인가 전 전기전도도, $\mu$는 케리어 이동도이다. 실리콘 반도체의 경우, 이동도 $\mu$가 비교적 작기 때문에 물리적 자기저항 효과는 무시할 수 있다. 강한 자계(0.1 T)에서 전자 전도도의 상대적 변화는 $10^{-4}$ 이하이다.

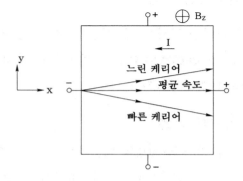

[**그림 3.18**] 물리적 자기저항효과

## 2. 형상 자기저항 효과

그림 3.19(a)와 같이 길이 $l$, 폭 $w$인 장방형 반도체 시료의 양끝에 균일한 오믹 금속전극을 설치하고 측변의 중앙에 횡방향 전계를 끌어내기 위한 홀 전극을 가진 소자구조를 생각해 보자.

전극간의 전기저항은 저항률과 전류분포형태에 의해서 결정된다. 일반적으로 전류분포는 소자의 형상과 경계조건에 의해서 정해지는데, 자계가 없을 때는 그림 3.19(a)와 같이 전류와 전계는 동일 방향이고, 전극간 저항 값이 최소가 되도록 전류는 분포한다.

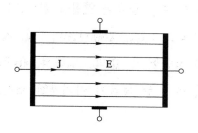 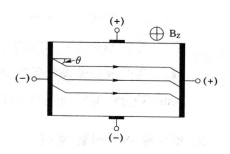

(a) 자계가 없을 때(시료저항 : $R_o$)    (b) 자계가 있을 때(시료저항 : $R_B$)

**[그림 3.19]** 형상 자기저항 효과

자계를 가하면 전류는 그림 3.19(b)와 같이 자계 방향과 $\theta$만큼 달라진다는 것은 이미 설명하였다. 그런데 전극은 금속도체이므로 전계는 전극 면에 수직이 되어야 한다. 따라서, 전극으로부터 유입 또는 유출하는 전류는 그림 3.19(b)와 같이 전계와 $\theta$각을 이루어야 한다. 그리고 전극이외의 경계에서 전류는 평행하게 흘러야 된다. 결국 자계 중에서 전하 케리어의 편향에 기인해서, 전류는 그림 3.19(b)과 같은 분포로 흐르고, 전극사이의 전류경로(current path)는 더 길어지고 더 좁아지므로 저항은 증가한다. 홀 각이 작은 경우, 저항의 변화는 다음 식으로 주어진다.

$$R = R_o(1 + \tan^2\theta) = R_o(1 + a\mu^2 B_z^2) \tag{3.17}$$

여기서, $R$은 자계 인가후 소자저항, $R_o$는 자계 인가전 소자저항, $a$는 시료의 $l/w$에 의존하는 형상인자(geometrical factor)로서 이론적인 값을 보정한다. 자계에 의해서 변화된 전류분포는 전극 부근에서만 일어나므로, 소자길이 $l$과 폭 $w$의 비 $l/w$를 작게 하면 저항 변화율 $R/R_o$이 커진다. 즉 소자의 형상에 의해서 저항변화의 비율이 영향을 받게 된다. 이것을 형상 자기저항 효과 (geometrical magnetoresistance effect) 또는 간단히 형상효과라고 한다.

형상 자기저항 효과에서도 이동도가 매우 중요한 역할을 한다. 그러므로, 실리콘의 경우 이동도가 작아(전자의 이동도 : $\mu_n \sim 1600$ [cm$^2$/Vs]) 자기저항효과가 매우 작기 때문에 실용적인 소자에 사용될 수 없다. 그래서, InSb($\mu_n \sim 70,000$ [cm$^2$/Vs])와 같이 전자의 이동도가 매우 큰 재료가 자기저항 소자로 사용된다.

## 3. 반도체 자기저항 센서

자기저항 센서는 지금까지 설명한 자기저항 효과를 이용해 자계의 크기를 저항치의 변화로 검출하는 소자이다. 센서의 감도를 크게 하기 위해서는, 식 (3.17)에 따라 물질의 이동도가 커야 할 뿐만 아니라, 자기저항 효과는 소자형상의 영향이 크기 때문에 실용적인 고감도 자기저항 센서에서는 $l/w$을 작게 하여야 한다. 그러나 실제의 출력은 저항변화 $\Delta R (= R - R_o)$를 전압변화 $(R - R_o) \times I$로 출력하는 경우가 많아, 저항증가를 전압변화로 출력시키기 위해서는 소자의 저항이 커야한다.

### (1) 장방형 자기저항 소자

그림 3.20(a)와 같이 길이 $l$, 폭 $w$, 두께 $t$인 장방형의 반도체 박편에 전극을 붙인 구조이다. 이때, 폭 $w$를 길이 $l$보다 크게 하여야 한다. 장방형 자기저항 효과를 이론적으로 구한 결과, $\mu_e B \leq 0.45$, $l/w \leq 0.35$의 조건을 만족할 때의 저항변화는 다음의 근사식으로 된다.

$$\frac{R}{R_0} = \frac{\rho}{\rho_0}\left[1 + (\mu_e B)^2\left(1 - 0.54\frac{l}{w}\right)\right] \tag{3.18}$$

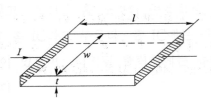
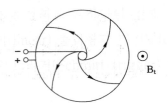

(a) 장방형 자기저항소자              (b) 콜비노 원반

**[그림 3.20]**

장방형 소자의 경우, $l/w$를 작게 하여 자기저항 효과 $R/R_o$를 크게 하더라도 $R_o$이 작기 때문에 자계에 의한 저항 변화분 $\Delta R$도 크게 되지 않아 출력이 작아진다.

## (2) 콜비노 원판

자기저항 효과를 크게 하기 위해서는 홀 전압(전계)이 단락 되어 0이 되도록 소자 구조를 설계해야 한다. 이와 같은 구조로는 그림 3.20(b)의 콜비노 원판(Corbino disk)과 다음에서 설명하는 평면전극이 있다.

콜비노 자기저항 소자는 원판의 중심과 외주에 전극을 설치하여, 홀 전압은 완전히 단락되어 외부에 나타나지 않는다. 전계는 방사상으로 되고, 전류는 반경방향과 홀 각 $\theta$의 각도를 이루면서 소용돌이 모양으로 흐른다. 이것은 식 (3.18)에서, $l/w$가 0인 경우와 동일해서, 최대자기저항 효과를 나타낸다. 즉,

$$R = R_o(1 + \mu^2 B_z^2) \tag{3.19}$$

콜비노 원판은 최대 자기저항 효과를 얻을 수 있어 소자형상으로써는 이상적이지만 구조상 전기저항이 작기 때문에 실용적인 소자로는 사용되지 않는다.

## (3) 평면전극 자기저항 소자

자기저항효과도 크고 저항값도 크게 하기 위해서는, $l/w$이 작은 소자 여러 개를 직렬로 접속한 구조로 하면 좋은 데 제작상 곤란하므로 비실용적이다. 그래서 그림 3.21과 같이 다수의 중간전극을 삽입하여, 다수의 센서를 직렬로 하여 고저항화하고 동시에 감도도 증가시키면 높은 센서 출력을 얻을 수 있다. 또한 전극이 평면상에 배치된 구조로 되므로 자기 저항효과는 다소 떨어지지만 다량 제작이 가능하다.

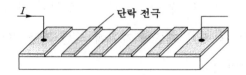

**[그림 3.21]** 평면전극 구조의 자기저항 소자

### (4) InSb-NiSb 자기저항 소자

그림 3.22는 InSb - NiSb 자기저항 소자의 기본 구조를 나타낸 것으로, 그림 3.21과 동일한 효과를 얻기 위해서 InSb 박편 속에 침상(needle shaped)의 저저항 NiSb를 석출시켜 만든 것이다. 이러한 NiSb는 전류경로에 대해 단락바(shorting bar)로써 작용한다. 자계의 세기가 강해지면 강할수록 전류경로는 더 길어지고 저항은 더욱 증가한다.

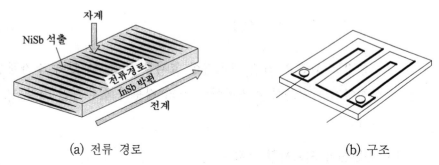

(a) 전류 경로          (b) 구조

**[그림 3.22]** InSb/NiSb 자기저항 소자

그림 3.23은 InSb로 만든 MR소자의 저항 - 자계 특성을 나타낸 것으로, 저자계에 대해서는 비교적 감도가 낮으나, 고자계에서는 저항의 큰 변화를 보인다. 저항 변화는 근사적으로 자계의 자승에 비례한다. 이 MR소자는 InSb 박편에 수직한 자계 성분에만 감도를 가지며, 자계가 (+)인지 (−)인지를 구분하지 못한다. 큰 온도계수는 케리어 이동도의 온도 의존성에 기인한다.

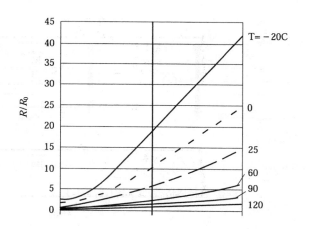

**[그림 3.23]** InSb MR소자의 저항-자계 특성 예

## 3.4.2 이방성 자기저항소자(AMR)

일반적으로 금속은 반도체에 비해 전하 케리어의 수가 많고, 페르미 면(Fermi surface)에서의 상태밀도(狀態密度)가 높기 때문에 이동도가 매우 작다. 또 자성 금속으로 되면 스핀(spin) 산란(散亂)이 추가되어 이동도가 한층 작아진다. 그러 므로, 반도체와 같은 홀 각을 실현할 수 없으므로, 로렌쯔 힘을 이용한 자기저항 센서는 불가능하다. 그러나 강자성체 특유의 자기저항효과가 있다.

### 1. 이방성 자기저항 효과

보통 강자성 금속에서 전류와 자화(磁化; magnetization)의 방향이 서로 평행일 때 저항이 최대로 되고, 서로 수직한 경우 최소로 되는 현상이 일어나는데, 이것 을 이방성 자기저항 효과(異方性磁氣抵抗效果; anisotropic magnetoresistance effect) 라고 부른다.

그림 3.24는 이방성 자기저항 효과를 나타낸다. 그림 (a)에서, 강자성 박막을 강한 자계 내에서 증착할 때, 이 자계는 강자성 박막 저항에서 자화벡터 M의 자 화용이축(easy axis)으로 향한다. 자화벡터 M은 저항의 길이방향에 평행하게 설 정되고, 또 그림과 반대방향으로(즉 좌측으로 향하도록) 설정할 수 도 있다.

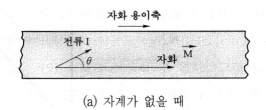

(a) 자계가 없을 때

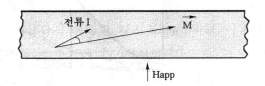

(b) 자계를 가했을 때

**[그림 3.24]** 이방성 자기저항 효과

지금 그림 3.24(a)와 같이 외부자계가 없는 상태에서 전류 $I$가 자화 벡터 $M$ 과 $\theta$각을 이루면서 흐른다고 가정하자. 강자성체의 저항은 전류와 자화 벡터사 이의 각에 따라 그림 3.25와 같이 변한다. 자화 벡터 $M$의 방향이 전류 흐름과 평행일 때 박막의 저항이 최대로 되고, 서로 수직일 때 최소로 됨을 알 수 있다. 이것을 식으로 나타내면 다음과 같이 된다.

$$R(\theta) = R_{min} \sin^2\theta + R_{max} \cos^2\theta$$

$$= R_{min} + (R_{max} - R_{min})\cos^2\theta \tag{3.20}$$

여기서, $R_{min}$ 는 자화 벡터 $M$과 전류가 수직일 때 자기저항, $R_{max}$ 는 평행 일 때 자기저항이다.

만약 그림 3.24(b)와 같이 외부 자계가 박막의 길이방향에 수직하게 인가되면, 자화 벡터는 회전하고 각 $\theta$는 변한다. 이것은 저항의 변화를 일으키고, 이것을 이방성 자기저항효과(anisotropic magnetoresitive effect)라고 부른다. 저항의 변화와 자계 세기사이의 관계는 다음 식으로 된다.

$$R(\theta) = R_{\min} + (R_{\max} - R_{\min})\left[1 - \left(\frac{H}{H_s}\right)^2\right] \tag{3.21}$$

여기서, $H_s(\geq H)$는 자화 벡터 $M$이 전류로부터 90° 회전하는데 필요한 외부자계의 세기(즉 포화자계)이다.

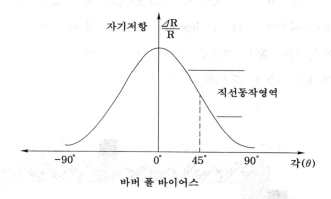

[그림 3.25] 각 $\theta$에 따른 자기저항의 변화

그림 3.25에서 저항변화 $\Delta R/R$은 각 $\theta$축에 관해 대칭적이며, $\theta=45°$를 전후로 하여 직선영역(linear region)이 존재함을 알 수 있다. 그래서 모든 센서는 이 직선영역을 이용한다. 자화세기와 전류가 45°각을 이룰 때 식 (3.21)은 다음과 같이 된다.

$$R(\theta) = R_{\min} + \frac{(R_{\max} - R_{\min})}{2}$$
$$+ (R_{\max} - R_{\min})\frac{H}{H_s}\sqrt{1 - \left(\frac{H}{H_s}\right)^2} \tag{3.22}$$

위 식에서 $H/H_s \ll 1$이면 저항 $R$과 자계 $H$ 사이는 근사적으로 직선관계로 됨을 알 수 있다. 위 식에서 $(R_{\max} - R_{\min})/R_{\min}$를 자기저항비(nagnetoresistive ratio)라고 부른다.

## 2. AMR 센서

대부분의 AMR 센서는 실리콘 기판상에 NiFe(Permalloy;퍼말로이) 박막을 증착한 후, 이것을 저항 스트립으로 패터닝하여 만들어진다. 이 박막은 자계 내에서 약 2~3[%]의 저항 변화를 일으킨다.

그림 3.26은 MR 박막에서 전류가 45° 각도로 흐르도록 하는 한 방법을 나타낸 것으로, 바버 폴 바이어스(barber pole biasing)이라고 부른다. 박막 폭을 가로질러 저저항 단락 바(shorting bar)를 그림과 같이 위치시키면, 전류는 박막을 통해서 가장 짧은 경로를 선택해 흐르기 때문에 하나의 단락 바에서 다른 바를 향해 45° 각도로 흐르게 된다.

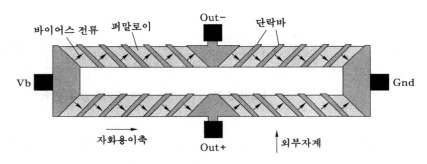

[그림 3.26] AMR 바버 폴 바이어스

MR 소자를 센서로 사용할 때는 저항 스트립 2개를 사용해 전위차계(potentio-meter)를 구성하던가 또는 4개 사용하여 휘트스토운 브리지(Wheatstone bridge)를 구성한다.

### (1) 전위차계

그림 3.27은 전위차계를 나타낸다. 식 (3.20)로 표현되는 자기저항효과를 갖는 같은 두 개의 MR($A$, $B$)를 서로 수직으로 배치하고 점 $b$에서 직렬로 접속하여 $a$, $c$에 전류를 흘린다. 그림 3.27(b)는 그림 3.27(a)를 등가회로로 나타낸 것이다. 이 3단자 소자에 포화자화를 주도록 충분한 자계가 $AB$면 내에 인가된 경우의 $b$점의 출력전압 $V_o$를 고찰해보자. 자계의 각도 원점을 $A$

의 전류방향이라면, 저항체 $A$, $B$의 저항 $R_A(\theta)$, $R_B(\theta)$는 식 (3.20)에 따라 변화한다. 즉,

$$R_A(\theta) = R_{\min}\sin^2\theta + R_{\max}\cos^2\theta \tag{3.23}$$

$$R_B(\theta) = R_{\min}\cos^2\theta + R_{\max}\sin^2\theta \tag{3.24}$$

지금, 소자에 공급되는 구동전압을 $E$라고 하면, $b$ - $c$간의 전압 $V_o(\theta)$는 그림 3.27(b)의 등가회로부터 다음 식으로 된다.

$$V_o(\theta) = \frac{R_B(\theta)}{R_A(\theta) + R_B(\theta)} \cdot E \tag{3.25}$$

식 (3.23), (3.24)을 식 (3.25)에 대입하면 다음 식이 얻어진다.

$$V_o(\theta) = \frac{E}{2} - \frac{\Delta R \cos 2\theta}{2(R_{\min} + R_{\max})} \cdot E \tag{3.26}$$

여기서, $\Delta R = R_{\max} - R_{\min}$ 이다. 위 식의 우변 제1항은 소자상태(消磁狀態)의 전압 (즉 $\theta = 45°$에서 출력)을 나타내고, 제2항은 자계 방향의 검출에 사용된다.

식 (3.23)과 (3.24)을 합하면,

$$R_A(\theta) + R_B(\theta) = R_{\min} + R_{\max} = R_0 \tag{3.27}$$

으로 되고, 총 저항은 $\theta$에 의존하지 않은 양으로 된다. 여기서 $R_o$는 소자상태(消磁狀態)의 저항을 나타낸다.

이상 설명한 동작은 이 3단자 저항이 외부 자계의 방향에 의해 변화하는 무접점 가변 저항기로 생각해도 좋다. 식 (9.25)에서 출력전압은 $\Delta R/2R_o$과 $E$에 비례한다. $\Delta R/R_o$는 재료정수이고, 이것이 큰 재료를 선택하면 고출력을 얻는다.

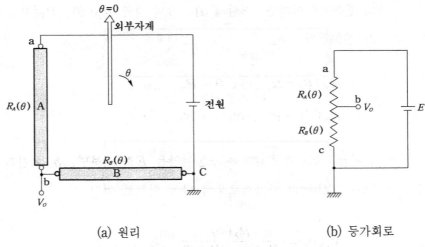

(a) 원리         (b) 등가회로

[**그림 3.27**] 전위차계로 접속된 AMR 센서

## (2) 휘트스토운 브리지

앞에서 설명한 그림 3.26은 4개의 MR 소자로 구성된 휘트스토운 브리지 (Wheatstone bridge) MR 센서이다. 이것을 등가회로로 나타내면 그림 3.28 (a)와 같다. 여기에 외부자계가 인가되면, 브리지 각 변의 저항이 변하여 그림 3.28(b)와 같은 출력이 발생한다. 이것은 단일 축으로 향하는 자계의 크기와 방향을 측정할 수 있다.

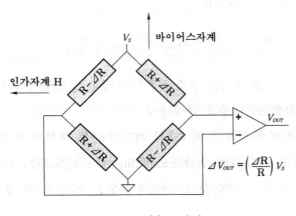

$$\Delta V_{OUT} = \left(\frac{\Delta R}{R}\right) V_s$$

(a) 등가회로

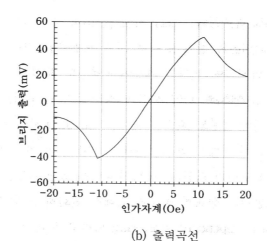

(b) 출력곡선

**[그림 3.28]** 휘트스토운 브리지 AMR 센서와 출력곡선

### 3.4.3 거대 자기저항소자(GMR)

#### 1. GMR 현상

1988년 강자성 박막(强磁性薄膜; thin ferromagnetic layer)과 비자성(非磁性) 금속박막(thin non - magnetic conductor)으로 구성된 다층박막구조(multilayer) 에서 약 70 [%]의 자기저항 변화가 일어나는 것이 관측되었다. 이 현상은 AMR 센서의 자기저항 변화가 수 %에 불과한 점에 비추어 정말로 거대한 자기저항 (giant magnetoresistance; GMR)이였다. 이 현상은 스핀 의존성 산란(spin - dependent scattering)에 기인한다.

그림 3.29은 거대자기저항 현상을 설명하기 위한 GMR 구조를 나타낸다. 그림 3.29(a)는 두 개의 강자성 박막이 비자성 금속박막에 의해서 분리되어 있는 구조이다. 이 구조에서 두 강자성 박막의 저항은 자성 박막내의 자기 모멘트 (magnetic moment)가 평행(parallel)인가 또는 반평행(反平行; antiparallel)인가 에 따라 변화한다.

그림 3.29(b)와 같이 두 자성박막이 평행한 자기 모멘트를 가질 때는 경계 (interface)에서 전자 산란(電子散亂; electron scattering)이 덜 일어나 전자의 평

균자유행정(平均自由行程; mean free path)이 더 길어지므로 저항도 작아진다. 반면, 그림 3.29(c)와 같이 반평행 자기 모멘트를 갖는 박막에서는 경계면에서 더욱 산란이 발생하여 전자의 평균자유행정도 짧아지고 따라서 저항도 증가한다. 즉, 그림 3.29(b)와 같이 자성체 박막의 자기 모멘트가 평행이면 전자의 산란이 최소로 되어 저항도 최소로 되고, 그림 3.29(c)와 같이 반평행이면 전자 산란이 최대가 되어 저항도 최대로 된다. 이와 같이 자성 도체에서 전자의 평균자유행정(즉 자성도체의 저항)이 전도전자스핀(conduction electron spin)과 자성물질의 자기 모멘트의 상대적 방향에 의해서 변화하는 양자역학적 현상을 스핀 의존성 산란(spin - dependent scattering)이라고 부른다.

총 저항에서 스핀 의존성 산란이 차지하는 비중이 중요하게 되기 위해서는 박막의 두께가 벌크(bulk)에서의 전자의 평균자유행정보다 더 얇아야 한다. 강자성체(ferromagnet)에서 평균자유행정은 수 십 [nm]이다. 따라서, 각 박막의 두께는 10 [nm](100 [Å]) 이하이어야 한다.

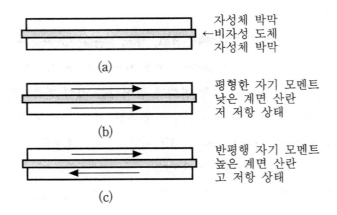

[**그림 3.29**] 자성체/비자성 도체/자성체 GMR 구조에서 자기 모멘트의 다른 배열에 기인하는 산란

## 2. GMR 센서의 구조와 동작

그림 3.30는 대표적인 GMR 소자의 구조를 나타낸다. 그림에서, 두 개의 초박막의 자성체(B)가 비자성 도체(A)에 의해서 분리되어 있다. 저항은 A,B 박막의 경계면에서 전도전자의 스핀 의존성 산란의 함수이다.

그림 3.30(a)와 같이, 외부 자계를 인가하지 않은 상태에서는 자성체 박막 B의 자기 모멘트가 서로 반평행이므로 경계에서 전자산란이 최대로 되어 소자의 저항이 최대인 상태에 있다.

한편 그림 3.30(b)와 같이, 화살표 방향으로 외부 자계를 인가하면 하부의 자성체 박막 B에서 자기 모멘트가 회전하여 상부 B와 나란하게 된다. 두 B층이 나란하게 되면, 전자 산란이 최소로 되어 소자의 저항도 최소로 된다.

시판되고 있는 AMR 센서의 저항 변화가 3 [%] 이하인 것에 비해 상용화된 GMR 센서의 저항 변화는 10~20 [%]으로 매우 크다.

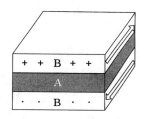

(a) 외부자계가 없을 때: 고저항 상태          (b) 외부자계 인가 : 저저항 상태

**[그림 3.30]** 대표적인 GMR 소자의 구조

그림 3.31은 비자성 금속박막의 두께가 1.5~2.0 [nm], 폭이 2 [mm]인 GMR 소자저항 - 인가 자계 특성의 일례를 나타낸다. GMR은 약 14 [%]이다.

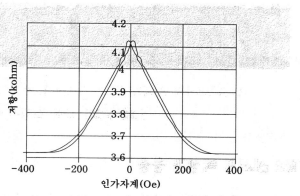

**[그림 3.31]** GMR 소자의 저항-외부자계 특성

일반적으로 GMR 센서는 그림 3.32과 같이 4개의 GMR 저항을 휘트스토운 브리지로 접속한다. 그림 3.32(a)의 등가회로에서, 두 개의 능동 GMR 저항 ($R_1$과 $R_4$)은 외부 자계에 노출되고, 나머지 두 개의 기준 GMR 저항 ($R_2$와 $R_3$)은 외부 자계로부터 차폐된다. 붉은 색으로 나타낸 집자속체(集磁束體; flux concentrator)는 퍼말로이(permalloy)로 만들어진다. 능동 GMR 저항은 두 집자속체 사이에 위치하며, 이 들 저항은 외부에서 인가된 자계보다 더 강한 자계를 받는다. 이 자계의 세기는 집자속체의 길이 $D_2$와 간극 $D_1$에 의해서 결정된다. GMR 브리지 센서의 감도는 $D_1$과 $D_2$를 변화시켜 조정할 수 있다. 그림 3.32(b)는 GMR 자계 센서의 실제 사진을 보여준다.

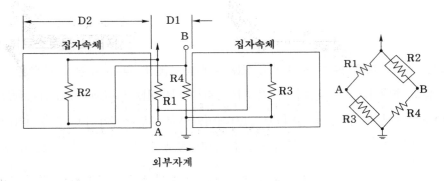

(a) GMR 휘트스토운 브리지

(b) NVE사의 AA002 GMR 자계센서. 실제 크기: 약 $436 \times 3370\,[\mu]$

**[그림 3.32]** GMR 브리지 센서

### 3.4.4 MR 센서의 특성과 응용

표 3.4는 각종 MR 센서의 특성을 나타낸 것이다.

**[표 3.4]** 상용 MR 센서의 몇몇 특성

| 파라미터 | KMZ10A[a] | DM208[b] | GMR B6[c] | NVS 5B50[d] |
|---|---|---|---|---|
| 자계 스팬, [kA/m][e] | −0.5~+0.5 | − | −15~+15 | −4~+4 |
| 감도, [mV/V]/[kA/m] | 14.0 | 3.5 | 8 | 11~16 |
| $R_{bridge}$, [kΩ] | 1.2 | 0.65 | 0.7 | 5 |
| 최대동작전압, [V] | 10 | 13 | 7 | 24 |
| 동작온도, [℃] | −40~+150 | − | −40~150 | −50~150 |

a : AMR, Philips Semiconductors.　　　b : AMR, Sony.
c : GMR, Infineon (Siemens).　　　d : GMR, Nonvolatile Electronics.
e : 공기중에서, 1 [kA/m]는 1.26 [mT]에 해당한다.

표 3.5는 홀 센서, AMR, GMR의 특성을 비교한 것이다. GMR 센서는 전통적 자계센서인 홀 효과 센서나 AMR 센서보다 특성면에 훨씬 우수함을 알 수 있다.

**[표 3.5]** 홀소자, AMR, GMR 비교

| | GMR | HALL | AMR |
|---|---|---|---|
| 크 기 | Small | Small | Large |
| 신호레벨 | Large | Small | Medium |
| 감 도 | High | Low | High |
| 온도 안정성 | High | Low | Medium |
| 소비전력 | Low | Low | High |
| 가 격 | Low/Medium | Low | High |

MR 센서는 전통적인 홀 센서와 유사한 응용분야를 갖는다. 예를 들면, 근접센서, 변위센서, 위치센서, 전류검출, 지자기 검출 등에 사용되고 있다.

## 3.5 초전도양자간섭계(SQUID)

초전도양자간섭계(超傳導量子干涉計; Superconducting QUatum Interference Device; SQUID)는 초전도체를 절연박막으로 약하게 결합(weak link)시킬 때

관측되는 조셉슨 효과(Josephson effect)와, 초전도체에서의 자속양자화(磁束量子化; magnetic flux quantization)를 이용한 소자로서 양자역학적 측정감도를 갖는 고감도 자기센서이다. SQUID는 현존하는 자기센서 중 가장 높은 감도를 가지며, 심자파(心磁波), 뇌자파(腦磁波)등의 생체계측, 미소전압이나 전류의 측정, 자기탐사의 측정 등에 응용된다.

## 3.5.1 조셉슨 효과와 자속양자화

그림 3.33(a)에 나타낸 것과 같이, 2개의 초전도체를 얇은 절연막으로 불리시킨 구조를 조셉슨 접합(Josephson junction)이라고 부른다. 절연박막은 충분히 얇기 때문에 전자(Cooper pair)는 그림 3.33(b)와 같이 접합을 가로질러 터널링할 수 있다. 터널할 때 전자(Cooper pair)의 파동함수(wavefunction)는 위상이 $\theta$만큼 변한다. 이와 같은 조셉슨 접합에 전류 I를 흘리면 어떤 임계전류(critical current) $I_c$까지는 접합사이에 전압이 생기지 않고 전류가 흐르는 것이 가능하다. 이때 흐르는 전류는 접합의 양측에 있는 초전도체 내의 전자(Cooper pairs)의 파동함수의 위상차 $\theta$에 의존한다. 이것을 DC 조셉슨 효과(DC Josephson effect)라고 부르며, 식으로 나타내면 다음과 같다.

$$I = I_c \sin \theta \tag{3.28}$$

여기서, $\theta$는 위상차, $I_c$는 임계전류(critical current)이다.

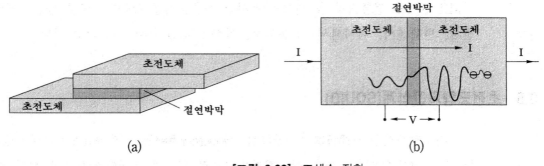

(a)  (b)

**[그림 3.33]** 조셉슨 접합

그림 3.34은 DC 조셉슨 효과를 나타낸다. 접합을 통해 흐르는 전류가 $I_c$ 이상으로 되면, 전류는 C점에서 B점으로 스위칭하고 곡선 BD를 따라 보통의 터널 전류가 흐른다. 점 B에서 접합에는 전압강하가 일어나고, 전류에 따라 증가한다. 점 O-A 사이의 보통 터널전류는 무시할 수 있을 정도로 작으며, 전압이 $V_a$를 초과하자마자 급증한다.

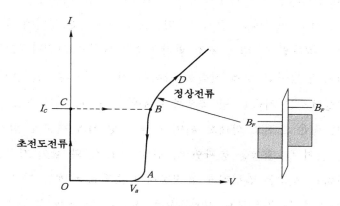

[**그림 3.34**]  조셉슨 접합의 DC 특성

한편, 접합사이에 전압이 이가되면, 위상변화 $\theta$가 인가전압에 의해서 변조된다. 전압에 의한 위상 변화율은 다음 식으로 주어진다.

$$\frac{d\theta}{dt} = \frac{2qV}{\hbar} \tag{3.29}$$

이때 흐르는 교류전류는

$$I = I_c \sin\left[\frac{2qV}{\hbar}\,t\right] \tag{3.30}$$

여기서, $\hbar = h/2\pi$이고, $h(=6.6 \times 10^{-34}\,[\text{J/Hz}])$는 플랭크 상수(Plank's constant)이다. 위 식으로부터 교류전류의 주파수는

$$f = \frac{2qV}{h} \tag{3.31}$$

이며, 주파수가 전압에 의해서 제어된다. 이와 같이, 조셉슨 접합에 DC 전압이 존재할 때 조셉슨 접합은 주파수 $f$의 진동전류를 발생시킨다. 이것을 AC 조셉슨 효과라고 한다. AC 조셉슨 효과에 따라, 단위전압당 $2q/h$ [Hz](또는 483.6 [MHz/$\mu$V])의 주파수에서 교류전류를 발생시킨다.

초전도 현상에는 전기저항이 0으로 되는 것 이외에 초전도체 내부로 자장이 전혀 침투할 수 없는 완전 반자성체의 특성을 가진다. 그림 3.35와 같이 초전도체로 만들어진 링에 자속을 가까이 가져가는 경우를 생각해보자. 임계온도 $T_c$ 이상에서는 자속은 링 속으로 침투할 것이다. 이제 온도를 $T_c$ 이하로 냉각시키면, 링은 초전도 상태로 되어 자속은 링 차체 속으로 침투하지 못하고 그림 (b)와 같이 링 중심을 통과한다. 만약 그림 (c)와 같이 자석을 제거하면 중심을 통과하는 자속을 일정하게 유지하려고 초전도 링에는 전류가 흐른다. 전류는 무한히 흐를 수 있으므로 결과적으로 자속은 링 속에 갇히게 된다.

초전도체 링에 갇힌 자속 $\Phi$는 양자화되며, 이때 최소로 작은 자속의 크기를 자속양자(magnetic flux quantum)라고 부르며, 그 값은

$$\Phi_o = \frac{h}{2e} = 2.0679 \times 10^{-15} \, [\text{Wb}] \tag{3.32}$$

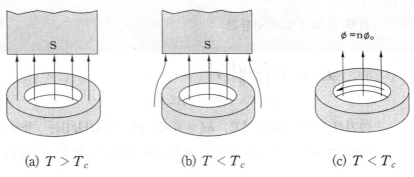

(a) $T > T_c$        (b) $T < T_c$        (c) $T < T_c$

**[그림 3.35]** 자계속에 놓인 초전도 링; 자속 양자화

이와 같이, 링 속의 자속은 $\phi$는 자속양자의 정수배만 허용된다. 즉,

$$\Phi = n\,\frac{h}{2e} = n\Phi_o \tag{3.33}$$

이 현상을 자속의 양자화라 부른다.

### 3.5.2 SQUID

SQUID는 위에서 설명한 초전도체의 조셉슨 효과와 자속의 양자화 현상을 결합하여 외부 자속의 변화를 전압으로 변환하는 자기센서이다. SQUID는 초전도 링에 사용되는 조셉슨 접합의 수와 바이어스 조건에 따라 RF‑SQUID와 DC‑SQUID로 대별된다. RF‑SQUID는 초전도 링에 1개의 조셉슨 접합을 가지며, $20\sim30$ [MHz]의 RF 신호로 구동한다. DC‑SQUID는 초전도 링에 2개의 조셉슨 접합을 포함하며, 직류전류로 구동한다. DC‑SQUID는 RF‑SQUID에 비해 원리적으로 자속 분해능이 높고 고감도이기 때문에, 초전도소자 박막제작기술의 발전에 따라 DC‑SQUID의 연구가 활발해지고 있다. 여기서는 다음에 DC‑SQUID의 원리에 대해 설명한다.

그림 3.36은 DC‑SQUID의 원리를 나타내고 있다. 초전도 링에 두개의 조셉슨 접합을 삽입하고 바이어스 직류전류(bias current) $I_b$를 흘린다. 바이어스 전류의 어떤 값까지는 2개의 조셉슨 접합에 초전도 전류가 각각 $I_b/2$씩 흐르고, 이때에는 SQUID 양단에 전압이 생기지 않는다. 여기에 자장을 가하면 두 조셉슨 접합의 양자역학적 위상이 변하게 되고, 이 위상변화 때문에 SQUID의 임계전류가 바뀌게 된다. 바이어스 전류가 SQUID의 임계전류 이상으로 되면 초전도 상태로부터 벗어나므로 전압이 발생하는 데, 외부자속이 가해지면 그림3.37(a)와 같이 $\Phi_o$에 대한 정수배만큼 뺀 나머지 자속의 크기에 따라 $n\Phi_o \sim (n+1/2)\Phi_o$ 사이의 곡선모양을 가진다. 임계 전류값은 외부자속 $\Phi$의 값이 자속양자 $\Phi_o$의 정수배 $(n\Phi_o)$일 때 최대값을, 1/2배 $(n+1/2)\Phi_o$일 때 최소값을 보인다.

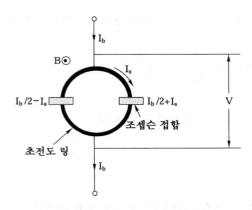

**[그림 3.36]** DC-SQUID의 원리

만약 $I_b$를 적절한 값으로 고정하고 외부자속를 서서히 증가시키거나 감소시키면 SQUID의 출력전압은 $\varPhi_o$를 주기로 최대값과 최소값 사이를 주기적으로 변하여 그림 3.37(b) 같이 된다. 즉, 외부자속의 변화 ($\varDelta \varPhi$)에 대해 SQUID는 전압의 변화 ($\varDelta V$)를 나타낸다. 따라서, SQUID는 비선형적인 자속 → 전압 변환 소자이다.

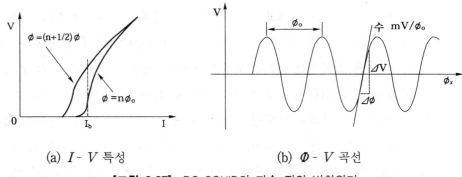

(a) $I$ - $V$ 특성  (b) $\varPhi$ - $V$ 곡선

**[그림 3.37]** DC SQUID의 자속-전압 변환원리

### 3.5.3 응용

그림 3.38은 DC - SQUID를 이용한 자속계(fluxmeter)의 원리를 나타낸 것이다. 픽업 코일(Pickup coil)은 측정하고자하는 자계를 검출하여 입력코일(input

coil)을 통해 SQUID에 전달하고, SQUID로부터 그림 3.37과 같은 자계 - 전압
특성이 얻어진다. 이것으로부터 그림에 삽입된 것과 같이 자계의 세기에 비례하
는 출력전압이 얻어진다.

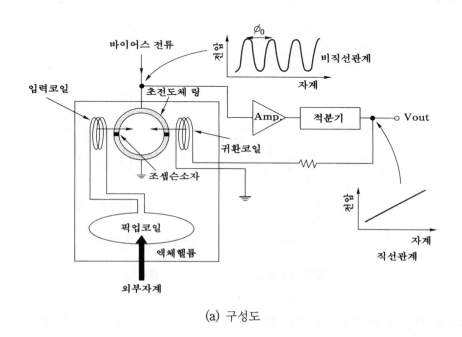

(a) 구성도

(b) 픽업코일과 SQUID

**[그림 3.38]** SQUID 자속계의 원리

픽업코일의 특성은 그 모양에 의존한다. 그림 3.38(b)는 자속계에 사용되는 실
린더 모양의 픽업코일이다. SQUID는 우측 끝에 보이는 보오드에 있다.

DC - SQUID는 미약한 자속을 측정하는데 충분한 감도를 가지기 때문에, 생
체자기계측에도 사용되고 있다. 생체자기 신호는 심장, 폐, 뇌, 신경 등에서 발
생한다. 특히 신경자기의 연구가 활발히 진행되고 있다.

$$f = \frac{2eV}{h} \quad (3.31)$$

이며, 주파수가 전압에 의해서 제어된다. 이와 같이 조셉슨 접합에 DC 전압이 존재할 때 조셉슨 접합은 주파수 $f$의 진동전류를 발생시킨다. 이것을 AC 조셉슨 효과라고 한다. AC 조셉슨 효과에 따라, 단위전압당 $2e/h$ [Hz](또는 483.6 [MHz/μV])의 주파수에서 교류전류를 발생시킨다.

초전도 현상계는 전기저항이 0으로 되는 것 이외에 초전도체 내부로 자장이 전혀 침투할 수 없는 완전 반자성체의 특성을 가진다. 그림 3.35와 같이 초전도 재료로 만들어진 링에 자속을 가까이 가져가는 경우를 생각해보자. 임계온도 $T_c$ 이상에서는 자속은 링 속으로 침투한 것이다. 이제 온도를 $T_c$ 이하로 냉각시키면, 링은 초전도 상태로 되어 자속은 링 자재 속으로 침투하지 못하고 그림 (b) 와 같이 링 중심을 통과한다. 만약 그림 (c)가 링의 자석을 제거하면 중심을 통과하는 자속을 일정하게 유지하려고 초전도 링에는 전류가 흐른다. 전류는 무한히 흐를 수 있으므로 결과적으로 자속은 링 내부에 갇히게 된다.

초전도체 링에 갇힌 자속 $\phi$는 양자화되며, 이때 최소로 작은 자속의 크기를 자속양자(magnetic flux quantum )라고 부르며, 그 값은

$$\phi_0 = \frac{h}{2e} = 2.0679 \times 10^{-15} \, [\text{Wb}] \quad (3.32)$$

(a) $T > T_c$     (b) $T < T_c$     (c) $T < T_c$

[그림 3.35] 자계속에 놓인 초전도 링의 자속 양자화

# 제 4장

# 온도센서

## 4.1 개 요

우리가 물체와 접촉할 때 어떤 물체는 차다고 느끼고, 어떤 물체는 뜨겁다고 느낀다. 이와 같은 물체의 차고 뜨거운 정도를 수량으로 나타낸 것이 온도(溫度; temperature)이다. 물체의 차고 더운 정도에 대한 우리의 감각은 불완전하여 같은 물체에 대해 사람마다 느끼는 온도에는 차이가 있다. 그래서 온도를 객관적으로 측정하기 위해 온도계(thermometer) 또는 온도 센서(temperature sensor)를 사용한다.

다음에는 분자의 입장에서 온도를 생각해 보자. 물질을 구성하고 있는 분자는 고체, 액체, 기체 등 어느 상태에 있어서도 정지해 있지 않고 불규칙한 운동을 하고 있다. 이와 같이 물질을 구성하고 있는 분자의 불규칙한 운동을 열운동(thermal motion)이라고 한다. 온도는 분자의 열운동의 활발함과 관계가 있다. 온도가 높을수록 분자들의 평균 운동 에너지가 커진다. 따라서, 온도는 분자의 열운동의 활발함의 척도라고 말할 수 있다.

우리 주위에서 볼 수 있는 대부분의 물리, 화학, 전자, 기계, 생체 시스템이 온도에 의해서 영향을 받기 때문에 온도는 가장 자주 측정되는 환경과 관련된 양이다.

온도 측정시 사용되는 온도눈금에는 섭씨(celsius or centigrade scale), 화씨(fahrenheit scale), 절대온도(Kelvin or absolute temperature) 등이 있다.

- **섭씨온도** : 1 기압 하에서 순수한 물의 어는점(ice point)을 0[℃], 끓는점(steam point)을 100[℃]로 정하고, 그 사이를 100 등분하여 1구간을 1[℃]로 정한 온도이다. 화씨온도에서는 어는점이 32[℉]이다.
- **절대온도** : 분자의 열운동을 고려할 때는 섭씨온도보다 절대온도를 사용하는 것이 좋다. 절대온도는 −273.15[℃]를 절대영도(absolute zero)로 하고, 눈금간격은 섭씨눈금과 동일한 간격으로 한 것이다. 단위는 K(Kelvin; 켈빈)을 사용한다.

섭씨, 화씨, 절대온도 눈금사이의 관계는 다음과 같다.

$$K = ℃ + 273.16$$
$$℃ = K − 273.16$$
$$℉ = 1.8℃ + 32$$

현재 온도측정에는 다양한 종류의 센서가 사용되고 있다. 온도센서는 크게 접촉식(contact temerature sensor)와 비접촉식(noncontac temeprature sensor)로 분류할 수 있다. 접촉식에서는 측정점의 온도가 열전도(thermal conduction)에 의해서 센서에 전달되고, 비접촉식에서는 열이 방사(radiation)를 통해서 전달된다. 표 4.1은 온도센서에 이용되고 있는 물리량과 온도센서의 종류를 나타낸다. 여기서는 널리 사용되고 있는 주요한 온도센서에 대해서 설명한다.

**[표 4.1]** 각종 온도센서의 종류와 사용 온도 범위

| 이용하는 물리현상 | 온도센서의 종류 | | 사용 온도범위 |
|---|---|---|---|
| 전기저항변화 | RTD(Pt) | | $-200\,[℃]\sim850\,[℃]$ |
| | NTC | | $-50\,[℃]\sim300\,[℃]$ |
| | PTC | BaTiO$_3$ 계 | $<300\,[℃]$ |
| | | Si PTC | $-50\,[℃]\sim150\,[℃]$ |
| 열기전력 | 열전대 | | $-200\,[℃]\sim1600\,[℃]$ |
| | 서모파일 | | $-40\,[℃]\sim100\,[℃]$ |
| 실리콘 다이오드, 트랜지스터의 온도특성 | IC 온도센서 | | $-50\,[℃]\sim150\,[℃]$ |
| 초전현상 | 초전온도센서 | | |

## 4.2  RTD

### 4.2.1  구조와 동작원리

온도를 변화시키면서 금속선의 전기저항 값을 측정하면 온도에 따라 저항 값이 증가한다. 그러므로, 금속선의 저항을 측정함으로써 역으로 온도를 알 수 있다. 이와 같은 온도센서를 RTD(resistance temperature detector; 측온  저항체라고도 부름)라고 한다.

먼저 물질의 전기저항(electric resistance)에 대해서 생각해 보자. 그림 4.1과 같이 길이 $L$, 단면적 $A$인 금속선의 저항 $R$은

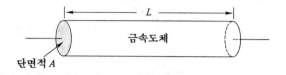

**[그림 4.1]**  금속선의 저항

$$R = \rho \frac{L}{A} \tag{4.1}$$

여기서, $\rho$는 물질의 비저항(比抵抗; resistivity; 고유저항이라고도 함)이다.

RTD는 그 저항 값이 온도에 따라 증가하는 금속으로 만들어진다. 그림 4.2는 RTD로 사용되고 있는 금속의 저항 - 온도 특성이다. 대부분의 금속에 대해, 온도변화에 따른 저항 $R$의 변화는 다음 식으로 나타낼 수 있다.

$$R = R_o[1 + \alpha_1(T - T_o) + \alpha_2(T - T_o)^2 + \cdots + \alpha_n(T - T_o)^n] \tag{4.2}$$

여기서, $R_o$는 기준온도 $T_o$(보통 0[℃])에서 금속의 저항 값, $R$은 임의온도 $T$에서 저항 값, $\alpha_1$, $\alpha_2$, $\alpha_3$, $\cdots$, $\alpha_n$은 각 온도에서 저항측정으로부터 결정되는 계수이다. 백금선에 대해서,

$$\alpha_1 = 3.95 \times 10^{-3}\,[/K]$$
$$\alpha_2 = -5.83 \times 10^{-7}\,[/K^2]$$

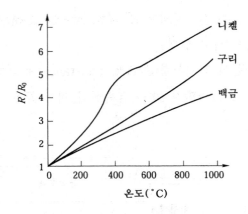

**[그림 4.2]** RTD용 금속의 저항-온도 특성

제한된 온도범위(예를 들면 0[℃]~100[℃])에서, 식 (4.2)는 다음과 같이 직선 근사식으로 쓸 수 있다.

$$R = R_o[1 + \alpha(T - T_o)] \tag{4.3}$$

여기서, $\alpha$는 저항의 온도계수(temperature coefficient of resistance; 약해서 TCR)이다. $\alpha$는 두 기준온도에서 측정되는 저항 값으로부터 결정된다. 예를 들면, 두 기준온도를 $T_1 = 0\,[\,^\circ\!C\,]$와 $T_2 = 100\,[\,^\circ\!C\,]$라고 하면 TCR은

$$\alpha = \frac{1}{R_0}\frac{R_{100} - R_0}{T_2 - T_1} = \frac{1}{R_0}\frac{R_{100} - R_0}{100\,[\,^\circ\!C\,]} \tag{4.4}$$

$\alpha$를 때로는 상대감도(relative sensitivity)라고도 부르며, 그 값은 기준온도에 의존한다.

표 4.2는 RTD로 사용되고 있는 백금(platinum; Pt), 니켈(nickel; Ni), 구리 (copper; Cu)의 특성을 나타낸다. 순 금속에 대한 전기저항의 온도계수는 $0.3\sim$ $0.7\,[\%/\,^\circ\!C\,]$이며, 이 저항변화를 검출하여 온도를 검출한다. 순 금속의 저항률은 작으므로 길고 가는 선으로 만들어 사용한다. 또 기계적, 화학적으로 강하지 않으면 안된다. 백금은 온도범위가 넓고, 재현성, 안정성, 내화학성, 내부식성이 우수하여 가장 널리 사용된다. 니켈은 감도가 가장 높지만, 백금에 비해 직선영역(linear range)이 좁다. 구리는 넓은 직선 영역을 가지나 산화되기 쉽다.

**[표 4.2]** 여러 RTD 용 금속의 특성

| 파라미터 | Platinum | Copper | Nickel | Molybdenum |
|---|---|---|---|---|
| 스팬, $[\,^\circ\!C\,]$ | $-200\sim+850$ | $-200\sim+260$ | $80\sim+320$ | $-200\sim+200$ |
| $\alpha^a$ $(0\,[\,^\circ\!C\,])$ $(\Omega/\Omega)/K$ | 0.00385 | 0.00427 | 0.00672 | 0.003786 |
| $R\,(0\,[\,^\circ\!C\,])$, $\Omega$ | 25, 50, 100 200, 500 1000, 200 | 10 (20$[\,^\circ\!C\,]$) | 50, 100, 120 | 100, 200, 500 1000, 200 |
| 비저항 $(20\,[\,^\circ\!C\,])$, $\mu\Omega$ - m | 10.6 | 1.673 | 6.844 | 5.7 |

a : 온도계수는 금속의 순도에 의존한다. 99.999 [%] 백금에 대해서, $\alpha = .00395[/\,^\circ\!C\,]$이다.

RTD의 감온부는 권선형(wire wound element)과 박막형(thin film element) 등 두 가지 형태로 만들어진다. 그림 4.3은 권선형 RTD(wire wound RTD)의 구조 예를 나타낸 것인데, 그림 (a)는 유리를 피복한 백금 RTD이고, 그림 (b)는 세라믹 봉입 RTD이다. 직경 0.05[mm] 정도의 고순도 백금선을 백금과 동일한 열팽창 계수를 갖는 유리봉이나 운모봉에 감고 피복한다. 전체 직경은 2~3 [mm]이다.

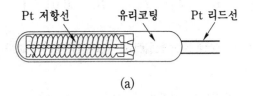

(a)

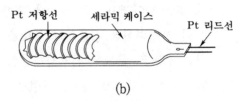

(b)

**[그림 4.3]** 백금 RTD의 구조와 특성

그림 4.4는 백금 박막 온도센서(thin film RTD)의 감온부를 나타내고 있다. 이것은 세라믹 기판(또는 실리콘 맴브레인) 위에 백금 박막을 특정의 패턴으로 증착한 소형 RTD로 0[℃]의 전기저항은 1000[Ω]이다. 반도체 제조 기술을 이용해 제작하기 때문에 가격이 저렴하여 광범위한 온도측정 및 제어용으로 사용된다. 그 특징은 고저항(0[℃]에서 1000[Ω])이기 때문에 저항 값 변화율이 크고 감도가 높으며, 선로 도선의 저항(lead wire resistance)에 기인하는 오차가 작으므로 3선식 배선이 불필요하다. 또한 크기가 작고 박막이므로 열 응답성이 우수하고, 넓은 온도범위(−200[℃]~540[℃])에 걸쳐 직선성이 좋은 것 등의 장점이 있다.

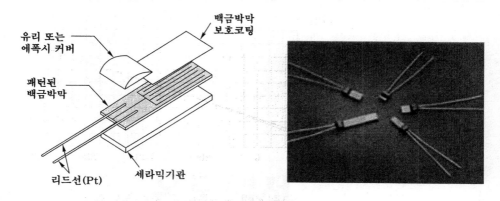

유리 또는
에폭시 커버

백금박막
보호코팅

패턴된
백금박막

리드선(Pt)

세라믹기관

**[그림 4.4]** 백금 박막 온도 센서

백금 100 [Ω] RTD가 산업체에서 표준으로 되어있다. 백금 RTD는 보통 보호 관에 봉입하여 사용한다. 이것은 RTD를 기계적으로 보호하는 동시에 백금선 또는 인출선이 유해가스에 의해 열화되는 것을 방지하기 위함이다.

## 4.2.2. 특성

RTD의 특성은 다음 사항에 의해서 규정된다.

### 1. 감도(感度; sensitivity)

그림 4.5는 백금 RTD의 저항 - 온도 특성이다. RTD의 감도는 저항 온도계수 $\alpha$의 값으로부터 결정될 수 있다. 예를 들면, 백금의 온도계수는 약 $0.004$ [/℃] 이다. 이것은 온도가 약 1 [℃]만큼 변하면, 100 [Ω] RTD의 저항은 단지 0.4 [Ω]이 변함을 의미한다.

### 2. 확도(accuracy)

IEC - 751 표준에는 백금 RTD의 허용 오차에 대해서 2 종류(class A와 class B)를 규정하고 있다. 즉 0 [℃]에서 허용오차(tolerance)가

클래스 A : $\pm(0.15 + 0.002\,[\text{T ℃}])$ ℃

클래스 B : $\pm(0.3 + 0.005\,[\text{T ℃}])$ ℃

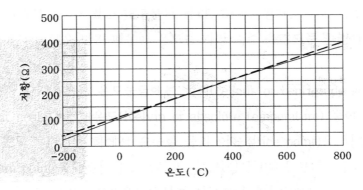

**[그림 4.5]** 백금 RTD의 저항-온도 특성

### 3. 응답시간(response time)

일반적으로, RTD의 응답시간은 0.5~5 [sec] 정도이다. 응답시간이 이와 같이 느린 이유는 센서가 주위온도와 평형상태로 되는 데 시간이 걸리기 때문이다.

### 4. 소비전력(dissipation constant)

RDT는 전류를 흘려 저항을 측정하기 때문에 자기가열(自己加熱; self-heating) 에 의한 영향이 있다. 그래서, 센서의 지시온도는 실제의 온도보다 약간 더 높다. 필요한 정밀도를 얻기 위해서는 이 자기가열에 의한 영향을 고려하여 가능한 한 RTD에 흐르는 전류를 충분히 작고 일정하게 유지해야 한다. RTD의 소비전력 (dissipation constant)은 RTD 온도를 1 [℃] 증가시키는데 필요한 전력[W/℃]으로 주어지는데, 예를 들면, 25 [mW/℃]는 소비전력 ($I^2R$)이 25 [mW]이면, RTD는 1 [℃]만큼 가열됨을 의미한다. 일반적인 사용에서 RTD에 흐르는 전류는 2~10 [mA] 이하이다.

### 5. 측정 범위

RTD의 유효 측정범위는 사용되는 저항선의 재질에 따라 다르다. 전형적인 백금 RTD는 −100 [℃]~650 [℃], 니켈 RTD는 −180 [℃]~300 [℃]이다.

### 4.2.3  응용

백금 RTD는 열전대(차후에 설명)와는 달리 기준온도를 필요로 하지 않는 어느 곳이든 사용할 수 있고, 각종 공업 계측에 많이 사용되고 있다.

백금 RTD로 온도를 측정하는 경우 통상 휘스토운 브리지를 사용한다. 이 경우 백금선의 저항이 작기 때문에 도선의 저항을 무시할 수 없다. 그 때문에 그림 4.6에 나타낸 것과 같이 3선식의 브리지 접속법을 사용하여 리드선의 저항을 상쇄시킨다.

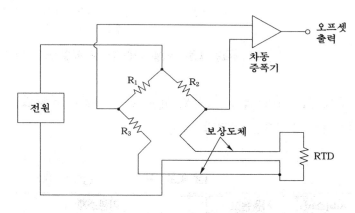

**[그림 4.6]** RTD 배선회로방식 예

## 4.3  서미스터

서미스터(thermistor; thermal resistor 또는 thermally sensitive resistor의 줄임)는 주로 반도체의 저항이 온도에 따라 변하는 특성을 이용한 온도센서이다. 서미스터는 그림 4.7과 같이 저항 - 온도 특성에 따라 NTC(negative temperature coefficient), PTC(positive temperature coefficient), CRT(Critical temperature resistor)의 3종류로 분류하며, 보통 서미스터라고 부르는 것은 NTC를 말한다. PTC와 CRT는 특정한 온도영역에서 저항이 급변하기 때문에 넓은 온도영역의 계측에는 부적합하다.

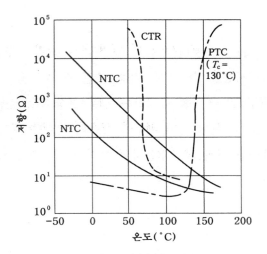

**[그림 4.7]** 각종 서미스터의 저항-온도 특성

표 4.3은 서미스터의 종류와 재료 및 용도를 나타낸다. 이 장에서는 NTC 서미스터를 중심으로 설명할 것이다.

**[표 4.3]** 서미스터의 종류와 재료

| 서미스터 | 사용온도 | 기본소재 | 용도 |
|---|---|---|---|
| NTC | 저온용 : $-100\sim0\,[\degree\text{C}]$ | 중온용 재료에 $Cu_2O_3$ 등을 첨가하여 저항값을 낮춘다. | • 각종 온도측정<br>• 전류제한, 지연<br>• 온도보상 |
| | 중온용 : $-50\sim300\,[\degree\text{C}]$ | 천이 금속 산화물<br>($Mn_2O_3$, $NiO$, $Co_2O_3$, $Fe_2O_3$) | |
| | 고온용 : $200\sim700\,[\degree\text{C}]$ | 중온용 재료에 $Al_2O_3$ 등을 첨가하여 저항값을 증가시킨다 | |
| PTC | $-50\sim150\,[\degree\text{C}]$ | • $BaTiO_3$계<br>• $Si$계 | • 항온발열,<br>온도 스위치 |
| CTR | $0\sim150\,[\degree\text{C}]$ | • V계 산화물 | • 온도경보 |

### 4.3.1 구조와 동작원리

#### 1. NTC 서미스터

NTC 서미스터는 Ni, Mn, Co계 금속산화물($Mn_2O_3$, NiO, $Co_2O_3$, $Fe_2O_3$)의 분말을 두 개의 측정용 도선과 함께 소결(燒結; sintering)한 후, 표면에 유리를 코팅한 것이다. NTC 서미스터는 온도 측정에 광범위하게 사용된다.

그림 4.8에 나타낸 바와 같이, NTC 서미스터에는 여러 형태가 있다. 비드형 (bead type)은 표면이 유리가 코팅되어 있어 안정성이 우수하고, 소형이고 열용량(熱容量)이 작아 열 응답 속도가 빠르다(공기 중에서 1.5~10 [s] 정도). 이는 백금 RTD로서는 얻을 수 없는 응답 속도이다. 또, 고온에 견디고, 호환성, 재현성 등이 좋은 특징을 갖는다. 디스크형(disc type)은 내환경성 등이 문제가 있어 사용조건이 제한적이나 가격이 저렴하므로 엄격한 조건을 필요로 하지 않는 경우에 사용된다. 칩형(chip type)은 소형으로, 안정도가 높고 양산에 적합하기 때문에 저가이며, 디스크형에 비해서 응답속도가 빠르다. 하이브리드 실장형(hybrid mount type)은 리드를 부착하지 않은 칩형 서미스터이며, 하이브리드 IC 또는 PCB에서 금속 패드(pad)에 솔더링이나 도전성 에폭시로 직접 부착한다.

표면 실장형(surface mount type)은 소자 양단에 전극이 형성되며, 크기는 PCB(printed circuit board) 규격에 따라 정해져 있다. 로도형(rod type)은 안정도는 디스크 형과 비슷하며, 질량이 크고, 열시정수가 길고, 열방사계수가 높아 온도보상이나 시간지연 또는 서지 억제 등에 적합하다. 와셔형(washer type)은 중앙에 구멍을 제외하고는 디스크형과 유사하게 만들어진다.

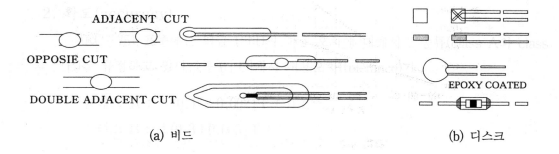

(a) 비드          (b) 디스크

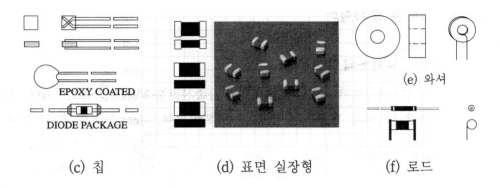

(e) 와셔

(c) 칩      (d) 표면 실장형      (f) 로드

**[그림 4.8]** NTC 서미스터의 여러 형상 예

## 2. PTC 서미스터

PTC 서미스터에는 두 종류가 있다. 세라믹 PTC 서미스터는 티탄산 바륨($BiTiO_3$)을 기본으로 한 소결체로서, 그림 4.7에 나타낸 바와 같이 큐리 온도(Curie temperature) $T_c$에서 저항이 급증한다. 이 PTC를 포지스터(posistor)라고도 부르며, $-100\,[℃] \sim 150\,[℃]$와 같이 비교적 좁은 범위의 온도센서, 온도 스위치로 이용된다.

한편 불순물을 다량으로 도우핑한 실리콘 단결정 PTC(silicon PTC therm-ister)는 세라믹 PTC와는 달리 온도에 따른 전기저항의 변화가 거의 직선적으로

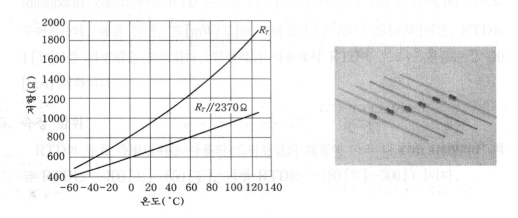

**[그림 4.9]** 실리스터(silistor)의 저항 - 온도 특성과 외관

완만하게 변한다(그림 4.9). 이 PTC를 실리스터(silistor)라고도 부르며, 0.77 [%/℃] 온도계수를 필요로 하는 반도체 소자나 회로의 온도보상에 사용된다. 동작온도 범위는 −55~+150[℃]이다.

### 3. CTR 서미스터

CTR는 저항값이 좁은 온도범위에서 온도와 함께 급격히 감소한다. CTR은 산화바륨($V_2O_4$) 결정이 67[℃] 이하의 저온에서는 절연성 전도를 나타내고, 고온에서는 금속전도를 나타내는 현상을 이용하여 일정온도를 검출하는 온도 스위치로 사용한다.

### 4.3.2 특성

가장 널리 사용되고 있는 NTC 서미스터의 특성을 중심으로 설명한다.

### 1. $\beta$와 감도 : 저항 - 온도 특성

NTC 서미스터의 저항변화 특성은 보통의 반도체와 마찬가지로 온도가 증가함에 따라 저항 값이 감소한다. 그림 4.10은 NTC 서미스터의 저항 - 온도 특성을 나타낸다. 그림 4.10(a)의 관계를 식으로 나타내면 다음과 같다.

$$R = R_o \exp\left[\beta\left(\frac{1}{T} - \frac{1}{T_o}\right)\right] \tag{4.5}$$

여기서 $R_o$은 절대온도 $T_o$일 때 서미스터 저항, $\beta$(또는 $B$)를 특성온도(characteristic temperature)라고 부르는 서미스터 정수이다.

위 식을 그림 4.10(b)와 같이 $\ln R - 1/T$의 관계로 나타내면 직선으로 되고, 그 기울기 ($\beta$)는 식 (4.5)로부터 다음 식으로 된다.

$$\beta = \frac{1}{\left(\frac{1}{T} - \frac{1}{T_o}\right)} \ln \frac{R}{R_o} \tag{4.6}$$

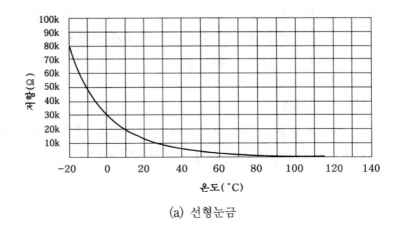

(a) 선형눈금

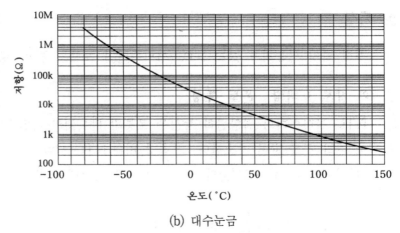

(b) 대수눈금

**[그림 4.10]** NTC 서미스터의 온도-저항 특성

$\beta$는 보통 2000~6000 [K](고온용에서는 6000~12000 [K])값을 갖는다. 초기 저항 $R_o$가 같더라도 $\beta$가 다르면 특성은 달라진다. 이 $\beta$에 의해서 서미스터의 특성이 결정되기 때문에 서미스터 정수라 한다. 정수 $\beta$는 서미스터를 제작할 때 의 성분이나 열처리 방법에 따라 정해지는데, 각각의 서미스터에 고유한 것이 다. 또 $\beta$정수는 온도에 따라 증가하는 온도 의존성을 갖는다.

서미스터 저항의 온도계수(TCR) 또는 상대감도(relative sensitivity) $\alpha$를 구 하기 위해서 식 (4.5)의 저항 $R$을 $T$로 미분하면

$$\frac{dR}{dT} = B\left(-\frac{1}{T^2}\right)R \tag{4.7}$$

이것으로부터 온도계수 $\alpha$는

$$\alpha = \frac{1}{R}\frac{dR}{dT} = -\frac{B}{T^2} \tag{4.8}$$

$(-)$는 온도계수가 부(負), 즉 NTC임을 의미한다.

식 (4.8)과 같이, $\alpha$가 온도 $T$에 반비례하므로 NTC는 낮은 온도에서 더 감도가 높다. 예로써 $25\,[\,\mathbb{C}\,]$에서 $\beta = 4000\,[\mathrm{K}]$라면, $\alpha$는 식 (4.8)에 따라

$$\alpha = -\frac{B}{T^2} = -\frac{4000}{(298.15)^2} \fallingdotseq -0.045 \tag{4.9}$$

로 된다. $\alpha$의 대표적인 값은 $-5\,[\%/\mathrm{K}]$이며, 온도계수는 백금 저항선의 약 10 배이다. 서미스터의 동작저항은 수$[\,\Omega\,]\sim 100\,[\mathrm{M}\Omega\,]$까지 임의로 만들 수 있으나, $100\,[\,\Omega\,]\sim 100\,[\mathrm{k}\Omega\,]$ 정도의 것이 좋고, 온도계수는 RTD의 약 10배인 $-3\sim -5$ $[\%/\mathbb{C}\,]$로 되며, 도선의 저항은 무시한다.

## 2. 자기가열

서미스터에 전류가 흐르면 소비전력 $(P = I^2 R)$에 의해 열이 발생된다. 서미스터에 인가하는 전압이 작을 때는 자기가열이 작으나, 전압이 크면 전류도 증가하여 자기가열에 의해서 서미스터 자신의 온도를 상승시킨다. 이 온도상승 $\varDelta T$와 전력 $P$ 사이에는 다음의 관계로 나타낸다.

$$P = V_T \times I_T = I_T^2 R_T = \delta(T - T_a) + C\frac{dT}{dt} \tag{4.10}$$

여기서, $T_a$는 주위온도, $\delta$는 열방사 계수(thermal dissipation constant), $C$는 열용량(thermal capacitor)이다. $\delta$값은 정지공기 중에서 $0.5\sim 1.0\,[\mathrm{mW}/\mathbb{C}\,]$이

며, 기류(氣流)나 수류(水流) 중에서는 정지공기 중의 수배로 된다. 자기가열에 의한 오차는 측정할 온도의 정도(精度)에 따라 경감하여야 한다. 극단적으로 작게 하면  자기가열에 의한 오차는 없어지나 출력신호가 너무 작아진다. 일반적으로 높은 정도(精度)로 온도를 측정하는 경우 자기가열 값은 $0.05 \sim 0.01\,[\text{mW}]$ 정도이다.

소비전력 $P$가 일정할 때, 서미스터 온도는 다음 식에 따라서 상승한다.

$$T = T_a + \frac{P}{\delta}\left(1 - e^{-\frac{\delta}{C}t}\right) \tag{4.11}$$

자기가열을 무시하면, 식 (4.10)은

$$\frac{dT}{dt} = -\frac{\delta}{C}(T - T_a) \tag{4.12}$$

이것의 해는

$$T = T_a + (T_i - T_a)\,e^{-\frac{t}{\tau}} \tag{4.13}$$

여기서, $T_i$는 초기온도, $\tau = \delta/C$는 열시정수(thermal time constant)이다. $\tau$의 값은 수 ms에서 수십 sec 이다.

## 3. 응답속도

서미스터의 응답속도는 주로 크기와 주위 환경에 의존한다. 비드형 서미스터는 소형이므로 열용량이 작아 열 응답속도는 공기 중에서 $1.5 \sim 10\,[\text{sec}]$ 정도이며, 기름 속에서는 $1\,[\text{sec}]$ 이하의 응답속도를 갖는다. 이것은 백금 RTD에서는 얻을 수 없는 값이다. 따라서, 온도변화가 심한 측정에서도 지연오차를 적게 할 수 있다.

## 4. 측정 범위

서미스터의 온도측정 범위는 사용되는 재료에 의존한다. 일반적으로 측정범위를 제약하는 3가지 효과가 있다. 즉, (1) 반도체의 용융(melting)이나 열화(deterioration), (2) 피복재료의 열화, (3) 고온에서 감도부족 등이다.

반도체 재료는 온도가 상승하면 녹거나 열화 된다. 이 상태는 일반적으로 측정온도 상한(上限)을 300[℃] 이하로 제한한다. 또 온도가 너무 낮으면, 서미스터 저항이 너무 높아(수 MΩ으로 됨), 실제로 사용하기가 곤란하다. 일반적으로 서미스터의 측정 가능한 온도하한(下限)은 −50[℃]~−100[℃]이다. 대부분의 경우 서미스터를 주위 환경으로부터 보호하기 위해서 플라스틱, 에폭시, 테프론 등으로 피복한다. 이러한 물질들에 의해서도 서미스터의 사용온도에 제약을 받는다.

그림 4.10에서 볼 수 있는 바와 같이, 높은 온도에서 서미스터의 저항 - 온도 곡선의 기울기는 0으로 된다. 따라서, 온도변화에 따른 서미스터의 저항 변화는 극히 작으므로 온도를 효과적으로 측정할 수 없다.

표 4.4는 자주 사용되는 NTC 서미스터의 일반적인 특성 예를 나타낸다.

**[표 4.4]** 대표적인 서미스터의 특성 예

| 파리미터 | |
|---|---|
| 온도 범위 | −100[℃]~450[℃] (not in a single unit) |
| 저항 (25[℃]) | 0.5[Ω]~100[MΩ] (일반적으로 1[kΩ]~10[MΩ]) |
| 특성 온도, $B$ | 2000[K]~5500[K] |
| 최대 온도 | >125[℃] (300[℃] in steady state; 600[℃] intermittently) |
| 열 시정수 | 1[ms]~22[s] |
| 최대 소비 전력 | 1[mW]~1[W] |

## 4.4  열전대

### 4.4.1  구조와 동작원리

열전대(熱電對; thermocouple)는 재질이 다른 2 종류의 금속선으로 되어 있다. 그림 4.11(a)와 같이 서로 다른 금속선 A, B를 접합하여 2개의 접점 $J_h$와 $J_c$ 사이에 온도차($T_h > T_c$)를 주면 일정한 방향으로 전류가 흐른다. 또 그림 4.11(b)와 같이 폐회로의 한 쪽 또는 금속선 B를 도중에 절단하여 개방하면 2 접점간의 온도차에 비례하는 기전력(emf)이 나타난다. 이 현상을 지백효과(Seebeck effect)라 하며, 이때 발생한 개방전압을 지백 전압 또는 기전력(Seebeck voltage or emf)한다. 이와 같은 현상은 접점을 형성하는 두 이종금속 사이의 일함수(work function) 차이에 기인한다.

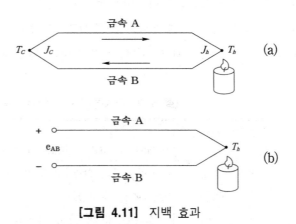

[그림 4.11]  지백 효과

온도 변화가 작을 경우, 지백 전압은 온도에 직선적으로 변화한다. 즉,

$$\Delta e_{AB} = \alpha ( T_h - T_c ) \tag{4.14}$$

여기서, 비례상수 $\alpha$는 지백 계수(Seebeck coefficient)이다.

열전대에 전압계을 접속하면 열기전력을 측정할 수 있으며, 이 값에서 역으로 온도차($T_h - T_c$)를 알 수 있다. 이것이 열전대 온도 센서의 원리이다. 금속선 A, B의 종류에 따라 열기전력의 크기가 다르고, 그러므로 측정할 수 있는 온도가 다르다.

표 4.5에 각종 열전대의 구성재료, 사용온도범위, 특징 등을 비교해서 나타내었다. 열전대의 선택은 사용온도범위, 요구정도 등을 고려하여 결정한다. 300 [℃] 정도까지 낮은 온도 범위에는 동 - 콘스탄탄, 1000 [℃] 정도까지는 E형이 열전대가 많이 사용되고 있다.

**[표 4.5]** 각종 열전대의 구성재료와 특성

| 열전대 종류 | 구성 재료 | | 사용 온도 범위 | 비 고 |
|---|---|---|---|---|
| | (+) | (−) | | |
| B | Pt(70 [%]) Rh(30 [%]) | Pt(94 [%]) Rh(6 [%]) | 0 [℃]~1700 [℃] | ·고가, 환원성 분위기에 약함 ·고온 측정에 적합 |
| S | Pt(90 [%]) Rh(10 [%]) | Pt | 0 [℃]~1450 [℃] | ·고가, 환원성 분위기에 약함 ·고온 측정용 |
| R | Pt(87 [%]) Rh(13 [%]) | Pt | 0 [℃]~1450 [℃] | ·고가, 환원성 분위기에 약함 ·고온 측정용 |
| K | 크로멜(Chromel) Ni(90 [%]) Cr(10 [%]) | 알루멜(Alumel) Ni(90 [%]) Al,Mn,Si등 소량 | −200 [℃] ~1250 [℃] | ·가장 널리 사용됨 ·측정온도범위가 넓다. ·완전한 불활성 분위기에서 사용 |
| E | 크로멜 | 콘스탄탄(Constantan) Cu(55 [%]) Ni(45 [%]) | −200 [℃] ~900 [℃] | ·감도가 가장 우수함 ·환원성 분위기에 약함 ·K보다 저렴 |
| J | Ir | 콘스탄탄 | 0 [℃]~750 [℃] | ·철이 녹슬기 쉽다 ·저온 측정에 부적합 |
| T | Cu | 콘스탄탄 | −200 [℃] ~350 [℃] | ·저온 측정용 ·산화하기 쉽다 |

그림 4.12는 대표적인 열전대의 출력을 온도의 함수로 나타낸 것이다. 열전대의 출력전압은 일반적으로 100 [mV] 이하이다. 전압 - 온도 관계가 직선으로부터 벗어나기 때문에 식 (4.14)에서 $\alpha$의 값은 일정치 않으며, 따라서 출력전압을 온도로 변환하기 위해서는 다음과 같은 다항식이 사용된다.

$$T = a_o + a_1 x + a_2 x^2 + a_3 x^3 + a_4 x^4 + \cdots + a_n x^n \qquad (4.15)$$

여기서, $T$는 온도, $x$는 열전대의 기전력(V), $a$는 각 열전대에 의존하는 다항식 계수, $n$은 다항식의 최대차수이다. 차수 $n$이 증가하면, 다항식의 정확도도 증가한다. 대표적인 값은 $n = 9$이다. 시스템의 응답속도를 빠르게 하기 위해서 좁은 온도범위에 대해서는 더 낮은 차수가 사용될 수 있다. 표 4.6은 열기전력을 온도로 변환하는데 사용되는 다항식의 예이다.

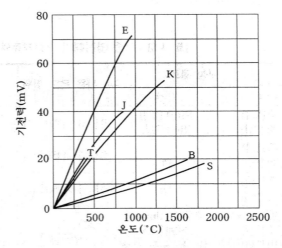

[그림 4.12] 열전대의 전압-온도 특성(기준온도=0 [℃])

[표 4.6] NBS 다항식 계수

| | Thermocouple Type | | | | | |
|---|---|---|---|---|---|---|
| | E | J | K | R | S | T |
| 범위 | 0°~1000 [℃] | 0°~760 [℃] | 0°~500 [℃] | −50°~250 [℃] | −50°~250 [℃] | 0°~400 [℃] |
| $a_0$ | 0.0 | 0.0 | 0.0 | 0.0 | 0.0 | 0.0 |
| $a_1$ | 1.7.57035E−2 | 1.978425E−2 | 2.508355E−2 | 1.88913BDE−1 | 1.84949460E−1 | 2.592BDDE−2 |
| $a_2$ | −2.3301759E−7 | −2.00120204E−7 | 7.860106E−8 | −9.3835290E−5 | −B.00504062E−5 | −7.602961E−7 |
| $a_3$ | 6.543558E−12 | 1.036969E−11 | −2.503131E−10 | 1.3068619E−7 | 1.02237430E−7 | 4.637791E−11 |
| $a_4$ | −7.3562749E−17 | −2.549687E−16 | 8.315270E−14 | −2.2703580E−10 | −1.52248592E−10 | −2.165394E−2D |
| $a_5$ | −1.7896001E−21 | 3.585153E−21 | −1.228034E−17 | 3.5145659E−13 | 1.88821343E−13 | 6.048144E−20 |
| $a_6$ | 8.4036165E−26 | −5.344285E−26 | 9.804D36E−22 | −3.8953900E−16 | −1.59085941E−16 | −7.293422E−25 |
| $a_7$ | −1.3735879E−30 | 5.D99890E−31 | −4.413030E−26 | 2.8239471E−19 | 8.23027880E−20 | |

| | Thermocouple Type | | | | | |
|---|---|---|---|---|---|---|
| | E | J | K | R | S | T |
| $a_8$ | 1.0629823E−35 | | 1.057734E−30 | −1.2607281E−22 | −2.34181944E−23 | |
| $a_9$ | −3.2447087E−41 | | −1.052755E−35 | 3.1353611E−26 | 2.79786260E−27 | |
| $a_{10}$ | | | | −3.3187769E−30 | | |
| 오차 | +/−0.02[℃] | +/−0.05[℃] | +/−0.05[℃] | +/−0.02[℃] | +/−0.02[℃] | +/−0.03[℃] |

## 4.4.2 특성

그림 4.13은 대표적인 열전대의 열기전력 특성을 나타내고 있다. 열전대의 출력전압은 일반적으로 100[mV] 이하이다. 열전대의 감도는 지백계수이다. 실제의 감도는 열전대 자체뿐만 아니라 신호조정의 형태에 크게 의존한다.

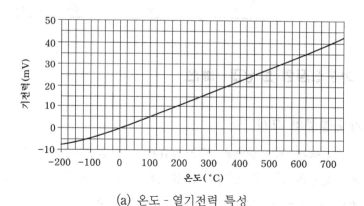

(a) 온도 - 열기전력 특성

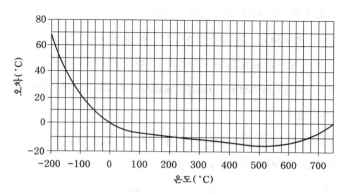

(b) 온도에 따른 오차의 크기

**[그림 4.13]** 열기전력 특성 예

표 4.7은 각종 열전대의 감도(20[℃]에서 지백계수)를 나타낸 것이다. E형 열전대의 감도가 가장 높고, B형의 감도가 가장 낮음을 알 수 있다.

**[표 4.7]** 열전대의 감도

| 열전대 종류 | 감도 [$\mu$V/℃] | 사용 온도 범위 |
|:---:|:---:|:---:|
| B | 1 | 0[℃]~1700[℃] |
| S | 7 | 0[℃]~1450[℃] |
| R | 7 | 0[℃]~1450[℃] |
| K | 40 | −200[℃]~1250[℃] |
| E | 62 | −200[℃]~900[℃] |
| J | 51 | 0[℃]~750[℃] |
| T | 40 | −200[℃]~350[℃] |

## 4.4.3 기준접점의 보상과 배선

### 1. 기준접점의 보상

열전대의 열기전력은 측온접점과 기준접점의 온도차에 의해서 결정되므로, 기준접점의 온도를 일정하게 유지하는 것이 매우 중요하다. 또, 열전대의 열기전력 규격은 기준접점의 온도가 0[℃]일 때의 값으로 규정하고 있다. 따라서, 기준접점의 온도가 0[℃]가 아닐 경우는 등가적으로 0[℃]가 되도록 기준접점 온도에 해당하는 열기전력을 보상해야 한다. 초기에는 얼음이나 전자냉각으로 0[℃] 환경을 만들었으나 최근에는 회로적으로 처리하고 있으며, 여기에는 소프트웨어 보상(software compensation)과 하드웨어 보상(hardware compensation) 방식이 있다.

컴퓨터를 이용한 측정 시스템에서는 기준접점온도를 정밀한 다른 온도 센서로 측정하여 컴퓨터로 보내 열전대의 온도측정신호를 소프트웨어적으로 보상한다. 그림 4.14는 소프트웨어 기준접점 보상 방식을 나타낸다. 그림에서 기준접점 $J_3$

와 $J_4$는 같은 온도로 유지되도록 등온 블록(isothermal block)에 만들어진다. 먼저 기준접점 $J_3$와 $J_4$의 온도를 다른 온도센서(RTD, 서미스터, IC온도센서 등)로 측정하여 기준온도 $T_{ref}$를 결정하고 이것을 등가 기준접점 전압 $V_{ref}$로 변환한 다음, 전압계로 측정된 전압 $V$에서 $V_{ref}$를 뺀다. 이것으로부터 $V_1$이 구해지면 이 $V_1$을 온도 $T_{J_1}$으로 변환한다. 이 과정을 컴퓨터가 수행한다. 소프트웨어 보상방식은 어느 열전대에도 적용 가능한 다양성이 있는 반면 기준접점 온도를 계산하는 데 추가의 시간이 요구된다. 그러므로  측정속도를 최대로 하기 위해서는 하드웨어 보상 방식을 사용한다.

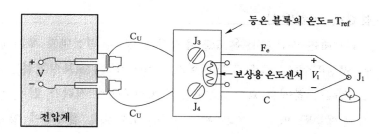

[**그림 4.14**] 기준접점온도의 소프트웨어 보상방식

그림 4.15는 기준접점온도를 하드웨어적으로 보상하는 경우로, 그림 4.15(a)와 같이 기준접점의 오프 - 셋 전압을 상쇄하기 위해서는 배터리를 삽입하면, 이 보상전압과 기준접점전압을 합하면 그림 4.15(b)와 같이 기준접점 전압이 0[℃] 접점의 전압과 동일하다. 그림 4.15(c)는 이와 같은 원리를 이용한 보상회로이며, 전자빙점기준(electronic ice point reference)이라고 부른다. 여기서, 보상전압 $e$는 온도 센서 $R_T$의 함수이며, 이제 기준접점의 온도가 0[℃]와 등가이므로 측정 전압 $V$를 직접 온도로 변환하면 측정점의 온도 $T$를 알 수 있다. 하드웨어 보상방식에서는 기준온도를 계산할 필요가 없으며, 속도가 빠른 장점이 있으나, 개개의 열전대 종류마다 이 회로가 필요한 것이 단점이다.

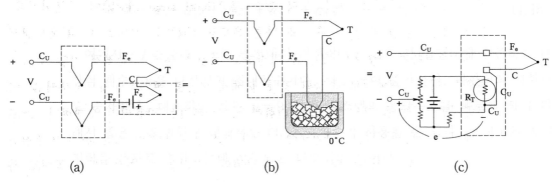

(a)   (b)   (c)

**[그림 4.15]** 기준접점온도의 하드웨어 보상방식

## 2. 열전대 배선방법

열전대를 사용해서 온도를 측정하는 경우, 열전대를 계기에 직접 접속하는 것이 이상적이다. 그러나 일반적으로 열전대 단자(보상접점)로부터 기준접점까지는 거리가 떨어져 있다. 측정점과 계기사이의 거리가 먼 경우 열전대를 계기까지 연장하면 매우 고가로 되고, 구리 도선으로 접속하여 양 접점간에 온도차가 존재하면 새로운 열전대 회로가 형성되어 오차가 발생한다.

그래서 열전대와 같거나 거의 유사한 열기전력 특성을 갖는 보상도선을 사용하여 그림 4.16과 같이 열전대와 계기사이를 접속한다. 보상도선을 사용하면 기준접점까지 열전대를 연장한 것과 등가이다.

보상도선에는 열전대와 동일한 재질을 사용한 확장형(extension)과, 보상도선의 사용온도범위에서 열전대의 열기전력 특성과 거의 같다고 생각할 수 있는 대

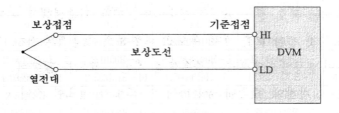

**[그림 4.16]** 열전대 사용시 보상도선의 사용

용합금을 사용한 보상형(compensation) 있다. 확장형은 열전대와 동일 재질이므로 넓은 온도범위에 걸쳐 높은 정도를 유지할 수 있고, 보상접점에서의 문제가 발생하는 일이 없으나, 가격이 고가로 되는 단점이 있다. 한편, 보상형은 저렴하지만 사용온도범위에 제약을 받으며, 오차가 크고 보상접점에서 문제가 발생할 가능성이 크다.

열전대을 사용할 때는 일반적으로 보상도선을 사용하여 기준접점에 접속하고, 여기서 구리 도선를 사용해 계기에 접속한다. 전자 계기에는, 앞에서 설명한 바와 같이 전자적으로 기준접점을 보상하는 것이 대부분이다.

온도 측정에 열전대를 사용하는 경우 가장 큰 문제는 잡음(noise)에 민감한 점이다. 열전대에서 계측기까지 보상도선으로 배선한 경우 열전대의 열기전력이 작기 때문에 외부로부터 잡음의 영향을 받기 쉽다. 잡음의 영향을 경감시키기 위해서 보상도선을 차폐한다. 보상도선의 차폐에는 연동선 편조, 연동 시스(sheath), 내열 비닐 시스(sheath) 등이 사용된다. 전자유도잡음을 피하기 위해서는 보상도선을 잡음원으로부터 멀리 하고, (+)와 (−)가 꼬인 보상도선을 사용한다.

## 4.5  반도체 온도센서

전통적으로 온도센서하면 서미스터, 열전대, RTD 등이 주로 사용되었다. 그러나 이들 대부분은 출력특성이 비직선성을 갖기 때문에 외부에서 직선화(直線化; linearization)를 통하여 직선 출력을 얻는다. 근래에는 다이오드나 트랜지스터 온도센서와 직선화 회로를 일체화한 IC 온도센서가 개발되어 사용되고 있다.

### 4.5.1  다이오드와 트랜지스터 온도 센서

반도체 다이오드를 이용한 온도센서는 p‑n 접합에 걸리는 순방향 전압의 온도 의존성을 이용한다. 다이오드에 전압 $V$를 인가하였을 때 다이오드에 흐르는 전류는 다음 식으로 주어진다.

$$I = I_o \left[ \exp\left(\frac{qV}{k_B T}\right) - 1 \right] \tag{4.16}$$

여기서, $I$는 다이오드 전류, $I_o$는 다이오드의 역방향 포화전류(reverse saturation current), $V$는 다이오드 전압, $q$는 전자전하, $k_B$는 볼쯔만 상수(Boltzmann's constant), $T$는 절대온도이다.

그림 4.17(a)와 같이 반도체 다이오드의 온도가 증가하면 p‒n 접합에 걸리는 순방향 전압이 변화한다. 다이오드에 전류 I가 흐를 때, p‒n 접합에 걸리는 전압 $V$는 식 (4.16)으로부터

$$V = \frac{k_B T}{q} \ln\left(\frac{I}{I_o} + 1\right) \tag{4.17}$$

따라서, 그림 4.17(b)와 같이 다이오드 전류 $I$를 일정하게 유지하면 순방향 다이오드 전압 $V$는 온도 $T$에 비례한다. 이때 전압감도(voltage sensitivity)는

$$S_T = \frac{dV}{dT} = \frac{k_B}{q} \ln\left(\frac{I}{I_o} + 1\right) \tag{4.18}$$

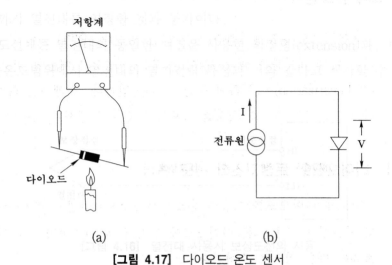

(a)　　　　　　　　　　(b)

**[그림 4.17]** 다이오드 온도 센서

로 되며, 구동전류와 포화전류에 의존한다.

만약 다이오드의 구동전류를 $I \gg I_o$로 하면, 센서 출력전압과 감도는 각각 식 (4.17)와 식 (4.18)로부터

$$V \approx \frac{k_B T}{q} \ln\left(\frac{I}{I_o}\right) \tag{4.19}$$

$$S_T \approx \frac{k_B}{q} \ln\left(\frac{I}{I_o}\right) \tag{4.20}$$

비록 식 (4.17), (4.19)에서 전압 - 온도 관계가 직선으로 될 것 같지만, 실제의 다이오드에서는 역방향 포화전류 $I_o$가 여러 전류 성분으로 구성되어 있고 또한 온도 의존성을 가지기 때문에 오차가 발생한다. 다이오드 온도센서의 측정 감도는 $-2\,[\mathrm{mV}/\mathrm{℃}]$이다.

지금까지 설명한 유사한 방법으로 바이폴라 트랜지스터를 온도센서로 사용할 수가 있다. 예를 들면, 그림 4.18(a)와 같이 트랜지스터를 다이오드로 결선하고 정전류로 구동하면, 베이스 - 이미터 전압 $V_{BE}$는

$$V_{BE} = \frac{k_B T}{q} \ln\left(\frac{I_C}{I_{C0}}\right) \tag{4.21}$$

로 되어, 절대온도에 비례하게 된다. 여기서, $I_C$는 컬렉터 전류, $I_{C0}$는 컬렉터 - 베이스 접합의 역포화 전류이다. 또, 그림 (b)와 같이 정전압으로 구동하면, 트랜지스터를 통해 흐르는 전류는

$$I = \frac{E - V}{R} \tag{4.22}$$

온도가 증가하면, 트랜지스터 양단전압 $V$가 감소해서 전류 $I$의 미소한 증가를 일으킨다.

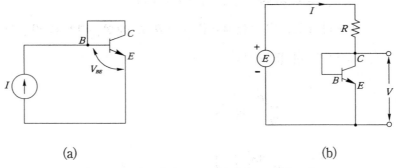

[**그림 4.18**] 다이오드로 결선된 트랜지스터

## 4.5.2 IC 온도 센서

지금까지 설명한 p‐n 접합의 특성을 이용해서 다이오드나 트랜지스터를 사용한 온도검출회로는 $0.2\,[\mathrm{V/℃}]$의 출력특성을 나타내지만, 다이오드는 2단자 소자이기 때문에 사용하기는 쉽지만 특성의 흐트러짐이 크고, 트랜지스터는 특성의 흐트러짐은 외부회로에서 보정하기 쉽지만 3단자 소자이다. 또한 두 경우 모두 정전류 회로를 필요로 하며, 더구나 출력특성의 직선성이 부족하다.

이러한 결점을 해결하기 위해서 IC 온도 센서(integrated circuit temperature sensor)가 개발되었다. IC 온도센서는 좀더 복잡한 회로로 구성된다. 그림 4.19는 실용 IC 온도 센서의 일례를 나타낸 것으로, 온도‐전류 변환기로 작용한다. 그림 4.19(a)의 내부회로에서, 전류 미러(current mirror) 회로에 의해서 $I_{C9}=I_{C11}$로 만들고, $Q_9$의 전류밀도는 $Q_{11}$의 8배가 되고있다. 그 때문에 $Q_9$의 베이스‐이미터 전압 $V_{BE9}$과 $Q_{11}$의 베이스‐이미터 전압 $V_{BE11}$ 사이에 전위차 $V_{BE}=V_{BE9}-V_{BE11}$가 발생하고 이 전압차가 온도와 직선관계로 된다. 이 전압차는 낮은 온도계수의 박막저항 $R_5$와 $R_6$를 통해 전류로 변환한다. 박막저항 $R_5$와 $R_6$의 값은 제조단계에서 레이저 트리밍에 의해 규정된 전류가 흐르도록 조정된다. 이 경우 $0\,[\mathrm{℃}](273.2\,[\mathrm{K}])$에서 $273.2\,[\mu\mathrm{A}]$의 출력을 얻을 수 있도록 설계된다.

더 간단화시킨 그림 4.19(b)의 회로를 생각해보자. 트랜지스터 $Q_3$와 $Q_4$는 동일하며 전류 미러를 형성한다. 따라서,

$$I_{C1} = I_{C2} = \frac{I_T}{2} \tag{4.23}$$

트랜지스터 $Q_2$는 동일한 8개의 트랜지스터로 구성되어 있으며, $Q_1$과 병렬로 접속되어 있다. 그래서 $Q_2$에서 이미터 전류밀도는 $Q_1$에서보다 8배 더 크다. 지금 트랜지스터 $Q_1$의 컬렉터 전류를 $I_1$, $Q_2$에 있는 각 트랜지스터의 컬렉터 전류를 $I_2$라고 하면, 각 트랜지스터의 베이스 - 이미터 사이의 전압은

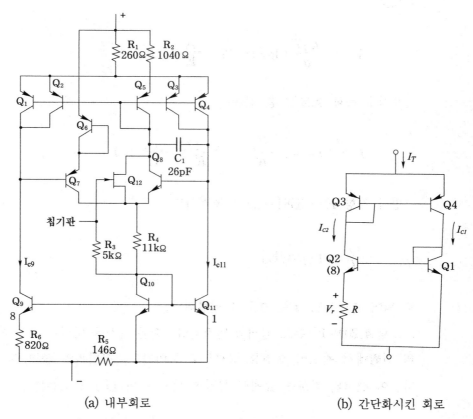

(a) 내부회로                    (b) 간단화시킨 회로

**[그림 4.19]** IC 온도 센서의 일례(AD-590)

$$V_{BE1} = \frac{k_B T}{q} \ln\left(\frac{I_1}{I_{C01}}\right) \tag{4.18}$$

$$V_{BE2} = \frac{k_B T}{q} \ln\left(\frac{I_2}{I_{C02}}\right) \tag{4.19}$$

저항 $R$의 양단전압은 두 트랜지스터의 베이스 - 이미터 전압의 차와 같으므로,

$$V_T = V_{EB1} - V_{EB2} = \frac{k_B T}{q} \ln\left(\frac{I_1}{I_2}\right) \tag{4.20}$$

그림의 회로에서 두 트랜지스터에 흐르는 전류를 $I_1 = 8I_2$가 되도록 설계하였으므로

$$V_T = \frac{k_B T}{q}(\ln 8) = 179 \frac{\mu V}{K} \times T \tag{4.21}$$

센서를 통해 흐르는 총 전류는

$$I_T = 2I_{C2} = 2\frac{V_T}{R} = \frac{2 \times 179}{R} \frac{\mu A}{K} \times T \tag{4.25}$$

만약 저항 $R$을 $358\,[\Omega]$으로 조정하면,

$$\frac{I_T}{T} = 1\,[\mu A/K] \tag{4.26}$$

로 되어 측정온도 $T$는 전류로 변환된다.

그림 4.20은 IC 온도 센서의 인가전압 - 전류 특성을 나타낸 다. 약 4 [V] 이상의 전원에서 완전히 정전류 영역으로 들어가고, 직선적인 출력 전류가 얻어진다. 이 센서의 감도는 앞에서 설명한 바와 같이 1 [ $\mu A$/℃]이다.

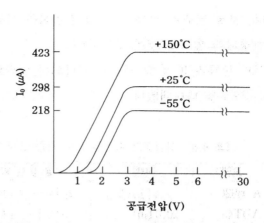

**[그림 4.20]** IC 온도 센서의 전압-전류 특성 예(AD-590)

IC 온도 센서는 그림 4.21에 나타낸 것과 같이, 전류 출력형(current‑output)과 전압 출력형(voltage‑output)이 있다. 전류 출력형 IC 온도 센서의 감도는 1 $[\mu A/℃]$~3$[\mu A/℃]$이다. 전압 출력형의 감도는 10$[mV/℃]$이다.

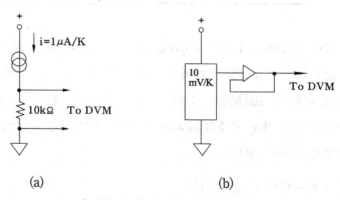

**[그림 4.21]** IC 온도 센서의 종류

### 4.5.3  특성

IC 온도센서의 특징으로는 온도에 대한 출력의 직선성이 양호한 것과 출력 임피던스가 낮은 것, 출력신호 레벨이 큰 것, 정도가 충분히 실용적인 범위에 있는 것 등이다. 보통 트랜지스터의 온도특성 변화를 이용하고 있기 때문에 사용온도 범위가 한정되어 있다는 것이 결점이다.

현재 여러 종류의 IC 온도 센서가 개발되어 상품화되어 있다. 표 4.8은 IC 온도 센서의 일부를 나타내었다.

**[표 4.8]** 아날로그 출력을 갖는 각종 IC 온도센서의 특성 예

| 모델 | 감도 | 사용 온도 범위 | 확도 |
|---|---|---|---|
| AD592CN | $1\,[\mu A/K]$ | $-25\,[\text{℃}]\sim+105\,[\text{℃}]$ | $\pm0.5\,[\text{℃}]$ |
| ADT43 | $20.0\,[\text{mV/℃}]$ | $5\,[\text{℃}]\sim+100\,[\text{℃}]$ | $\pm1.0\,[\text{℃}]$ |
| AD22100K | $22.5\,[\text{mV/℃}]$ | $-50\,[\text{℃}]\sim+150\,[\text{℃}]$ | $\pm2.0\,[\text{℃}]$ |
| LM35A | $10.0\,[\text{mV/℃}]$ | $-55\,[\text{℃}]\sim+150\,[\text{℃}]$ | $\pm1.0\,[\text{℃}]$ |
| LM35D | $10.0\,[\text{mV/℃}]$ | $0\,[\text{℃}]\sim+100\,[\text{℃}]$ | $\pm2.0\,[\text{℃}]$ |
| LM35B | $10.0\,[\text{mV/℃}]$ | $-30\,[\text{℃}]\sim+100\,[\text{℃}]$ | $\pm2.0\,[\text{℃}]$ |
| LM62 | $15.6\,[\text{mV/℃}]$ | $-10\,[\text{℃}]\sim+125\,[\text{℃}]$ | $\pm2.0\,[\text{℃}]$ |
| TC1046 | $6.25\,[\text{mV/℃}]$ | $-40\,[\text{℃}]\sim+125\,[\text{℃}]$ | $\pm2.0\,[\text{℃}]$ |
| TMP1 | $5\,[\text{mV/K}]$ | $-55\,[\text{℃}]\sim+125\,[\text{℃}]$ | $\pm1.0\,[\text{℃}]$ |
| TMP17F | $1\,[\mu A/K]$ | $-40\,[\text{℃}]\sim+105\,[\text{℃}]$ | $\pm2.5\,[\text{℃}]$ |

그림 4.19에서 설명한 Analog Device사의 IC 온도 센서(AD590)는 $+4\,[V]\sim+30\,[V]$의 공급전압에 대해서 높은 임피던스로 동작하며, $1\,[\mu A/K]$의 정전류를 출력한다. $10\,[M\Omega]$ 이상의 고출력 임피던스를 갖는 것도 있는데, 공급전압의 드리프트 또는 리플(ripple)의 영향을 받지 않는 특징이 있다. 이 센서의 주요 사양은 다음과 같다.

- 출력전류 : $1\,[\mu A/K]$
- 측정 온도 범위 : $-55\,[\text{℃}]\sim+150\,[\text{℃}]$
- 교정 정도 : $\pm0.5\,[\text{℃}]\,(\text{AD590M})$
- 직선성 : $\pm0.3\,[\text{℃}](\text{AD590M})$
- 동작 전압 범위 : $+4\,[V]\sim+30\,[V]$

한편 National semiconductor의 LM75는 디지털 출력을 갖는다. 온도 센서로 부터 아날로그 출력은 delta‑sigma ADC에 의해서 디지털 신호로 변환된다. 디지털 출력 IC 온도센서는 PC와 같이 마이크로프로세서를 기반으로 하는 시스템에서 온도 모니터링 및 제어 부 시스템(subsystem)에 사용된다.

### 4.5.4  응용

그림 4.22는 IC 온도 센서의 출력회로를 나타낸다. 그림 4.22(a)는 1 [mV/K]의 출력전압이 얻어진다. 그림 4.22(b)는 몇 개의 센서를 직렬로 접속하여 출력 전압이 최소온도에 비례하도록 구성한 것이다.

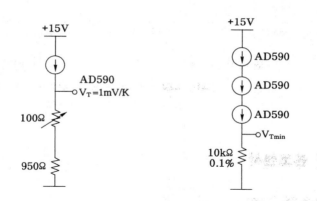

[**그림 4.22**]  IC 온도센서의 출력회로 예

그림 4.23은 IC 온도센서의 온도 보상법을 나타낸다. 그림 4.23(a)는 1점 보상 법(one point calibration)을 나타내는데 즉, 가변저항 R에 따라, 오차곡선의 P점 에 보정한다.

또 그림 4.23(b)는 측정온도범위의 2점 보정법(two point calibration)을 나타 낸다. 가변저항 $R_1$으로 온도 0 [℃](또는 저온의 임의 온도)에서 출력전압을 0 [V] (또는 임의 전압)가 되도록 조정한다. 다음에 가변저항 $R_2$는 온도 100 [℃] (또 고온 측의 임의 온도)에서 10 [V](또는 임의 전압)가 되도록 조정한다. 즉, 오차 곡선의 2점 $P_1$, $P_2$에서 보정한다.

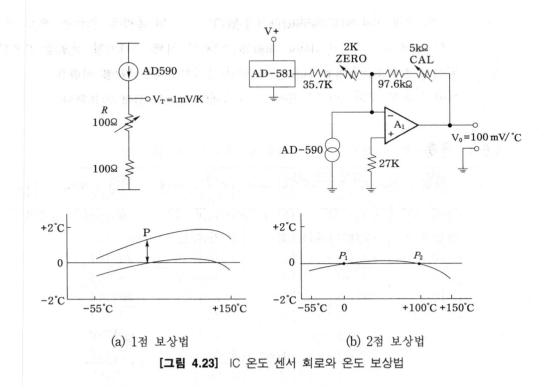

(a) 1점 보상법                    (b) 2점 보상법

**[그림 4.23]** IC 온도 센서 회로와 온도 보상법

## 4.6  초전형 온도센서

### 4.6.1  원리와 구조

초전효과(pyroelectric effect)에 대해서는 제2장의 적외선 센서에서 설명하였다. 그림 4.24는 초전 온도센서의 외관을 나타낸다. 초전 온도센서는 물체로부터 방사되는 적외선이 창을 통해 초전체에 입사될 때 일으키는 초전체 표면전하의 변화로부터 적외선을 측정하고 이로부터 물체의 온도를 열적으로 검지한다.

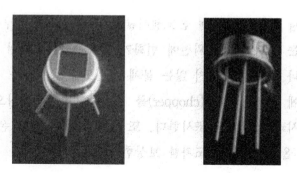

**[그림 4.24]** 초전 온도센서의 외관

그림 4.25는 초전 온도센서의 신호발생원리를 나타낸 것이다. 센서에 적외선이 들어오면 초전체의 온도가 상승하고, 그 결과 초전체 표면에 유기되는 전하량이 변하여 출력이 얻어진다. 그런데, 물체로부터 방사되는 적외선에 변화가 없으면 유기되는 전하의 변화도 없으므로 출력은 0으로 된다. 따라서, 이동물체 또는 온도가 변화하는 물체의 온도만을 검출할 수 있다.

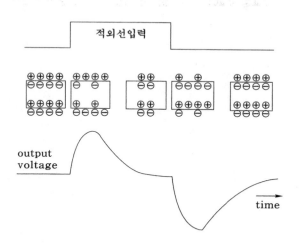

**[그림 4.25]** 초전 온도 센서의 신호발생 원리

그림 4.26은 초전형 온도센서를 사용한 온도계의 구성을 나타낸다. 초전 온도
센서는 방사되는 적외선에 변화가 있을 때만 출력이 얻어지므로, 정지해 있는
물체나 온도가 변하지 않는 물체의 온도를 측정하는 경우에는 초전 온도센서의
전면에 기계적 쵸퍼(chopper)를 설치하여  검출대상으로부터 나오는 적외선을
변조시켜 초전체에 조사한다. 또 그림과 같이 실내 온도를 측정하여 피측정 물
체의 온도와 실내온도차를 보상한다.

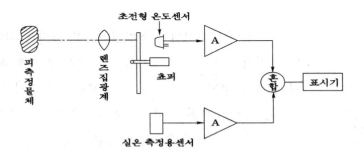

[그림 4.26] 초전 온도센서를 이용한 물체의 표면온도 측정 구성도

제 **5** 장

# 위치 · 변위 센서

## 5.1 개 요

위치(position)는 선택된 기준점에 대해서 물체의 좌표(직선 또는 각)를 결정하는 것을 의미한다. 변위(變位; displacement)는 한 위치에서 다른 위치로 특정 거리 또는 각도만큼 이동하는 것을 말하며, 직선변위(linear displacement)와 회전변위(angular displacement)로 구분된다.

수 [mm]에서 수십 [mm]의 직선변위에 대해서는 여러 가지 포텐쇼미터(potentiometer), LVDT가 널리 사용되고 있다. 또 포텐쇼미터, LVDT 등은 계측용뿐만 아니라 기계, 장치를 조립하는데도 많이 이용된다.

회전변위는 오래부터 싱크로(synchro), 리졸버(resolver)등이 사용되었으나, 근년에는 광학식 인코더(optical encoder) 등이 널리 이용되고 있다.

여기서는 직선변위나 회전변위 측정에 사용되고 있는 중요한 변위센서(displacement sensor)와 위치센서에 대해서 기술한다.

[표 5.1] 변위센서의 분류

| 변위 종류 | 검출 센서 |
|---|---|
| 직선 변위 | 포텐쇼미터 |
| | LVDT |
| | 정전용량형 |
| 회전 변위 | 포텐쇼미터 |
| | RVDT |
| | 싱크로 |
| | 리졸버 |
| | 정전용량형 |
| | 인코더 |

## 5.2 포텐쇼미터

### 5.2.1 저항식 변위센서

저항식 변위센서(resistive displacement sensor)는 흔히 포텐쇼미터(potentio-meter)라고 부른다. 포텐쇼미터는 가장 간단한 변위센서로, 양 단자에 전압을 가한 상태에서 피측정 물체에 연결된 와이퍼(wiper)가 저항체 위를 이동하여 변위에 대응한 전압을 얻는다. 포텐쇼미터에는 직선변위과 회전변위 측정용의 2종류가 있으며, 그 측정 원리는 동일하다.

그림 5.1은 직선변위 검출용 포텐쇼미터의 구조와 외관을 나타낸 것으로, 저항체와 그 위를 직선적으로 이동하는 와이퍼(wiper)로 구성된다. 검출하고자하는 물체가 움직이면 내부의 와이퍼가 저항체 위를 이동하여 와이퍼와 저항단자 사이의 저항값 $R_{CB}$가 변위 $x$의 크기에 비례하여 변화한다. 이때, 출력 전압 $V_o$는

$$V_o = \frac{R_{cb}}{R_{ab}} V_S \tag{5.1}$$

그런데 저항은 저항선의 길이에 비례하므로

$$V_o = \frac{x}{L} V_S = Kx \qquad (5.2)$$

로 쓸 수 있고, 따라서 변위에 비례하는 출력전압이 얻어진다. 직선 변위센서의 검출 범위는 수십 [mm] ～ 수백 [mm] 정도이다.

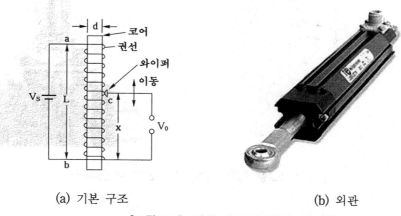

(a) 기본 구조                    (b) 외관

**[그림 5.1]** 직선 변위 검출용 포텐쇼미터

회전변위 검출 포텐쇼미터는 그림 5.2와 같이 회전축이 회전하면 내부의 와이퍼가 저항체 위를 이동하고 저항치 $R(\theta)$가 회전각에 비례하여 변화한다. 즉, 와이퍼가 $\theta$만큼 회전할 때 저항 $R(\theta)$는

$$R(\theta) = k\theta \qquad (5.3)$$

출력전압 $V_o$는

$$V_o = \frac{R(\theta)}{R_{ab}} V_S = \frac{k\theta}{R_{ab}} V_S = K\theta \qquad (5.4)$$

로 되어, 각 변위 $\theta$를 측정할 수 있다. 이때, 저항 $R_{ab}$와 $R(\theta)$가 온도에 의해서 $x[\%]$만큼 변화했더라도 출력전압 $V_o$의 값은 불변이다. 회전형 포텐쇼미터에는 1회전형과 다회전형이 있으며, 회전각의 변화범위는 통상 0~3600도(10 회전)가 많다.

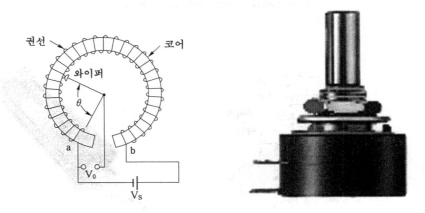

**[그림 5.2]** 회전변위 검출용 포텐쇼미터

저항식 변위센서에 사용되는 저항체(resistive element) 재료에는 가는 저항선을 감은 것(wirewound element), 카본(carbon)을 도포한 것, 도전성 플라스틱(conductive plastic) 등이 있다. 표 5.1은 이들의 특성을 요약한 것이다.

**[표 5.1]** 포텐쇼미터에 사용되는 각종 저항체의 특성

|  | Conductive plastic | Wirewound | Hybrid |
|---|---|---|---|
| 분해능 | 무한소 | 양자화 | 무한소 |
| 전력정격 | 낮 음 | 높 음 | 낮 음 |
| 온도 안정성 | 부 족 | 우 수 | 양 호 |
| 잡 음 | 매우 낮음 | 낮음, 그러나 시간이 지남에 따라 나빠짐 | 낮 음 |
| 수 명 | $10^6 \sim 10^8$ 사이클 | $10^5 \sim 10^6$ 사이클 | $10^6 \sim 10^7$ 사이클 |

종래 니켈합금(Ni‑Cr, Cu‑Ni 등)과 같은 저항선을 사용한 권선형 포텐쇼미터(wire‑wound potentiometer)에서는 그림 5.3과 같이 슬라이더(slider)가 권선에서 권선으로 이동함으로써 저항값이 단계적으로 변화하기 때문에 최소 분해능(resolution)은 저항체의 길이방향으로 0.1 [mm] 정도로 낮고, 수명이 짧다. 이와 같은 단점을 해결하고자 권선 대신에 도전성 플라스틱(conductive plastic) 저항을 사용한 포텐쇼미터는 수명도 $10^7$회 정도의 반복사용이 가능하고, 분해능은 $2 \times 10^{-4}$ [mm] 정도, 직선성은 0.1 [%] 정도이다.

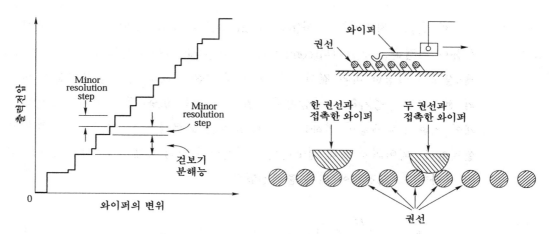

**[그림 5.3]** 권선형 포텐쇼미터의 분해능

지금까지는 출력이 회전각에 비례하는 직선형 포텐쇼미터에 대해서 설명하였으나, 출력이 $\sin\theta$, $\cos\theta$, $x^2$, $1/x$, $e^x$등 비직선 함수인 비직선형 포텐쇼미터도 있다.

저항을 사용한 접촉식 포텐쇼미터는 다음과 같은 단점을 갖는다.

- 마찰력이 크다.
- 피측정 물체와 물리적으로 연결하는 수단이 필요하다.
- 속도가 느리다.
- 마찰 및 구동전압이 저항선을 가열한다.
- 환경적 안정성이 낮다.

접촉식 포텐쇼미터는 습동자의 마모로 인해 수명의 신뢰성이 낮아, 상시 미동(微動)을 받거나 진동을 받는 장소에서 사용하는 것이 부적합한 경우가 있다. 최근에는 저항선을 사용한 접촉식에서 반도체 소자를 이용한 비접촉식으로 발전하고 있다. 비접촉 포텐쇼미터는 마모부를 갖지 않으므로 수명의 신뢰성이 가변저항에 비해 높다. 비접촉식 포텐쇼미터에는 반도체의 자기저항효과 또는 광도전 효과를 이용한 것 등이 있으며, 다음에서 설명한다.

### 5.2.2  자기 포텐쇼미터

그림 5.4는 자기저항 소자(magnetoresistive device ; MR 소자)를 저항체로 사용한 비접촉 포텐쇼미터(contactless potentiometer)의 원리를 나타낸 것이다. 제3장에서 설명한 바와 같이, 자기저항 효과란 자계의 세기가 증가하면 반도체의 전기저항이 증가하는 현상이다. MR 소자로는 InSb 등이 이용되고 있다. 자계에 의해서 비저항이 변하는 반도체 소자를 고정시키고  영구자석을 회전축에 설치한다. 와이퍼에 의해 영구자석이 회전하면 자석 밑에 오는 MR 소자의 저항이 증가한다. 회전각에 따른 출력전압은

$$V_o = \frac{R_a}{R_a + R_b} V_s \tag{5.5}$$

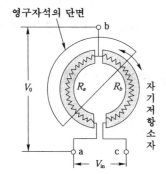
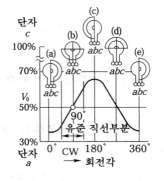

**[그림 5.4]**  자기저항 전위차계

자석이 위치 (a), (e)에 오면, MR 소자의 저항은 $R_a \ll R_b$로 되어 출력은 작아진다. 자석의 위치가 (b), (d)로 되면, 자속이 두 MR 소자에 균등하게 통과하므로 $R_a = R_b$로 되어 출력은 $V_o = V_s/2$로 된다. 위치 (c)에서는 $R_a \gg R_b$이므로 최대 출력전압이 얻어진다.

이 방식은 무접촉이므로 접촉에 의한 잡음이 거의 없고, 마모 부분이 없기 때문에 수명이 반 영구적이고, 회전토크가 작고, 고속응답성이 우수하고, 분해능이 무한히 작은 등의 특성이 있다.

### 5.2.3 광학식 포텐쇼미터

광학식 포텐쇼미터(photo‐potentiometer)는 비접촉식으로 원리에 따라 두 종류가 있다.

그림 5.5는 축의 각도에 따라 광센서(포토다이오드, 포토트랜지스터 등)가 받는 광량이 직선적으로 변하도록 설계된 기구를 이용하는 것으로, 광센서가 받는 광량에 비례하는 출력전압을 발생시킨다. 그러나, 현재 이 방식을 이용한 광학식 포텐쇼미터는 그리 많지 않다.

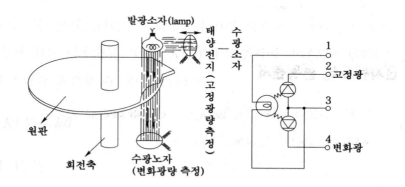

[**그림 5.5**] 광학식 포텐쇼미터

그림 5.6은 PSD 소자(5.7절에서 설명)를 이용한 광학식 포텐쇼미터이다. 발광소자로부터 방출된 빛은 나선모양의 슬릿(slit)을 통해 PSD 수광면에 입사되

어 출력을 발생시킨다. 그런데, 원판이 회전하면 슬릿을 통과하는 빛의 위치가
달라지므로 PSD 수광면이 받는 빛의 위치도 달라지므로 출력전압이 변화한다.

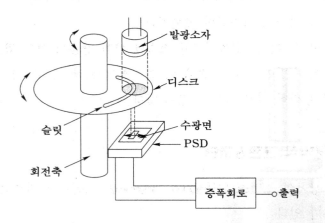

[그림 5.6] PSD를 사용한 광학식 포텐쇼미터

광학식 포텐쇼미터의 구조는 비교적 단순하지만, 출력의 정도(특히 직선성)는
저항식에 비해 높지 못하다. 또 포텐쇼미터를 동작시키기 위한 보조 전원이 필
요하고, 발광소자가 안정된 성능을 갖는 기간으로 수명이 결정되므로 사용시 유
지보수가 필요하다.

## 5.3 전자유도식 변위센서

전자유도식 변위센서(inductive displacement sensor)는 주로 자기회로(mag-
netic circuit)의 원리에 기초를 두고 있다.

### 5.3.1 LVDT

LVDT(linear variable differential transformer; 흔히 차동 트랜스라고 부른
다)는 코일의 상호유도작용을 이용하여 직선변위를 그것에 비례하는 전기신호로

변환하는 센서이다. 그림 5.7은 LVDT의 기본 구조와 외관을 나타낸 것으로, 원통형의 비자성체에 감겨진 1차 코일(primary coil)과 두 개의 2차 코일 (secondary coil), 피측정 물체와 연동하여 움직이는 철심(iron core)으로 구성된 다. 일정 주파수, 일정 전압을 1차 코일에 인가하면, 반대 극성으로 접속된 2차 코일에는 가동철심의 위치 $x$에 비례하는 출력 전압이 유기된다.

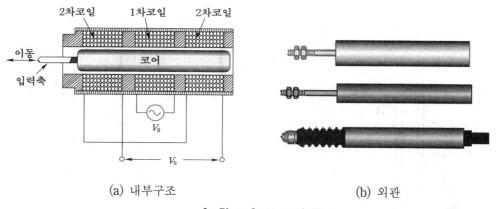

(a) 내부구조                    (b) 외관

**[그림 5.7]** LVDT의 구조

그림 5.8은 LVDT의 동작원리를 나타낸다. 먼저 그림 5.8(a)와 같이 2차측 코 일이 접속되지 않은 경우를 생각해 보자. 1차측에 정현파 전압 $v_p = E_m \sin \omega t$ 을 인가하면, 상호유도작용에 의해 2개의 2차 코일에는 $v_p$과 위상이 약간 다르 지만 서로 정확히 같은 정현파 전압 $v_1$과 $v_2$가 유기된다. 이것을 상호유도계수 로 나타내면,

$$v_1 = M_1 \frac{i_p}{dt}, \quad v_2 = M_2 \frac{i_p}{dt} \tag{5.6}$$

여기서, $i_p$는 1차측 전류, $M_1$, $M_2$는 각각 1차 코일과 2차 코일 사이의 상호 유도 계수이다.

이제, 그림 5.8(b)와 같이 두 2차 코일을 반대 극성으로 직렬 접속한 경우를 생각해 보자. 이때 2차측 출력전압을 간단히 나타내면

$$v_o = v_1 - v_2 = M_1 \frac{i_p}{dt} - M_2 \frac{i_p}{dt} = (M_1 - M_2) \frac{di_p}{dt} \tag{5.7}$$

이와 같이 출력전압은 상호인덕턴스의 차 $(M_1 - M_2)$에 비례한다.

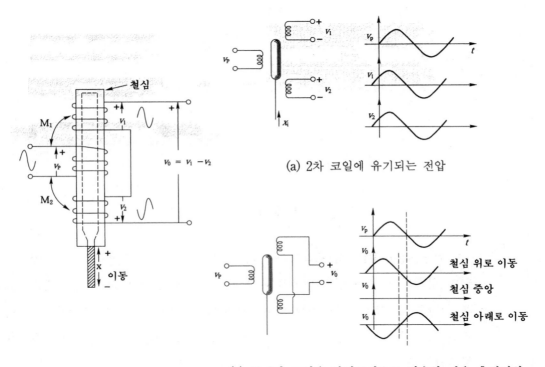

(a) 2차 코일에 유기되는 전압

(b) 두 2차 코일을 반대극성으로 접속한 경우 출력전압

**[그림 5.8]** LVDT의 동작설명

만약 철심이 중심 $(\varDelta x = 0)$에 있으면, $M_1 = M_2$로 되므로 2차측 코일에 유기되는 전압 $v_1$과 $v_2$는 크기가 같고 위상이 $180°$ 다르기 때문에 출력 $v_o$는 0으로 된다. 철심이 중심(0점)에서 위쪽으로 이동하면 $M_1 > M_2$으로 될 것이므로

$v_1 > v_2$로 되고, 아래로 이동하면 $M_1 < M_2$가 되어 $v_1 < v_2$로 되기 때문에 출력전압 $v_o$는 0으로 되지 않고 위상이 180° 다른 정현파 전압이 얻어진다.

그림 5.9는 철심의 위치에 따른 LVDT의 출력 특성을 나타낸 것이다. 출력전압의 진폭이 변위 $x$에 직선적으로 비례하여 변화함을 알 수 있다.

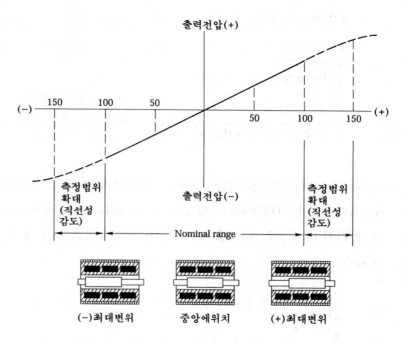

**[그림 5.9]** LVDT의 출력 특성

LVDT의 최대 눈금은 수 [$\mu$m]~수백 [mm]의 범위로 계측이 가능하다. 1차 코일의 여자 전원 주파수에서 상용 주파수를 사용하는 경우와 1~5 [kHz]의 고주수를 사용하는 경우가 있다. 보통 100 [mm] 이상의 큰 변위를 계측하는 경우에는 상용 주파수를 사용하는 것 이외에 고주파 발진 회로 내장형도 사용된다. 출력 파형의 위상은 철심의 중심위치(zero)을 기준으로 위상이 180° 변화하기 때문에 위치의 정부를 판정할 수 있다.

**[표 5.2]** LVDT의 특성 일 예

| 파라미터 | 최소 | 정격 | 최대 | 단위 |
|---|---|---|---|---|
| 직선 영역 | −1.3 | | +1.3 | mm |
| 직선성 | | | ±0.25 | %FSO |
| 최적 주파수 | | 2000 | | Hz |
| FSO(각 권선) | 225 | 250 | 275 | mV |
| 1차 전선 임피던스 | 440<br>+62 | 490<br>+67 | 540<br>+72 | Ω<br>° |
| 2차 전선 임피던스 | 159<br>+57 | 177<br>+62 | 195<br>+67 | Ω<br>° |
| 1차 권선저항 | 113.8 | 133.9 | 154.0 | Ω |
| 2차 권선저항 | 63.1 | 74.2 | 85.3 | Ω |
| 철심이 중앙에 있을 때 출력 | | | 0.5 | %FSO |
| 온도 계수 | | $\alpha = -0.5 \times 10^{-4}$<br>$\beta = -2 \times 10^{-7}$ | | $°C^{-1}$<br>$°C^{-2}$ |

1차측 전압 : 5[V], 2000[Hz] 정현파

지금까지는 직선 변위를 검출하는 LVDT에 대해서 설명하였는데, 회전변위를 검출하는 RVDT(rotary variable differential transformer)도 있다. 그림 5.10은 RVDT의 구조를 나타낸 것으로, 첨심의 형태가 다를 뿐 기본 동작원리는 동일하다.

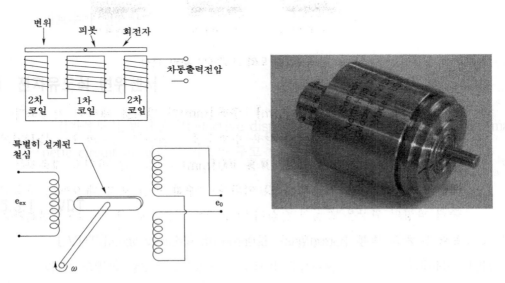

**[그림 5.10]** RVDT의 구조

### 5.3.2 싱크로

싱크로(synchro)는 아날로그형 회전각도의 검출, 전송에 사용되는 센서로 코일 사이의 전자유도 현상을 이용한 것이다. 그림 5.11에 싱크로의 구조 및 전기회로를 나타낸 것이다. 싱크로는 회전자(rotor)와 고정자(stator)로 구성된다. 회전자에는 1차 코일(여자권선)이, 고정자에는 3개의 2차 코일이 120°로 위치해서 감겨있다. 각 고정자 권선에 유기되는 전압의 크기와 위상은 회전자의 위치 및 1차 전압에 의존한다.

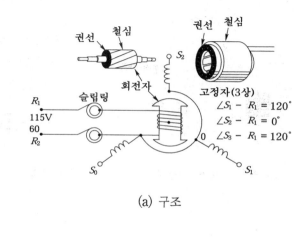

(a) 구조

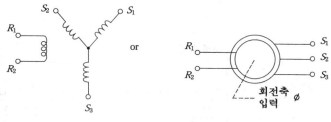

(b) 심볼

[**그림 5.11**] 싱크로의 구조와 심볼

그림 5.12는 회전자 위치가 변할 때 하나의 고정자 코일에 유기되는 전압의 변화를 나타낸 것이다. 그림 5.12(a)와 같이 정지 위치에서 회전자는 고정자와 90° 각을 이루기 때문에 고정자 코일과 쇄교하는 자속수가 최소로 되어 고정자 코일

에 유기되는 전압은 0으로 된다. 회전자가 반시계 방향(CCW)으로 90°만큼 회전하면(그림 5.12(b)), 쇄교자속수는 최대로 되어 고정자 전압이 최대로 된다. 회전자가 회전하면 출력전압은 감소하기 시작하여 180° 회전 위치에서 고정자 전압은 다시 0으로 된다. 회전자 위치가 270°로 되면 고정자 권선에는 다시 최대 전압이 유기되지만 그림 5.12(b)의 경우와 위상이 반대로 된다.

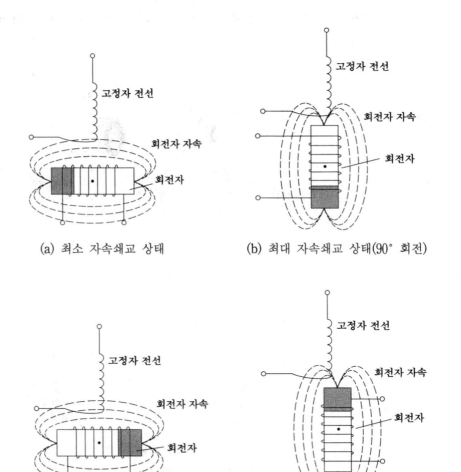

(a) 최소 자속쇄교 상태          (b) 최대 자속쇄교 상태(90° 회전)

(c) 최소 자속쇄교 상태(180° 회전)      (d) 최대 자속쇄교 상태(270° 회전)

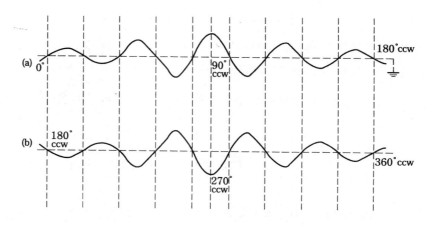

**[그림 5.12]** 싱크로의 동작원리

싱크로는 토크 싱크로(torque syncro)와 제어 싱크로(control syncro)로 대별되며, 전자는 발신기(transmitter)와 수신기(receive)를 직접 결선하여 각도 변위를 전송하는데 대해서, 후자는 서보기구(servomechanism)에 이용하는 경우가 많고, 각도 전송의 정밀도가 양호하다. 전송 정도에서 전자는 ±1°, 후자는 ±5~15분 정도이다.

그림 5.13은 토크 싱크로에 의한 각도 검출원리를 나타내고 있다. 토크 발신기(torque transmitter; TX)와 수신기(torque receiver; TR)가 있고, 발신기 회전축의 기계적인 각도 변위를 전기신호로 변환하여 수신기에 보내고 다시 수신기 회전축의 기계적인 각도변위로 변환한다. 지금 발신기의 회전자가 각 $\theta_1$만큼 회전하였다면 송신기 출력단자 $S_1$, $S_2$, $S_3$에는 앞에서 설명한 전압이 유기된다. 한편 수신기의 회전자 코일의 회전각도가 $\theta_2$이면 수신기 출력단자에도 전압이 유기된다. 만약 수신기와 발신기의 회전자 사이에 각도 차가 있으면(즉, $\theta_2$가 $\theta_1$가 다르면), 각 고정자 권선 ($S_1 - S_1$, $S_2 - S_2$, $S_3 - S_3$) 사이에 전압차가 생겨 전류가 흘러 회전력이 발생하고, $\theta_2 = \theta_1$로 될 때까지 수신기의 회전자가 회전한다. $\theta_2 = \theta_1$로 되면 전류가 흐르지 않아 평형상태로 되어 수신기의 회전자는 정지한다. 따라서, 항상 수신기의 회전자는 발신기 회전자의 각도 변위를 따라간다.

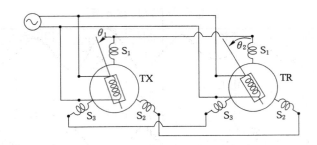

[그림 5.13] 토크 싱크로의 원리

그림 5.14는 제어 싱크로의 결선도이다. 제어 트랜스포머(control transformer; CT)의 회전자가 제어 송신기(control transmitter)와 동일 방향(각도)로 될 때 영위 검출기(null detector)의 출력이 0으로 된다. 전압은 상대각 $(\theta_R - \theta_B)$의 sin에 비례하지만 20°보다 작을 때에는 출력은 각도에 비례하는 것으로 생각해도 무방하다. 이때 출력전압은

$$e_o = K_e(\theta_R - \theta_B)\sin \omega_{ex} t \tag{5.8}$$

로 된다.

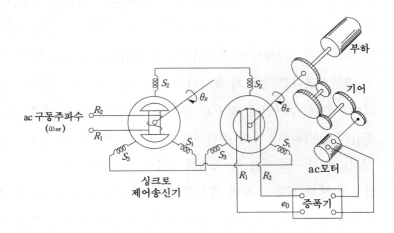

[그림 5.14] 제어 싱크로의 원리

싱크로는 전압 전송방식으로 잡음 특성이 우수하다. 정밀도는 1~2° 정도이다. 표 5.3은 크기가 다른 두 상용 싱크로의 일부 특성을 요약한 것이다.

**[표 5.3]** 두 상용 싱크로의 특성

| 파라미터 | 26V08CX4c<br>Control Transmitter | CGH11B2<br>Torque Transmitter |
|---|---|---|
| 주파수 | 400 [Hz] | 400 [Hz] |
| 입력 전압 (회전자) | 26 [V] | 26 [V] |
| 최대 입력 전류 | 153 [mA] | 170 [mA] |
| 정격 입력 전력 | 0.7 [W] | 0.58 [W] |
| 입력 임피던스(출력 개방시) | 192 [Ω], 79° | $(20+j150)$ [Ω] |
| 출력 임피던스(입력 개방시) | 39.3 [Ω], 70.5° | $(4.3+j24.6)$ [Ω] |
| DC 직류 저항 (회전자) | − | 10.5 [Ω] |
| DC 직류 저항 (고정자) | − | 3.6 [Ω] |
| 출력 전압 | 11.8 [V] | 11.8 [V] |
| 감도 | 206 [mV/°] | 206 [mV/°] |
| 최대 출력(0 위치에서) | 30 [mV] | 30 [mV] |
| 최대 오차 | 7′ | 12′ |
| 회전자의 관성 모멘트 | 82 [$\mu$g · m$^2$] | 330 [$\mu$g · m$^2$] |

### 5.3.3 리졸버

리졸버(resolver)도 싱크로와 마찬가지로 전자유도현상을 이용해 기계적인 각도변위를 전기신호로 변환하는 아날로그 각도 검출 센서이다. 그러나 리졸버에서는 고정자와 회전자에서 권선이 90° 각도로 되어 있으며, 각도를 나타내는 방식도 다르고, 3상 대신 2개의 전압을 사용한다. 리졸버의 구조는 표준적인 모터와 같은 구조이다. 리졸버의 권선과 비(ratio)는 매우 다양하다.

그림 5.15는 1상 입력, 2상 출력 리졸버의 등가회로를 나타낸다. 두 고정자 코일은 90°의 기계적 각도차로 감겨있다. 회전자 코일은 1차 권선으로, 고정자에 있는 두 코일은 2차 권선으로 작용한다. 회전자(RH와 RL)에 $V_m \sin \omega t$의 전압

을 인가하면 두 고정자 코일에는 그림 5.15(b)와 같이 회전자의 각도 변위 $\theta$에 따라 변하는 전압이 얻어진다.

$$e_{s13} = V_m \sin \omega t \sin \theta \tag{5.9}$$

$$e_{s24} = V_m \sin \omega t \sin(\theta + 90) = V_m \sin \omega t \cos \theta \tag{5.10}$$

따라서, 입·출력 전압의 비로부터 각도 $\theta$를 알 수 있다.

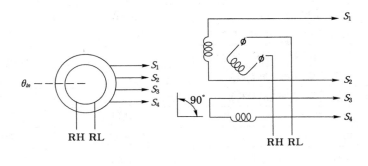

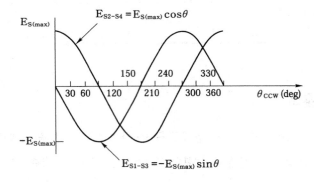

**[그림 5.15]** 단상입력, 2상 출력의 리졸버

리졸버의 분해능은 1회전에 1/3500 정도이다. 리졸버는 이상기로도 이용할 수 있다. 정밀도는 2극 리졸버로 각도 전송계에 ±3분 정도이다. 리졸버는 장기간 신뢰성이 우수하다. 그러나 디지털 회로와 직접 인터페이스가 불가능한 단점을 갖는다.

**예제 5-1**  입력 : $A = V_m \sin \omega t = 100\,[\text{V}]$

출력 : $B = V_m \sin \omega t \sin \theta = 50\,[\text{V}]$,   $C = V_m \sin \omega t \cos \theta = 86.6\,[\text{V}]$

일 때, 회전 변위 $\theta$를 구하라.

**풀이**  $\dfrac{B}{A} = \sin \theta = \dfrac{50}{100} = 0.5$ 따라서, $\theta = 30°$

표 5.4는 크기가 다른 두 상용 싱크로의 일부 특성을 요약한 것이다.

**[표 5.4]** 두 상용 리졸버의 특성

| 파라미터 | 11R2N4r 100<br>Data Transmission | HZC-8-A-1/A008<br>Computing resolver |
|---|---|---|
| 주파수 | 10 [kHz] | 400 [Hz] |
| 입력 전압(회전자) | 40 [V] | 15 [V] |
| 최대 입력 전류 | 14 [mA] | 22 [mA] |
| 정격 입력 전류 | 0.173 [W] | 0.11 [W] |
| 입력 임피던스(출력 개방시) | 3900 [Ω], 65° | $(230 + j\,640)\,[\Omega]$ |
| 출력 임피던스(입력 개방시) | 892 [Ω], 65° | $(176 + j\,806)\,[\Omega]$ |
| DC 직류 저항 (회전자) | — | 220 [Ω] |
| DC 직류 저항 (고정자) | — | 158 [Ω] |
| 출력 전압 | 18.5 [V] | 15.0 [V] |
| 감도 | 323 [mV/°] | — |
| 최대 출력 (0 위치에서) | 78 [mV] | 1 [mV/V] |
| 최대 오차 | 5′ | 0.01 [%] |
| 회전자의 관성 모멘트 | 200 [$\mu$g·m$^2$] | — |

## 5.4  로터리 인코더

인코더(encoder)란 '부호화(符號化)하는것'을 의미하며, 출력이 펄스 신호로 나온다. 로터리 인코더(rotary encoder)는 회전각을 전기 펄스로 출력하는 디지털식 회전변위 검출기이며, 출력방식에 따라 증가형(Incremental-type)과 절대치형(absolute‑type)이 있다. 일반적으로, 광학식 인코더(optical encoder)가 많이 사용된다.

그림 5.16은 증가형 인코더의 기본 원리를 나타내고 있다. 발광소자(LED)와 수광소자(포토다이오드, 포토트랜지스터)사이에 슬릿(slit)을 갖는 회전원판(disk)이 있다. 원판에는 위상이 90°만큼 다른 2상의 슬릿 A, B와, 회전의 원점을 결정하기 위한 제로펄스 슬릿 Z가 있다. 발광소자로부터 나온 빛은 회전슬릿과 고정슬릿를 통과하여 수광소자 A, B에 들어가면 전기펄스를 발생시키고 이것을 계수하여 회전위치를 결정한다. 그러므로, 기준위치를 임의로 선택할 수 있고, 회전량을 무한히 계측가능하다.

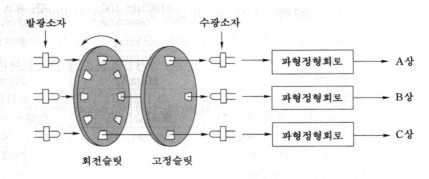

[**그림 5.16**] 증가형 로터리 인코더의 원리

회전변위에 대한 각 상의 출력전압은 그림 5.17과 같이, A상과 B상의 위상차로부터 축의 정회전(시계 방향)과 역회전(반시계 방향)을 판별할 수 있다. 즉, 원판이 시계방향으로 회전하면 B상 상승시점에서 A상은 "1"(즉 A상은 진상, B상은 지상)로 되고, 반대로 반시계 방향으로 회전하면 B상 상승시점에서 A는 "0"(즉 A상은 지상, B상은 진상)으로 되어 회전방향을 결정할 수 있다. Z상은 1회전에 1개의 원점신호를 발생시키고, 주로 카운터의 리셋 또는 기계적 원점 위치 검출에 이용된다. 증가형 인코더는 동작중 정전이 되면 현재 위치를 알 수 없다.

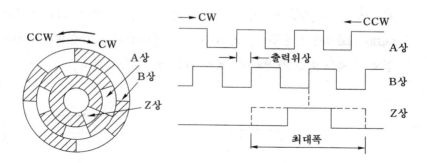

**[그림 5.17]** 인코더의 출력 파형

절대치형 인코더(absolute type encoder)는 금속 회전원판에 슬릿을 2진 부호로 만들어 회전각도에 따라 2진 코드가 출력되는 것으로, 절대위치를 상시 검출 가능하도록 한 것이다. 예를 들면 그림 5.18과 같이, 3개의 슬릿을 통해 빛을 통과 또는 차단하도록 부호를 형성하면 1회전마다 8개의 2진부호 패턴을 만든다. 그러므로 3개의 슬릿에는 $360/8 = 85°$의 분해능이라 할 수 있다. 통상 분할 단위는 $1°$ 정도가 많다.

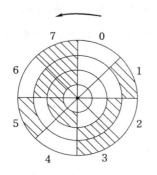

| $n$ | $b_1$ | $b_2$ | $b_3$ |
|---|---|---|---|
| 0 | 0 | 0 | 0 |
| 1 | 0 | 0 | 1 |
| 2 | 0 | 1 | 0 |
| 3 | 0 | 1 | 1 |
| 4 | 1 | 0 | 0 |
| 5 | 1 | 0 | 1 |
| 6 | 1 | 1 | 0 |
| 7 | 1 | 1 | 1 |

**[그림 5.18]** 절대치형 인코더(순 2진 부호)

그러나 그림 5.18과 같은 순2진부호형은 어떤 수에서 다음 수로 이동시 2개의 비트가 동시에 변화하여 애매한 부호가 되는 문제가 있다. 예를 들면, 3에서 4로 이동시 011에서 100로 변하지만 순간적으로는 111, 즉 7이 생길수 있다. 이 때문에 수가 변할 때 항상 1 비트의 부호만 변하는 그림 5.19의 그레이 코드 (gray code)가 사용된다. 이 인코더는 절대위치를 검출할 수 있어 편리하지만 복잡한 슬릿모양을 제작해야 되기 때문에 고가로 된다.

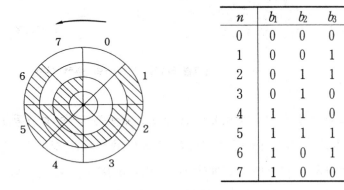

| $n$ | $b_1$ | $b_2$ | $b_3$ |
|-----|-------|-------|-------|
| 0 | 0 | 0 | 0 |
| 1 | 0 | 0 | 1 |
| 2 | 0 | 1 | 1 |
| 3 | 0 | 1 | 0 |
| 4 | 1 | 1 | 0 |
| 5 | 1 | 1 | 1 |
| 6 | 1 | 0 | 1 |
| 7 | 1 | 0 | 0 |

[그림 5.19] 그레이 코드

그림 5.20은 자기식 인코더의 예를 나타낸다. 일정간격으로 자화된 자기 드럼이 회전하면, 회전각도에 따라 홀 소자로부터 출력되는 펄스 수를 계수해서 각도를 검출한다. 광학식에서는 발광소자가 전력을 소비하는데 비해서 자기식에서는 소비전력이 작다. 그러나, 자계가 존재하는 장소에서는 사용에 제약을 받는다.

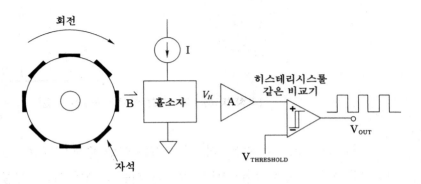

[그림 5.20] 자기식 인코더의 예

## 5.5 자기저항식 위치·변위센서

제3장에서 설명한 바와 같이, 자기저항소자(MR)는 자계의 세기에 따라 그 저항이 변하는 센서이다. 이 MR 소자를 이용해 직선 변위와 회전 변위를 검출할 수 있다.

그림 5.21은 MR 소자를 이용해 자석 축과 평행한 변위 $x$를 검출하는 원리를 나타낸다. 자석이 MR 소자를 그림 5.21(a)의 화살표 방향으로 통과하면 MR 소자를 통과하는 자속이 변하므로 MR 소자의 출력은 거리 $x$에 따라 정형파 전압으로 출력된다. 실제의 변위 측정에서는 출력전압의 직선영역을 이용한다. 따라서 그림 5.21(b)와 같이 자석을 이동하는 물체에 부착하면 그 변위를 측정할 수 있다.

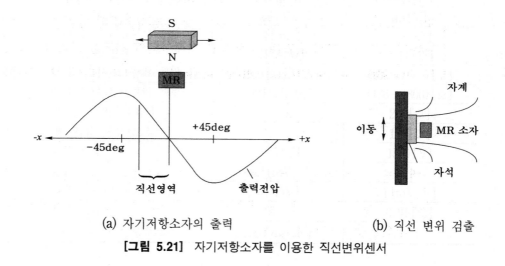

(a) 자기저항소자의 출력      (b) 직선 변위 검출

[**그림 5.21**] 자기저항소자를 이용한 직선변위센서

한편, 그림 5.22는 MR소자를 이용해 회전변위센서이다. 측정 대상의 회전 축에 고정된 자석이 회전하면 MR소자의 출력이 변하므로 회전변위가 측정된다.

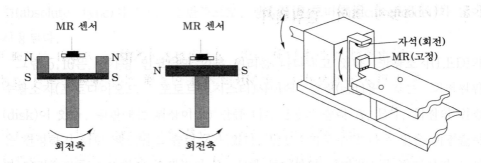

**[그림 5.22]** MR 소자를 이용한 회전 변위센서

## 5.6 정전용량형 변위센서

정전용량형 변위센서(capacitive displacement sensor)는 변위에 따른 정전용량의 변화에 기초를 두고 있다. 그림 5.23은 정전용량형 변위센서의 기본원리를 나타낸 것이다. 그림 5.23(a)는 평행판 거패시터의 전극간 거리가 변하는 방식이다.(variable distance displacement sensor). 이 커패시터의 정전용량은

$$C(x) = \frac{\varepsilon_r \varepsilon_o A}{x} \tag{5.11}$$

여기서, $\varepsilon_r$은 물질의 비유전율, $\varepsilon_o$는 진공의 비유전율, $A$는 전극면적, $x$는 전극간 거리이다. 이 센서의 출력은 비선형으로 된다. 지금 가동전극이 변위되면, 정전용량의 변화 감도는

$$\frac{dC(x)}{dx} = -\frac{\varepsilon_r \varepsilon_o A}{x^2} \tag{5.12}$$

$x$가 감소함에 따라 감도가 증가함을 알 수 있다. 그러나, 위 두 식으로부터 정전용량의 변화율은

$$\frac{dC(x)}{C} = -\frac{dx}{x} \tag{5.13}$$

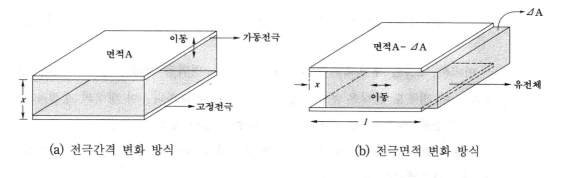

(a) 전극간격 변화 방식    (b) 전극면적 변화 방식

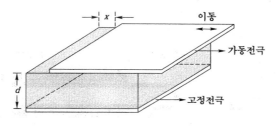

(c) 유전체 변화 방식

**[그림 5.23]** 정전용량형 변위센서의 기본 원리

로 되어, $x$의 변화율에 비례한다. 이 형태의 센서는 물체와 접촉없이 미소변위 측정에 자주 사용된다.

그림 5.23(b)는 대향전극면적을 변화시키는 변위센서(variable area displacement sensor)이다. 그림과 같이 가동전극이 이동하였다면, 전극면적이 감소하므로, 이때 전전용량은

$$C(x) = \frac{\varepsilon_r \varepsilon_o (A - wx)}{d} \tag{5.14}$$

여기서, $w$는 전극 폭이다. 이와 같이 출력은 변위 $x$에 직선적으로 비례한다. 이 방식의 정전용량센서는 주로 회전 변위 측정에 사용된다.

그림 5.23(c)의 경우는 전극사이의 유전체가 이동하는 방식이다.(variable dielectric displacement sensor). 이것의 정전용량은

$$C(x) = \frac{\varepsilon_o w}{d} [\varepsilon_{r2} l - (\varepsilon_{r2} - \varepsilon_{r1}) x] \tag{5.15}$$

여기서, $\varepsilon_{r1}$은 유전체의 비유전율, $\varepsilon_{r2}$는 $x$영역을 대체한 물질의 비유전율이다. 이 경우도 출력은 변위 $x$에 직선적으로 비례한다. 이 방식의 정전용량센서는 동심원 전극구조로 해서 액체의 레벨 측정에 널리 사용된다.

그림 5.24는 정전용량형 직선변위와 회전변위 센서를 나타낸 것이다. 각변위는 직선영역에서만 사용한다.

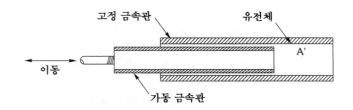

(a) 직선 변위센서

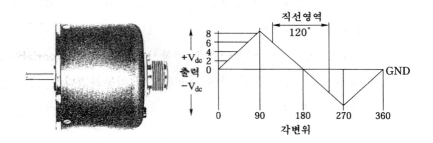

(b) 회전 변위센서

**[그림 5.24]** 정전용량형 변위센서

## 5.7 반도체 위치검출소자(PSD)

### 5.7.1 구조와 동작원리

위치검출소자(position sensitive device; PSD)는 반도체의 표면저항을 이용해서 1개의 pn접합으로 화상을 주사(走査; scan)하지 않고 입사광의 단·장거리 위치를 검출하는 반도체 소자이다. PSD에는 일축방향(一軸方向)만의 광을 검출하는 1차원 PSD와, 평면상의 광위치를 검출할 수 있는 2차원 PSD가 있으며, 모두 pin 포토다이오드 구조를 갖는다.

그림 5.25는 1차원 PSD의 구조와 등가회로를 나타낸 것이다. 고저항 실리콘 기판(i-층) 표면에 p층을, n층을 형성하고, 상하에 출력신호를 얻기위한 전극이 설치되어 있다. 표면에 형성된 p층은 균일하게 분포하는 전류 분할저항($R_l$)로 기능한다.

그림 5.25에서 PSD의 전극 A와 B 사이의 거리를 $l$, 그 저항을 $R_l$, 전극 A로부터 입사광 위치까지의 거리를 $x$, 이 부분의 저항을 $R_x$라고 하자. 입사광 위치에서 발생된 전전류 $I_o$는 각 전극까지 저항값에 역비례하여 나누어져서 각 전극에 출력된다. 이 전류를 각각 $I_A$, $I_B$라고 하면

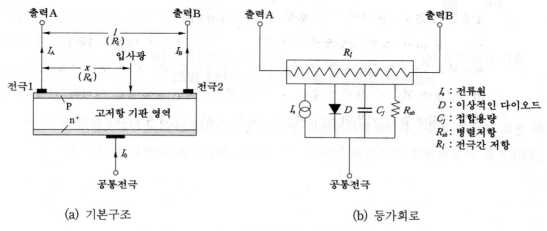

(a) 기본구조           (b) 등가회로

**[그림 5.25]** 1차원 PSD

$$I_o = I_A + I_B$$

$$I_A = I_o \times \left( \frac{R_l - R_x}{R_l} \right) \tag{5.16}$$

$$I_B = I_o \times \left( \frac{R_x}{R_l} \right) \tag{5.17}$$

저항 층은 균일하므로, 저항값이 길이에 비례한다고 가정하면, 위 식은

$$I_A = I_o \times \left( \frac{l - x}{l} \right) \tag{5.18}$$

$$I_B = I_o \times \left( \frac{x}{l} \right) \tag{5.19}$$

로 된다. 위 두 전류의 차$(I_A - I_B)$를 합$(I_A + I_B)$으로 나눈 식을 위치 신호라 하며,

$$P_1 = \frac{I_A - I_B}{I_A + I_B} = \frac{l - 2x}{l} = l - \frac{2x}{l} \tag{5.20}$$

이와 같이, 입사광의 세기와 그 변화에 관계없이 위치신호를 얻을 수 있다.

그림 5.26은 두 종류의 2차원 PSD의 구조를 나타낸다. 표면 또는 이면에 저항층을 만들고, 여기에 각각 한쌍의 X 전극과 Y 전극을 형성하여 신호를 꺼낸다. 그림 (a)의 표면 분할형에서 광전류는 각각의 전극에 향하여 4분할되어 출력되는데, 모든 전극이 동일 저항층상에 인접하므로 전극간의 상호간섭이 있고, 위치검출에 왜곡이 생기기 쉽다. 이에 비해서, 양면 분할형은 각각의 면에 독립하여 전류분할이 이루어지기 때문에 위치 직선성이 우수하다.

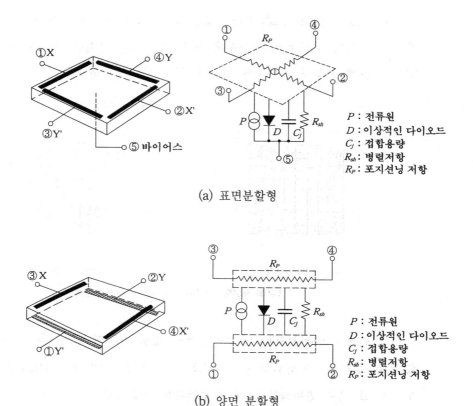

(a) 표면분할형

(b) 양면 분할형

**[그림 5.26]** 2차원 PSD의 전극구조와 등가회로

## 5.7.2 특성과 응용

여기서는 위치 직선성과 위치 분해능에 대해서 검토한다. 그림 5.27은 1차원 PSD의 위치검출 오차를 나타낸 것으로, 어떤 형상에서도 본질적으로 위치 검출 오차는 크다.

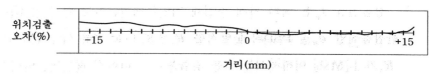

**[그림 5.27]** 1차원 PSD의 위치검출오차

그림 5.28은 2차원 PSD의 대표적인 위치검출직선성을 나타낸다. 표면 분할형 경우는 중심에서 주변으로 갈수록 거의 대수적인 변화를 보이는 것에 비해서, 양면 분할형은 광원의 이동에 충실히 대응하는 양호한 직선성을 갖고 있다.

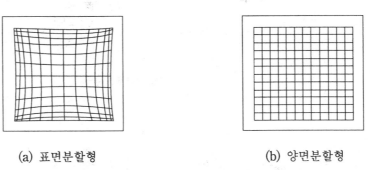

(a) 표면분할형            (b) 양면분할형

**[그림 5.28]** 2차원 PSD의 위치검출오차

위치 분해능이란 PSD의 수광면상에서 검출 가능한 입사광의 최소 변위분(變位分)을 말하며, 수광면상에서 거리로 나타낸다. 길이 $l$인 PSD상에서 입사광 위치가 $\Delta l$만큼 변위하였을 때 신호전류의 변화 $\Delta I$은 다음 식으로 주어진다.

$$\Delta I = 2 I_o \frac{\Delta l}{l} \tag{5.21}$$

이 $\Delta I$가 PSD의 연산회로의 잡음전류 $I_n$과 같다고 놓으면 위치 분해능이 얻어진다. 즉,

$$\Delta l = \frac{I_n l}{2 I_o} \tag{5.22}$$

잡음전류 $I_n$은 여러 가지 원인에 기인하지만, 가장 큰 것은 Op amp의 입력환산잡음전압 $e_n$을 PSD의 분할저항 $R_s$으로 나눈 전류 $(e_n / R_s)$이다. 일반적으로 $R_s$가 1[MΩ] 이하에서는 다른 잡음원은 고려하지 않는다. 따라서, 식 (5.22)의 위치 분해능은

$$\Delta l \doteqdot \frac{e_n\, l}{2 I_o R_s} \tag{5.23}$$

로 된다. 이와 같이, PSD의 분해능은 입사광량에 따라서도 달라지는데, 광량이 강해지면 $1\,[\mu m]$ 이하도 가능하다.

PSD 센서는 삼각측거법(triangluar principle)에 따라 위치(거리)를 측정한다. 그림 5.29에서 IRED로부터 나온 근적외선은 렌즈를 통과하면서 좁은 각도 (narrow‑angle; $<2°$)의 비임으로 만들어진다. 이 비임이 물체에 입사된 후 PSD를 향해 다시 반사된다. 미약한 반사 비임은 렌즈에 의해 PSD 표면에 집광 된다. 따라서, PSD는 그 표면에 있는 광점의 위치 $x$에 비례하는 출력전류를 발생시킨다.

PSD를 이용한 위치센서는 회로가 간단하기 때문에 광학장치에 있어서 위치나 각도 검출 등에 응용되고 있다. 자동초점(autofocus) 메카니즘, 사용자가 ATM (automatic teller machines)이나 밴딩 머신(vending machine)에 접근할 때 기계 동작 개시, 산업체 장비에서 정밀 위치 검출 등에 응용되고 있다.

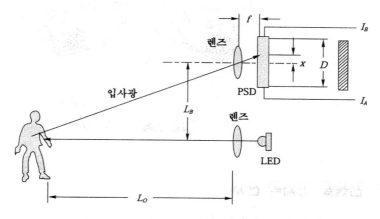

[그림 5.29] PSD를 이용한 거리(위치) 측정원리

## 5.8 경사각 센서

경사각 센서(inclination detector)는 지구의 중력중심에 대해 기울어진 어느 방향의 각도를 측정하는 센서로, 도로건설, 기계공구, 관성항법 시스템 등등에 널리 사용된다.

### 5.8.1 수은 스위치

그림 5.30은 오래된 방법이지만 아직도 위치검출에 널리 사용되고 있는 수은 스위치(mercury switch)이다. 유리관 속에는 두 개의 접점과 수은이 들어있다.

센서가 중력에 대해서 기울어지면, 그림(a)와 같이 수은이 접점으로부터 멀어져 스위치가 개방되거나 또는 그림(b)와 같이 접점으로 이동해서 스위치는 닫히게 된다.

수은 스위치는 단순히 개폐동작(on - off)만 가능한 것이 단점이다. 즉, 회전각이 사전에 설정된 값을 초과하는 경우에만 동작한다.

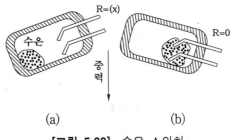

[그림 5.30] 수은 스위치

### 5.8.2 전해질 경사각 센서

그림 5.31의 전해질 경사각 센서(electrolytic tilt sensor)는 수은 수위치보다 더 높은 분해능으로 경사각을 측정할 수 있다. 약간 휘어진 유리관 속은 부분적으로 도전성 전해질로 채워진다. 유리관 속에는 관 양단에 각각 하나씩, 그리고 관을

따라 긴 전극등 3개의 전극이 설치되어 있다. 관속에 남아있는 공기방울은 관이 기울어지면 관을 따라 이동한다. 따라서, 중심전극과 두 양단전극 사이의 전기저항 $R_1$과 $R_2$는 공기방울 위치에 의해서 결정된다. 즉, 유리관이 그 평형위치로부터 기울어지면, 그것에 비례해서 저항 하나는 증가하고 다른 하나는 감소한다.

저항 $R_1$과 $R_2$를 교류 브리지 회로에 삽입해서 저항변화를 전기신호로 변환한다.

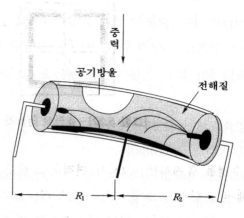

**[그림 5.31]** 전해질 경사각 센서

전해질 경사각 센서의 검출각 범위는 $\pm 1° \sim \pm 80°$로 넓다. 검출 범위에 따라 유리관의 모양도 약간 구부러진 것으로부터 도우넛 모양으로 변한다.

## 5.8.3 광전식 경사각 센서

광전식 경사각 센서(optoelectronic inclination sensor)는 포토다이오드의 어레이를 이용한다. 그림 5.32는 광전식 경사각 센서의 일례를 나타낸 것으로, LED, p-n 접합 다이오드 어레이, 그 위에 장착된 반구형 기포 수준기(spirit level)로 구성된다. 액체 속에 있는 기포의 그림자는 포토아이오드 어레이(PD)의 표면에 투영된다.

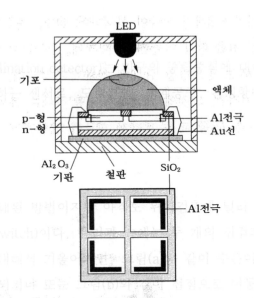

[**그림 5.32**] 광전식 경사각 센서

센서가 수평을 유지하면, 그림자 면적은 그림 5.33(a)와 같이 원형으로되어 각 PD 표면에서 그림자의 모양도 모두 동일하다. 그러나, 그림 5.33(b)와 같이 센서가 기울어지면, 그림자는 약간 타원형으로 변하고, 각 PD에서 그림자의 모양도 달라져 출력이 발생한다.

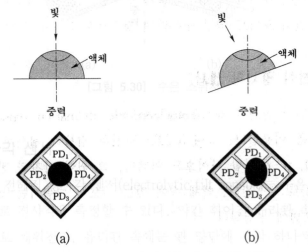

[**그림 5.32**] 광전식 경사각 센서의 동작원리

실제의 센서에서 LED의 직경은 10 [mm]이고, LED와 기준기 사이의 거리는 50 [mm], 반구와 기포의 직경은 각각 17 [mm], 9 [mm]이다. 다이오드 출력은 디지털 형태로 변환되어 출력된다.

광전식 경사각 센서는 토목공학이나 기계공학분야에서 높은 분해능으로 복잡한 물체의 형상을 측정하는데(shape measurement) 매우 유용하다. 예를 들면, 바닥 또는 도로 형태의 측정, 강판의 평탄도(flatness) 측정 등 종래의 방법으로는 측정이 불가능한 경우에 사용된다.

## 5.9  자이로스코프

자이로스코프(gyroscope)는 물체의 방위 변화를 측정하는 관성 센서(inertial sensor)의 일종으로, 지구의 회전과 관계없이 높은 확도로 항상 처음에 설정한 일정 방향을 유지하는 성질이 있어 로켓의 관성유도장치, 선박이나 비행기의 항법장치, 정밀한 기계의 평형을 유지하는 곳 등에 사용되고 있다.

자이로스코프는 기계식(mechanical gyroscope)와 광학식(optical gyroscope)으로 대별할 수 있다. 기계식 자이로스코프는 각운동량 보존의 법칙에 기초를 두고 있다. 한편, 광학식은 뉴톤의 운동법칙 대신에 빛의 관성특성을 이용하며, 제 7장의 광섬유 센서에서 설명한다.

최근에는 대량생산에 적합한 저가의 관성 계기(자이로와 가속도센서)를 개발하기 위해서, MEMS 기술을 이용한 자이로스코프 연구가 활발히 진행되고 있다. 마이크로머시닝 기술을 이용한 실리콘 자이로스코프는 코리올리스 효과(Corioils effect)를 이용해서 회전각을 측정한다. 엄격히 말해서 이러한 센서들은 각속도를 측정하는 각변화율 센서(angular−rate sensor)이지만, 자이로스코프로 부르고 있다.

### 5.9.1  기계식 자이로스코프

모든 기계식 자이로스코프(mechanical gyroscope)는 각운동량 보존의 법칙에 기초를 두고 있다. 모든 물체는 외부의 힘이 작용하지 않으면 정지 또는 운동하고 있는 현재의 상태를 지속하려는 관성을 갖는다. 마찬가지로 회전축을 중심으로 회전하는 물체도 외부의 힘이 작용하지 않는다면 회전을 계속 유지하려 하고, 물체의 회전운동을 변화시키려 힘에 저항하려는 성질을 회전관성이라고 한다. 또한 회전관성은 물체가 회전하는데 중심이 되는 회전축(spin axis)을 일정하게 유지하려는 성질이 있다. 이렇게 회전축을 유지하려는 성질 때문에 외부에서 힘이 작용하여 회전축에 변화가 생기면, 힘이 작용한 직각방향으로 새로운 힘이 나타난다.

그림 5.33과 같이, 각속도 $\omega$로 회전하고 있는 회전체(wheel or rotor)와 그 축의 한쪽 끝을 실로 매단 경우를 생각해보자. 각운동량은 기준축(reference axis)를 제공하기 때문에 중요하다. 그림에서, 각운동량(angular momentum) $L$은

$$L = 관성\ 모멘트 \times 각속도 = I\omega \tag{5.24}$$

여기서, $I$는 스핀축(spin axis)에 관한 관성 모멘트이다. 지지점에서 회전체의 중량 $mg$에 기인해서 발생하는 토크는

$$\tau = mgl \tag{5.25}$$

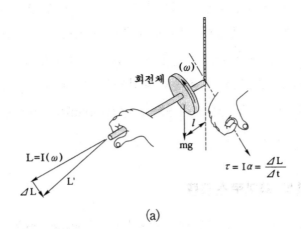

(a)

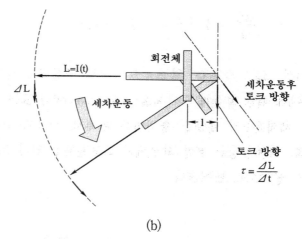

회전체

L=I(t)

ΔL

세차운동

세차운동후
토크 방향

l

토크 방향

$\tau = \dfrac{\Delta L}{\Delta t}$

(b)

**[그림 5.33]** 세차운동

으로 되며, 그 방향은 그림에 나타낸 바와 같이 각운동량에 수직한 방향이다. 이 토크는 시간 $\Delta t$ 후 각운동량 $L$에 수직한 방향으로 $L$을 $\Delta L$만큼 변화시킨다. 그와 같은 변화는 $L$의 크기는 그대로 유지하면서 방향만 변화시키기 때문에 그림 (b)와 같이 된다. 이와 같은 원운동을 세차운동(歲差; precession)이라고 부른다.

이상의 설명을 정리하면 그림 5.34와 같다. 각속도 $\omega$로 회전하고 있는 회전체의 각운동량($L$)의 시간적 변화율은 인가된 토오크와 같다. 즉,

$$\tau = \frac{dL}{dt} \tag{5.26}$$

만약 토크가 회전축에 수직한 방향으로 작용한다고 가정하면, 각속도 벡터는 변화시킬 수 없지만, 그러나 방향은 토크 $\tau$와 같은 방향으로 변화시킬 수 있다. 그래서,

$$dL = L\,d\theta \tag{5.27}$$

여기서, $\theta$는 회전각(rotation angle)이다. 식 (5.27)과 (5.26)로부터 토크는

$$\tau = \frac{dL}{dt} = L\,\frac{d\theta}{dt} = L\Omega = I\omega\Omega \tag{5.28}$$

여기서, $\Omega$는 스핀축 - 입력토크 축으로 구성되는 평면에 수직한 축(그림에서 출력축)에 관한 회전체의 세차율(procession rate) 또는 각속도(angular velocity)이다. 세차운동의 방향을 결정하기 위해서, 다음과 같은 법칙이 사용될 수 있다. 즉, 세차운동은 항상 회전체의 회전방향을 인가 토크의 회전방향에 일치시키려는 방향으로 일어난다.

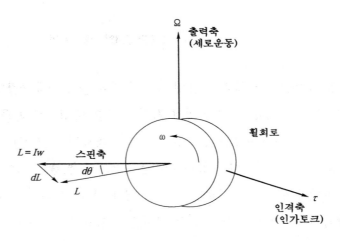

**[그림 5.34]** 자이로스코프는 각운동량 보존의 법칙에 기초를 두고 있다.

그림 5.35(a)는 종래의 기계식 자이로스코프(frywheel gyroscope)를 나타낸 것이다. 가운데 있는 회전체(wheel or rotor)가 어느 방향으로든 자유롭게 회전할 수 있도록 짐벌(gimbals)이라고 부르는 3개의 지지 고리(ring)에 매달려있다.

만약 자이로스코프가 기울어지면, 빠르게 회전하는 회전체의 스핀 축을 동일한 방향으로 유지하기 위해서 짐벌은 방향을 바꿀 것이고, 자이로스코프에 작용하는 중력에 의한 토크 때문에 자이로스코프는 그림 (b)에 지시된 방향으로 세차운동을 할 것이다. 이와 같이, 지지대가 기울어지더라고 항상 처음에 설정한 회전축의 방향을 일정하게 유지한다.

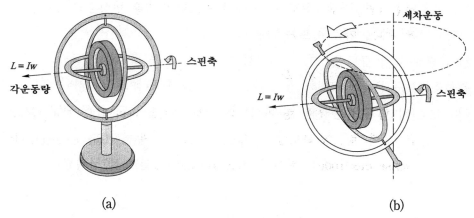

(a)                                      (b)

**[그림 5.35]** 기계식 자이로스코프

## 5.9.2 진동 링 자이로스코프

최근에는 MEMS기술을 이용해서 다양한 형태의 초소형 실리콘 자이로스코프 (ring gyroscope)가 개발되고 있다. 여기서는 실리콘 자이로스코프의 일례로 진동 링 자이로스코프(vibrating ring gyroscope)에 대해서 설명한다.

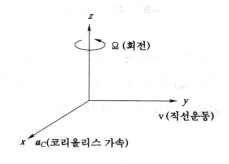

**[그림 5.36]** 코리올리스 가속

링 자이로는 코리올리스 가속(Coriolis acceleration) 현상을 이용한다. 그림 5.36과 같이, $xy$-평면에서 입자가 $y$-방향으로 속도 $v$의 직선운동(linear motion)을 하고 있다고 가정하자. 지금 이 평면이 $z$-축에 관해 각속도 $\Omega$로 회

전한다면, 직선운동을 하는 입자는 그림과 같은 방향으로 코리올리스 가속을 받게 된다. 이 가속도는

$$a_C = 2v \times \Omega \tag{5.29}$$

그림 5.37은 진동 링 자이로의 기본 구조를 나타낸다. 진동 링(vibrating ring)은 원형 링, 반원모양의 지지 스프링, 구동전극(drive electrode), 검출전극(sense electrode), 제어전극(control electrode)으로 구성된다.

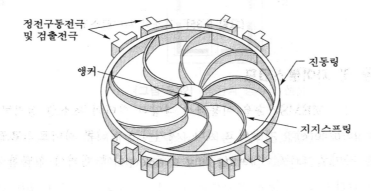

[**그림 5.37**]　진동 링 자이로스코프의 구조

정전기적 구동에 의해서 링이 진동하면, 링은 그림 5.38과 같이 (a)원 → (b)타원 → (c)원 → (d) (b)에 90°인 타원의 순으로 변형된다. 링 상에서 정지해있는 점들을 노드(node)라고 부르고, 최대로 변형되는 점들을 안티노드(antinode)라고 부른다.

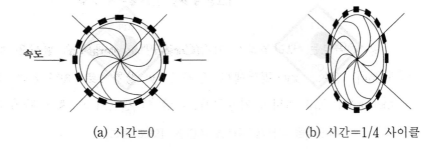

(a) 시간=0　　　　　　　　(b) 시간=1/4 사이클

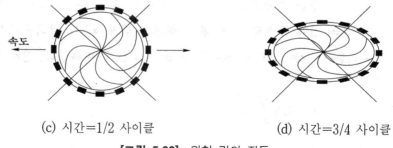

(c) 시간=1/2 사이클        (d) 시간=3/4 사이클

**[그림 5.38]** 원형 링의 진동

노드와 안티노드는 링 주위에 공진 모드의 특성인 진동 패턴(vibration pattern) 또는 정재파(standing wave pattern)를 형성한다. 그림 5.39(a)는 노드와 안티노드를 사용해 그림 5.38의 진동 패턴을 나타낸 것이다. 이것을 1차 모드(primary mode)라고 부른다. 원형 링은 대칭적이고, 규일하게 지지되어 있기 때문에 그림 (a) 이외에 그림 (b)와 같은 2차 진동 모드(secondary mode)를 갖는다. 두 진동 모드는 각각의 장축이 서로 45° 만큼 회전된 것을 제외하고는 주파수와 모양이 완전히 동일하다. 따라서, 2차 모드(secondary mode)의 안티노드는 1차 모드(primary mode)의 노드에 위치한다.

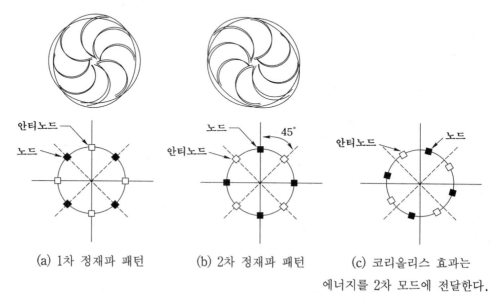

(a) 1차 정재파 패턴     (b) 2차 정재파 패턴     (c) 코리올리스 효과는 에너지를 2차 모드에 전달한다.

**[그림 5.38]** 진동패턴을 노드와 안티노드를 사용해 나타낸 그림

먼저, 링은 정전기적으로 일정 진폭을 갖는 1차 모드로 구동된다. 소자가 진동 링의 면에 수직한 축에 관한 회전을 받게 되면, 코리올리스 힘은 2차 모드를 여기한다. 2차 모드의 진폭은 회전 각속도에 비례한다. 2차 모드의 진폭 $S$는

$$S = 4A \frac{Q_s}{\omega_o} q_{drive} \Omega \tag{5.30}$$

여기서, $A$는 링 구조의 각 이득(angular gain), $Q_s$는 2차운동의 $Q$-인자(quality factor), $\omega_o$는 공진 각 주파수, $q_{drive}$는 1차 진동모드의 진폭, $\Omega$는 회전율(rotation rate)이다. 링의 이와 같은 변형은 링 주위에 45° 간격(노드와 안티노드)으로 배치한 8개의 전극에 의해서 정전용량적으로 검출된다.

# 제 6 장

# 점유·이동·근접센서

## 6.1 개 요

점유센서(occupancy sensor)는 미리 설정된 특정의 위치에 사람이나 물체의 존재유무(presence or absence)를 검출하는 센서이다. 이동 검출기(motion detector)는 움직이는 물체에만 응답하는 센서이다. 둘 사이의 구분은 점유센서는 물체가 정지해 있건 또는 이동하건 관계없이 신호를 발생하는 반면, 이동 센서는 움직이는 물체에 대해서만 선택적으로 감도를 갖는다.

물체의 존재유무, 이동을 검출하는 센서는 일반적으로 검출 스위치라고 부르며, 그 종류는 표 6.1과 같다. 위치센서의 종류에는 접촉식과 비접촉식이 있으며, 전자에는 마이크로스위치(microswitch), 후자에는 광전센서(photoelectric sensor), 근접센서(proximity sensor) 등이 있다. 종래에는 마이크로스위치, 리미트 스위치와 같은 기계적 스위치(접촉식)가 주로 사용되었으나, 최근에는 무접촉 동작형의 근접 스위치, 광전 스위치, 초음파 스위치 등이 많이 사용되고 있다.

여기서는 대표적인 무접촉 동작형 센서인 광전 센서, 근접 센서, 초음파 센서를 중심으로 설명한다.

[표 6.1] 검출 센서(스위치)의 분류

| 검출 방식 | 종 류 |
|---|---|
| 기계식(접촉식) 스위치 | 마이크로스위치<br>리미트 스위치 |
| 무접촉 센서(스위치) | 광전 스위치<br>근접 스위치<br>초음파 스위치 |

## 6.2 광전센서

광전센서(photoelectric sensor)는 빛을 이용해 물체의 존재유무를 검출하는 점유센서로 공장 자동화에서 광범위하게 사용되고 있다. 광전센서는 용도에 따라 많은 종류의 센서가 만들어지고 있다. 표 6.2는 광전센서의 종류와 특징을 나타낸다. 일반적으로 물체의 검출방법에 따라 분류하며, 실제로 많이 사용되고 있는 광전센서는 투과식(대향식), 반사식, 근접식이다. 다음에는 이러한 광전센서의 동작에 대해서 기술한다.

[표 6.2] 광전센서의 종류

| 검출방식 | | 구성 | |
|---|---|---|---|
| 투과형 | 대 향<br>투과형 | | • 검출이 안정되어 있다.<br>• 검출 거리가 길다.<br>• 검출 범위가 넓다. |
| | 구형<br>(溝型) | | • 동작 위치 정도가 높다.<br>• 조정이 용이하다. |
| 반사형 | 회귀반사 | | • 배선, 광축 조정이 용이<br>• 반사형 중 검출 거리가 길다. |
| | 확산반사 | | • 투명한 물체의 검출도 가능<br>• 반사판 불필요 |

### 6.2.1 투과식(대향식) 광전센서

투과식(through‑beam photoelectric sensor)은 그림 6.1과 같이 투광기 (emitter or source)와 수광기(receiver or detector)를 마주 보게 설치하고, 그 사이를 불투명한 물체가 통과할 때 일어나는 투과광량의 변화를 전기신호로 변환하여 물체의 유무나 위치를 검출한다. 투과식 광전센서가 검출할 수 있는 투·수광기 사이의 거리(detection range)는 수 [mm]~수백 [m] 정도로 광전센서중에서 가장 길다. 좁은 장소 또는 투·수광기를 설치하기에는 장소조건이 나쁜 경우 광파이버(optical fiber)를 사용해서 작은 물체를 검출할 수도 있다. 광파이버를 사용한 것은 검출거리가 30 [mm]~1 [m] 정도로 짧다. 검출영역(effective beam area)은 투광기와 수광기의 광학계의 유효직경에 의해서 형성되는 원통상 영역으로 된다. 투광기와 수광기의 광축 조정 및 수광기의 감도 조정을 정확히 할 필요가 있다. 동작각(또는 지향각)은 3~10° 정도이다. 투광기의 광원으로는 적외선 발광 다이오드, 적색 발광다이오드, 레이져다이오드가 널리 사용되고 있고, 수광기의 광센서로는 포토트랜지스터와 포토다이오드가 사용된다.

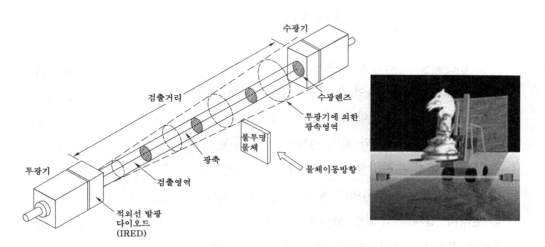

[그림 6.1] 투과식 광전센서

## 6.2.2  반사식 광전센서

　　반사식(reflex photoelectric sensor)은 그림 6.2에 나타낸 바와 같이 투광기와
수광기를 하나의 케이스에 일체화한 본체의 반대쪽에 역반사판(retroreflector)을
설치하고 그 사이를 통과하는 물체에 의해 발생하는 투과광량의 변화를 측정하
여 물체를 검출한다. 검출거리는 투·수광기와 반사면사이의 거리에 의해서 정해
지며 100 [mm]~5 [m] 정도이다.

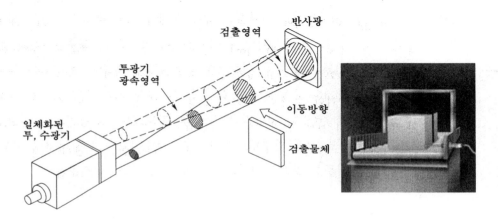

[그림 6.2]  반사식 광전센서

　　또 검출물체의 표면에 광택이 있는 경우에는 물체의 표면으로부터 반사하는
빛에 의해 물체의 검출이 불가능해지므로 그림 6.3과 같이 빛의 편광특성을 이
용한다. 이 경우, 본체의 투광측과 수광측에 편광필터의 편광방향이 직교하도록
배치한다. 그림 6.3(a)와 같이 광택이 있는 물체가 본체와 반사경사이에 있는 경
우, 투광측에서 수평방향으로 편광된 빛이 투광되면 물체로부터 반사된 빛은 편
광방향이 그대로 유지되어 수광기측으로 되돌아간다. 수광측에는 수직방향의 편
광 필터가 설치되어 있어 반사광은 통과하지 못하므로 차단상태로 된다. 한편
물체가 없으면 그림 6.3(b)와 같이 반사판에 의해서 회전된 빛 만이 수광측 편광
필터를 통과한다.

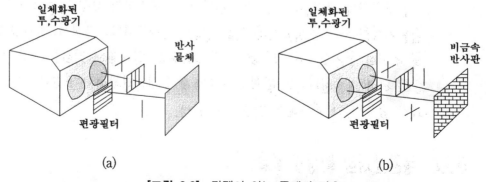

일체화된
투,수광기

반사
물체

편광필터

(a)

일체화된
투,수광기

비금속
반사판

편광필터

(b)

**[그림 6.3]** 광택이 있는 물체의 검출

## 6.2.3 확산반사식(근접 검출식) 광전센서

확산 반사식(diffuse - reflection photoelectric sensor) 또는 근접 검출식 (proximity detection) 광전센서는 투·수광부를 같은 축위에 또는 근방에 설치 하여 물체가 그 앞을 통과 또는 접근할 때 생기는 반사광량의 증감으로써 검출하 는 방식이다. 반사판은 필요 없으며, 유리 등의 투명한 물체의 검출도 가능하 다. 검출 영역은 그림 6.4에 나타낸 바와 같이 투광기로부터 나오는 빛의 방사영 역과 수광기의 수광영역이 중요한 범위이다. 검출거리는 50 [mm]~2 [m] 정도이 지만 검출물체의 크기에 따라 다르다. 또 검출물체의 반사를 이용하기 때문에 그것의 색깔이나 표면상태에 따라서도 검출거리가 다르다. 통상 표준 검출물체 로써 제도용의 백색지가 사용되며, 크기는 광전센서에 따라서 다르다. 광원으로 는 적외선 다이오드(IR LED)가 사용되고 있다.

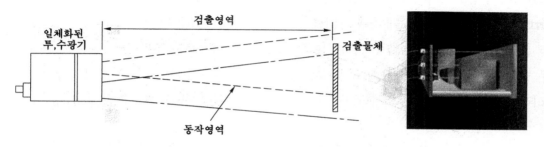

일체화된
투,수광기

검출영역

검출물체

동작영역

**[그림 6.4]** 확산반사식 광전센서

반사식이나 확산반사식은 투과형에 비해 검출하는 광의 레벨이 외부의 빛이나 검출소자의 온도 드리프트에 의해 영향을 받기 쉽다. 그래서, 투사하는 빛을 일정 주기의 펄스상으로 발사하고, 수광측에서 이것에 동기하는 신호만을 검출하는 방식이 채용된다. 이 방식은 내잡음성 향상, 발광전력 효율의 향상 등에도 효과가 있으며, 투과식에도 채용하고 있다.

### 6.2.4 광전센서의 특징과 응용

광전센서의 장단점을 요약하면 다음과 같다.

장점 : • 검출거리가 길다.
　　　• 검출물체의 표면반사, 투과광 등에 따라서 검출하므로 금속, 유리, 플라스틱, 나무, 액체, 기체 등 일반적인 것을 검출할 수 있다.
　　　• 응답속도가 빠르다.
　　　• 분해능이 높다.
　　　• 검출영역(area)을 한정하기가 용이하다.
　　　• 자계의 영향을 받지 않는다.
단점 : • 렌즈가 물, 기름, 먼지 등의 오염에 약하다.
　　　• 강한 주변광에 약하다.

　광전센서는 여러 산업분야에서 광범위하게 응용되고 있다. 그림 6.5는 광전센서를 이용한 위치 및 물체검출 시스템 예를 나타낸다.

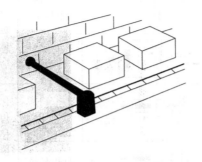
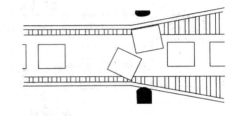

(a) 통과한 박스 수 계산　　　　　(b) 엉킴 검출

(c) 주차요금 계산기 제어

(d) 단선 검출

**[그림 6.5]** 광전 센서의 응용 예

# 6.3 근접센서

## 6.3.1 근접센서의 종류

　　근접센서 또는 근접 스위치(proximity sensor or proximity switch)는 비접촉식으로 일정거리를 검출하는 센서로, 물체의 존재 유무를 검출한다. 근접센서의 검출범위는 광전센서에 비해 짧지만, 먼지나 기름입자 등과 같은 환경인자에 영향을 훨씬 덜 받는다.

　　표 6.3은 근접센서의 종류를 요약한 것이다. 근접센서에는 유도형 근접센서(inductive proximity sensor), 정전용량형 근접센서(capacitive proximity sensor), 초음파 근접센서(ultrasonic proximity sensor), 리드 스위치(reed switch), 홀 소자와 자기저항소자를 이용한 것 등이 있다. 홀 소자, 자기저항소자에 대해서는 이미 설명하였으므로 여기서는 유도형과 정전용량형 근접센서를 중심으로 설명한다.

**[표 6.3]** 근접 스위치의 종류와 검출원리

| 방　식 | 검출소자 | 검출 원리 |
|---|---|---|
| 유 도 형<br>(고주파 발진형) | 코　일 | 고주파 자계에 의한 와전류 발생.<br>에너지 손실 또는 인덕터의 변화(전자유도) |

| 방 식 | 검출소자 | 검출 원리 |
|---|---|---|
| 정전용량형 | 전 극 | 전계내의 정전용량 변화 |
| 자 기 형 | 리드 스위치 | 리드 스위치를 자석으로  동작시킨다 |
| | 홀 소자 | 자계에 의해서 발생된 전압을 증폭해서 검출 |
| | 자기저항소자 | 자계에 의한  MR소자의 저항증가를 검출 |
| 초음파형 | 초음파센서 | 초음파를 발사하여 반사되는 초음파를 검출 |

## 6.3.2  유도형 근접센서

유도형 또는 고주파 발진형 근접센서는 금속물체(metallic object)의 검출에 사용되며, 특히 자성체(ferrous target)에 대해서는 검출 감도가 양호하고, 검출거리도 길다.

그림 6.6은 유도형 근접센서의 구성과 동작원리를 나타낸 것이다. 페라이트 코어에 감긴 검출코일이 고주파 발진회로(oscillator circuit)의 일부를 구성하고 있다. 검출코일에 교류전류를 흘려 고주파 자계를 발생시키고, 이 자계내부로 금속물체가 들어오면, 전자유도작용에 의해 금속도체 내부에 와전류(渦電流; eddy current)가 흐르고, 열손실이 발생한다. 그래서, 검출코일의 손실저항과 인덕턴스가 변한다. 이 변화를 발진회로의 발진 주파수 또는 발진진폭의 변화로 출력한다.

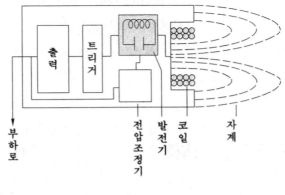

(a) 구조

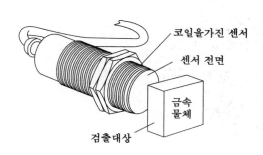

(b) 외관

**[그림 6.6]** 유도형 근접센서의 구성

그림 6.7은 와전류의 효과를 설명하는 그림이다. 그림(a)는 검출코일의 자계에 의해서 금속물체에 와전류가 발생한 것을 나타낸다. 만약 금속물체가 없었다면, 그 위치에 검출코일에 의해 형성된 자속은 그림 (b)와 같이 되었을 것이다. 이 상태에서 그림 6.7(b)와 같이 금속물체가 접근하면 그 내부에 와전류가 흐르고, 이것은 본래(검출코일)의 자속을 $\phi_1$만큼 감소시키려고 반대방향으로 자속을 발생시킨다. 따라서 그림 6.7(a)와 같은 자속을 유지하려면 그림 6.7(b)에 나타낸 것과 같이 회로에 더 큰 전류를 흘려야 한다. 그런데 자속 ($\phi$), 전류 ($i$), 인덕턴스 ($L$) 사이에는

$$N\phi = Li \tag{6.1}$$

의 관계가 있으므로, 같은 자속 $\phi$를 발생시키는데 더 큰 전류 $i$가 요구된다는 것은 등가적으로 인덕턴스 $L$이 감소한다는 것과 동일하다. 이 때문에 검출코일의 인덕턴스 또는 저항값이 변화한다. 이와 같이, 와전류 효과를 이용한 유도형 근접센서를 와전류 센서(eddy current sensor)라고도 부른다.

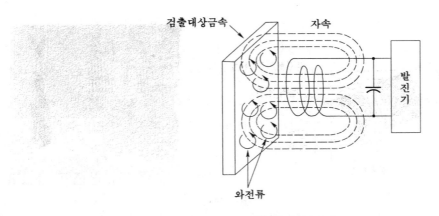

(a) 와전류 발생

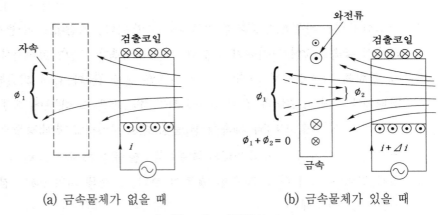

(a) 금속물체가 없을 때        (b) 금속물체가 있을 때

**[그림 6.7]** 와전류의 효과

　코일의 임피던스 변화를 검출하는 방법에는 발진회로의 발진 주파수나 발진전압 진폭을 검출하는 방법이 있다. 금속물체의 접근에 의해 임피던스의 변화율은 일반 금속물체, 철, 알루미늄, 황동, 스테인리스강 등을 검출대상으로 하는 경우 임피던스보다 저항성분의 변화가 더 크다. 따라서, 발진전압의 진폭을 검출하는 것이 발진 주파수 검출보다 훨씬 유효한 방법이다. 이러한 변화를 검출하여 출력신호를 발생시켜 물체의 유무를 검출한다.

　와전류가 발생하는 물체의 깊이, 즉 침투깊이는 다음 식으로 주어진다.

$$\delta = \frac{1}{\sqrt{\pi f \mu \sigma}}$$

여기서, $f$는 주파수, $\sigma$와 $\mu$는 각각 물체의 전기전도도와 투자율이다. 효과적인 동작을 위해서는 검출물체의 두께가 이 침투깊이보다는 두꺼워야 한다. 그래서, 와전류 센서는 금속박막물체 등에는 사용이 곤란하다.

유도형 근접센서에는 일체형과 분리형이 있다. 일체형은 검출코일, 발진회로, 제어회로, 출력회로 등을 하나의 금속 케이스에 일체화시킨 것으로, 온도특성이 좋고, 외부 잡음의 영향을 받지 않으며, 검출 신호용 전선을 길게 할 수 있다. 유도형의 대부분은 일체형이다. 분리형의 대다수는 검출코일과 발진회로를 일체화하고 제어회로를 분리하여 구성한다. 그러므로, 검출부가 소형으로 되기 때문에 센서의 설치장소나 주위환경 조건에 좌우되지 않는다. 그러나, 검출코일과 제어부를 접속하는 케이블이 외부잡음의 영향을 받기 쉬우므로 케이블의 길이는 보통 수[m] 이내로 한다.

그림 6.8은 유도식 근접센서의 응용 예를 나타낸 것이다.

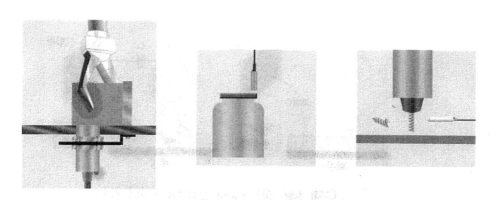

(a) 부품의 위치          (b) 부러진 드릴 날 검출          (c) 병마개 검출

**[그림 6.8]** 유도형 근접센서의 간단한 응용 예

### 6.3.3 정전용량형 근접(점유)센서

정전용량형 근접센서(capacitive proximity sensor)는 검출물체가 센서에 접근
하면 검출전극과 대지간 정전용량(capacitance)이 증가하는 것을 이용하여 물체
를 검출하는 것으로, 도체 및 유전체 등 모든 물체의 검출이 가능하다. 정전용량
은 전극도체의 면적, 전극간격, 유전체의 종류에 의해서 결정된다.

그림 6.9는 정전용량형 점유(근접)센서의 개념을 간단히 나타낸 것이다. 침입
자가 없을 때 시험판(test plate)과 대지 사이에는 정전용량 $C_1$가 형성되어있다.
침입자가 특정 영역으로 들어오면 인체는 그 주위와 두 개의 새로운 커패시터를
형성한다. 즉, 인체 - 시험판 사이의 정전용량을 $C_a$, 인체 - 대지와의 용량을 $C_b$
라고 하면, 시험판과 대지사이의 새로운 정전용량은 다음과 같이 된다.

$$C = C_1 + \Delta C = C_1 + \frac{C_a C_b}{C_a + C_b} \tag{6.2}$$

이와 같이, 센서에 사람이 침입하면 센서전극과 대지사이의 정전용량은 크게
증가한다.

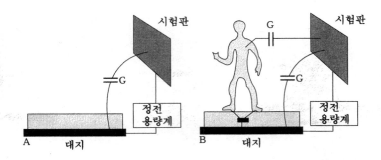

**[그림 6.9]** 정전용량형 근접센서의 동작원리
(침입자는 검출회로에 정전용량을 추가한다.)

그림 6.10은 자동차 보안 시스템에 사용되고있는 정전용량형 침입자 검출기
(capactive intrusion detector)이다. 시트 프로브(seat probe)는 커패시터 $C_p$의

한쪽 전극을 형성하고, 다른 한쪽 전극은 차체가 된다. 기준 커패시터 $C_x$는 간단한 커패시터로 시트 프로브와 근접한 곳에 위치한다. 시트 프로브와 기준 커패시터는 각각 차동전하검출기(differential charge detector) $A_1$의 두 입력 $R_1$과 $R_2$에 접속된다. 차동전하검출기 $A_1$는 구형파를 발생시키는 발진기에 의해서 제어된다. 좌석에 침입자가 없을 때, 기준 커패시터 $C_x$는 $C_p$와 거의 같도록 조정된다. 회로의 시정수(time constant)는 $RC$에 의해서 결정되므로 두 $RC$ 회로의 시정수는 같아진다. 따라서, 차동증폭기에 입력되는 두 전압 $e_x$와

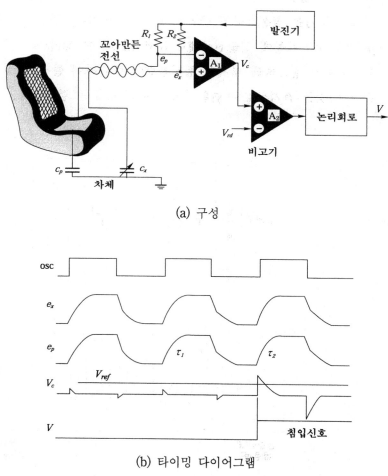

(a) 구성

(b) 타이밍 다이어그램

**[그림 6.10]** 정전용량형 침입 검출기

$e_b$도 그림 (b)와 같이 같아지므로 출력전압 $V_c$도 거의 0으로 된다. 출력에 나타난 작은 스파이크(spike)는 회로의 불평형에 기인한다.

만약 침입자가 좌석에 앉으면, 몸체는 추가의 정전용량을 형성하게 되므로 이 용량은 $C_p$와 병렬로 접속된다. 따라서, $R_1 C_p$ 회로의 시정수는 그림 (b)와 같이 $\tau_1$에서 $\tau_2$로 증가한다. 이것은 차동증폭기의 출력 $V_c$에서 스파이크 진폭의 증가로 나타난다. 비교기 $A_2$는 $V_c$를 이미 설정된 기준전압 $V_{ref}$과 비교해서, 스파이크 진폭이 기준전압보다 더 크면 논리회로에 지시해서 침입을 알리는 신호 $V$를 발생한다.

그림 6.11은 정전용량형 근접센서의 구성도이다. 일반적으로 검출할 용량이 1 pF이하이기 때문에 검출전극에는 수백 kHz~수 MHz의 고주파 전압이 인가된다. 물체가 접근하면 대지간 정전용량이 증가하여 발진회로의 발진주파수가 변하고 이것을 전기신호로 변환하여 물체의 유무를 검출한다.

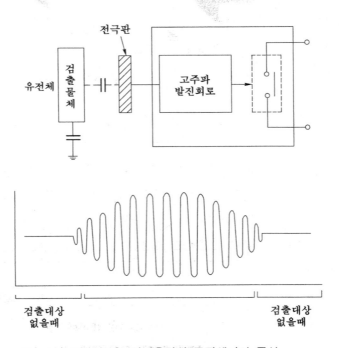

[그림 6.11] 정전용량식 근접센서의 구성

정전용량형 근접센서는 금속, 유전체의 검출이 가능하고, 용기 내용물의 유무나 흡수상태 등을 판별할 수 있는 특징을 가진다. 그러나 미소물체의 검출은 불가능하며, 분해능이 나쁘다. 또 물이나 기름이 닿는 장소에서는 사용이 곤란하다. 정전 용량형 근접센서는 변위센서, 레벨센서(level sensor)등에도 사용되고 있다.

정전용량형 근접센서(스위치)의 특징을 요약하면 다음과 같다.

**장점** : • 유도형 근접센서와 달리 전계가 검출매체로 사용되므로 금속뿐만 아니라 유전체도 검출할 수 있다. 또 유전체의 차이로 검출하므로 비금속 용기(종이, 유리, 플라스틱 등) 속에 들어있는 물체검지가 가능하다. 또, 검출물의 표면상태(광택, 색 등)에 영향을 받지 않으며, 투명체의 검출도 가능하다.

**단점** : • 유도형에 비해 응답속도가 다소 늦다.

　　　• 물방울 등의 부착에 약하다.(젖은 검출물체를 오동작 없이 검출할 수 있는 정전용량형 근접센서가 개발되어 있다.)

그림 6.12는 정전용량식 근접센서의 응용 예를 보여주고 있다.

(a) 종이 높이 제어　　　　　　　　　(b) 다른 부품 제거

**[그림 6.12]** 정전용량형 근접센서의 응용

### 6.3.4 자기식 근접 스위치

리드 스위치(reed switch)는 가장 간단한 자기식 근접 스위치(magnetic proximity switch)이다. 그림 6.13은 리드 스위치의 구조를 나타낸다. 자성체로 되어있는 한 쌍의 리드 편을 불활성 가스와 함께 유리관내에 봉입한 것으로, 외부 자기장이 가까이 접근하면 스위치 접점이 on/off 동작을 반복한다.

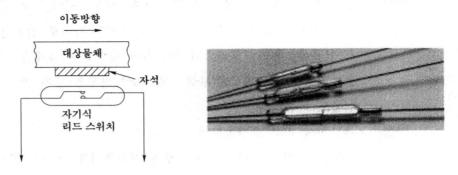

[**그림 6.13**] 리드 스위치의 구조

리드 스위치에는 normally open(N.O.), normally closed(N.C.), N.C.와 N.O.기능을 다 갖는 것도 있다. 그림 6.13은 normal open형이다. 반대로, N.O.는 자석이 리드 스위치에 접근하면, 자석으로부터 발생된 자속이 리드 편 A → 접점 → 리드 편 B를 통과하므로 접점이 자화되어 서로 끌어당기므로 접점이 닫힌다. N.C.는 자석이 접근하면 접점이 열린다. 리드 스위치로부터 수 [mm]에서 수십 [mm] 거리에서 무접촉으로 스위치의 개폐 조작이 가능하다. 또 동작속도가 일반 스위치보다 매우 고속으로 되어 500 [Hz] 정도의 on, off에도 대응할 수 있다. 또 전자회로기술을 특별히 요구하지 않으므로 누구나 이용이 가능하다. 그러나 리드 편의 접촉면적이 작으므로 사용 전류는 보통 1 [A] 이하이다. 따라서 대전류의 개폐에는 릴레이 등과 함께 사용해야 한다.

그림 6.14는 간단한 리드 스위치 회로이다. 그림 6.14(a)는 물체가 접근하면 리드 스위치가 닫히고 LED가 발광하여 물체의 존재와 위치를 알려준다. 그림 6.14(b)는 물체가 멀리 있으면, 리드 스위치가 열린 상태로 되어 op amp의 입력

전압은 High($+12\,[\text{V}]$)로 되어 출력 $V_o$도 High로 된다. 만약 물체가 접근하면 리드 스위치는 닫히고 증폭기의 입력이 접지($0\,[\text{V}]$)되어 출력전압은 High에서 Low로 변한다.

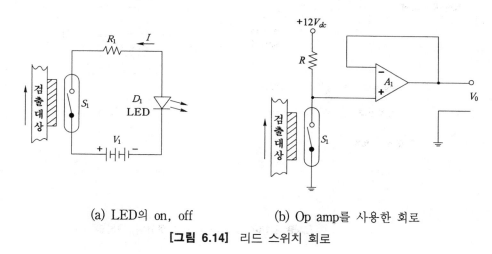

(a) LED의 on, off  (b) Op amp를 사용한 회로

**[그림 6.14]** 리드 스위치 회로

## 6.3.5 초음파식 근접센서

초음파식 근접센서(ultrasonic proximity sensor)는 초음파의 투과와 반사를 이용하여 검출물체의 위치나 접근을 검출하는 센서이다. 사용하는 초음파의 주파수는 지향성이 좋은 $200\,[\text{kHz}]$ 정도의 초음파를 사용하여 물체를 검출한다. 검출 방식에는 투과식과 반사식이 있다. 투과식에서는 초음파 송신기와 수신기 사이를 통과하는 물체에 의해 생기는 초음파 빔의 차단 또는 감쇄를 검출한다. 이 방식은 검출거리를 크게 하면 초음파의 비임의 지향성이 크기 때문에 분해능이 저하하므로 단거리에만 채용되며, 검출거리는 1m 정도이다. 반사형은 송신기와 수신기가 일체로 되어 있고, 송신기로부터 발사된 펄스상의 초음파가 검출물체에서 반사되어 되돌아오는 것을 수신기에서 검출하고, 그 시간을 계측해서 검출하는 방식이다. 그림 6.15는 반사식 초음파 근접센서의 구성이다. 검출거리는 다음 식으로 된다.

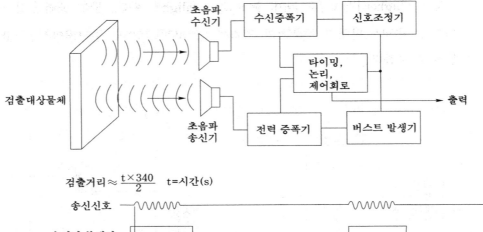

검출거리$\approx \dfrac{t\times 340}{2}$　t=시간(s)

[그림 6.15] 초음파식 근접센서의 구성과 원리

$$L = \frac{t \times 340}{2} \tag{6.3}$$

여기서, $t$는 시간이다.

반사식 초음파 근접센서는 비교적 큰 검출거리가 얻어지고, 반사면의 광학적 성질(색, 반사율, 투과율)에 영향을 받지 않으며, 분진의 영향도 작기 때문에 반사식 광전센서의 결점을 보완할 수 있으나, 초음파 비임의 확산 때문에 분해능이 나쁘고 온도에 의한 음속의 변화, 바람에 의한 비임의 흐트러짐으로 검출오차가 생기기 쉽다.

초음파 근접 센서는 검출물체의 색이나 재질에 영향을 받지 않고 검출할 수 있는 장점이 있으나, 광전 스위치보다 커서 설치에 불리하고, 온도, 바람, 음향등의 잡음에 의해서 오동작하며, 스폰지와 같은 흡음물체는 검출이 불가능하다. 이와 같은 단점을 보완한 초음파 스위치도 개발되어 나오고 있으나 광전식 근접 스위치의 보완적 성격이 강하다.

## 6.4  초전형 이동 검출기

물체의 초전현상에 대해서는 제 2장과 4장에서 이미 자세히 설명하였다. 여기서는 초전현상을 이용해서 사람 또는 물체의 이동을 검출하는 수동형 적외선 이동 센서(passive infrared motion detector 또는 간단히 PIR sensor)를 설명한다.

인체로부터 방출되는 열에너지의 파장은 $4 \sim 20\,[\mu m]$ 범위에 집중되는데, 이는 원적외선(far infrared)에 해당된다. 이러한 열 에너지를 검출하는 센서에는 서미스터, 서모파일, 초전센서 등 3가지가 있으며, 이중 초전센서는 간단하고, 저가이면서도 응답도가 우수해서 사람의 이동 검출에 가장 널리 사용되고 있다.

그림 6.16는 초전소자를 이용한 PIR 센서의 원리를 나타낸다. 사람이 접근하게 되면, 초전소자 A는 인체로부터 방출되는 열에너지를 흡수해서 전압을 발생시킨다. 초전소자는 동시에 압전현상을 나타내므로 센서자체의 진동이나 음파가 초전소자 A에 들어와도 출력을 발생한다. 이것을 보상하기 위해서 소자 A와 동일한 초전소자 B를 직렬로 접속한다. 초전소자 B의 표면에는 열반사막이 코팅되어 있어 인체로부터 방출되는 열 에너지에는 응답하지 않는다. 따라서, 검출대상으로부터 방출되는 열 에너지에 의해서는 소자 A에서만 출력이 발생하고, 압전기에 의한 출력은 두 소자에서 발생되어 상쇄된다.

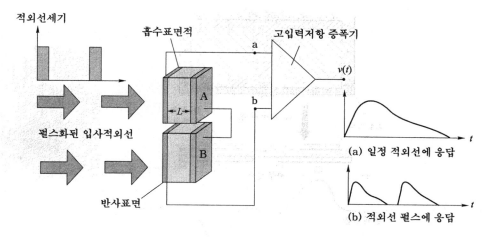

**[그림 6.17]** PIR 이동 센서의 원리

소자 A가 열에너지를 흡수하면 온도가 증가하여 초전 전압도 시간에 따라 그림 (a)와 같이 증가한다. 온도가 정상상태에 도달하면, 초전 전압도 일정한 값에 도달하게 된다. 그러나 초전소자 표면에 유기된 전하는 서서히 중화되기 때문에 피크 전압을 유지할 수 없으며, 그림과 같이 서서히 감소한다. 따라서,  쵸퍼(chopper)를 사용해 인체로부터 방출되는 적외선을 펄스 형태로 만들어 초전소자 A에 입사시키며, 이 경우 출력파형은 그림 (b)와 같이 시간의 함수로 되어 쉽게 측정할 수 있다.

그림 6.18은 이중초전센서(dual pyroelectric sensor)의 구조와 이를 이용한 PIR 검출기의 구성을 나타낸 것이다. 센서의 상부전극은 공동으로 접속된다. 반면 두 하부전극은 분리되어 있어 커패시터 $C_A$와 $C_B$를 형성하며, 두 커패시터는 반대극성으로 직렬 접속된다.

사람이 센서 앞을 그림 (b)와 같이 통과하면, 첫 번째 초전소자 $C_A$가 동작해서 출력을 발생시키고, 다음에 $C_B$가 동작하여 반대 극성의 신호가 발생한다. 진동, 온도변화, 햇빛 등은 두 센서소자에  동시에 작용하므로 이들에 의한 신호는 상쇄된다.

PIR 센서는 우리 주위에서 흔히 볼 수 있는 보안 시스템에 광범위하게 사되고 있다.

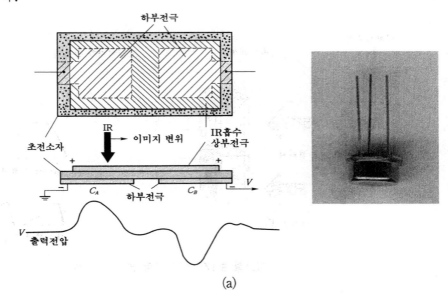

(a)

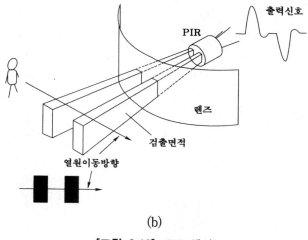

(b)

**[그림 6.18]** PIR 센서

제 **7** 장

# 힘 · 토크 · 촉각센서

## 7.1 개 요

우리는 물체를 밀거나 당길 때 힘(force)을 사용한다. 모터가 엘리베이터를 끌어올리고, 바람은 나뭇잎을 휘날리게 한다. 이와 같이, 직관적으로 '힘은 밀고(push) 당김(pull)'이라고 정의할 수 있다. 물체에 힘이 작용하면 물체의 크기, 모양, 또는 운동을 변화시킬 수 있다. 힘은 방향과 크기를 모두 갖는 벡터량이며, 국제 단위계에서 N(newton)으로 측정된다. 중량(weight)은 중력에 기인하는 힘이다. 질량(mass)은 물체에서 물질 양(quantity)에 대한 척도이다.

힘(밀거나 당김)이 질량(물질의 양)에 작용할 때, 질량을 가속시킨다(속도를 변화시킨다.) 힘, 질량, 가속도 사이의 관계는 운동에 대한 뉴우톤의 제2법칙으로 주어진다. 즉,

$$F = ma\,[\text{N}] \tag{7.1}$$

여기서, $m$은 물체의 질량, $a$는 가속도이다. 위 식에 따라 질량 1 [kg]의 물체에 1 [m/s²]의 가속도를 주는데 요구되는 힘을 1 [N] = [kg·m/s²]이라고 정의한다. 힘과 다른 물리량과의 관계를 보면

$$\text{가속도(acceleration)} : a = \frac{F}{m} \tag{7.2}$$

$$\text{압력(pressure)} : P = \frac{F}{A} \,( A : \text{힘이 작용하는 면적}) \tag{7.3}$$

$$\text{토크(torque)} : \tau = FL \,( L : \text{팔의 길이} : \text{lever arm}) \tag{7.4}$$

이와 같이, 가속도, 압력, 토크 등의 측정은 힘의 측정과 관련된다. 이장에서는 힘, 중량(weight), 토크 측정만 다루고, 압력과 가속도 측정은 각각 다른 장에서 설명할 것이다.

일반적으로 힘을 검출하는 센서는 탄성체(彈性體; spring element)를 이용하여 작용한 힘의 크기을 미소한 변위(또는 변형)으로 변환하고, 그 변위(또는 변형)를 전기적 양으로 변환하는 방식이 사용되고 있다. 이때, 사용하는 탄성체를 1차 변환기, 그 변형을 검출하는 센서를 2차 변환기라고 부른다. 여기서는 힘관련 센서에 가장 널리 사용되고 있는 스트레인 게이지(strain gage)와, 이를 이용해서 물체의 하중을 검출하는 로드 셀(load cell 및 토크 센서를 중심으로 힘 센서를 설명한다. 마지막으로, 국부적인 힘의 분포를 검출하는 촉각센서에 대해서 설명한다.

## 7.2 응력과 변형

그림 7.1에 나타낸 것과 같이, 단면이 일정한 평행부를 갖는 원통 모양의 시료 양단에 크기 $F$의 인장하중(引張荷重)을 가하면, 축방향에 수직인 단면 $ab$에는 인장력에 저항하는 내력(耐力; internal resisting force)이 발생한다. 내력이 $ab$ 단면에 균일하게 분포하면, 그 총합은 인장하중 $F$와 같다. 이 경우 단위면적당

내력을 응력(應力; stress)이라고 부른다. 일반적으로 응력은 $\sigma$의 기호로 표시하며, $ab$ 단면의 면적을 $A$라 하면

$$\sigma = \pm \frac{F}{A} \tag{7.5}$$

의 관계가 성립한다. 여기서, $F$가 인장하중이면 응력 $\sigma$는 인장응력(tensile stress)이라 부르고 (+)부호로 나타내며, $F$가 압축하중이면 압축응력(compressive stress)이라 하고 (−)부호로 구별하여 나타낸다. 또, 이 응력은 $AB$ 단면에 수직으로 생기므로 총칭하여 수직응력(normal stress)이라고 부른다.

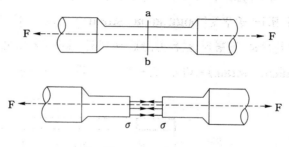

**[그림 7.1]** 수직 응력

응력의 단위로는, SI 단위계에서는 Pa(pascal; 파스칼)를, EGS(English Gravitational System) 단위계에서는 psi(pounds per square inch)가 흔히 사용된다. 이들 관계를 정리하면 다음과 같다.

$$1\,[\text{Pa}] = 1\,[\text{N/m}^2]$$
$$1\,[\text{psi}] = 6.89 \times 10^3\,[\text{Pa}]$$
$$1\,[\text{MPa}] = 10^6\,[\text{Pa}]$$

구조물이나 기계를 구성하는 재료는 강체가 아니므로 하중에 대응해서 생기는 응력에 의해서 변형된다. 이 변형의 크기는 응력의 크기가 동일하더라도 물체의

크기에 따라 다르며, 응력이 클수록 큰 변형이 생긴다. 그림 7.2와 같이, 길이 $L$ 인 시료에 하중 $F$를 가할 때 시료 길이가 축방향으로 $\varDelta L$만큼 늘어나거나 줄어든다고 가정하면, 이때 축방향의 변형(變形;strain)은 다음과 같이 정의된다.

$$\varepsilon = \pm \frac{\varDelta L}{L} \tag{7.6}$$

변형의 단위는 mm/mm와 같이 되므로, $\varepsilon$는 무차원의 양이다.

변형이 그림 7.2(a)와 같이 인장응력에 의해서 발생하면 인장변형(tensile strain)이라 부르고, 그림 7.2(b)와 같이 압축응력에 의해 $\varDelta L$만큼 압축된 경우는 압축변형(compressive strain)이라 한다. 통상 인장변형을 정(+)으로, 압축변형을 부(−)로 표시한다. 인장변형과 압축변형을 총합하여 수직변형(normal strain) 또는 종변형(longitudinal strain)이라고 부른다.

일반적으로 변형의 값은 0.005 이하로 매우 작기 때문에, 자주 마이크로 스트레인(micro‐strain)이라는 단위를 사용해서 나타낸다.

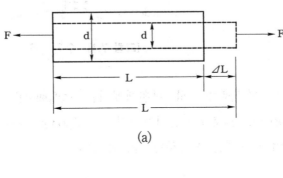

(a)

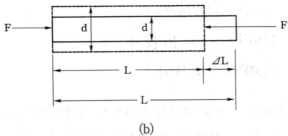

(b)

**[그림 7.2]** 인장변형과 압축변형

$$\text{micro - strain} = \text{strain} \times 10^6 \tag{7.7}$$

인장하중 $F$를 인가하면 축방향 길이가 늘어날 뿐만 아니라, 직경이 압축되어 횡방향으로도 변형이 발생한다. 지금 최초의 직경 $d$가 $\varDelta d$만큼 압축되어 $d-\varDelta d$로 되면, 이때의 변형 $\varepsilon_t$는

$$\varepsilon_t = -\frac{\varDelta d}{d} \tag{7.8}$$

로 정의되고, $\varepsilon_t$을 횡변형(lateral strain)이라고 한다. 횡변형과 종변형의 비를 포아손 비(Poisson's ratio)라 한다.

$$\nu = -\frac{\varepsilon_t}{\varepsilon_a} \tag{7.9}$$

포아손 비는 재료에 따라 다르다.

그림 7.3과 같이, 구형판의 $AB$, $CD$ 양면에 따라 평행한 힘, 즉 전단력 (shear; 剪斷力) $F$를 작용시키면 이 구형판은 미소각 $\delta$만큼 변형하여 그림의 점선으로 된다. 이 전단력의 이동면 $AB$ 및 $CD$의 면적을 $A$라 하면, 전단응력(shearing stress) $\tau$는 다음식으로 표시된다.

$$\tau = \frac{F}{A} \tag{7.10}$$

전단응력에 의한 변형은 단위거리당 스립(slip) 양으로 나타낸다. 즉

$$\gamma = \frac{b}{a} \tag{7.11}$$

이를 전단변형(剪斷變形; shearing strain)이라고 하며, 또는 앞에서 설명한 수직변형에 대해서 접선변형(tangential strain)이라고도 부른다. 변형이 작은 경우에는 전단변형 $\gamma$는 다음과 같이 쓸 수 있다.

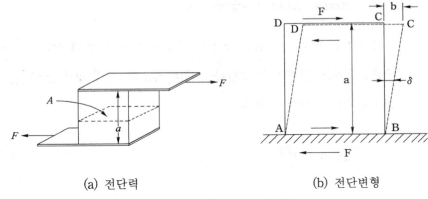

(a) 전단력                    (b) 전단변형

**[그림 7.3]** 전단력과 전단변형

$$\gamma = \tan \delta \fallingdotseq \delta \qquad\qquad (7.12)$$

하중이 작은 범위에서는 응력 $\sigma$와 변형 $\varepsilon$은 비례한다는 사실이 1678년 Robert Hooke에 의해서 실험적으로 증명되었으며, 이를 후크의 법칙(Hooke's law)이라고 한다. 그림 7.1의 경우와 같이 일축응력(혹은 단축응력;uniaxial stress) 상태에서, 수직응력을 $\sigma$, 그 방향의 변형을 $\varepsilon$이라 하면, 후크의 법칙은 다음과 같이 된다.

$$\sigma = E\varepsilon \qquad\qquad (7.13)$$

비례정수 $E$를 종탄성계수(modulus of longitudinal elasticity), 또는 이 관계를 최초로 도입한 Thomas Young을 따서 영률(Young's modulus)이라고 부른다.

실제로 많은 경우에는 그림 7.4와 같이 평면응력(2차원) 상태로 된다. 평면응력(plane stress)에서 각 방향으로의 변형은 다음 식과 같이 된다.

$$\varepsilon_x = \frac{1}{E}\left[\sigma_x - \nu\sigma_y\right]$$

$$\varepsilon_y = \frac{1}{E}\left[\sigma_y - \nu\sigma_z\right] \qquad\qquad (7.14)$$

$$\varepsilon_z = -\frac{\nu}{E}\left[\sigma_x + \sigma_y\right]$$

지금 변형 $\varepsilon_x$, $\varepsilon_y$으로부터 응력 $\sigma_x$, $\sigma_y$를 유도하면

$$\sigma_x = \frac{E}{1-\nu^2}[\varepsilon_x + \nu\varepsilon_y]$$

$$\sigma_y = \frac{E}{1-\nu^2}[\varepsilon_y + \nu\varepsilon_x] \qquad\qquad (7.15)$$

$$\sigma_z = 0$$

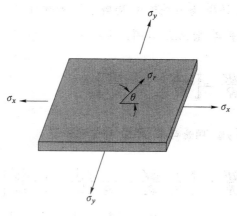

[그림 7.4] 평면 응력

## 7.3  스트레인 게이지

지금까지 설명한 물체의 변형은 기계적, 광학적, 음향적, 전기적 수단으로 측정할 수 있으며, 현재 가장 널리 사용되고 있는 것은 스트레인 게이지(strain gage)이다. 스트레인 게이지는 금속 또는 반도체로 만들어지는 일종의 전기저항이며, 그 저항값의 변화가 변형에 비례하는 센서이다.

### 7.3.1  스트레인 게이지 이론

스트레인 게이지는 금속이나 반도체에 응력을 가할 때 발생하는 변형으로 인해 그 저항값이 변화하는 성질을 이용한다. 그림 7.5와 같이, 단면적 $A$, 길이

가 $L$인 금속 도선의 전기저항 $R$을 생각해 보자.

$$R = \rho \frac{L}{A} \tag{7.16}$$

여기서, $\rho$는 재료의 비저항(resistivity)이다. 지금 금속도선의 양단에 인장력을 가하면, 길이가 $L+\Delta L$, 직경이 $d-\Delta d$로 변하고, 식 (7.16)에 따라 전기저항도 변할 것이다. 그러나, 일반적으로 물질의 저항은 온도 의존성을 가지므로, 금속도선의 전기저항의 변화율은 변형 $\varepsilon$에 기인하는 성분과, 온도 $T$에 기인하는 성분의 합으로 되며, 다음과 같이 쓸 수 있다.

$$\frac{dR}{R} = \left[\frac{dR}{R}\right]_\varepsilon + \left[\frac{dR}{R}\right]_T \tag{7.17}$$

식 (7.17)를 미분하고 $R$로 나누어주면

$$\frac{dR}{R} = \left[\frac{1}{L}\frac{\partial L}{\partial \varepsilon} - \frac{1}{A}\frac{\partial A}{\partial \varepsilon} + \frac{1}{\rho}\frac{\partial \rho}{\partial \varepsilon}\right]d\varepsilon +$$
$$\left[\frac{1}{L}\frac{\partial L}{\partial T} - \frac{1}{A}\frac{\partial A}{\partial T} + \frac{1}{\rho}\frac{\partial \rho}{\partial T}\right]dT \tag{7.18}$$

위 식에서 온도변화를 무시하면,

$$\frac{dR}{R} = \frac{dL}{L} - \frac{dA}{A} + \frac{d\rho}{\rho} \tag{7.19}$$

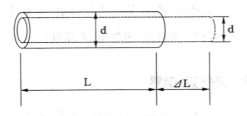

**[그림 7.5]** 금속도선의 인장에 의한 변형

앞에서 설명한 바와 같이 금속도선에 인장력이나 압축력을 가하면 변형이 발생한다. 축방향으로 인장력을 가하는 경우, 축방향과 횡방향 응력은 각각

$$\varepsilon_a = \frac{dL}{L} \tag{7.20a}$$

$$\varepsilon_t = -\nu\varepsilon_a = -\nu\frac{dL}{L} \tag{7.20b}$$

의 관계를 갖는다. 금속도선이 원형 단면적을 가지면, 도체의 직경변화는 식 (7.20)에 의해

$$d' = d\left(1 - \nu\frac{dL}{L}\right) \tag{7.21}$$

여기서, 각각 $d$, $d'$는 각각 축방향 응력을 가하기 전후의 도체 직경이다. 따라서, 원형 단면적의 변화는

$$dA = \pi\left(\frac{d'}{2}\right)^2 - \pi\left(\frac{d}{2}\right)^2$$
$$= \left[-\frac{d^2}{2}\nu\frac{dL}{L} + \frac{d^2\nu^2}{4}\left(\frac{dL}{L}\right)^2\right]\pi \tag{7.22a}$$

$$\frac{dA}{A} \approx -2\nu\frac{dL}{L} + \nu^2\left(\frac{dL}{L}\right)^2 \approx -2\nu\frac{dL}{L} \tag{7.22b}$$

저항이 $A = b \times t$ ( $b$ : 폭, $t$ : 두께)의 구형 단면적을 갖는 경우, 단면적 변화는

$$dA = b\left(1 - \nu\frac{dL}{L}\right) \times t\left(1 - \nu\frac{dL}{L}\right) - bt$$
$$= bt\left[1 - 2\nu\frac{dL}{L} + \left(\nu\frac{dL}{L}\right)^2\right] - bt \tag{7.23}$$
$$\approx -2\nu\frac{dL}{L}$$

로 되어, 면적 변화는 식 (7.22)와 동일하다.

변형에 기인하는 금속 도선의 저항 변화율은 식(7.22)와 (7.23)를 식(7.19)에 대입하면 얻어진다.

$$\frac{dR}{R} = \frac{dL}{L} - \frac{dA}{A} + \frac{d\rho}{\rho} = (1 + 2\nu)\frac{dL}{L} + \frac{d\rho}{\rho} \tag{7.24}$$

한편, 재료의 스트레인 감도(strain sensitivity) 또는 게이지 율(gauge factor)은 다음과 같이 정의된다.

$$S_g = GF = \frac{dR/R}{dL/L} = \frac{dR/R}{\varepsilon} = (1 + 2\nu) + \frac{d\rho/\rho}{\varepsilon} \tag{7.25}$$

위 식에서 우변 제1항은 저항체의 기하학적 변형에 의한 영향을, 제2항은 물성의 변화에 의한 영향을 나타낸다. 표 7.1은 금속 스트레인 게이지에 사용되는 금속 도선의 특성을 나타낸 것이다.

**[표 7.1]** 스트레인 게이지용 금속재료의 특성

| 금속 저항선 | 주성분 | 저항율 [$\mu\Omega$cm] | 저항온도계수 [1℃당] | 게이지 율 |
|---|---|---|---|---|
| 니크롬 V | Ni(80), Cr(20) | 100 | $110 \times 10^{-6}$ | 2.0 |
| 망가닌 | Cu(85), Mn(15), Ni(2) | 0.9 | $15 \times 10^{-6}$ | 0.5 |
| 칼마 | Ni(73), Cr(20), Al+Fe(7) | 2.75 | $20 \times 10^{-6}$ | 2.0 |
| 어드반스 | Cu(60), Ni(40), Mn(1) | 1 | $\pm 20 \times 10^{-6}$ | 2.0~2.3 |
| 콘스탄탄 | Cu(60), Ni(40) | 1 | $\pm 20 \times 10^{-6}$ | 1.7~2.1 |
| 니크로탈 L | Ni(75), Cr(17), Si+Mn(8) | 2.8 | $20 \times 10^{-6}$ | 1.9~2.1 |
| 퍼말로이 | Cr(19.5), Mn(1), Fe(2.2), Al(2.7), Ni(나머지) | 1.73 | $20 \times 10^{-6}$ | 1.9~2.1 |
| 니 켈 | Ni | 0.2 | $6000 \times 10^{-6}$ | $-12 \sim -20$ |
| 구 리 | Cu | 0.034 | $3930 \times 10^{-6}$ | |

## 7.3.2 금속 스트레인 게이지

금속 스트레인 게이지는 형태, 사용목적, 크기 및 재질 등에 따라 다종 다양하며, 일반적으로 형태에 따라 다음과 같이 분류한다.

### 1. 선 게이지

선 게이지(wire - type strain gage)는 최초의 스트레인 게이지로서, 그림 7.6과 같이 가는 금속 저항선을 가공하여 변형에 민감하게 반응하도록 베이스에 부착한 것이다. 베이스에는 종이, 에폭시, 베이크라이트, 폴리이미드 등을 사용한다. 저항선 게이지는 여러 가지 결점이 있어 현재는 용도가 제한되어 있다.

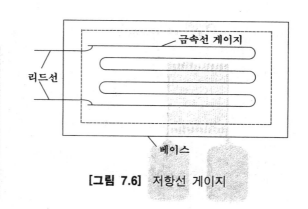

**[그림 7.6]** 저항선 게이지

### 2. 박(薄) 게이지

그림 7.7은 대표적인 금속박 게이지(metal foil - type strain gage)의 구조를 나타낸 것이다. 박 게에지는 선 게이지 보다 늦게 개발된 것인데, 약 $30 \sim 70\,[\mu\text{m}]$ 두께의 베이스에 $3 \sim 10\,[\mu\text{m}]$ 두께의 금속 박을 코팅한 후 포토리소그래피 기술을 이용해 원하는 패턴으로 에칭하여 만든다. 금속 박에는 Ni - Cu 합금 및 Ni - Cr 합금 등이 사용된다. 베이스에는 선 게이지와 마찬가지로 종이, 에폭시, 베이크라이트, 폴리이미드 등을 사용하고 있다.

박 게이지는 선 게이지와 비교해서 게이지 치수가 정확하고 균일성이 좋다. 또, 아주 소형으로도 가능하고 여러 가지 용도에 대해서 최적의 형상으로, 그리고 복잡한 것까지도 동일 공정으로 제작된다. 종래의 선 게이지에서는 게이지 길이가 1[mm] 정도가 한도이지만 박 게이지에는 0.2[mm]도 있으며 집중 응력 측정 등에 유용하다. 또한 박 게이지 저항소자는 장방형 단면 내에 표면적이 크고 방열 효율이 우수하여 선 게이지보다 허용전류가 높다. 박 게이지는 베이스 두께가 얇고 저항소자 자체도 얇은 금속 박이므로 유연성이 있으며, 격자가 구부러지는 부분의 단면적이 크므로 이 부분의 저항값이 작고, 선 게이지에 비해서 횡감도 계수가 작아진다.

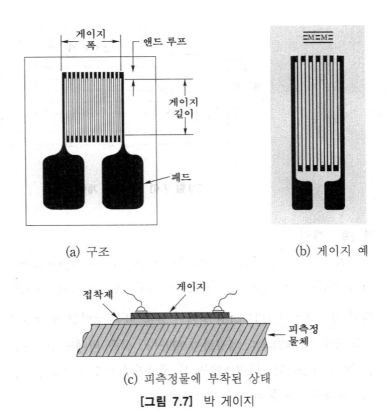

(a) 구조  (b) 게이지 예

(c) 피측정물에 부착된 상태

**[그림 7.7]** 박 게이지

스트레인 게이지는 통상, 접착제로 피측정물에 부착하지만 고온 게이지등 베이스에 금속을 사용한 경우에는 점용접으로 부착하여 사용한다.

## 3. 박막 게이지

금속 박막 게이지(thin film strain gage)의 패턴은 그림 7.7(a)의 박 게이지와 동일하다. 그림 7.8은 금속 박막 게이지의 단면을 나타낸다. 금속 다이어프램(diaphragm) 위에 절연층(주로 $SiO_2$)을 만들고, 그 위에 금속저항재료를 증착한 후 포토리소그래피 기술에 의해 임의 형태로 패터닝하여 게이지를 형성한다. 그림에서 볼 수 있는 바와 같이, 박막 게이지는 박 게이지와는 달리 접착제를 필요로 하지 않기 때문에, 박 게이지의 장점이외에도 크리프 현상이 적고 안정성이 우수하며, 동작온도 범위가 넓은 장점을 갖는다.

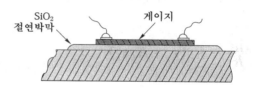

[**그림 7.8**] 금속 박막 게이지

앞에서 스트레인 감도(strain sensitivity)를 정의하였으나, 실제의 스트레인 게이지에서는 게이지 길이를 짧게 유지하기 위해서 그림 7.7과 같이 그리드(grid) 형태로 패터닝한다. 또한 도체는 게이지 전 길이에 걸쳐 균일하지도 않다. 따라서, 스트레인 게이지는 저항소자의 형상에서 축방향뿐만 아니라 축과 직각방향으로도 어느 정도의 감도를 갖는데, 이것을 횡감도(transverse sensitivity)라고 부른다. 또 게이지 율을 측정하기 위해서 사용하는 시험편에도 축과 직각방향으로 포아손비 만큼의 변형이 발생하므로 엄밀하게 말하면 식 (7.25)로 정의된 게이지 율 $S_g$는 그러한 영향을 내포한 값이다. 따라서, 게이지율은 스트레인 게이지 저항의 총 변화를 나타낸다. 즉,

$$\frac{\Delta R}{R} = S_a \varepsilon_a + S_t \varepsilon_t + S_s \gamma_{at} \tag{7.26}$$

여기서, $\varepsilon_a$ = 축방향 변형,  $\varepsilon_t$ = 횡방향 변형

$\gamma_{at}$ = 축 및 횡방향과 관련된 전단변형

$S_a$ = 축방향 감도,  $S_t$ = 횡감도,  $S_s$ = 전단변형에 대한 감도

통상 스트레인 게이지의 횡감도는 횡감도 계수(transverse sensitivity factor) $K_t$로써 나타내며,

$$K_t = \frac{S_t}{S_a} \tag{7.27}$$

$S_s = 0$으로 놓고, 식 (7.27)을 식 (7.26)에 대입하면,

$$\frac{\Delta R}{R} = S_a(\varepsilon_a + K_t \varepsilon_t) \tag{7.28}$$

시료의 포아손 비 $\nu$를 사용하면

$$\frac{\Delta R}{R} = S_a \varepsilon_a (1 - \nu K_t) \tag{7.29}$$

일반적으로, 스트레인 게이지의 감도를 게이지 율 $S_g$로 나타내므로

$$\frac{\Delta R}{R} = S_g \varepsilon_a \tag{7.30}$$

식 (7.29)와 (7.30)을 비교하면, $S_g$는

$$S_g = S_a(1 - \nu K_t) \tag{7.31}$$

여기서, $S_a$는 게이지의 축방향 게이지 율, $S_t$는 게이지의 횡감도이다.

식 (7.31)로부터 $S_a$는 다음 식으로 주어진다.

$$S_a = \frac{S_g}{(1 - \nu K_t)} \tag{7.32}$$

스트레인 게이지의 횡감도 계수는 게이지 길이, 그리드의 구부러지는 부분의 형상에 밀접한 관계가 있으나, 게이지 길이가 1 [mm] 이하에서는 2~3 [%]로 작으며, 특별한 경우를 제외하면 큰 문제가 되지 않는다. 박 게이지의 경우 베이스의 재질이나 사용하는 접착제의 종류에 따라서 횡감도 계수의 실측치가 (−)부호로 되는 경우도 있다.

### 7.3.3 반도체 스트레인 게이지

반도체 스트레인 게이지는 금속 게이지에 비해 수십 배 더 큰 게이지 율과 감도를 갖는다. 그 이유는 반도체가 압저항 효과(壓抵抗效果; piezoresistive effect; 제8장에서 설명)를 나타내기 때문이다. 반도체에서 저항율의 변화는 다음과 같은 식으로 된다.

$$\frac{\Delta\rho}{\rho} = \pi\sigma \tag{7.33}$$

여기서, $\pi$는 압저항 계수이다. 또, 식 (7.24)로부터 저항 변화율은 다음 식으로 표시된다.

$$\begin{aligned}\frac{dR}{R} &= \frac{d\rho}{\rho} + (1 + 2\nu)\,\varepsilon = \pi\sigma + (1 + 2\nu)\,\varepsilon \\ &= (1 + 2\nu + E\pi)\,\varepsilon\end{aligned} \tag{7.34}$$

따라서, 반도체 스트레인 게이지의 게이지 율은

$$S_g = (1 + 2\nu + E\pi) \tag{7.35}$$

로 되고, 압저항 계수에 비례하여 큰 값으로 된다.

그림 7.9는 반도체 스트레인 게이지의 구조를 나타낸 것으로, 에폭시와 같은 접착제를 사용해 실리콘 반도체 게이지를 피측정물에 부착한다. 실리콘 스트레인 게이지의 정격 GF는 100이상(p형 Si = +100이상, n형 Si = -100 이상)으로, 금속 게이지에 비해서 대단히 큰 장점을 갖지만, 저항의 온도계수가 크고 직선성이 나쁜 단점이 있다. 반도체 게이지는 미소한 응력분석, 압력, 힘, 토크, 변위센서, 의료용 계측기 등에 사용된다.

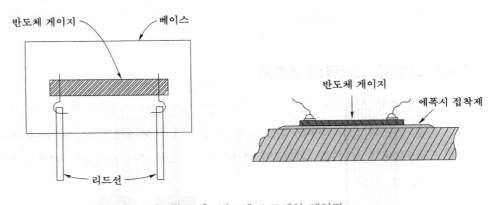

**[그림 7.9]** 반도체 스트레인 게이지

## 7.3.4 스트레인 게이지 측정 회로

실제로 스트레인 게이지를 이용하여 힘을 측정하는 경우 휘트스토운 브리지(Wheatstone bridge)로 결선한다. 그림 7.10은 단일 게이지에 대한 측정회로를 나타낸 것으로, $R_1 = R_2 = R_3 = R_g = R$로 가정하면 이 회로의 감도는

$$\frac{V_o}{V_{in}} = \frac{1}{4} \frac{\Delta R}{R} = \frac{1}{4} S_g \varepsilon \tag{7.36}$$

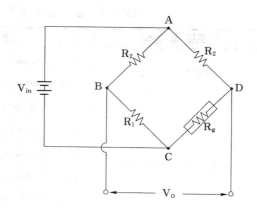

**[그림 7.10]** 휘트스토운 브리지 회로

사용 게이지의 수를 2, 4개로 증가시키면 회로의 감도는 다음과 같이 된다.

$$\text{2개의 게이지를 사용하는 경우} : \frac{V_o}{V_{in}} = \frac{1}{2}\frac{\Delta R}{R} \qquad (7.37)$$

$$\text{4개의 게이지를 사용하는 경우} : \frac{V_o}{V_{in}} = \frac{\Delta R}{R} \qquad (7.38)$$

이와 같이, 스트레인 게이지의 수를 증가시키면 회로의 감도도 증가하지만, 가격은 고가로 된다.

## 7.4 로드 셀

로드 셀(load cell)은 물체의 하중을 측정하는 센서이며, 그 종류는 표 7.2와 같다. 스트레인 게이지가 개발되기 이전에 사용되었던 기계식 로드 셀은 안전 및 청정(오염)을 최우선으로 생각하는 곳이나, 또는 전력이 요구되지 않는 곳에서 일부 사용되고 있을 뿐, 현재는 스트레인 게이지 로드 셀(strain gage load cell)로 대체되었다. 여기서는 스트레인 게이지 로드 셀을 중심으로 설명한다.

[표 7.2]  로드 셀의 종류

| 로드 셀 형식 | 종 류 |
|---|---|
| 기계식 로드 셀 | 액압(hydraulic) |
| | 공압(pneumatic) |
| 스트레인 게이지식 로드셀 | 밴딩 비임(bending beam) |
| | 전단 비임(shear beam) |
| | 캐니스터(canister) |
| | 링과 팬케이크(ring and pancake) |
| | 버튼과 와셔(button and washer) |
| | 나선(helical) |
| 기타 | 광섬유(fiber optic) |
| | 압저항(piezoresistive) |

로드 셀은 인가중량에 응답해서 일어나는 탄성체(spring element; 보통 beam 이라고 부른다)의 변형을 압축, 인장, 굽힘, 전단 등의 형태로 검출한다. 탄성체 는 응답하는 응력에 따라 밴딩 비임(bending beam), 전단 비임(shear beam), 기 둥(column) 또는 캐니스터(canister), 나선(helical) 등으로 부르며, 이중 가장 널 리 사용되는 디자인은 밴딩 비임과 전단 비임이다.

## 7.4.1  밴딩 비임 로드셀

밴딩 비임 로드셀(bending beam load cell)은 간단하고 저가이기 때문에 가장 널리 사용되는 로드 셀 구조 중의 하나이다.

이 로드 셀은 비임의 한쪽이나 양쪽을 지지하여 휘어지는 양을 측정하는 방식 으로, 부착하기가 용이하고, 정밀도가 높은 장점이 있는 반면 대용량의 제작이 어렵고 구조상 밀봉하기 어려워 사용 환경의 제약을 받는 단점이 있다.

### 1. 기본구조와 동작원리

그림 7.11은 기본적인 밴딩 비임을 나타낸 것이다. 그림 7.11(a)의 캔틸레버 비임(cantilever beam)에서 최대 휨(deflection) $\delta$는 자유단(free end)에서 일어

나고, 최대 변형(strain) 위치는 고정단(fixed end)이다. 그림 7.11(b)는 비임 양단을 단순히 지지하는 구조로, 최대 휨과 변형은 힘을 인가하는 위치에서 일어난다. 그림 7.11(c)는 비임의 양단이 고정된 구조로, 최대 휨은 힘의 인가 점에서 일어나지만, 최대 변형은 힘의 인가점(+변형)과 고정된 양단(−변형)에서 일어난다.

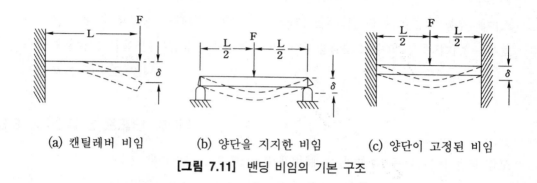

(a) 캔틸레버 비임    (b) 양단을 지지한 비임    (c) 양단이 고정된 비임

**[그림 7.11]** 밴딩 비임의 기본 구조

그림 7.12는 가장 간단한 밴딩 비임 로드 셀의 기본 구조를 나타낸다. 비임의 위면에 부착된 2개의 스트레인 게이지는 인장력을, 밑면에 부착된 2개의 게이지는 압축력을 측정한다. 4개의 게이지는 그림 7.12(b)와 같이 휘트스토운 브리지로 결선되어 있다. 하중 $F$가 $x$점에 인가되면, 게이지 1, 3에는 인장력이, 게이지 2, 4에는 압축력이 작용한다. 그 결과 각 게이지가 받은 변형은 다음 식으로 주어진다.

$$\varepsilon_1 = -\varepsilon_2 = \varepsilon_3 = -\varepsilon_4 = \frac{6Fx}{Ebh^2} \tag{7.39}$$

따라서, 스트레인 게이지의 응답은 식 (7.25) 또는 식 (7.30)으로부터 다음과 같이 얻어진다.

$$\frac{\Delta R_1}{R_1} = -\frac{\Delta R_2}{R_2} = -\frac{\Delta R_3}{R_3} = \frac{\Delta R_4}{R_4} = \frac{6S_g Fx}{Ebh^2} \tag{7.40}$$

이때 출력 전압은 식 (7.38)로부터

$$V_o = \frac{6S_g F x}{E b h^2} V_{in} \tag{7.41}$$

이와 같이, 출력전압은 하중 $F$에 비례한다. 밴딩 비임형 로드셀의 측정범위와 감도는 비임의 단면적($bh$), 하중인가점의 위치($x$), 탄성체 재질의 피로강도(fatigue strength)에 의해서 결정된다.

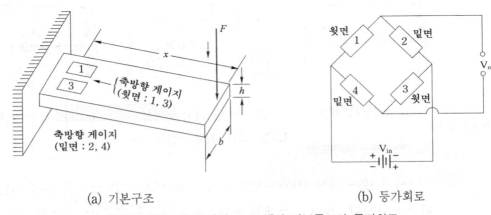

(a) 기본구조　　　　　　　　　(b) 등가회로

**[그림 7.12]** 밴딩 비임 로드 셀의 기본구조와 등가회로

## 2. 밴딩 비임 로드 셀의 예

그림 7.13은 여러 형태의 밴딩 비임 탄성체의 구조를 나타낸다. 그림 7.13(a), (b)는 바이노큘러(binocular)라고 부르는 탄성체이며, 소용량 상용 로드 셀에서 가장 널리 사용되고 있는 디자인이다. 스트레인 게이지는 최대 변형이 일어나는 위치에 부착된다. 이 구조는 게이지가 부착되는 위치만 얇게 하고 비임 전체의 두께를 두껍게 함으로써 감도의 희생없이 고유주파수(natural frequency)를 최대화할 수 있는 장점을 가진다. 이 비임의 구조는 적절히 설계되면, 감도, 안정도, 직선성이 매우 우수한 특성이 얻어진다.

그림 7.13(c)는 S자형 비임으로, 스트레인 게이지는 중심부의 센싱 영역에 휘트스토운 브리지의 형태로 부착된다. 이 비임을 사용한 로드 셀 흔히 S - 형 로드 셀이라고 부른다.

밴딩 비임 로드 셀은 중하중 용량으로 정밀도 높은 로드 셀이다.

 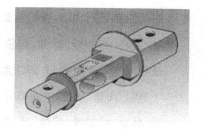

(a) 바이노큘러

(b) 바이노큘러                    (c) S - 형

[그림 7.13] 각종 밴딩 비임 로드 셀의 구조

## 7.4.2 전단 비임 로드 셀

전단 비임 로드 셀(shear beam load cell)은 외관상 밴딩 비임 로드 셀과 같아 보이지만, 그러나 동작이론은 완전히 다르다.

## 1. 기본구조와 동작원리

그림 7.14는 전단형 비임의 구조의 일 예이다. 밴딩 비임에서는 구멍이 셀을 완전히 관통하였으나, 전단 비임에서는 양측으로부터 뚫고 들어가 셀의 중심에 얇고 수직인 금속판(web)이 만들어진다. 이와 같은 I - 비임 구조는 스트레인 게이지에 정확히 측정될 수 있는 균일한 전단응력을 만든다. 스트레인 게이지는 수직으로부터 45° 방향으로 웹 표면 양측에 부착된다. 게이지가 45°각을 이루는 것은 비임의 끝에 하중($F$)을 가하면, 금속판(web)에 발생하는 전단응력의 크기가 45°방향에서 최대로 되기 때문이다.

전단 비임 구조는 내력이 강한 반면, 가공이 어렵다는 단점이 있다. 동일 용량의 밴딩 비임에 비해 더 작게 만들 수 있어 더 큰 용량의 로드 셀에 사용된다.

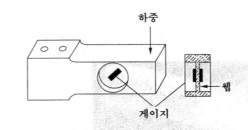

[그림 7.14] 전단 비임의 기본 구조

## 2. 전단 비임 로드 셀의 예

그림 7.15는 시판되고 있는 각종 전단 비임 로드 셀의 구조 예이다. 그림 7.15 (a)에서는 전단 효과를 최대로 하기 위해서 비임의 일부를 감소시키고, 이 부분(비임 양측에 있음)에 45° 각도로 스트레인 게이지를 부착한다. 그림 7.15(b)는 중·대용량 로드 셀에 사용되는 것으로, 직선성이 우수하고 비스듬히 가해지는 하중에 덜 민감하다. 그림 7.15(c)는 양단을 고정시키고 중앙에 하중을 가하는 구조의 전단 비임(double - ended shear beam) 로드셀이다. 대용량에 사용되며, 안정도가 우수하다.

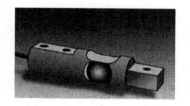

(a) 원형 전단 비임

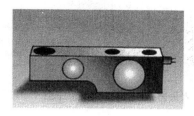

(b) 사각형 전단 비임

(c) 양단 고정형 전단 비임

**[그림 7.15]** 전단 비임 로드 셀의 예

### 7.4.3  기둥형 로드셀

#### 1. 기본구조와 동작원리

그림 7.16은 기둥형 로드셀(column‒type load cell)의 구조와 외관을 나타낸다. 기둥형은 원통형 용기 속에 들어있는 기둥(column)에 2장의 스트레인 게이지를 종방향으로, 다른 2장은 횡방향으로 부착하여 하중을 측정하는 방식이다. 기둥형 로드 셀은 흔히 캐니스터 로드 셀(canister load cell)이라고 불린다.

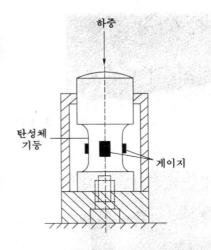

**[그림 7.16]** 기둥형 로드 셀의 기본 구조

    기둥형 탄성체의 종류에는 그림 7.17과 같이, 사각형(square), 원통형, 또는 속이 빈 원통형 등이 있다. 원통형에는 스트레인 게이지 부착되는 부분을 평탄하게 한 것도 있다.  기둥형 탄성체에 있어서, 최대 휨(deflection)은 수직방향 중심에서, 최대 변형은 횡방향 중심에서 일어나며, 그 특성은 주로 높이‑폭 비 (height‑to‑width ratio; L/w)에 의해서 결정되며, 그림 7.17(c)의 경우는 벽 두께에 의존한다. 사각기둥 탄성체를 이용한 기둥형 로드셀의 출력전압은 4개의 스트레인 게이지가 동일하면 다음 식으로 된다.

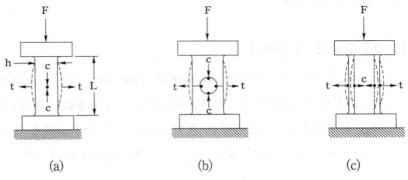

**[그림 7.17]** 기둥형 탄성체의 종류

$$V_o = \frac{S_g F(1+\nu)}{2AE} V_{in} \tag{7.42}$$

기둥형 로드 셀은 대용량 제작에 용이한 장점이 있으나, 정밀도가 낮으며, 비스듬하게 가해지는 하중에 대해 오차가 크므로 사용에 주의를 해야 한다.

### 2. 기둥형 로드 셀의 예

그림 5.18은 캐니스터 로드 셀의 내부구조와 외관을 낸다. 이 로드 셀은 트럭, 탱크, 호퍼(hoppers) 등의 중량을 측정하는데 사용된다.

(a) 내부구조    (b) 외관

**[그림 5.18]** 캐니스터 로드 셀

## 7.4.4 링형 로드 셀

### 1. 기본구조와 동작원리

그림 7.19는 링형 로드셀(ring‑type load cell)에 사용되는 탄성체의 종류를 나타낸다. 그림 7.19(a)는 프루빙 링(proving ring)이라고 부르는 구조이다. 그림 7.19(b)는 평탄한 구조로 프루빙 프레임(proving frame)이라고 부른다. 그림 7.19(c)도 평탄하지만 응력을 집중시키기 위한 홀(hole)을 가지는 덤벨형 프루빙 프레임(dumbell‑cut proving frame)이다. 그림 7.19(a), (b)에서는 휨을 점선으로, 그림 7.19(c)에서는 변형이 집중되는 것을 검은 점으로 강조해서 나타내었다.

그림 7.19(a)의 프루빙 링에서는 최대 휨과 변형이 하중을 인가하는 점에서 발생한다. 그러나, 거의 같은 크기의 변형이 하중 인가점으로부터 좌우로 90°되는 방향에서도 일어나기 때문에 이 위치에 스트레인 게이지를 부착하는 것이 더 편리하다.

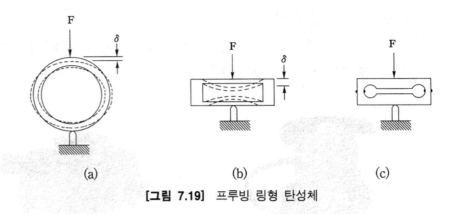

**[그림 7.19]** 프루빙 링형 탄성체

그림 7.20은 링형 로드 셀의 기본 구조와 등가회로이다. 링의 내외면에(또는 내면에만) 4장의 스트레인 게이지를 부착한다. 그림에서 탄성체의 변위 $\delta$는 다음 식으로 주어진다.

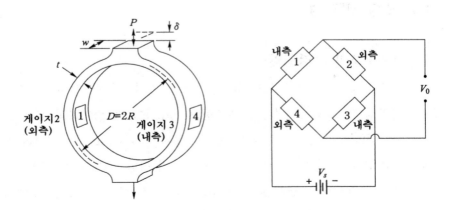

**[그림 7.20]** 링형 로드 셀의 구조와 등가회로

$$\delta = 1.79 \frac{PR^3}{Ewt^3} \qquad (7.43)$$

링형 수감부는 신호출력이 크고 정밀도가 높은 장점이 있어 실험실용 소형, 소하중 로드 셀에 적합하다. 방향도 인장형, 압축형 모두에 사용이 가능하지만, 대용량 제작이 어려운 단점이 있다.

## 7.4.5  나선형 로드셀

### 1. 기본구조와 동작원리

그림 7.21은 나선형 로드 셀(helical load cell)의 기존 구조이다. 이 로드 셀은 스프링의 동작에 기초를 두고 있다. 하중이 가해지면, 스프링에 의해서 수직 하중 $F_L$은 토션 모멘트(torsional moment)로 변환된다. 이 토션 작용(torsional reaction)은 스프링을 통해 나선 상단에서 하단으로 이동한다. 하단에서 다시 직선으로 작용하는 힘(linear reaction force) $F_R$로 변환된다. 스프링에 부착된 스트레인 게이지로 이 토션 모멘트를 측정함으로써 고가의 마운팅(mounting) 구조물 없이도 상당히 정확한 하중 측정이 가능하다. 비대칭 또는 오프 축(off - axis) 하중에 의해서 발생하는 힘에 대해서도 거의 영향을 받지 않는다. 스트레인 게이지도 압축력과 인장력을 모두 측정할 수 있다.

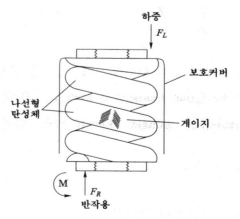

**[그림 7.21]**  나선형 로드 셀의 기본 구조

　　그림 7.22는 나선형 로드 셀에서 인가된 힘이 선(wire)에서 어떻게 전단 작용과 토션 작용으로 분해되는가를 보여준다. 토션 작용점 A점과 B점에 부착된 전단 게이지(shear gages)의해서 측정된다.

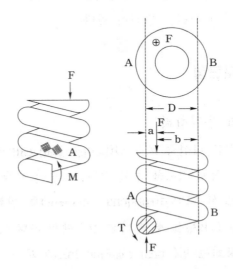

**[그림 7.22]** 니선형 로드 셀의 원리

　　힘 $F$가 스프링의 상단 표면에 인가되었다고 가정하자. 게이지 $A$에 존재하는 총 전단력(total shear force)은

$$\tau_A = \frac{F}{A} - \frac{T_A r}{J} = \frac{F}{A} - \frac{(Fa)\,r}{J} \tag{7.44}$$

　　여기서, $A$는 코일의 단면적, $r$은 코일을 구성하는 선(wire)의 반경, $J$는 선의 관성 모멘트(polar moment of inertia), $T_A$는 게이지 $A$에서 저항하는 토션 모우멘트(resisting torsional moment)이며, 다음 식으로 주어진다.

$$T_A = Fa \tag{7.45}$$

여기서, $a$는 $F$로부터 거리이다.

같은 방법으로, $B$에서 전단력은

$$\tau_B = \frac{F}{A} - \frac{(Fb)r}{J} \qquad (7.46)$$

$A$와 $B$에 있는 게이지를 완전한 휘트스토운 브리지가 되도록 결선하면 출력 전압은 전단력의 합에 비례한다.

$$\tau_{total} = \tau_A + \tau_B = 2\frac{F}{A} - \frac{Fr}{J}(a+b) \qquad (7.47)$$

위 식에서 $(a+b)$는 코일의 평균직경 $D$와 같으므로, 총 전단력은

$$\tau_{total} = \left(\frac{2}{A} - \frac{rD}{J}\right)F = KF \qquad (7.48)$$

여기서, 비례계수 $K$는

$$K = \frac{2}{A} - \frac{rD}{J} \qquad (7.49)$$

직경상의 반대 위치에 있는 두 스트레인 게이지에 의해서 측정된 총 전단력이 하중력 $F$에 정비례함을 알 수 있다. 그런데 비례계수 $K$는 단지 코일의 물리상수로만 구성되어 있으므로 총 전단력은 인가되는 하중의 위치에 완전히 무관하다. 따라서, 코일 위면 어느 곳에 하중이 인가되더라도 동일한 총 전단력을 발생시키므로 이론적으로는 오프 축 하중(off - axis loading)의 영향을 받지 않는다.

그림 7.23은 여러 형태의 나선형 로드 셀을 나타낸다. 이 셀은 거친 표면에도 마운팅이 가능하다. 또한 충격이나 과부하에도 강해서, 수천배의 과하중에도 견딘다.

[그림 7.23]  나선형 로드 셀

## 7.4.6  기타

그림 7.24는 초소형 로드 셀의 외관이다. 스트레인 게이지로 반도체 게이지를 사용한다.

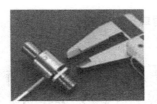  

[그림 7.24]

## 7.5  토크 센서

토크(torque)의 검출도 힘의 경우와 마찬가지로 탄성체에 가해진 토크에 의해 발생되는 변형을 변위나 각 변위의 변화로써 검출하는 방법이 많이 이용되고 있다.

### 7.5.1  토크 센서의 원리

그림 7.25와 같이 회전체의 축으로부터 거리 $l$에 작용하는 접선방향의 힘 (tangential force) $F_t$는 회전체를 시계방향으로 회전시킨다. 그와 같은 힘의 유효성은 $F_t$과 $l$에 따라 증가하는데, 두 량의 곱 $F_t l$를 모멘트(moment)라고 부르며, 회전축에 관한 모멘트는 토크(torque)를 발생시킨다.

$$T = F_t l = (F \cos \beta) l \qquad\qquad (7.50)$$

평형상태에 있는 강체(剛體; rigid body)의 한 부분에 외부로부터 임의 토크가 인가되었다면, 이 토크는 크기가 같고 방향이 반대인 내부 토크(internal torque)에 의해서 균형을 이루어야한다. 이 내부 토크에 의해 전단응력이 발생하고, 실제의 탄성체는 완전한 강체가 아니므로 전단변형(shear strain)을 일으킨다. 축 표면에서 전단변형은 최대로 되고 다음 식으로 주어진다.

$$\gamma_m = \frac{16 T}{\pi d^3 G} \qquad\qquad (7.51)$$

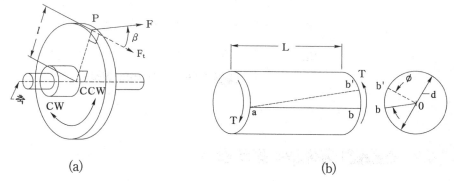

(a)                          (b)

**[그림 7.25]** 토크 $T$에 의해서 축은 각 $\theta$만큼 비틀린다.

전단변형은 그림 7.25(b)와 같이 양 단면사이에서 확대된다. 이와 같이 토크 $T$에 의해서 축에는 각 $\theta$만큼 비틀림이 발생한다. 토크 $T$와 비틀림 각(twist angle) $\theta$ 사이에는 다음의 관계가 있다.

$$\theta = \frac{32L}{\pi d^4 G} \, T \tag{7.52}$$

여기서, $G$는 재료의 횡탄성계수, $d$는 원주의 직경, $L$은 길이이다. 식 (7.52)에서 알 수 있는 바와 같이, 각도 $\theta$를 검출하거나, 또는 토크에 의해서 생기는 토션 바(torsion bar)의 변형을 검출하면 된다. 전자의 방법은 축 양단의 비틀림에 의한 변위를 검출하는 것이다. 후자는 스트레인 게이지를 이용하는 방법이 많이 채용되고 있다.

그림 7.26은 대표적인 토크 변환요소인 토션 바의 형상을 나타낸 것이다. 그림 7.26(a)는 가장 간단한 원주를 이용한 예이고, 그림 7.26(b), (c), (d)는 모두 감도를 향상시키기 위한 구조이다.

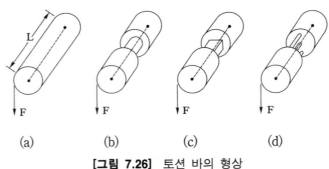

[그림 7.26] 토션 바의 형상

## 7.5.2 스트레인 게이지식 토크 센서

이 방식에서는 토션 바의 표면 변형(식 7.51)을 스트레인 게이지로 검출한다. 그림 7.27는 토션 바에 스트레인 게이지를 접착한 모양을 나타낸 것이다. 축에 비틀림이 생기면 축에 대해 45° 방향에 압축과 장력이 발생하므로, 4개의 스트레인 게이지를 이용하여 브리지를 형성하면 토크를 검출할 수 있다.

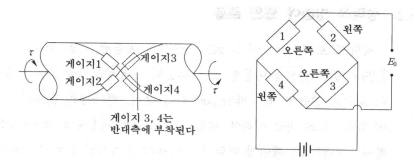

**[그림 7.27]** 스트레인 게이지식 토크 센서의 원리

이 방법은 축의 휨을 회로적으로 소거할 수 있는 장점은 있으나, 외부에서 전압을 공급하고 출력을 외부로 끌어내는데 슬립 - 링(slip ring)이 필요하다.(그림 7.28) 특수한 예로 RF 주파수의 전파를 외부에 전송하는 예가 있다.

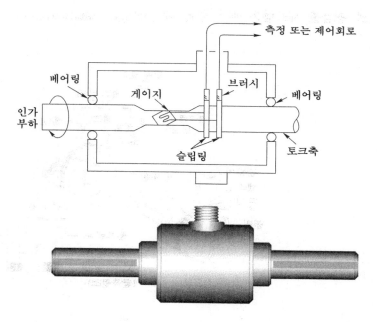

**[그림 7.28]** 스트레인 게이지식 토크센서의 일 예

### 7.5.3 광학적 방법에 의한 검출

광학적 토크 셀은 식 (7.52)로 주어진 비틀림 각을 검출하는 방식이다. 그림 7.29은 광전 센서를 이용한 토크 검출의 구체적인 방법을 나타낸다. 그림 7.29(a)는 토크의 양단에 새긴 패턴(pattern), 광원, 반사광을 검출하는 광센서로 구성되어 있다. 토크 바는 부하에 의해 생긴 토크로 비틀림을 받아 어떤 정속도로 회전한다. 그러므로, 패턴에 따라 광센서에서 주기적인 신호가 출력된다. 이때, 비틀림 때문에 두 개의 출력신호사이에는 위상차가 있고, 그 위상차를 게이트 회로를 거쳐 클록 펄스의 수로 변환한다.

그림 7.29(b)는 그래이팅(grating)이 동일한 2매의 디스크가 설치되어 있어, 비틀림이 발생하면 두 디스크를 통과하는 광량이 변화하므로, 이것을 광센서로 검출하여 아날로그 신호로 출력한다.

이 방식에서는 축의 크기에 제약이 없으므로 낮은 토크의 측정도 가능하다. 또 광검출 시스템은 매우 높은 대역폭(high bandwidth)을 갖는다.

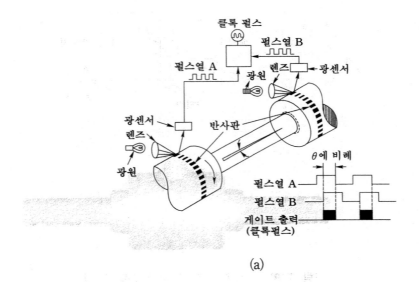

(a)

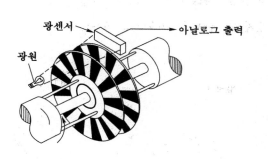

광센서 → 아날로그 출력

광원

(b)

[그림 7.29] 토션 바의 비틀림 각 검출

## 7.6 촉각 센서

촉각(觸覺) 센서(tactile sensor)는 힘 또는 압력센서의 특별한 경우이다. 촉각 센서는 센서와 물체사이의 접촉 파라미터(parameter), 즉 접촉에 의해 영향받는 국부적인 힘이나 압력을 측정하는 센서이다. 앞에서 설명한 힘 또는 토크센서가 물체에 가해진 총력(總力)을 측정하는 것에 비해서, 촉각 센서는 작은 영역에 국한된다. 촉각 센싱에는 다음과 같은 정의가 사용된다.

① 접촉 센싱(touch sensing)

정의된 점에서 접촉력(contact force)를 측정한다. 접촉 센서는 접촉여부 즉 접촉(touch) 또는 비접촉(no touch)을 검출한다.

② 촉각 센싱(tactile sensing) :

미리 결정된 센서 영역에 수직한 힘의 공간적 분포를 측정하고, 이것을 해석하는 것을 의미한다.

③ 슬립(slip)

슬립은 센서에 대한 물체의 이동을 검출하는 것을 의미하며, 특별히 설계된 슬립 센서(slip sensor)를 사용하거나, 또는 접촉센서나 촉각센서에 의해서 얻어진 데이터를 해석해서 측정된다.

이상 3가지 감각을 개념적으로 나타내면 그림 7.30과 같다. 접촉센싱은 2차원, 촉각센싱(압각분포)은 3차원, 슬립은 이동으로 된다.

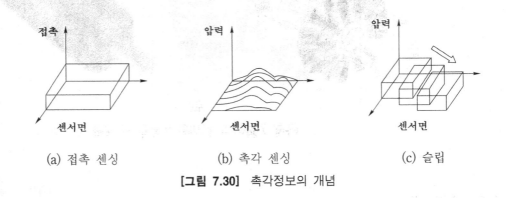

|(a) 접촉 센싱|(b) 촉각 센싱|(c) 슬립|

**[그림 7.30]** 촉각정보의 개념

그림 7.31은 촉각센서의 일반적 구성을 나타낸 것이다. 유연성을 갖는 전극 표면으로부터 $d$의 위치에 힘을 검출하는 센싱 엘러먼트(sensing element)의 어레이(array)가 배열되어 있다. 힘이나 압력이 국부적으로 가해졌을 때 각 엘러먼트에 전달되는 힘이 달라져 접촉 패턴이 얻어진다. 촉각센서는 국부적인 힘(압력)을 검출하는 센싱 엘러먼트의 종류에 따라 여러 가지로 분류된다.

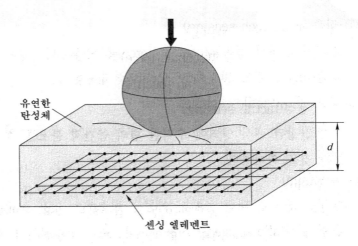

**[그림 7.31]** 촉각센서의 일반적인 구조

### 7.6.1 저항형 촉각센서

그림 7.32는 도전성 탄성고무(conductive elastomer)를 이용한 촉각(접촉)센서의 구조를 나타낸 것이다. 도전성 고무는 실리콘 고무에 탄소분말이나 금속 미립자(은, 구리 알루미늄 등) 등을 균일하게 혼합하여 판(sheet)상으로 만든 것이다. 도전성 고무의 저항은 $10^8$ [$\Omega \cdot$ cm]이고, 압력을 가하면 $10^2$ [$\Omega \cdot$ cm]까지 감소한다고 보고되고 있다.

그림 (a)에서 고무의 상하면에 전극을 설치하고 상부전극에 힘(압력)을 가하면 고무판이 변형되고, 그 부분의 입자밀도가 증가하여 전기저항이 현저하게 감소한다.

그림 (b)는 (a)의 센싱 엘러먼트를 어레이로 배치한 구조이다. 상부전극은 유연성있는 재료로 만들고, 하부전극은 포인트 - 가드링(dot - and - guard ring ; ◉) 형태로 되어있다. 가드 링을 하는 것은 전류가 흐르는 영역을 수직방향으로만 제한하여 전극간 흐르는 전류를 차단하기 위해서다. 힘 $F$로 $p$점을 누르면, 점 p - b 사이의 저항값이 $R_o$에서 $R$로 감소하고, 이 변화는 전류 $i_b$의 변화로 검출된다. 도전성 고무를 이용한 촉각(접촉)센서는 구조가 간단하고 저가이기 때문에 저항변화을 이용한 촉각(접촉)센서에 널리 이용되고 있다.

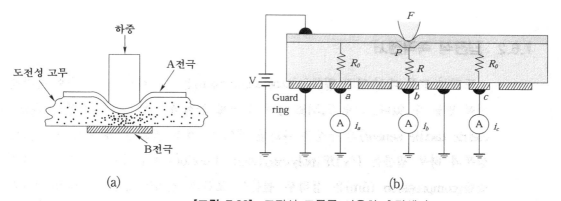

(a)                    (b)

[그림 7.32] 도전성 고무를 이용한 촉각센서

그림 7.33은 그림 7.32의 저항형 촉각센서 원리를 등가회로로 나타낸 것이다. 격자상으로 배치된 각 저항은 하나의 센싱 엘레멘트를 나타내며, 그 저항값은 인가되는 힘에 따라 변한다. 각 저항의 변화는 멀티플랙서(multiplaxer)를 통해 연산 증폭기에 접속되고, 출력전압을 처리하여 힘(압력)의 분포패턴을 영상 패턴으로 변환한다.

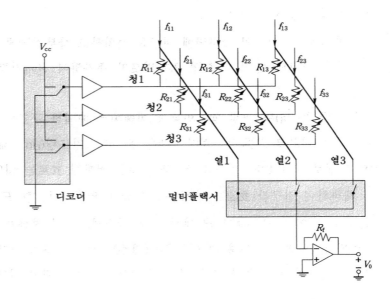

[**그림 7.33**] 저항형 촉각센서의 일반적 구성

## 7.6.2 압전식 촉각센서

도전성 고무 대신 압전 필름(piezoelectric film)을 사용하면, 더 우수한 촉각센서를 만들 수 있다. 그림 7.34는 능동 모드로 동작하는 압전식 촉각센서(piezo-eletric tactile sensor)의 구성을 나타낸 것이다. 센싱 필름은 3층으로 구성된다. 상부와 하부 필름은 PVDF(polyvinylidene fluoride) 필름이고, 중앙부의 압축 필름(compression film)은 상하부 필름을 초음파 결합(acoustic coupling)시키며, 실리콘 고무가 자주 사용된다. 압축 필름의 유연성의 정도가 센서의 감도와 동작범위를 결정한다.

발진기로부터 출력된 ac 전압은 PVDF 필름을 구동한다. 이 구동신호는 하부 PVDF 필름을 수축시키고, 이것이 압축 필름을 통해 수신기로서 작용하는 상부 PVDF 필름에 전달된다. 압전현상은 가역적이므로, 상부 필름은 압축 필름으로부터 전달되는 기계적 진동에 따라 ac 전압을 발생시킨다. 이 진동전압은 증폭되어 동기 복조기(synchronous demodulator)에 입력된다. 복조기는 입력된 신호의 진폭과 위상에 민감하다. 이제 압축력 $F$가 상부 필름에 인가되면, 세 필름 사이의 기계적 결합이 변하여 복조기에 입력되는 신호의 진폭과 위상을 변화시킨다. 복조기는 이 변화를 인식하여 전압 변화로 출력한다.

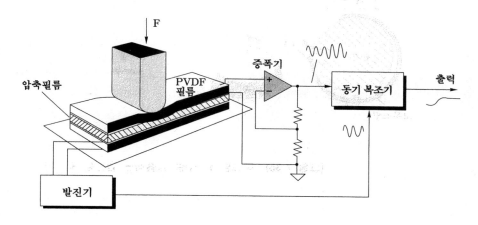

[그림 7.34] 압전식 촉각센서

압전식 촉각센서의 장점은 간단하고, dc 응답, 즉 정력(static force)를 인식할 수 있는 능력 등이다.

그림 7.35는 미끄럼 힘(각)(sliding force)를 검출하는 압전식 촉각센서이다. PVDF 필름은 고무 스킨(rubber skin) 속에 들어있다. 이 센서는 수동 모드(passive mode)로 동작하기 때문에 출력신호는 외부신호의 도움없이 압전 필름 자체로부터 발생한다. 그 결과 센서는 응력(stress) 크기에 응답하지 않고 응력의 변화율(stress rate)에 비례하는 응답을 발생시킨다.

센서는 단단한 구조(예를 들면 로봇 손가락)에 만들어진다. 먼저 손가락 주위에는 1[mm] 두께의 유연한 하부층이 형성되고, 그 위를 실리콘 고무로 된 스킨(skin)으로 둘러싼다. 하부층은 표면 트래킹(tracking)을 더 부드럽게하기 하기 위해서 유체를 사용하기도 한다. 압전센서 스트립 들은 스킨 표면으로부터 일정 깊에 위치하기 때문에, 그리고 압전 필름이 놓인 방향에 따라 다르게 응답하기 때문에, 임의 방향으로 움직일 때 신호크기는 같지 않다. 센서는 50[$\mu$m] 만큼 낮은 표면 불연속 또는 융기(隆起)에도 응답한다.

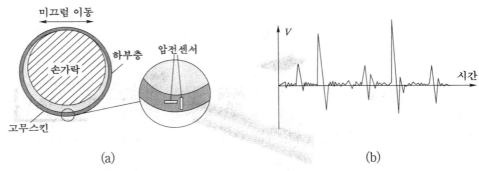

**[그림 7.35]** 미끄럼 힘(각)을 검출하는 압전형 촉각센서

### 7.6.3 광학식 촉각센서

그림 7.36은 내부 전반사의 원리를 이용한 광학식 촉각센서(optical tactile sensor)의 일례를 나타낸 것이다. 여기서, 유리판은 도파관(waveguide)으로 작용한다. 탄성고무로 된 맴브레인은 유리판을 접촉없이 덮고 있다.

외부에서 힘이 작용하지 않으면, 유리판의 한쪽 끝에서 도입된 빛은 내부 전반사를 통해 유리판을 따라 진행한다. 만약 외부 물체가 접촉해서 힘 F가 가해지면, 그 부분의 탄성 맴브레인이 변형을 일으켜 그림과 같이 유리판에 접촉된다. 따라서, 유리판 내부를 진행하던 빛은 맴브레인–유리 접촉부에서 산란되고, 유리판을 통과해 빠져나온 빛은 포토다이오드 어레이에 의해서 검출된다. 검출된 이미지는 컴퓨터로 처리되어 접촉 패턴을 영상 패턴으로 변환한다.

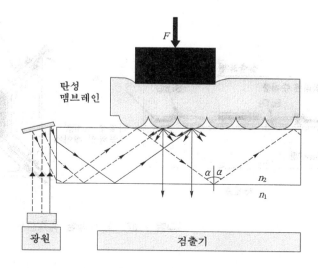

**[그림 7.36]** 광학식 촉각센서

## 7.6.4  마이크로 촉각센서

최근에는 반도체 기술과 마이크로머시닝 기술을 이용한 촉각센서의 연구 개발
이 활발히 진행되고 있다. 마이크로 촉각센서는 어레이가 용이하고, 전자회로를
센싱 엘레멘트와 함께 집적화할 수 있는 장점을 갖는다.

그림 7.37는 저항형 촉각센서(resistive tactile sensor)의 구조를 나타낸 것이
다. 외부에서 인가하는 힘(압력)에 응답하는 정방향 셔틀 판(shuttle plate)의 4
모서리는 폴리실리콘 스트레인 게이지에 의해서 지지되어 있다. 센서 표면은 기
계적인 인터페이스와 보호를 위해서 실리콘 고무로 도포된다. 4개의 스트레인
게이지로부터 나오는 출력신호를 대수적으로 합하면 하나의 수직력과 2축 전단
력 성분을 측정할 수 있다. 센서의 감도는 수직응력에 대해 51 [mV/kPa], 전단
응력에 대해 12 [mV/kPa] 이다.

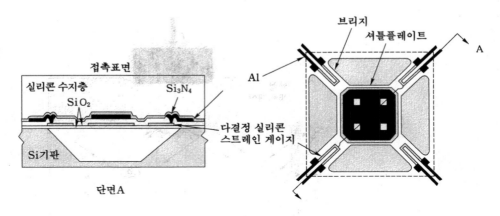

[**그림 7.37**] 압저항형 촉각센서

그림 7.38은 정전용량형 촉각센서(capacitive tactile sensor)이다. 중앙에 있는 두꺼운 플레이트는 얇은 비임에 의해서 지지되고 있으며, 센서 커패시터의 상부 전극을 형성한다. 또 다른 전극은 유리 기판에 형성되어 있다. 상부전극에 힘이 가해지면 정전용량이 변한다. 인가할 수 있는 최대 힘은 센서 엘레멘트 당 1 [g] 이며, 보고된 센서 엘레멘트당 감도는 0.27 [pF/g]이다.

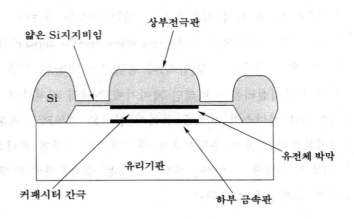

[**그림 7.38**] 정전용량식 촉각센서

# 제 8 장

# 압력센서

## 8.1 서 론

압력센서는 기체나 액체의 압력을 전기신호로 변환하는 센서이며, 화학공업의
플랜트 제어에서는 반드시 필요하고 중요한 센서이다.

### 8.1.1 압력의 정의 종류

유체(기체, 액체)의 압력이란 유체에 의해서 단위 면적당 작용하는 힘을 의미
한다. 계측분야에서는 유체 압력을 단순히 압력으로 부르는 경우가 많다.

압력을 나타내는 단위에는 오래 전부터 측정대상, 압력범위, 국가 등에 따라
여러 가지 단위가 관용적으로 적절히 구분되어 사용되고 있다. 대표적인 것에
대해서 설명하면 표 8.1과 같다.

[표 8.1] 압력 단위의 정의

| 단 위 | 정 의 |
|---|---|
| Pa(파스칼) | 국제 단위계에서 압력단위 : 1 [Pa]는 1 [m²]당 1 N의 힘이 작용하는 압력이다. |
| mmHg | 표준중력가속도(9.80665 [m · s²])하에서 표준상태(0 [℃], 1기압)의 수은(밀도 13595.1 [kg · m⁻³]) 기둥차 1 mm에 대응하는 압력. 보통, 진공도(대기압 이하의 절대압)의 표시에 사용된다. Torr도 같은 크기이다. |
| mmH₂O | 표준중력가속도하에서 표준상태(4 [℃], 1기압)의 물(밀도 1 [g · m⁻³])의 기둥차이 1 [mm]에 작용하는 압력. 보통 게이지압이나 차압의 저압력 영역의 표시에 사용된다. |
| Psi (Pounds per square inch) | 미, 영국 등 파운드 질량 단위권에서 쓰이는 압력단위 : 1 [in²]당 1 중량 pound의 힘이 작용하는 압력 |
| Kgf/cm² | 1 [cm²]당 1 중량kg(즉 표준중력가속도하에서 1 [kg]의 질량)의 힘이 작용하는 압력 |

표 8.2는 압력 단위에 대한 환산표이다.

[표 8.2] 압력 단위 변환표

| Units | kPa | psi | in H₂O | cm H₂O | in.Hg | mmHg | mbar |
|---|---|---|---|---|---|---|---|
| kPa | 1.000 | 0.1450 | 4.015 | 10.20 | 0.2593 | 7.501 | 10.00 |
| psi | 6.895 | 1.000 | 27.68 | 70.31 | 2.036 | 51.72 | 68.95 |
| in.H₂O | 0.2491 | $3.613 \times 10^{-2}$ | 1.000 | 2.540 | $7.355 \times 10^{-2}$ | 1.868 | 2.491 |
| cm H₂O | 0.09806 | $1.422 \times 10^{-2}$ | 0.3937 | 1.000 | $2.896 \times 10^{-2}$ | 0.7355 | 0.9806 |
| in.Hg | 3.386 | 0.4912 | 13.60 | 34.53 | 1.000 | 25.40 | 33.86 |
| mm Hg | 0.1333 | $1.934 \times 10^{-2}$ | 0.5353 | 1.360 | $3.937 \times 10^{-2}$ | 1.000 | 1.333 |
| mbar | 0.1000 | 0.01450 | 0.04015 | 1.020 | 0.02953 | 0.7501 | 1.000 |

유체압의 상태를 정량적으로 나타내기 위해서 그림 8.1과 같이 절대압(absolute pressure), 게이지압(gage pressure), 차압(differential pressure) 등 3가지로 구분하여 표시한다.

물질이 존재하지 않는 공간을 절대진공 또는 완전 진공이라고 하는데, 절대압은 완전 진공(0 [mmHg] abs)을 기준으로 해서 측정된 압력을 말하며, 기압계도 여기에 속한다. 절대압력센서는 밀폐된 진공실을 내장하고 피측정 유체와의 차압을 측정한다.

지상의 모든 물질은 대기압 아래에 있고, 이 대기압(760 [mmHg])를 기준으로 해서 측정된 압력이 게이지압이다. 우리가 가장 많이 측정하는 압력으로, 단순히 압력이라고 하면 게이지압을 가리키는 경우가 많다. 차압은 2개의 유체간의 압력차를 말한다. 공업계측에 있어서 차압은 중요한 정보원이며, 그만큼 높은 정밀도가 요구되고 있다.

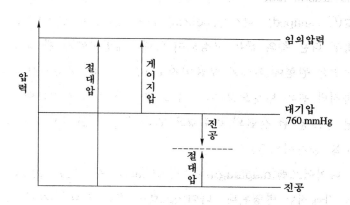

[**그림 8.1**] 절대압, 게이지압, 대기압 사이의 관계

## 8.1.2 압력 센서의 구성

압력 센서는 그림 8.2와 같이 기능이 다른 3개의 블록으로 구성된다. 감압 요소(pressure sensing element)는 압력을 받았을 때 변위가 일어나도록 설계되고 만들어진 기계적 요소로써, 압력을 기계적 운동(변위)으로 변환하는 소자이다. 변환요소(transduction element)는 기계적 운동(변위)을 전기적 신호로 변환한다. 마지막으로 신호조정(signal conditioning)은 전기적 신호를 증폭하거나 필터링(filter)하여 조정하는 것으로 센서의 형태나 응용분야에 따라 요구된다.

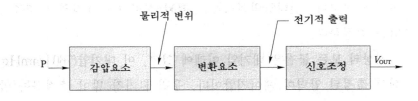

**[그림 8.2]** 압력센서의 구성

그림 8.3은 압력 센서에 많이 사용되는 감압 요소를 나타낸다. 부르동 관 (Bourdonn tube)는 단면이 타원형 또는 편평형의 관으로, 감긴 형태에 따라 C자형(C‑shaped), 나선형(helical) 등이 있다. 관 한쪽의 선단은 밀폐되어있고, 개방된 다른 쪽의 끝은 고정되어 있다. 개방구에서 관 내부에 압력을 가하면 관의 단면은 원형에 가깝게 부풀어지고 이로 인해  구부러진 관은 직선에 가깝게 변형하지만 관의 탄성으로 어느 정도 관이 늘어나면 양쪽이 균형을 이룬다. 이 늘어난 부르동 관 선단의 변위량은 관내의 압력 크기에 거의 비례한다. 나선형은 감도를 증가시킨다.

다이어프램(diaphragm)은 평판(flat)과 주름(corrugated)진 것이 있으며, 압력이 가해지면 변형된다. 다이어프램은 적은 면적을 차지하고, 그 변위(운동)가 변환소자를 동작시킬 만큼 충분히 크고, 부식 방지를 위한 다양한 재질이 이용가능하기 때문에 가장 널리 이용되고 있다.

밸로우즈(bellows)는 얇은 금속으로 만들어진 주름잡힌 원통으로, 원통에 압력을 가하면 내부와 외부의 압력차에 의해 축방향으로 신축한다. 이 신축에 의해서 압력차는 변위로 변환된다.

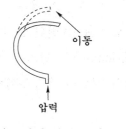

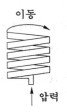

(a) C자형 부르동 관              (b) 나선형 부르동관

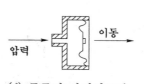

(c) 평판 다이어프램          (d) 주름진 다이어프램

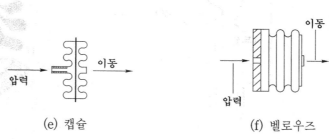

(e) 캡슐                    (f) 벨로우즈

**[그림 8.3]**  기본적인 압력 센싱 요소

　　지금까지 설명한 감압요소의 변위(운동)은 전위차계, LVDT, 스트레인 게이지, 압저항과 같은 각종 센서에 의해서 전기신호로 변환된다.

## 8.2  스트레인 게이지식 압력센서

　　스트레인 게이지를 변환요소로 사용한 압력센서는 가장 널리 사용되는 압력센서 중 하나이다. 그림 8.4는 스트레인 게이지 압력센서(strain gauge pressure sensor)의 기본 구조를 나타낸다. 감압 탄성체로는 주변이 고정된 원형의 금속 다이어프램(diaphragm)이 사용된다. 스트레인 게이지로는 금속 박 게이지를 접착제로 다이어프램에 부착시키던가 또는 박막 기술을 사용해 금속 다이어프램에 직접 형성한다.

　　압력이 인가되면 금속 다이어프램이 변형을 일으키고, 이 변형을 스트레인 게이지를 사용해 저항 변화로 변환하여 압력을 전기적 신호로 검출한다. 박막 스트레인 게이지는 박 게이지에 비해 재현성을 향상시키고 히스테리시스를 감소시킨다.

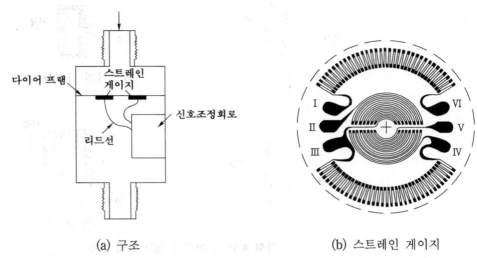

(a) 구조                                   (b) 스트레인 게이지

**[그림 8.4]**  스트레인 게이식 압력센서의 구조

주변이 고정된 원형 다이어프램에 균일한 압력 $P$가 작용하면 그 표면에 굽힘 변형이 발생한다. 다이어프램의 변형분포를 계산하면 다음 그림 8.5와 같이, 반경방향 성분($\varepsilon_r$)과 원주방향 성분($\varepsilon_t$)으로 구성되며, 두 성분 모두 위치에 따라 그 크기가 변화한다. 그림으로부터, 접선방향 변형 $\varepsilon_t$는 항상 정(+)이고, $x=0$에서 최대로 됨을 알 수 있다. 한편 반경방향 변형 $\varepsilon_r$은 위치에 따라 정(+) 또는 부(−)가 되고, $x=r$에서 최대의 (−)값을 갖는다. 각 변형의 최대치는 다음과 같다.

$$\varepsilon_{t,\max} = \frac{3\,r^2 P}{8\,t^2 E}\,(1-\nu^2) \tag{8.1}$$

$$+\varepsilon_{r,\max} = \frac{3\,r^2 P}{8\,t^2 E}\,(1-\nu^2) \tag{8.2}$$

$$-\varepsilon_{r,\max} = \frac{-3\,r^2 P}{4\,t^2 E}\,(1-\nu^2) \tag{8.3}$$

위 식들로부터 변형(변위)이 압력 $P$에 비례함을 알 수 있다. 이 선형관계는 충분히 작은 변형에 대해서만 성립하며, 다이어프램의 두께가 너무 얇아 큰 변형이 발생하는 경우에는 압력 - 변형 특성이 직선성을 상실한다.

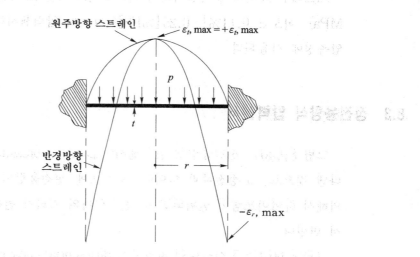

**[그림 8.5]** 원형 다이어프램에서 변형 분포

스트레인 게이지는 전류가 흐르는 방향으로 받는 응력(변형)에 감응하므로 게이지의 배치 장소나 방향은 위 변형분포(그림 8.5)의 결과를 이용해서 설계된다. 그래서, 그림 8.4(b)와 같이 중앙부에는 원주방향의 (+)변형에 감응하는 한쌍의 게이지 패턴이 배치되고, 주변부에는 반경방향의 (−)변형에 감응하는 또 다른 한쌍의 패턴이 배치된다. 이와 같이, 다이어프램 표면에 인장응력과 압축응력이 동시에 존재하기 때문에 4개의 스트레인 게이지를 이용해 휘트스토운 브리지를 구성하여 압력 센서의 출력을 증가시키고 다른 여러 가지 보상을 가능케 한다. 휘트스토운 브리지의 출력 전압은

$$V_o = 0.82 \frac{p R_o^2 (1 - \nu^2)}{E t^2} V_s \tag{8.4}$$

압력을 출력 전압으로 나타내면

$$p = 1.22 \frac{E t^2}{R_o^2 (1 - \nu^2) V_s} V_o = C V_o \tag{8.5}$$

로 되어, 압력 $p$가 출력 전압에 직선적으로 비례함을 알 수 있다.

스트레인 게이지 압력센서의 압력측정 범위는 3 ins $H_2O$ ~200,000 psig(1400 MPa), 확도는 0.1[%]~0.25[%FS]이다. 이 압력센서는 좁은 스팬 압력과 차압측정에 사용된다.

## 8.3  정전용량식 압력센서

그림 8.6(a)는 정전용량형 압력센서(capacitive pressure sensor)의 구조를 나타낸 것으로, 고정전극과 다이아프램사이에 정전용량이 형성된다. 인가압력에 의해서 다이어프램이 변위되면 두 전극사이의 거리가 변하므로 정전용량이 따라서 변한다.

그림 8.6(b)는 정전용량형 차압센서(differential capacitive pressure sensor)의 구조이다. 두 정지전극사이에 센싱 다이어프램이 위치한다. 내부에는 기름이 채워져 있어 차압을 센싱 다이어프램에 전달한다. 동일한 압력이 인가되면 다이어프램은 변형되지 안으므로 브리지 회로는 평형되어 출력은 0이다. 만약 인가압력 중 하나가 다른 것에 비해 더 높으면, 다이어프램은 차압에 비례해서 변위하므로, 두 커패시터 중 하나의 정전용량은 증가하고 다른 정전용량은 감소한다. 따라서, 차압에 비례하는 출력신호는 2배로 되고, 불필요한 공통 모드 영향을 제거할 수 있다.

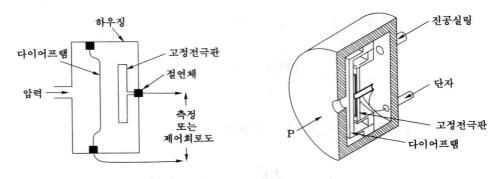

(a) 단일 정전용량형

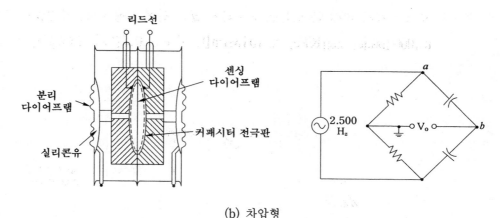

(b) 차압형

**[그림 8.6]** 정전용량형 압력센서

정전용량형 압력센서는 측정범위가 매우 넓은 특성을 갖는다. $\mu \sim 10,000$ psig (70 MPa). 차압은 0.01 inH$_2$O를 쉽게 측정할 수 있다. 스트레인 게이지 방식에 비해 드리프트도 작고, 0.01 [%FS]의 확도를 갖는 압력센서의 디자인도 가능하다. 전형적인 온도영향은 0.25 [%FS]이다. 정전용량형 압력센서는 낮은 차압과 낮은 절대압 측정에서 2차 표준(secondary standards)으로 자주 사용된다.

## 8.4 전위차계식 압력센서

전위차계식 압력센서(potentiometric pressure sensor)는 압력에 의해 발생하는 부르동 관 또는 벨로우즈의 변위를 전위차계의 와이퍼 암(wiper arm)을 이용해 저항변화로 변환한다.

그림 8.7은 벨로우즈를 이용한 전위차계식 압력센서이다. 벨로우즈가 인가 압력에 의해서 신축하면 그 변위가 와이퍼 암을 구동해서 전위차계의 저항을 변화시킨다.

전위차계 압력센서는 극히 작게 만들 수 있어 직경 4.5−in. 압력 게이지 속에도 수용할 수 있다. 또한 추가의 증폭기가 필요 없을 정도로 출력도 크기 때문에 저전력이 요구되는 곳에 응용된다. 가격은 저렴하나 재현성이 나쁘고 히스테리시스 오차가 커서 큰 성능을 요구하지 않는 곳에 사용된다. 측정압력 범위는 5~ 10,000 [psig] (35 [KPa] to 70 [MPa]). 확도는 0.5 [%]~1 [%FS]이다.

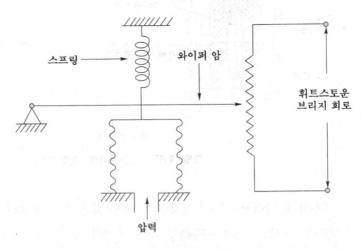

**[그림 8.7]** 나선형 부르동 관를 이용한 전위차계식 압력센서

## 8.5 LVDT 압력센서

그림 8.8은 탄성체로 부르동 관, 센서로 LVDT를 이용한 압력센서이다. 부르동 관의 한쪽 끝에 LVDT의 철심(core)를 연결한다. 압력이 부르동 관에 인가되면, LVDT의 철심은 위로 이동하여 출력이 발생한다. 출력전압은 부르동 관의 변위가 매우 작은 범위에서 압력에 따라 직선적으로 변화한다.

이 형태의 압력센서는 정압(static or quasi - static application)을 측정하는 경우에는 안정성과 신뢰성있는 압력 측정이 가능하다. 그러나, 관과 LVDT의 철심의 질량이 응답 주파수를 약 10 [Hz]로 제한하기 때문에 동압(dynamic pressure) 측정에는 부적합하다.

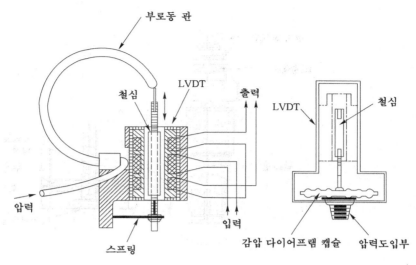

**[그림 8.8]** C자형 브르동 관을 이용한 LVDT식 압력센서

LVDT 압력센서의 확도는 $0.5\,[\%FS]$, 측정 범위는 $0\sim30\,[psig]\,(0\sim210\,[kPa])$부터 $0\sim10{,}000\,[psig]\,(0\sim70\,[MPa])$이며, 절대압, 차압 검출이 가능하다. 단점은 기계적 마모가 일어나기 쉽고, 진동이나 자기간섭에 민감하다는 점이다.

## 8.6 압전기식 압력센서

수정 등과 같은 압전 결정에 힘을 가하여 변형을 주면 변형에 비례하여 그 양단에 정(正)·부(負)의 전하가 발생한다(10.4절에서 설명). 압전기식 압력센서(piezoelectric pressure)는 결정의 압전효과(piezoelectric effect)를 이용한다.

그림 8.9는 압전기식 압력센서의 구조이다. 여기서는 탄성체와 센서로써 압전기 결정이 사용되고 있다. 압력이 얇은 다이어프램을 통해 다이어프램에 접촉하고 있는 결정면에 인가되면 전하가 발생한다.

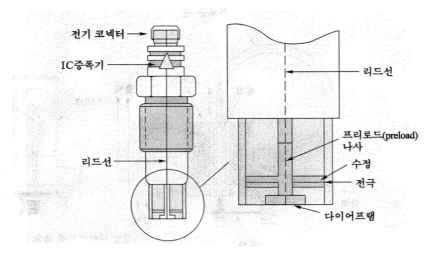

**[그림 8.9]** 압전기식 압력센서의 구조

그림 8.10은 압전기식 압력센서의 원리를 나타낸 것이다. 압전 결정의 상하부에 전극을 설치하고 압력을 가하면, 결정의 두께는 변형을 일으키고 결정표면에는 전하 q가 나타난다. 이때 나타나는 전하와 출력전압은

$$q = CV_o = \frac{\varepsilon A}{h} V_o \tag{8.6}$$

여기서, $C$는 압전 결정의 정전용량이다. 표면전하 $q$는 인가압력 $p$와 다음의 관계를 갖는다.

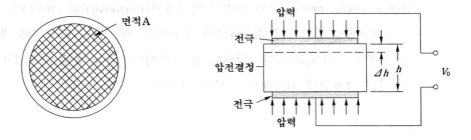

**[그림 8.10]** 압전기식 센서의 원리

$$q = S_q A p \tag{8.7}$$

여기서, $S_q$는 압전결정의 전하감도(charge sensitivity), $A$는 전극면적이다.
출력전압 $V_o$는 식 (8.6)과 (8.7)으로부터

$$V_o = \left( \frac{S_q}{\varepsilon} \right) h p = S_E h p \tag{8.8}$$

여기서, $S_E$는 센서의 전압 감도(voltage sensitivity)이다.
표 8.3은 몇몇 압전 결정의 전하감도와 전압감도를 나타낸 것이다.

**[표 8.3]** 압전결정의 대표적인 전하감도와 전압감도

| 재료 | 방위 | $S_q$ [pC/N] | $S_E$ [V·m/N] |
|------|------|------|------|
| 수정 (SiO$_2$ 단결정) | X−cut length longitudinal | 2.2 | 0.055 |
| | X−cut thickness longitudinal | −2.0 | −0.05 |
| | Y−cut thickness shear | 4.4 | 0.11 |
| BaTiO$_3$ | 분극에 평행 | 130 | 0.011 |
| | 분극에 수직 | −56 | −0.004 |

압전기는 동적 효과(dynamic effect)이기 때문에 출력은 단지 입력이 변할 때만 나타난다. 따라서, 이 센서는 정압을 측정할 수 없으며, 단지 압력이 변하는 경우에만 사용될 수 있어, 폭발 등과 관련된 동압현상이나, 자동차, 로켓엔진, 압축기, 또는 빠른 압력변화를 경험하는 압력장치에서의 동압상태를 평가하는데 사용된다.

검출범위는 0.1~10,000 [psig] (0.7 [KPa] to 70 [MPa]). 전형적인 확도는 1 [%FS] 이다.

## 8.7 실리콘 압력센서

실리콘 압력센서(silicon pressure sensor)에는 실리콘의 압저항 효과(piezo-resistive effect)를 이용한 압저항 압력센서(piezoresistive pressure sensor)와, 정전용량형 압력센서가 있으며, 현재 주로 압저항식이 사용되고 잇다.

압저항 효과란 반도체에 압력이 인가되면 저항값이 변하는 현상이다. 그림 8.11과 같은 실리콘 저항(압저항)을 생각해 보자. 지금 간단한 경우로 축방향 응력(longitudinal stress)만이 작용한다고 가정하면, 이 응력에 의한 저항 변화율은 변형(strain) $\varepsilon_l$에 비례한다. 즉,

$$\frac{\Delta R}{R} = GF\,\varepsilon_l \tag{8.9}$$

게이지율(gauge factor) GF는 p - 형 실리콘에 대해서는 (+), n - 형에 대해서는 (−)이다.

그림 8.11에서, 저항 변화율은 다음과 같이 주어진다. .

$$\frac{\Delta R}{R} = \pi_l\,\sigma_l + \pi_t\,\sigma_t \tag{8.10}$$

여기서, $\pi_l$은 종방향 압저항 계수(longitudinal piezoresistance coefficient)이고, $\pi_t$는 횡방향 압저항 계수(transverse piezoresistanace coefficient)이다.

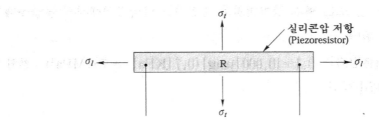

[그림 8.11] 반도체의 압저항 효과

그림 8.12는 실리콘 압력센서의 기본구조이다. 실리콘 단결정을 얇게 에칭하여 수압용 다이어프램(diaphragm)을 만들고, 여기에 IC와 동일한 제조방법으로 불순물 확산에 의해 4개의 압저항(piezoresistor)을 형성한다. 그림 8.12(b)는 다이어프램에서 4개의 압저항 배치를 나타낸다. 이 4개의 저항은 그림 8.12(c)에 표시한 것과 같이 휘트스토운 브리지 회로로 접속한다.

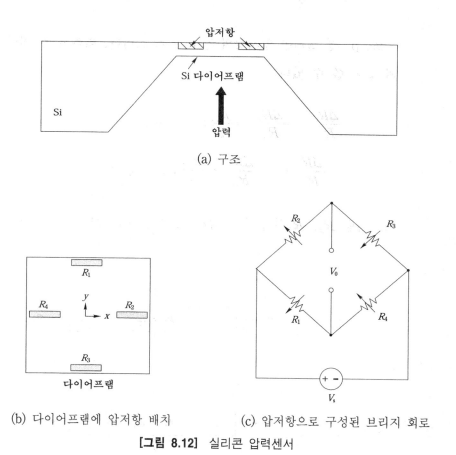

(a) 구조

(b) 다이어프램에 압저항 배치          (c) 압저항으로 구성된 브리지 회로

**[그림 8.12]** 실리콘 압력센서

실리콘 압력센서에 압력이 가해지면 다이어프램이 변형을 일으키고, 이로 인해 압저항의 저항값이 변화하면 브리지 회로에 의해 압력에 비례하는 출력 신호를 얻는다. 예로써, 그림 8.12(b)와 같이 정사각형 실리콘 다이어프램에 형성된 4개의 p‐형 압저항으로부터 출력을 구해보자. 다이어프램에 압력이 가해지면,

저항 $R_2$, $R_4$와 저항 $R_1$, $R_3$에 작용하는 응력은 그림 8.13과 같은 성분으로 구성된다. 이 경우 식 (8.10)에서 압저항 계수 $\pi_l$, $\pi_t$는 각각 다음과 같이 주어진다.

$$\pi_l = \frac{\pi_{44}}{2}, \quad \pi_t = -\frac{\pi_{44}}{2} \tag{8.11}$$

또, p-형 실리콘 압저항의 경우 $\sigma_l \approx \sigma_t$이다. 따라서 각 저항 변화율은 다음과 같이 쓸 수 있다.

$$\frac{\Delta R_2}{R_2} = \frac{\Delta R_4}{R_4} = \frac{\pi_{44}}{2}(\sigma_{lx} - \sigma_{ty}) \tag{8.12a}$$

$$-\frac{\Delta R_1}{R_1} = -\frac{\Delta R_3}{R_3} = \frac{\pi_{44}}{2}(\sigma_{tx} - \sigma_{ty}) \tag{8.12b}$$

즉, 저항 $R_2$, $R_4$의 값은 증가하고, 저항 $R_1$, $R_3$의 값은 감소한다.

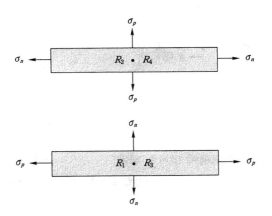

$\sigma_n$ : 다이어프램 가장자리에 수직한 응력
$\sigma_p$ : 다이어프램 가장자리에 평행한 응력

**[그림 8.13]**  그림 8.11에 주어진 압저항에 작용하는 응력

위 결과를 사용하면 그림 8.12(b)의 브리지에서 각각 저항은

$$R_2 = R_4 = R_o(1 + \alpha_1) \tag{8.13a}$$

$$R_1 = R_3 = R_o(1 - \alpha_2) \tag{8.13b}$$

로 쓸 수 있으며, 출력전압 $V_o$는

$$\frac{V_o}{V_s} = \frac{R_2}{R_2 + R_3} - \frac{R_1}{R_1 + R_4} = \frac{R_2 R_4 - R_1 R_3}{(R_2 + R_3)(R_1 + R_4)}$$

$$= \frac{(\alpha_1 + \alpha_2)}{1 + \alpha_1 - \alpha_2} \tag{8.14}$$

만약, 압력 $P$에 의해 저항 $R_1$, $R_3$는 $\Delta R$만큼 감소하고, 저항 $R_2$, $R_4$는 $\Delta R$만큼 증가한다면, 즉 $R_1 = R_3 = R_o - \Delta R$, $R_2 = R_4 = R_o + \Delta R$이면, 출력전압은

$$\frac{V_o}{V_s} = \frac{\Delta R}{R} \tag{8.15}$$

압력 감도(pressure sensitivity)는

$$S = \frac{\left(\dfrac{V_o}{V_s}\right)}{P} = \frac{V_o}{P}\frac{1}{V_s} = \frac{\Delta R}{P}\frac{1}{R}\frac{[\text{mV}]}{[\text{V} \cdot \text{bar}]} \tag{8.16}$$

휘트스토운 브리지의 중요한 장점은 출력전압이 압저항(piezoresistor)의 절대 치에는 무관하고, 저항변화율($\Delta R/R$)과 브리지 전압 ($V_s$)에 의해서만 결정된다는 점이다.

만약 브리지가 정전류($I_s$)에 의해서 구동되면, 압력감도는 다음과 같이 정의된다.

$$S = \frac{V_o}{I_s}\frac{1}{P} = \frac{\Delta R}{P}\frac{\text{[mV]}}{\text{[mA} \cdot \text{bar]}} \qquad (8.17)$$

반도체 압력 센서는 IC제작 기술과 동일한 공정으로 만들어지고, 신호처리에 필요한 증폭회로, 온도보상회로, 직선성 보정회로 등을 집적할 수 있다.

그림 8.14는 상용화된 실리콘 압저항형 압력센서의 구조이다. 그림(a)는 차압 측정, 그림(b)는 절대압 측정용이다. 두 경우 모두 압저항이 형성된 실리콘 기판은 유리기판에 양극접합(anodic bonding)된다. 그러나, 그림 (a)에서는 유리 기판에 압력을 도입하는 큰 홀(hole)이 만들어지는 반면, 그림(b)에서는 실리콘 기판과 유리기판사이를 진공으로하여 밀봉한다.

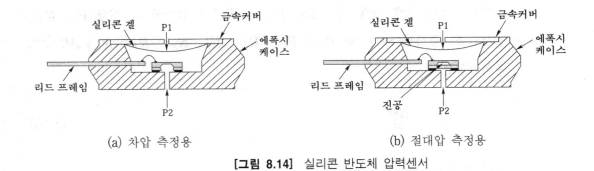

(a) 차압 측정용          (b) 절대압 측정용

**[그림 8.14]** 실리콘 반도체 압력센서

압저항 효과를 이용한 실리콘 압력센서는 온도 변화에 매우 민감하기 때문에 온도 보상이 요구된다. 이 센서의 압력검출범위는 약 3 [psi] ~ 약 14,000 [psi] (21 [KPa] to 100 [MPa]) 정도이다. 현재, 주로 자동차의 엔진용 MAP 센서로 사용되고 있다. 또 센서와 신호처리회로를 하나의 IC칩에 제작할 수 있고 가격이 저렴하여 그 용도가 점점 확대되고 있는 추세이다.

## 8.8 광학식 압력센서

그림 8.15는 광학식 압력센서(Optical pressure transducer)의 기본 구조를 나

타낸다. 발광 다이오드(LED)가 적외선 광원으로 사용되고 있다. 압력에 의해 다이어프램이 움직이면 차광판(vane)이 LED로부터 나온 적외선의 일부를 차단한다. 따라서 광센서에 입사되는 빛의 양은 감소한다. 이와 같이, 압력이 증가하면, LED-광센서 사이에 놓여있는 차광판이 더 위로 이동하여 통과하는 빛의 양을 감소시켜 출력신호가 변화한다. LED로부터 방출되는 빛의 세기는 시간이 지남에 따라 점점 약해지므로 이에 대한 보상이 필요하다.

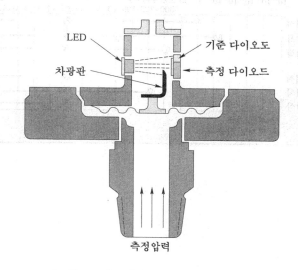

**[그림 8.15]** 광학식 압력센서의 구조

　광학식 압력센서는 온도가 광원과 광센서에 동일한 영향을 미치므로 온도 영향이 상쇄되어 영향을 받지 않는다. 더구나, 압력측정에 필요한 차광판의 이동량이 매우 작아 (0.5 [mm] 이하) 히스테리시스 오차와 반복성 오차(repeatability error)가 거의 0에 가깝다.

　광학식 압력센서는 보수유지가 용이하고 안정성이 우수하여 장시간 측정에 적합하도록 설계된다. 측정범위는 5 [psig]~60,000 [psig] (35 [kPa] to 413 [MPa]) 이고, 확도는 0.1 [%FS]이다.

## 8.9 요약

표 8.4는 지금까지 설명한 각종 압력센서의 검출범위를 요약해서 나타낸 것이다.

[**표 8.4**] 전자식 압력 센서의 압력 검출범위

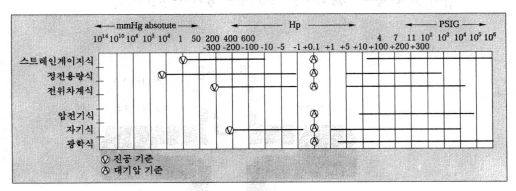

# 제 *9* 장

# 초음파 · 표면파 센서

## 9.1 개 요

### 9.1.1 음파

매질(고체, 액체, 기체)의 탄성적 진동을 음파(音波; acoustic wave 또는 sound wave) 또는 탄성파(彈性波; elastatic wave)고 부른다. 음파는 인간의 귀가 들을 수 있는 진동 주파수(20~20,000 [Hz])를 중심으로 다음과 같이 분류한다.

- 음파(가청음) : 20~20,000 [Hz]
- 초저주파음(infrasound) : 20 [Hz] 이하
- 초음파(超音波 ; ultrasound) : 20,000 [Hz] 이상

초저주파음의 검출은 빌딩 구조의 해석, 지진예측 등에서 매우 중요하다. 우리가 초저주파음를 들을 수는 없지만, 그 진폭이 비교적 강하여 인간에게 공포, 두려움과 같은 아주 자극적인 심리적 효과를 주기 때문에 느낄 수는 있다.

　　일반적으로, 초음파란 인간의 귀로는 들리지 않는 음이라고 정의되지만, 초음파 기술에서는 가청음이라도 듣는 것을 목적으로 하지 않을 경우 이를 초음파라고 부른다.

　　그림 9.1은 매질를 통해 전파해 갈 수 있는 파의 종류와 이때 구성입자(원자)들의 운동을 나타낸 것이다. 그림(a)는 물리적 압축과 팽창을 교대로 반복하는 파이며, 구성입자(원자)는 파의 진행방향으로 진동하기 때문에 이러한 파를 종파(縱波; longitudinal wave)라고 부른다. 공기중을 진행하는 음파가 이에 해당된다. 그림(b)는 입자(원자)가 상하로 진동하는 횡파(橫波; transverse wave)이며, 그 예로 줄을 따라 진행하는 파가 있다. 그림(c)는 파가 매질의 표면을 따라 진행하는 횡파이다. 호수면에서 발생하는 잔물결(ripple)이 이런 표면파에 해당된다. 고체에서 발생하는 이런 표면파를 흔히 표면탄성파(surface acoustic wave; SAW)라고 부른다.

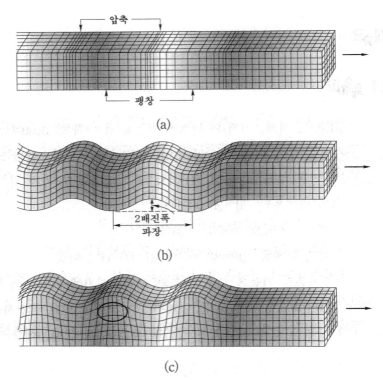

[**그림 9.1**] 매질에서 전파되는 파의 종류와 입자(원자)의 운동

매질이 압축되면, 체적은 $V$에서 $V-\varDelta V$로 변한다. 체적변화율에 대한 압력 변화의 비를 매질의 체적탄성률(bulk modulus of elasticity)이라고 부며, 다음 식으로 주어진다.

$$B = \frac{\varDelta p}{\dfrac{\varDelta V}{V}} = \rho_0 v^2 \tag{9.1}$$

여기서, $\rho_0$는 압축영역 밖의 매질밀도, $v$는 매질의 음속이다. 위 식으로부터 매질의 음속은 다음과 같이 정의될 수 있다.

$$v = \sqrt{\frac{B}{\rho_0}} \tag{9.2}$$

따라서, 음속은 매질의 탄성 ($B$)과 관성 ($\rho_0$) 특성에 의존한다. 이 두 특성은 온도의 함수이므로 음속은 또한 온도에 의존하게 된다.

고체에서, 종속도는 영률 ($E$)과 포아송 비 ($\nu$)를 사용해 다음과 같이 나타낼 수 있다.

$$v = \sqrt{\frac{B(1-\nu)}{\rho_0(1+\nu)(1-2\nu)}} \tag{9.3}$$

음파는 압력을 전달하므로, 음파를 압력파(pressure wave)로 다루는 것이 편리할 때가 많다. 매질내의 임의 점에서 압력은 일정치 않고 연속적으로 변한다. 이때 순시압력과 평균압력사이의 차이를 음향압(音響壓; acoustic wave) $P$라고 부른다. 파가 전파해 가는 동안, 진동입자는 순시속도 $\xi$로 정상위치에서 진동한다. 음압과 순시속도의 비를 음향 임피던스(acoustic impedance)라고 부르다. 즉, 음향 임피던스는

$$Z = \frac{P}{\xi} \tag{9.4}$$

이것은 진폭과 위상에 의해서 결정되는 복소량이다. 이상적인 매질 내에서(즉 손실이 없는 경우) 임피던스는 실수로 되고, 음속과는 다음의 관계를 갖는다.

$$Z = \rho_0 v \tag{9.5}$$

음파의 강도는 단위면적당 전달되는 전력으로 정의되며, 음향 임피던스를 사용해서 다음과 같이 나타낸다.

$$I = P\xi = \frac{P^2}{Z} \tag{9.6}$$

그러나, 일반적으로 음을 강도로 나타내지 않고 상대적 강도인 음 레벨(sound level)로 나타낸다. 음 레벨 $\beta$는 다음과 같이 정의한다.

$$\beta = 10 \log_{10} \frac{I}{I_o} \tag{9.7}$$

여기서, $I_o = 10^{-12} \, [\text{W/m}^2]$는 기준강도로, 인간이 들을 수 있는 가장 낮은 소리의 세기이다. $\beta$의 단위는 dB(decibel; 데시벨)이다.

압력의 레벨도 데시벨로 나타낼 수 있다.

$$\Pi = 20 \log_{10} \frac{P}{P_o} \tag{9.8}$$

여기서, $P_0 = 2 \times 10^{-5} \, [\text{N/m}^2] \, (0.0002 \, [\mu\text{bar}]) = 2.9 \times 10^{-9} \, [\text{psi}]$ 이다.

## 9.1.2 초음파·표면파 센서의 종류

음파나 초음파를 검출하는 센서를 음파센서(acoustic sensor)라고 부른다. 그러나, 음파센서가 검출하는 주파수 범위가 주로 초음파 영역이기 때문에 일반적으로 초음파 센서로 다룬다.

음파나 초음파를 전기신호로 변환하는 장치를 수신기(receiver) 또는 마이크로폰(microphones)이라 하고, 역으로 전기신호를 음파·초음파로 변환하는 장치를 송신기(transmitter) 또는 스피커(speaker)라 한다. 두 변환기는 동일구조로 음파·초음파의 발생과 검출이 가능하며, 합하여 초음파 트랜스듀서(transducer) 또는 진동자(oscillator)라고 부른다.

사실상 마이크로폰은 넓은 주파수의 음파를 변환하기 위한 압력 변환기이다. 그러나, 압력센서와는 달리, 마이크로폰은 정압(定壓) 또는 매우 느리게 변하는 압력을 측정하지 않는다. 즉, 마이크로폰의 동작 주파수는 보통 수 Hz(몇몇 경우는 mHz)에서부터, 초음파 응용에서는 수 MHz, 표면 탄성파(SAW) 소자의 경우에는 GHz 범위에 이른다.

음파센서는 감도, 방향특성, 주파수 폭, 동적 측정범위, 크기 등에 의해서 구별된다. 또 그들의 설계(구조)는 음파를 검출하는 매질의 종류에 따라 다르다. 고체에서 공기파나 진동을 감지하는 경우는 센서를 마이크로폰이라고 부르고, 액체 속에서 동작하는 경우를 하이드로폰(hydrophone)이라고 부른다.

음파는 압력파이기 때문에, 마이크로폰이든 하이드로폰이든 압력센서와 동일한 기본구조를 갖는다. 제 8장에서 설명하는 바와 같이, 압력센서는 가동 다이어프램(moving diaphragm)과, 다이어프램의 변형을 전기적 신호로 변환하는 변위센서로 구성된다. 모든 음파센서는 이 두 핵심 부품의 설계가 다를 뿐이다.

오늘날 음파센서는 단순히 음파(초음파) 검출에만 국한되지 않고 그 응용범위가 점점 확대되어, 고체에서의 기계적 진동 검출, 화학량 측정, 바이오센서 등에 널리 응용되고 있으며, 대표적 센서가 마이크로밸런스(microbalance)와 표면 탄성파(SAW) 소자이다. 본 장에서는 음파센서를 마이크로폰, 초음파센서, SAW 소자로 나누어 그 기본 원리를 설명하고, 몇몇 응용예를 제시한다.

## 9.2 콘덴서 마이크로폰

콘덴서 마이크로폰(condenser microphones)의 동작은 커패시터에 기본을 두고 있다. 그래서, 콘덴서 마이크로폰을 정전용량형 마이크로폰(capacitive microphones)이라고 한다.

평행판 커패시터에 전하 $q$를 주면, 두 평행판 사이에는 전압 $V$가 발생한다. 이 전압은

$$V = \frac{q}{C} = \frac{q}{\frac{\varepsilon_o A}{d}} = \frac{d}{q\varepsilon_o A} \tag{9.9}$$

여기서, $d$와 $A$는 평행판 간격과 면적, $\varepsilon_o$는 진공의 유전율이다. 위 식에 따라, 정전용량형 마이크로폰은 평행판 사이의 거리를 전기신호로 직선적으로 변환한다.

현재 대부분의 정전용량형 마이크로폰은 실리콘 다이어프램으로 만들어지는데, 이 다이어프램은 음압을 변위로 변환하는 동시에 커패시터의 가동전극으로 작용한다. 고감도를 얻기 위해서는 가능한 한 인가전압이 커야한다. 그러나, 다이어프램의 정적 변형이 커지기 때문에 내충격성과 동적 측정범위(dynamic range)는 감소한다. 그 외에, 다이어프램과 다른 전극사이의 공극(air gap)이 매우 좁게되면, 고주파수에서 마이크로폰의 기계적 감도는 감소한다.

## 9.3 광섬유 마이크로폰

광섬유 마이크로폰은 빛의 간섭현상을 이용한다. 그림 9.2는 광섬유 간섭계식 마이크로폰(fiber-optic interferometric microphone)을 나타낸다. 두 광섬유의 끝을 함께 융착시켜 스테인레스 강으로 된 튜브 속에 집어넣고, 내부 공간을 에폭시로 채운다. 튜브의 한쪽 끝을 광섬유가 나타날 때까지 연마한 다음 용융된 광섬유의 하나에 알루미늄을 선택적으로 증착한다. 이 알루미늄 박막은 표면 반사경으로 작용한다. 알루미늄이 코팅된 광섬유는 마이크로폰의 기준 암(reference arm)으로 작용하고, 코팅이 안된 광섬유는 검출 암(sensing arm) 역할을 한다. 두 광섬유가 밀착되어 있고 또 특성이 동일하므로 온도가 센서에 미치는 영향을 제거할 수 있다. 광섬유 끝에는 구리로 된 다이어프램(두께 0.05 [mm], 직경

1.25 [mm])이 위치하며, 여기에 측정하고자 하는 음향파가 들어오면 변위를 일으
킨다. 광학재료를 열적으로 보호하고 다이어프램의 기계적 특성을 안정시키기 위
해서 센서를 물로 냉각시킨다.

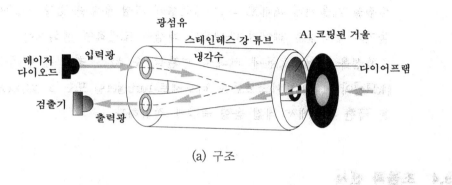

(a) 구조

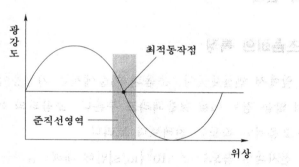

(b) 광강도 - 위상의 관계

**[그림 9.2]** 광섬유 간섭계식 마이크로폰

　레이저 다이오드로부터 방출된 입력광이 하나의 광섬유를 통해 반사막이 코팅
된 끝을 향하여 진행하는 동안 융착 부분에서 다른 광섬유에 결합된다. 광섬유
끝에 도달하면 기준 광섬유에 있는 빛(기준광)은 알루미늄 거울로부터 반사되어
센서의 입력측과 출력측을 향하여 진행한다. 한편 검출 광섬유를 통혜 진행하는
빛(검출광)은 광섬유를 빠져나가 구리 다이어프램을 때린다. 일부는 여기서 다시
반사되어 검출 광섬유로 되돌아가 기준광과 함께 출력 측으로 진행해 간다. 반
사된 검출광의 위상(phase)은 구리 다이어프램의 위치에 따라 변하기 때문에, 기

준광의 위상과 다르게 된다. 검출광과 기준광이 출력 측을 향하여 함께 전파해 갈 때 서로 간섭을 일으켜 빛의 강도를 변조(modulation)시킨다. 그러므로, 마이크로폰은 다이어프램의 변위를 빛의 세기로 변환한다. 그림 (b)는 검출된 빛의 세기를 반사광 위상의 함수로 나타낸 것이다. 직선 동작을 보장하기 위해서, 동작점을 기울기가 최대로 되고 직선성이 가장 우수한 중앙 부근에 선택한다. 기울기와 동작점은 레이저 다이오드 파장을 조정하면 변화시킬 수 있다.

광섬유 마이크로폰에 의해서 변환될 수 있는 최대 음향 주파수는 약 100 [kHz]이다. 이 마이크로폰은 터보제트(turbojets) 또는 로켓(rockets) 엔진과 같은 극한 환경에서 직접 음향 측정에 적합하다.

## 9.4 초음파 센서

### 9.4.1 초음파의 특징

앞에서 언급했듯이, 초음파 기술에서는 가청음이라도 듣는 것을 목적으로 하지 않을 경우 이를 초음파라고 부른다. 초음파의 특징을 열거하면 다음과 같다.

• 초음파의 속도는 전파보다 느리다

전자파의 속도는 $3 \times 10^8$ [m/s]인데 대해, 음파는 공기중에서 340 [m/s], 수중에서 1500 [m/s], 금속에서 6000 [m/s]로 전파보다 $10^5 \sim 10^6$배 늦다. 따라서, 전파를 사용할 경우, 나노 초[ns] 정도의 계측을 하기 때문에 보다 정밀한 기기가 요구된다. 이에 대해, 음파에서는, 측정시간이 미리 초[ms] 범위여서 일반적으로 넓리 실용되고 있다.

• 초음파의 파장이 짧다

음속이 전자파의 속도 보다 $10^5$ 정도 늦으므로 파장도 필연적으로 짧아진다. 그 때문에 분해능이 높아진다.

• 매질의 다양성

기체 뿐만 아니라 액체, 고체도 대상이 된다. 특히, 액체, 고체 내에서는 전파보다 잘 통한다.

• 사용이 용이하다

오래전부터 의학상 진단에 X - 선이 사용되어 왔지만, 초음파도 여러 진단분야에서 사용되고 있다. 그것은, 초음파에는 X - 선과 같은 방사선 장해가 없기 때문이다. 또 전파에는 법규제가 있는데 비해, 초음파에는 그와 같은 규제가 없다.

이상의 특징을 살려서 초음파 센서를 이용한 계측은 여러가지 분야에 사용되고 있다.

## 9.4.2 압전효과

초음파를 발생하고 검출하는 초음파 트랜스듀서(초음파 진동자)로 가장 널리 사용되고 있는 원리는 압전 진동자(壓電 振動子)이다. 압전형 초음파 센서를 설명하기 전에 압전현상을 먼저 소개한다.

수정(quartz crystal), 산화바륨($BaTiO_3$)등과 같은 결정에 힘을 가하면, 내부에서 전기분극(polarization)이 발생하여 결정 표면에는 그림 9.3(a)와 같이 전하가 나타난다. 또 역으로, 그림 9.3(b)같이 전계를 가하면 결정이 기계적 변형을 일으킨다. 이때 기계적 변형의 방향은 인가전계의 방향(인가전압의 극성)에 의존한다. 이와 같은 두 효과를 압전기(piezoelectircity)라고 부른다.

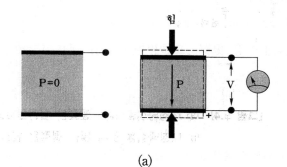

(a)

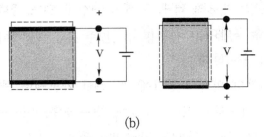

(b)

**[그림 9.3]** 압전기 현상

압전 효과는 모든 물질에서 발생하는 것은 아니고, 특별한 결정구조를 갖는 물질에서만 나타난다. 예를 들면, 그림 9.4(a)와 같은 결정구조의 물질은 대칭중심(a center of symmetry)을 갖기 때문에 비록 힘을 가하더라도 분극이 발생하지 않는다. 따라서, 압전현상을 나타내지 않는다.

그러나, 그림 9.4(b)와 같은 결정 구조를 갖는 물질을 생각해 보자. 힘이 가해지지 않은 상태에서는 (+)전하의 중심과 (−)전하의 중심이 일치하므로 분극이 발생하지 않는다. 그러나 그림과 같이 y−방향에서 압축하면, (+)전하는 위를 향해 변위되고, (−)전하는 아래를 향해 변위되므로, 두 전하의 중심이 일치하지

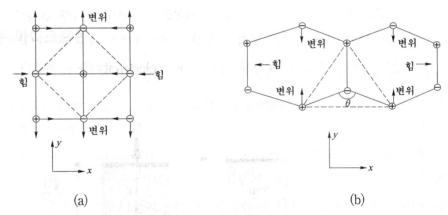

(a)                                    (b)

**[그림 9.4]** (a) 대칭중심을 갖는 물질은 압전현상을 나타내지 않는다.
(b) 대칭중심을 갖지 않는 결정은 압전현상을 나타낸다.

않아서 그림과 같이 분극이 발생한다. 이와 같이, 힘을 인가하면 결정내부에서 분극이 발생하여 결정 표면에 전하가 나타난다.

일반적으로, 어느 한 방향으로 응력을 인가하면 다른 결정방향으로 분극을 일으킨다. 즉, 응력인가방향과 분극방향이 서로 다르다. 만약 $j$-방향으로 인가된 기계적 응력을 $T_j$, 이때 $i$-방향으로 발생된 분극의 세기를 $P_i$라고 하면, 둘 사이에는 다음의 관계가 성립한다.

$$P_i = d_{ij} T_j \tag{9.9}$$

여기서, $d_{ij}$를 물질의 압전계수(piezoelectric coefficient)이며, 첨자 $ij$는 분극방향(전하발생방향)과 변형(strain)이 일어나는 방향을 나타낸다. 또, $i$-방향으로 인가된 전계 $E_i$에 의해서 $j$-방향으로 발생된 변형 $S_j$ 사이에는 다음의 관계가 있다.

$$S_j = d_{ij} E_i \tag{9.10}$$

식 (9.10), (9.11)에서 $d_{ij}$는 같다.

압전효과를 이용할 때 중요한 인자는 전기 에너지와 기계 에너지 사이의 변환효율이다. 전기기계적 변환인자(electromechanical conversion factor)는 다음과 같이 정의한다.

$$K^2 = \frac{\text{기계적 에너지 출력}}{\text{전기에너지 입력}} \tag{9.11}$$

또는

$$K^2 = \frac{\text{전기에너지 출력}}{\text{기계적 에너지 입력}} \tag{9.12}$$

압전재료로부터 출력은 그것의 기계적 특성인 $d_{ij}$에 의존한다. 현재 가장 많이 사용되고 있는 압전 재료로는 수정(quartz crystal), PZT(lead-zirconate

titanate)이며, 최근에는 플라스틱계의 PVDF(polyvinylidene chloride) 필름 등
이 사용되고 있다. 표 9.1은 압전효과를 이용한 센서에 사용되고 있는 여러 압전
재료의 특성을 열거한 것이다.

[표 9.1] 몇몇 압전재료의 특성

| 결정 | $d\,[mV^{-1}]$ | k | |
|---|---|---|---|
| 수정(결정질 $SiO_2$) | $2.3\times10^{-12}$ | 0.1 | 수정 진동자, 초음파 변환기, 지연선, 필터 |
| 로셀염 ($NaKC_4H_4O_6 4H_2O$) | $350\times10^{-12}$ | 0.78 | |
| $BaTiO_3$ | $190\times10^{-12}$ | 0.49 | 가속도계 |
| PZT ($PbTi_{1-x}Zr_xO_3$) | $480\times10^{-12}$ | 0.72 | 이어폰, 마이크로폰, 불꽃 발생기 (변위 트랜스듀서, 가속도계, 가스라이터, 차 점화) |
| PVDF | $18.2\times10^{-12}$ | | 대면적, 저가 |

### 9.4.3 초음파 센서

초음파 발생은 표면 운동(surface movement)이 요구된다. 표면운동은 매질을
압축하고 팽창시킨다. 초음파를 발생하고 검출하는 초음파 트랜스듀서(초음파
진동자)에는 원리에 따라 전자유도형 진동자(電磁誘導形 振動子), 자왜진동자
(磁歪 振動子), 압전 진동자(壓電 振動子) 등이 있으며, 전자유도형은 현재 거의
사용되지 않다.

자왜 진동자는 자성체(훼라이트)등을 가공하고, 코일을 감은것이다. 자왜진동
자에 전류를 홀리면, 고유 진동수로 공진하고 자계와 수직한 방향으로 초음파를
발생한다. 훼라이트는 절연체이므로 와전류(渦電流; eddy current)의 발생이 적
어 에너지 변환효율이 좋기 때문에 에너지 변환을 필요로 하는 공작공구나 세정
기에 사용되고 있다.

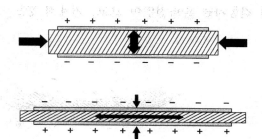

**[그림 9.5]** 압전체의 진동원리

현재 초음파 센서로써 가장 많이 이용되고 있는 것이 압전 진동자이다. 압전기 결정은 기계적 응력을 전하로 직접 변환하기 때문에 압전효과를 이용하면 진동자의 구조가 간단해진다.

그림 9.5는 압전 진동자의 기본원리를 나타낸다. 압전체를 분극처리한다음 분극의 방향과 반대로 전압을 인가하면 팽창과 수축를 반복한다. 압전 세라믹(piezoelectric ceramic)은 동작 주파수가 매우 높아 가장 자주 사용되는 압전 결정이며, 이것이 압전센서가 초음파 검출에 사용되는 이유이다.

그림 9.6은 초음파 진동자의 종류를 나타낸 것이다. 그림 (a)의 원판형 진동자는 수직한 방향으로, 그림 (b)의 원통형은 반경방향으로 진동한다.

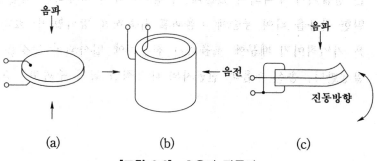

**[그림 9.6]** 초음파 진동자

그림 (c)의 유니모르프(unimorph)형 진동자는 압전 세라믹 원판이 전계에 따라 수축과 팽창을 하지 않는 금속 다이어프램의 한쪽면에 부착된다. 따라서, 금속 다이어프램은 압전 세라믹의 팽창과 수축에 의해서 그림 9.7과 같이 구부러진다. 이 진동자는 출력전압이 크고, 기계적 강도, 온도, 습도특성이 우수하다.

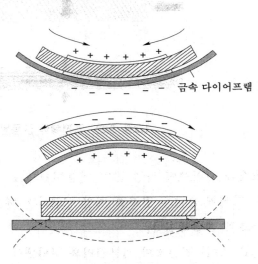

금속 다이어프램

**[그림 9.7]** 유니모르프형 압전 진동자의 진동

그림 9.8은 공기 중에서 동작하는 압전식 초음파 변환기의 일례를 나타낸 것이다. 그림 (a)의 구조에서 유니모르프(unimorph)형 압전 세라믹 진동자가 사용되고 있다. 이 진동자에 전압을 인가하면, 중심부와 주변부가 반대방향으로 진동하여 그림 (b)와 같이 상하진동을 한다. 진동자 중심부에는 콘(cone)이라고하는 정합기가 부착되어 있는데, 음향기기에서 사용하는 직접 방사형 스피커와 동일한 작용을 하여 공중에 초음파를 유효하게 방사할 수 있다. 또, 압전기 현상은 가역적이기 때문에 초음파가 진동자에 입사되어 그것을 진동시키면 전압이 발생한다. 송신 초음파 진동자의 대표적인 동작 주파수는 32 [kHz] 부근이다.

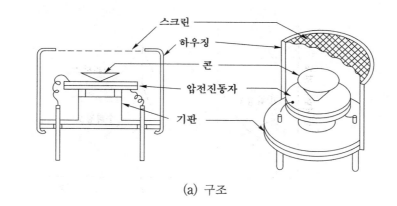

(a) 구조

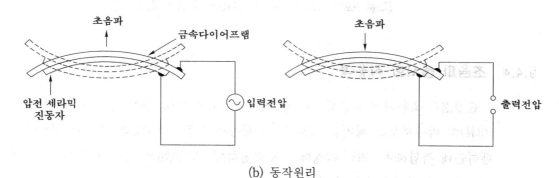

(b) 동작원리

**[그림 9.8]** 압전형 초음파 센서(마이크로폰) 예

초음파 센서에서, 측정회로가 펄스 모드로 동작하면 하나의 압전 엘레멘트로 초음파 송수신을 행한다. 초음파를 연속적으로 송신하는 시스템에서는 송신과 수신에 별도의 압전 엘레멘트가 사용된다.

그림 9.9는 초음파 센서의 임피던스와 감도의 주파수 의존성을 나타낸 것이다. 송파 감도는 임피던스가 최소가 되는 공진 주파수 $f_r$에서, 수파 감도는 임피던스가 최대로 되는 반공진(anti‐resonance) 주파수 $f_{ar}$에서 최대가 된다.

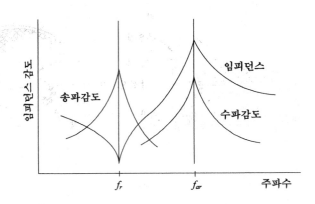

[**그림 9.9**] 초음파 센서의 임피던스 특성과 감도곡선

## 9.4.4 초음파 센서의 적용예

　표 9.2은 초음파의 검출방식과 용도를 나타내고 있다. (a)는 송신기(T)와 수신기(R)를 마주보도록 배치한 것으로, 물체검지나 전기기구등의 리모트 콘트롤을 행하는데 적합하며, 거리 측정에는 부적합하다. 그림(b)와 (c)는 반사식으로, 거리측정과 물체검지 모두에 적합하다.

[**표 9.2**] 초음파 센서의 배치와 용도

| 초음파 센서의 배치방식 | 용 도 | 특 징 |
|---|---|---|
| (a) 대향형(직접형)　R ← 물체 ← T | ·리 모 콘<br>·물체감지 | ·검지감도의 설정이 자유롭고 설계용이<br>·설치장소가 두 곳이 필요<br>·거리측정에는 부적합 |
| (b) 반사형(독립형)　T　R → 물체 | ·물체검지<br>·거리측정 | ·파가 T에서 R로 직접 들어가는 대책 필요<br>·T, R 전용센서를 사용할 수 있어 효율이 좋다.<br>·10 [cm] 이하의 근거리가 많다 |
| (c) 반사형(겸용형)　T/R ← 물체 | ·물체검지<br>·거리측정 | ·송신과 수신을 교대로 할 수 있는 회로 필요<br>·근거리 측정이 어렵다. |

　　표 9.3은 초음파 센서를 이용한 계측에서 송·수신파 방식에 의한 분류, 측정량 및 주요 적용 예를 나타낸다.

**[표 9.3]** 초음파 센서를 이용한 계측과 주요 응용예

| 계측 형태 | 측정되는 물리량 | 주요 응용 예 |
|---|---|---|
| 반 사 형 | 강도 또는 전파시간 | 거리측정, 소나, 어군탐지기, 탐상기, 수심 측정기 |
| 공 진 형 | 공진 주파수 | 음속측정, 칫수측정 |
| 전파속도형 | 전파시간 | 유속측정, 재질측정, 온도계 |
| 도플러형 | 반사파의 주파수 변화 | 속도측정, 혈류계 |
| 투 과 형 | 강도, 위상 | 결함의 정면상(正面像), 초음파 현미경 |

　　초음파 센서를 이용한 거리측정(제11장), 유량측정(제12장)에 대해서는 차후에 설명할 것이며, 여기서는 대표적인 초음파 계측 예를 들어본다.

## 1. 소나

　　소나(Sonar; Sound navigation and ranging)는 초음파를 발사해서 그 반사파를 수신하는 항해용 수중 음향기기의 총칭이다. 그림 9.10은 수심 측정기의 원리도를 나타낸다. 초음파 펄스가 수심 $h$를 왕복하는데 걸리는 시간을 $t$, 수중에서 음속을 $c$라고 하면 $h$는 다음 식으로 구해진다.

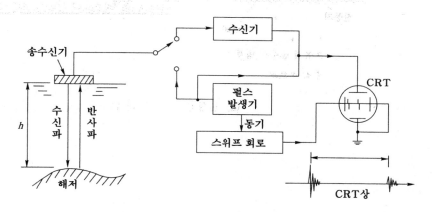

**[그림 9.10]** 초음파 수심 측정기의 원리

$$h = c\frac{t}{2} \tag{9.13}$$

소나는 어군 탐지기에 넓리 사용되고 있다.

## 2. 초음파 탐상기

초음파 탐상기(探傷機)는 금속 등의 내부의 상태를 괴하지 않고 외부에서 검사(비파괴 검사)할 때 중요한 장치이다. 그림 9.11(a)는 초음파 탐상기에 사용되는 초음파 센서이며, 프로브(probe)라고 부른다. 수직용은 측정대상에 수직으로 초음파를 송수신하며 종파가 사용된다. 사각용(斜角用)은 대상 표면에 대하여 비스듬한 방향으로 초음파를 송수신하는 경우이고, 보통 횡파가 사용된다. 그림(b)는 초음파 탐상기에 있어서 세 가지 표시법(A, B, C 스코프)를 나타내고 있다. 반사파형이 A 스코프, 단면상을 보는 것이 B 스코프, 정면상을 보는 것이 C 스코프이다. 의학에서는 스코프 대신에 모-드(mode)라는 용어가 사용된다. 특히 반사면까지의 거리의 시간적 변화를 표시하는 방식을 M 모드라고 부르고 있다.

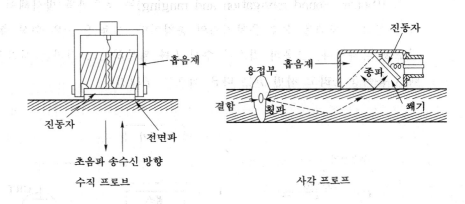

(a) 탐상용 초음파 센서(프로브)

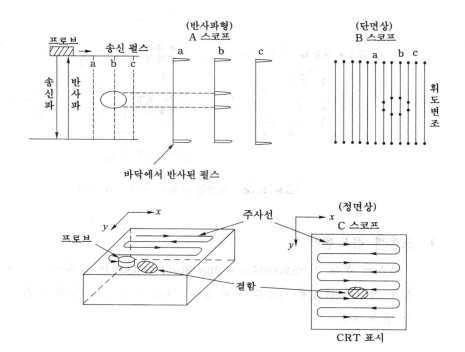

(b) 초음파 탐상의 표시법

**[그림 9.11]**  초음파 탐상기

## 3. 초음파 막두께 측정법

그림 9.12는 초음파 공진에 의한 막 두께 측정원리를 나타낸 것이다. 초음파 진동자에 가하는 주파수를 변화시키면, 초음파의 반파장의 정수배가 두께와 같아질 때 공진이 일어나고, 진동자의 인가전압이 높아진다. 이 공진 주파수로부터 막 두께가 결정된다. 예를 들면, 그림 9.12에서 파측정 물체 내의 음파 속도를 c 라고 하면 다음의 관계식이 얻어진다.

$$x_{f_o} = \frac{c}{f_o}\,\frac{1}{2} = \frac{\lambda_o}{2}$$

$$x_{2f_o} = \frac{c}{2f_o}\,1 = \frac{\lambda_o}{2} \tag{9.14}$$

따라서, 두께는 기본 주파수의 반파장으로 구해진다.

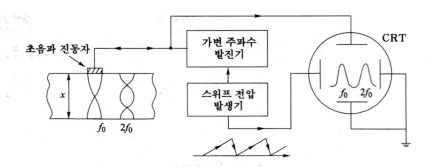

**[그림 9.12]** 공진형 초음파 두께 측정기의 원리

## 4. 초음파 온도센서

초음파 온도 센서(acoustic temperature sensor)의 동작원리는 매질의 온도와 음속 사이의 관계에 기초를 두고 있다. 예를 들면, 대기압하의 건조한 공기 속에서 음속 $v$는

$$v \approx 331.5 \sqrt{\frac{T}{273.15}} \ [\text{m/sec}] \tag{9.15}$$

여기서, $T$는 절대온도이다.

그림 9.13은 초음파 온도센서의 구조를 나타낸 것으로, 초음파 송신기, 초음파 수신기, 공기로 채워진 관으로 구성된다. 초음파 송수신기는 압전 세라믹 판으로 되어 있는데, 이들은 초음파가 주로 밀봉된 기체를 통해서만 전파되도록 관으로부터 분리되어 있다. 관 양단에는 초음파 송수신용 압전결정이 설치된다. 관은 극히 높은 온도에서 기계적으로 변형되거나 밀봉된 기체가 누설되지 않도록 해야하며, 적당한 관의 재료는 인바(invar)이다.

저주파(약 100 [Hz]) 클록이 송신기를 구동하여 초음파를 발생시키면, 이 초음파는 관을 따라 진행하고, 수신기 표면에 도달하기 직전에 클록에 의해 수신기가 동작을 개시하여 전기신호로 변환·증폭되어 제어회로로 보내진다. 제어회로는 관을 통과하는데 걸린 전파시간을 계산해서 음속을 결정하고, 식 (9.15)에 따라 대응되는 온도 $T$가 구해진다.

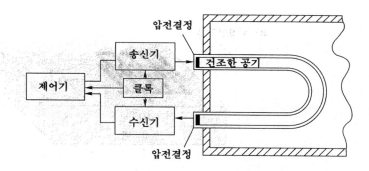

[그림 9.13] 초음파 온도 센서

초음파 온도 센서는 크라이오제닉 온도(cryogenic temperature) 또는 핵반응로 내부와 같이 방사능 레벨이 매우 높은 극한 조건 하에서 온도측정에 사용될 수 있다.

## 9.5  SAW 센서

### 9.5.1  SAW 소자

그림 9.1(c)에서 설명한 바와 같이, 표면탄성파(surface acoustic wave; SAW)는 고체 표면을 따라 진행하는 횡파이다. 표면 탄성파를 이용한 SAW 소자에는 센서, 액추에이터 등 여러 분야에 응용되고 있다.

그림 9.14(a)는 SAW 소자의 전극구조를 나타낸 것으로, 보통 IDT(interdigital transducer)라고 부른다. IDT는 압전체 기판(piezoelectric substrate) 상에 형성된 두 개의 빗살형 전극(comb-shaped electrode)으로 구성된다. 전극에 전압이 인가되면, 그림 (b)와 같이 압전체 기판에 동적 변형(dynamic strain)을 일으키고, 이 탄성파는 전극에 수직한 방향으로 속도 $v$로 진행한다.

지금, 전극에 교류전압 $e(t) = V_o \cos \omega t$을 인가하면, 전극에 의해 발생된 탄성파는 결정 표면을 따라 양쪽 방향으로 진행한다. 간섭이 강화되고 동상(in-phase)이 되기 위해서는 이웃하는 빗살(finger)사이의 거리는 탄성파의 반파장

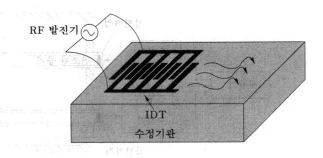

(a) 전극구조

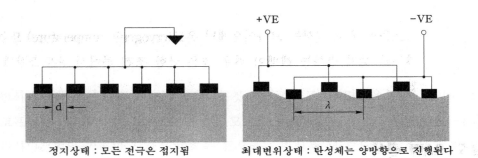

(b) SAW 발생

**[그림 9.14]** 압전체 기판에서 IDT에 의한 SAW 발생

$\lambda/2$과 같아야한다. 즉,

$$d = \frac{\lambda}{2} \tag{9.16}$$

이것과 관련된 주파수를 동기 주파수(synchronous frequency)라고 하며, 다음 식으로 주어진다.

$$f_o = \frac{v}{\lambda} \tag{9.17}$$

이 주파수에서, 전기 에너지를 탄성파 에너지로(또는 역으로) 변환하는 트랜스듀서의 효율이 최대로 된다.

그림 9.15는 가장 간단한 SAW 소자의 구조를 나타낸다. 하나의 IDT는 입력신호에 연결되고, 다른 IDT는 검출기에 연결된다. 송신 IDT는 기판에 전계를 만들어 압전효과에 의해서 SAW를 발생시킨다. 수신 IDT는 표면 탄성파를 전기신호로 변환하여 출력한다. 표면 탄성파의 속도는 기판밀도, 탄성계수 등에 의해서 결정된다. 사용되는 주파수는 수 10 [MHz]에서 수 [GHz] 정도의 고주파가 사용된다.

[**그림 9.15**]  SAW 소자의 구조

## 9.5.2  SAW 센서

그림 9.16은 SAW 센서의 기본 구조를 나타낸다. 송신 IDT와 수신 IDT사이의 공간은 검출하고자하는 양(즉, 압력, 점성 유체, 온도, 가스분자, 생체분자 등)과 작용(반응)하는 영역이다.

예를 들면, SAW 가스센서의 경우, 표면 탄성파가 전파하는 영역은 특정 가스를 선택적으로 흡착할 수 있는 박막으로 코팅된다. 가스를 흡착하면, 기계적 또는 전기적 특성이 변하므로, 표면파의 속도가 변하여 결국 발진 주파수가 변조된다. 이와 같이, SAW 센서의 발진 주파수는 가스 농도에 비례해서 변한다.

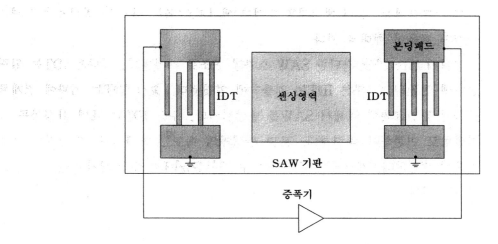

**[그림 9.16]** SAW 센서의 개념

제 **10** 장

# 속도센서

## 10.1 개 요

물체의 운동에는 직선운동(linear motion)과 각운동(angular motion)이 있다.
직선속도(linear velocity)는 물체 위치의 시간적 변화율로 정의된다. 속도는 크기
와 방향을 갖는 벡터량이며, 그 방향은 위치변화의 방향과 동일하다. 속도의 크
기를 속력(speed or pace)라고 부르는데, 이는 물체가 얼마나 빠르게 움직이고 있
나를 정량적으로 나타낸 것이다. 예를 들면 자동차의 스피도미터(speedometer)는
우리에게 자동차의 속력을 알려준다. 직선속도는 항상 어떤 기준 물체에 대해서
측정된다. 앞에서 예를 든 자동차의 스피도미터는 대지에 대해서 우리가 얼마나
빠르게 움직이고 있는가를 말해준다. 흔히 직선속도를 그냥 속도라고 부른다.

물체의 회전속도(rotational velocity) 또는 각속도(angular velocity)는 각위치
(angular position)의 시간적 변화율로 정의된다. 이것은 물체가 얼마나 빨리 회
전하는가를 나타내는 척도이다. 회전속도도 또한 벡터량이며, 그 방향은 물체가
회전하는 중심축과 같은 방향이다.

이제 물체의 변위와 속도사이의 관계를 수학적으로 정의해보자. 물체가 그림 10.1(a)과 같은 직선을 따라 움직일 때, $\Delta t$ 시간동안 거리 $\Delta S$만큼 이동하였다면 물체의 순간속도 $v$는

$$v = \lim_{\Delta t \to 0} \frac{\Delta S}{\Delta t} = \frac{dS}{dt} = \dot{S} \tag{10.1}$$

한편, 물체가 그림 9.1(b)와 같이 원운동을 하는 경우 각속도는

$$\omega = \frac{d\theta}{dt} = \dot{\theta} \tag{10.2}$$

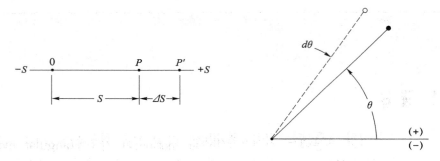

[그림 10.1] 직선 변위와 각변위

식 (10.1)과 (10.2)에 따라 변위센서에 의해서 얻어진 신호를 한번 미분하면 속도에 비례하는 신호가 얻어진다. 그러나, 잡음이 있는 환경에서는 복잡하고 정교한 신호조정회로를 사용하더라도 미분조작을 하게되면 매우 높은 오차를 일으킬 수 있기 때문에, 속도를 변위나 위치로부터 미분해서 측정하지 않는다.

## 10.2  직선속도센서

그림 10.2는 전자기형 직선속도센서(electromagnetic linear velocity sensor)의 기본 원리를 나타낸 것이다. 코일을 통해 길이 1인 영구자석이 속도 $v$로 이동

할 때 코일에 발생하는 기전력의 크기는

$$e_o = B \, l v \tag{10.3}$$

여기서, $B$는 속도에 수직한 자속밀도이다. 이와 같이 코일에 발생하는 기전력은 영구자석의 직선속도에 비례한다. 이 원리를 이용한 직선속도 센서를 산업체에서는 LVT(linear velocity transducer)라고 부른다. LVT에는 가동코일형(moving coil)과 가동코어형(moving core) 등 두 가지 형태가 있다.

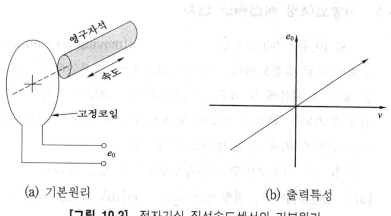

(a) 기본원리        (b) 출력특성

**[그림 10.2]** 전자기식 직선속도센서의 기본원리

## 10.2.1 가동코일형 직선속도 센서

그림 10.3은 가동코일형 직선속도센서(moving coil linear velocity sensor)의 구조를 나타낸 것으로, 스피커(loudspeaker)와 매우 유사하다. 가동코일은 피측정속도에 따라 고정된 영구자석 사이에서 움직인다. 도체의 길이, 즉 감도를 증가시키기 위해서 매우 얇은 전선이 사용되는데, 이 경우 출력저항이 증가하므로 높은 입력 임피던스를 갖는 계기가 요구된다.

이 센서의 감도는 보통 약 10 [mV/(mm/s)]이고, 대역폭(bandwidth)은 10 [Hz]~1000 [Hz]이다.

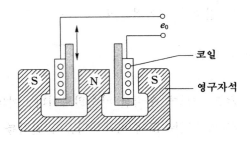

[그림 10.3] 가동코일형 직선속도센서

## 10.2.2 가동코어형 직선속도 센서

그림 10.4는 가동코어형 직선속도 센서(moving core linear velocity sensor)의 구조와 코일 결선도이다. 그림 10.4(a)에서, 스테인레스 스틸 케이스에 영구자석을 넣고 그 외측에 두 개의 코일을 감는다. 코일 1과 2는 그림 10.4(b)과 같이 코일에 유기되는 전압의 극성이 반대가 되도록 하여 직렬로 접속한다. 이 센서는 가동 코일에 비해 측정 범위를 확대시킨다.

표 10.1은 가동코일형 직선속도센서의 특성을 나타낸 것이다. 동작범위는 0.5 [in.]~24 [in.]이고, 전형적인 감도는 40 [mV/in/s]~600 [mV/in/s]이다.

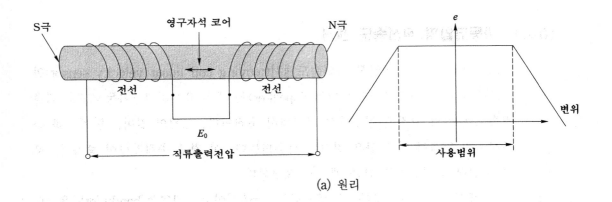

(a) 원리

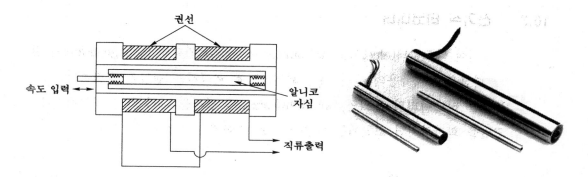

(b) 내부구조와 외관

**[그림 10.4]** 가동코어형 직선속도센서

**[표 10.1]** 가동코일형 직선속도센서의 특성 예

| 특 성 | 값 |
|---|---|
| 자석 코어 변위 [in] | 0.5~24 |
| 감도 [mV/in/s] | 35~500 |
| 코일 저항 [kΩ] | 2~45 |
| 코일 인덕턴스 [H] | 0.06~7.5 |
| 주파수 응답 [Hz] (부하 > 100 코일 저항) | 500~1500 |
| 무게 [g] | 20~1500 |

## 10.3 각속도 센서

각속도(angular velocity) 측정은 펌프, 엔진, 발전기 등과 같은 회전기기에서 자주 요구된다. 회전체에서 단위시간당 변위하는 각을 각속도, 각속도가 일정할 때 단위시간당 회전수를 회전속도로 구분한다. 일반적으로 회전속도를 단순히 회전수라고 부르며 보통 1분간의 회전수(revolution per minute; rpm)로 나타낸다.

### 10.3.1  전기식 타코미터

전기식 타코미터(electrical tachometer generator; 간단히 tachogenerator라 함)
는 회전속도 계측용의 발전기로, 회전속도에 비례하는 전압을 출력한다. 그림
10.5는 타코미터의 원리인 패러데이(Faraday) 법칙을 나타낸다. 자극사이에서
코일을 회전시키면 코일에는 다음 식으로 주어지는 전압이 유기된다.

$$e_0 = - \frac{d\phi}{dt} \tag{10.4}$$

여기서, $\phi$는 코일과 쇄교하는 자속이다. 이 원리를 이용해서 회전수를 계측
하는 방법이 전기식 타코미터이다. 타코미터에는 출력전압에 따라 dc와 ac로 분
류한다.

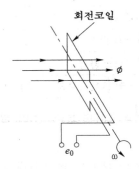

[그림 10.5]  패러데이의 전자유도 법칙

그림 10.6에 나타낸 직류(DC) 타코미터의 구조는 직류발전기로써, 자계의 세
기를 일정하게 유지키 위해 고정자에 영구자석을 사용하고, 회전자와 접촉하고
있는 브러시를 통해 직류전압을 얻는다. 출력전압의 크기는 회전수에 비례하며,
회전방향이 변하면 출력전압의 극성이 바뀐다. 직류 타코미터는 브러시의 마찰
이 측정대상에 영향을 주는 결점이 있으나, 회전방향의 구별이 가능하고, 여자
전원이 필요하지 않는 특징이 있다.

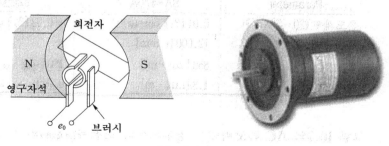

(a) 원리와 외관

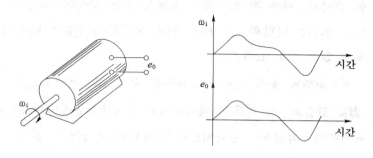

(b) 입출력 파형

[**그림 10.6**] 직류 타코미터

일반적으로 DC 타코미터의 감도는 5 [V]/(1000 [rpm]) ~ 10 [V]/(1000 [rpm]) 범위이며, 측정범위는 8000 [rpm]이다. 온도가 증가하면 영구자석의 세기가 감소하여 오차의 원인이 되므로 온도보상이 필요하며, 이 경우 자속 변화는 0.005 [%/K] 이하로 된다. 표 10.2는 두 개의 타코미터의 특성 예이다.

[**표 10.2**] 타코미터의 특성

| 파라미터 | SA-470A-7 | 22C14-204.36 |
|---|---|---|
| 감　도 | 2.6 [V]/(1000 [r/min]) | 5.5 [V]/(1000 [r/min]) |
| 직 선 성 | 9.36 [mV] | ±0.01 [%] output |
| 리　플 | 3 [%] output [rms] | 10 [%] output(peak - peak) |
| 저　항 | 38 [Ω] | 450 [Ω] |
| 인덕턴스 | 24 [mH] | — |

| Parameter | SA-470A-7 | 22C14-204.36 |
|---|---|---|
| 온도계수 (20~70 [℃]) | 0.01 [%] output/℃ | −0.02 [%] output/℃ |
| 최대 속도 | 12,000 [r/min] | − |
| 관성 모멘트 | 850 [μg · m²] | 150 [μg · m²] |
| 마찰 토크 | 1.8 [mN · m] | 0.05 [mN · m] |

그림 10.7의 AC 타코미터는 영구자석의 회전자(rotor)와 두 개의 고정자 코일로 구성된다. 두 코일은 90°로 위치해 있으며, 한 코일은 여자(excitation)를 위한 것이고, 다른 하나는 속도 검출을 위한 것이다. 회전자 드럼 주위에 배치된 모든 권선은 단락회로로 된다. 어떤 모델은 권선없이 단지 알루미늄 드럼으로만 되어 있는 것도 있다.

여자코일에 일정 진폭과 주파수를 갖는 AC 전압 ($e_{ex}$)을 인가하면 자속밀도 $B$를 만들고, 이 자속이 패러데이의 전자유도법칙에 따라 회전자에 전압 $e_r$를 유기한다. 회전자는 단락회로이기 때문에 이 전압은 전류 $i_r$를 흐르게하고, 이 전류에 의해 회전자 주위에는 다시 자속밀도 $B_r$이 발생한다. 상대적 위치 때문에 검출코일은 자속 $B$하고는 쇄교하지 않지만, 자속 $B_r$의 일부와는 쇄교해서 출력전압을 발생시킨다. 회전자가 속도 $n$으로 회전할 때, 검출코일에 발생하는 출력전압은 다음 식으로 된다.

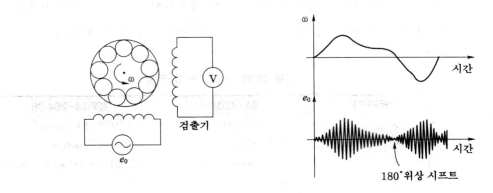

[**그림 10.7**]  교류 타코미터

$$e_o = k\omega n \sin(\omega t + \phi) \tag{10.5}$$

여기서, $\omega$는 각주파수, $\phi$는 위상각, $k$는 상수이다. 이와 같이 출력전압은 여자전압과 동일 주파수이나 그것의 진폭은 각속도에 비례한다. 회전방향은 신호의 위상차가 180° 이상(異相; out of phase)이 되는 것에 의해서 결정된다.

AC 타코미터의 전형적인 감도는 $3\,[\text{V}]/(1000\,[\text{r/min}]) \sim 10\,[\text{V}]/(1000\,[\text{r/min}])$ 범위이다. 권선저항이 온도에 따라 변하기 때문에 감도는 온도에 의존한다. 이 것을 보상하기 위해서 일부 모델은 보상용 NTC 써미스터가 사용되고 있다.

### 10.3.2 광전식 회전속도 센서

광전식 회전속도계(optical tachometer)의 동작원리는 변위센서에서 설명한 증가식 인코더(incremental encoder)와 동일하다. 그림 9.8은 광전식 속도계의 구조와 원리를 나타낸다.

그림 10.8(a)는 반사식으로, 회전축에 설치되어 있는 반사판으로부터 반사된 빛은 광센서에 들어가 회전속도에 비례하는 펄스열(pulse train)을 발생시키며, 이것을 전자 계수기(electronic counter)로 계수하여 속도를 검출하거나 전압으로 변환한다. 반사식은 구성이 간단하고 측정이 용이하므로 현장 측정에 많이 이용된다.

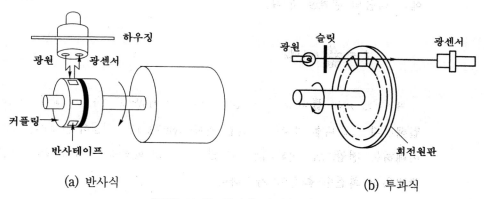

(a) 반사식                    (b) 투과식

**[그림 10.8]** 광전식 회전속도센서

그림 10.8(b)는 회전원판(disc)에 일정간격으로 슬릿(slit)을 만들고 광원으로부터 나온 빛이 슬롯(slit)을 통과할 적마다 광센서가 펄스를 발생시킨다. 이 펄스를 계수하거나 주파수 - 전압 변환기(frequency to voltage converter;FVC)를 사용하여 전압으로 출력한다.

### 10.3.3  톱니바퀴식 회전속도 센서

톱니바퀴식 회전속도센서(gear - tooth sensor)는 자동차에서 캠샤프트(cam - shaft)와 크랭크샤프트(crankshaft) 등의 위치 및 회전속도 측정에 널리 사용되는 센서이며, 검출용 센서에 따라 자기식 톱니바퀴 센서(magnetic gear - tooth sensor), 홀 효과 톱니바퀴 센서(Hall - effect gear - tooth sensor), 자기저항식 톱니바퀴 센서(magetoresistive gear - tooth sensor) 등이 있다.

### 1. 자기식 회전속도센서

이 센서는 자기유도센서(magnetic inductive sensor) 또는 가변 릴럭턴스 센서(variable reluctance sensor; VR)라고 부르며, 그 구조는 그림 10.9와 같이 영구자석과 전압 발생용 코일(pickup coil)로 구성된다. 측정 대상의 회전축에 부착된 톱니모양의 돌기가 회전하면, 돌기부분이 센서 바로 밑에 올 때(그림 10.9 (b))와 벗어 날 때(그림 10.9 (c)) 자로(磁路; magnetic path) 길이와 자속의 변화가 생겨 코일에 기전력이 유기된다. 발생 기전력의 주파수 $f$와 회전수 $N$ 사이에는 다음의 관계로 된다.

$$f = \frac{n}{60} N [\text{Hz}] \qquad\qquad (10.6)$$

여기서, $n$은 톱니수이다. 톱니수를 $n = 60$으로 하면 주파수가 회전수와 동일해진다. 그 다음 주파수 - 전압 변환기(FVC)를 사용하면 출력 펄스를 속도에 비례하는 전압으로 변환시킬 수 있다. 측정 회전수에 따라 톱니수를 증감하면 광범위한 회전수 측정이 가능하다.

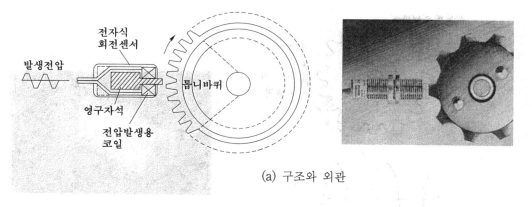

(a) 구조와 외관

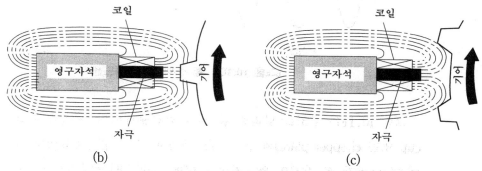

(b)                                    (c)

**[그림 10.9]** 자기식 회전속도 센서의 구조와 동작원리

전자식 검출기는 영구자석과 코일만을 사용하므로 전원이 불필요한 장점이 있으나, 저속회전에서는 출력이 현저히 작아지는 결점이 있다. 그래서, 코일 대신에 홀 소자(Hall effect device)나 자기저항소자(MR)를 사용한다.

## 2. 홀 소자식 회전속도 센서

홀 효과에 대해서는 제 3장에서 설명한 바 있다. 그림 10.10은 홀 소자를 이용한 회전속도 센서(Hall‑effect gear‑tooth sensor)의 기본구조와 동작원리를 나타낸 것으로, 자성체로 만들어진 톱니바퀴와 홀 소자로 구성된다. 이것은 그림 9.9의 자기식 회전속도 센서에서 코일대신에 홀 소자를 사용한 것과 같다. 자성체 톱니가 회전하면서 톱니가 홀 센서에 가까이 올 때마다 영구자석으로부터 자속을 모아 센서의 출력을 발생시킨다. 출력신호는 정현파이며 이것의 주파수는 자성체 휠의 rpm×톱니수 으로 주어진다.

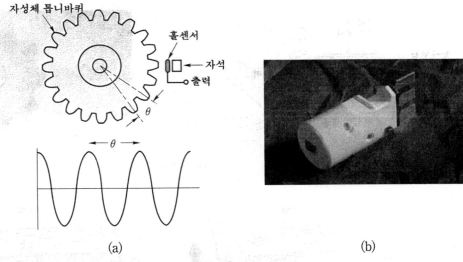

**[그림 10.10]** 홀 소자식 회전속도센서

그림 10.11은 구조를 달리한 홀 효과 회전센서이며, 자성체로 회전날개(vane cup 또는 chopper plate)와 홀 소자로 구성된다. 그림 10.11(a)와 같이 회전하는 날개(vane)가 홀 소자와 영구자석 사이에 들어오면 영구자석으로부터의 자속이 홀 소자를 통과하지 못하므로 홀 소자의 출력은 0으로 된다. 회전체가 회전하여 날개를 빠져나가면, 그림 10.11(b)와 같이 영구자석의 자속이 홀 소자를 통과하게 되므로 홀 소자의 출력이 커진다. 이와 같이 날개에 의해 자계를 on/off 하면 진폭이 일정한 거의 구형파 신호가 출력된다. 홀 효과 센서는 전자식에 비해 점점 사용이 증가하고 있다.

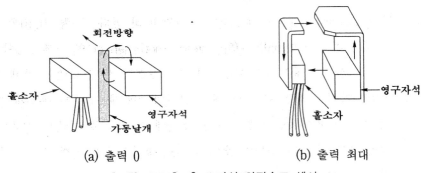

**[그림 10.11]** 홀 소자식 회전속도 센서

홀 소자식 회전센서도 캠샤프트와 크랭크샤프트의 속도 및 위치검출, 트랜스미션의 속도검출, 타코미터 등에 응용된다.

## 3. 자기저항식 회전속도 센서

그림 10.12는 자기저항소자(MR)를 사용한 회전센서이다. 그림 10.9에서 설명한 바와 같이 톱니가 센서를 통과할 적마다 자속의 변화가 일어나므로, 이것에 의해서 MR소자의 저항이 변하여 출력이 발생한다.

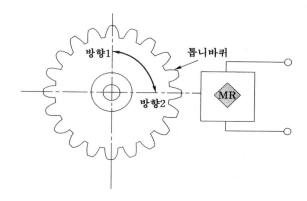

[**그림 10.12**] 자기저항 소자를 이용한 회전센서

# 제 11 장

# 가속도 · 진동 · 충격센서

## 11.1 개 요

가속도계(accelerometer)는 기계적 충격(mechanical shock)이나 진동(vibration)을 받았을 때 전기적 출력을 발생시키는 전기기계적 변환기이다. 가속도계는 일반 목적의 가속도(acceleration) 뿐만아니라, 충격, 진동 측정 등에 광범위하게 사용되고 있다.

최근 산업계에서, 특히 자동차 산업을 중심으로 에어 백 시스템(air bag system)과 샤시 컨트롤 등에 적용되는 것과 같이 차의 안정성이나 쾌적성을 위해 고성능의 가속도 센서 개발이 요구되고 있다. 또, 산업 각 분야의 기계설비, 차량, 항공기 등에서 이동체(移動體)의 경량화, 고도화, 고속화가 진행됨에 따라 충돌, 진동의 동적 변화상태를 파악하고 현상을 분석하는 것이 중요하게 되고, 또 기계의 대형화에 따라 공해진동문제, 생체정보, 지진관측 등에서도 진동현상의 측정이 중요시되고 있다. 이러한 동적 진동, 충돌현상의 측정에 사용되는 것이 진동센서이다. 진동에는 진동진폭(변위), 속도, 진동가속도의 3요소가 있으므로 이를 측정하는 센서를 사용하면 진동측정이 가능하다.

표 11.1은 가속도 센서를 검출방식에 따라 분류한 것이다. 가속도 센서는 고유진동수가 크고, 소형경량이라 설치위치가 자유롭고, 온도, 습도, 음향 등의 내환경성이 우수하고, 전기적 출력이 안정하고, 경년변화가 적다는 이유로 스트레인 게이지식, 압전식, 서보식 등이 많이 이용되고 있다.

또 최근에는 1개의 검출소자로 3축 가속도 성분을 검출하는 3축 센서가 상품화되고 있다. 여기서는 종래부터 사용되어온 가속도 센서와 최근 개발된 3축 가속도 센서의 동작원리와 그 특징에 대해서 설명한다.

[**표 11.1**] 가속도 센서의 분류

| 검출방식 | 사용센서 |
|---|---|
| 응력(stress)검출 | 압저항방식 |
| | 압 전 식 |
| | 금속 게이지 |
| 변위검출 | 정전용량식 |
| | 자 기 식 |
| | 광 학 식 |

## 11.2 변위, 속도, 가속도의 관계

물체가 직선을 따라 움직일 때, 순간속도 $v$와 순간 가속도 $a$는

$$v = \frac{dS}{dt} = \dot{S} \tag{11.1}$$

$$a = \frac{dv}{dt} = \dot{v} \tag{11.2}$$

여기서, $S$는 물체의 변위이다. 한편, 물체가 원운동을 하는 경우 그 각변위를 $\theta$라하면, 각속도 $\omega$와 각가속도 $\alpha$는 다음과 같이 정의한다.

$$\omega = \frac{d\theta}{dt} = \dot{\theta} \tag{11.3}$$

$$\alpha = \frac{d\omega}{dt} = \dot{\omega} = \frac{d^2\theta}{dt^2} = \ddot{\theta} \tag{11.4}$$

그림 11.1은 변위, 속도, 가속도 상호관계를 나타낸 것이다. 변위, 속도, 가속도의 측정이 가능한 센서를 사용하면 진동 측정이 가능하지만, 변위센서는 진동의 추종성 등에 문제가 있고, 속도 센서는 고정점을 필요로 하는 등의 문제가 있다. 그래서, 최근에는 일반적으로 진동측정에는 가속도 센서가 많이 사용된다.

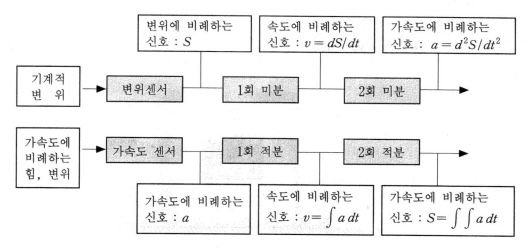

[**그림 11.1**] 변위, 속도, 가속도 상호관계

## 11.3 가속도계의 기본 동작이론

대부분의 가속도·진동 측정기술에서는 질량 - 스프링 - 댐퍼 시스템(mass - spring - damper system)을 이용한다. 그래서, 먼저 가속도 측정의 기본원리가 되고 있는 질량 - 스프링 - 댐퍼 시스템의 운동에 대해서 설명한다.

그림 11.2와 같이 질량 $m$을 스프링(스프링 정수 $k$)과 댐퍼(점성감쇠계수 $c$)

로 지지대(support)에 고정시킨 구조를 생각해 보자. 질량 $m$의 변위를 $y_m$, 지지대의 변위를 $y_h$라고하면, 질량의 지지대에 대한 상대적 변위 $y_r$는

$$y_r = y_m - y_h \tag{11.5}$$

질량 $m$의 운동에 대한 미분 방정식은 Newton의 제 2법칙으로부터

$$m\ddot{y}_m + c(\dot{y}_m - \dot{y}_h) + k(y_m - y_h) = 0 \tag{11.6}$$

또는

$$m\ddot{y}_r + c\dot{y}_r + ky_r = -m\ddot{y}_h \tag{11.7}$$

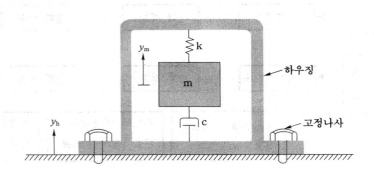

[**그림 11.2**] 질량-스프링-댐퍼 시스템

만약 지지대가 $y_h = A\sin\omega t$ ($\omega$ : 각주파수)의 운동을 한다면, 방정식 (11.7)의 정상상태 해(steady - state solution)는 다음과 같이 된다.

$$y_r = \frac{\left(\dfrac{\omega}{\omega_n}\right)^2}{\sqrt{\left[1 - \left(\dfrac{\omega}{\omega_n}\right)^2\right]^2 + \left[2\zeta\left(\dfrac{\omega}{\omega_n}\right)\right]^2}} A\sin(\omega t - \phi) \tag{11.8}$$

여기서, $\omega_n = \sqrt{\dfrac{k}{m}}$ : 시스템의 고유 각주파수(natural frequency)

$\zeta = \dfrac{c}{2\sqrt{km}}$ : 시스템의 제동비(damping ratio)

$\phi = \tan^{-1} \dfrac{2\zeta\left(\dfrac{\omega}{\omega_n}\right)}{1 - \left(\dfrac{\omega}{\omega_n}\right)^2}$ : 위상각

식 (11.8)로부터, 이 시스템의 특성을 결정하는 중요한 파라미터는 주파수 비 $\omega/\omega_n$ 와 댐핑계수 $\zeta$ 임을 알 수 있다. 그림 11.3은 위 식들을 주파수 비의 함수로 나타낸 것이다. 센서의 형태는 측정하고자하는 주파수($\omega$)와 공진주파수 ($\omega_n$)의 관계에 의해서 결정된다.

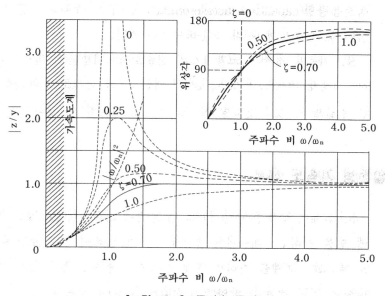

**[그림 11.3]** 주파수 특성

만약 $\omega \ll \omega_n$이면, $\phi \to 0$이고, 식 (11.8)은

$$y_r \approx \left(\frac{\omega}{\omega_n}\right)^2 A \sin \omega t \approx -\frac{\ddot{y}_h}{\omega_n^2} = -\frac{m}{k}\ddot{y}_h \qquad (11.9)$$

로 되어, 질량의 상대적 변위 $y_r$은 측정 대상물의 가속도 ($\ddot{y}_h$)에 비례한다. 변위, 속도, 가속도는 각각 다른 양이지만, 결국 질량의 변위를 측정하는 문제로 된다. 가속도에 비례하는 출력을 얻기 위해서는 $\omega \ll \omega_n$이어야 하므로, $\omega_n$이 커야한다. 그러나, 상대적 변위가 $\omega_n^2$에 반비례하므로 감도는 나빠진다.

$\omega \ll \omega_n$으로 하기 위해서는 스프링 정수 $k$가 크고, 질량 $m$이 매우 작아야 된다.

가속도 센서에는 질량 m의 변위를 검출하는 방식에 따라 여러 종류가 있으나, 주로 사용되고 있는 것은 스트레인 게이지형(strain gage - type accelerometer), 압전기형(piezoelectric accelerometer), 압저항형(piezoresistive accelerometer), 정전용량형(capacitive accelerometer) 등이며, 각각의 검출 방식에는 장점과 단점이 있고 용도에 따라 구분하여 사용한다.

또, 가속도 센서는 크게 1개의 검출소자로 1방향의 가속도(1축 가속도)를 검출하는 1축형 가속도 센서와, 1개의 검출소자로 가속도 $a$의 3축 성분($a_x$, $a_y$, $a_z$)을 검출할 수 있는 3축형 가속도 센서로 대별할 수 있다.

## 11.4  압전형 가속도 센서

9.4절에서 설명한 바와 같이, 수정이나 산화바륨($BaTiO_3$) 등과 같은 압전결정에 힘을 가하면, 내부에서 전기분극이 발생하여 결정 표면에 전하가 나타난다. 또 역으로, 전계를 가하면 결정이 기계적 변형을 일으킨다. 이때 기계적 변형의 방향은 인가 전계의 방향(인가전압의 극성)에 의존한다.

그림 11.4의 압전소자(piezoelectric component)에 힘 $F = ma$를 인가하면 전하 $q$가 발생하는데, 두 양 사이의 관계는

$$q = d_{ij}F = d_{ij}ma \qquad (11.10)$$

로 된다. 여기서, $d_{ij}$는 물질의 압전계수이다.

식 (11.10)에서 발생된 전하 $q$는 압전소자에 인가된 힘, 즉 가속도에 비례한다. 압전소자의 정전용량을 $C$라고 하면, 출력전압 $V_o$는

$$V_o = \frac{q}{C} = d_{ij}\frac{F}{C} \tag{11.11}$$

식 (11.11)에서 알 수 있듯이, 압전소자의 출력은 그것의 기계적 특성인 $d_{ij}$에 의존한다.

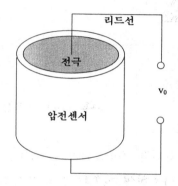

[그림 11.4] 압전소자의 기본구조

압전형 가속도 센서에는 압축형(壓縮型; compression‑type)과 전단형(剪斷型; shear stress type) 이 있다. 압축형은 그림 11.5(a)에 나타낸 것처럼, 평판 또는 원판 모양의 압전소자를 베이스와 추(錘) 사이에 고정시킨 구조이며, 그림 11.5(b)와 같이 압전현상의 종효과를 이용한다. 구조가 간단하고 기계적 강도도 커서 큰 가속도 및 충격 계측에 적합하다. 그러나 분극방향과 출력방향이 일치하므로 순간적인 온도변화에 의한 출력(이것을 초전기(焦電氣) 출력이라고 하며, 1 [Hz] 이하의 성분을 가진다.)이 발생하기 때문에 낮은 진동수, 미소레벨의 진동 계측에는 부적합하다.

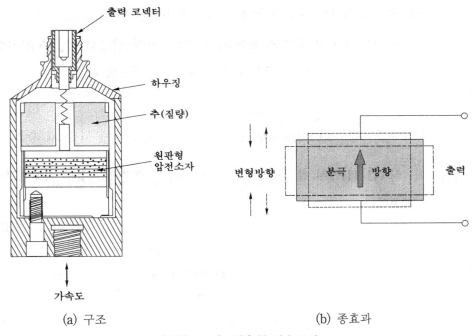

**[그림 11.5]** 압축형 가속도계

그림 11.6은 전단형 가속도계의 구조를 나타낸 것으로, 평판 또는 원통 모양의 압전소자를 사용하여 한쪽의 전극 면에는 무거운 추를, 다른 전극은 베이스에 고정시켜 압전소자에 전단이 발생하도록 한다. 이때 그림 11.6(b)와 같이 압전소자의 분극방향과 출력방향이 직교하기 때문에 온도변화에 의한 출력이 작아진다. 또, 압전계수($d_{15}$)가 압축형($d_{33}$)보다 약 1.5배 크기 때문에 감도를 크게 할 수 있다. 전단형 가속도계는 일반 기계 진동은 물론 구조물, 지반, 지진 등의 낮은 진동수 계측, 잡음이 작기 때문에 미소 레벨 계측에 적합하다.

압전형 가속도 센서는 구조가 간단하므로 소형, 경량이라는 특징이 있고 진동해석에서 가속도 픽업으로 사용되고 있다. 또, 언급한 바와 같이 에어백 시스템용의 충돌 검출 센서에 사용되고 있다.

압전형 가속도 센서는 임피던스가 높고, 초전효과를 가지며, 정적인 가속도를 검출할 수 없다는 결점이 있으므로 취급상 주의할 필요가 있다.

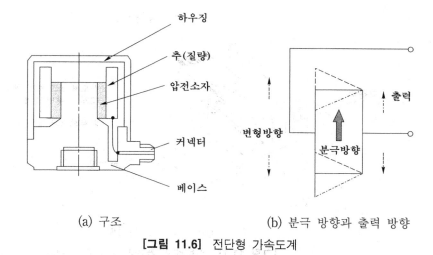

(a) 구조　　　　　(b) 분극 방향과 출력 방향

**[그림 11.6]** 전단형 가속도계

## 11.5 스트레인 게이지형 가속도 센서

스트레인 게이지형 가속도센서(strain gage accelerometer)에는 금속 게이지를 사용한 것과, 압저항 효과를 갖는 반도체 게이지를 사용한 것이 있다. 어느 것이나 모두 그림 11.7과 같이 스프링과 추로 구성되며, 스프링에 4매의 게이지가 사용된다. 외함 A속에 스프링 b로 지지된 추 c가 있고, 감도축 방향으로 진동이

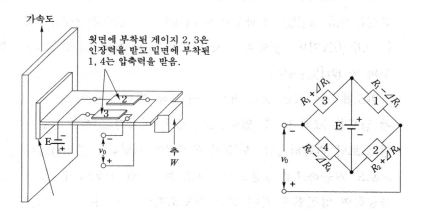

(a) 금속 스트레인 게이지형

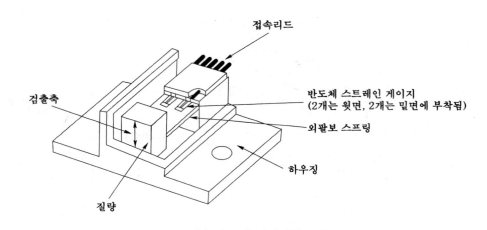

(b) 반도체 게이지형

**[그림 11.7]** 스트레인 게이지형 가속도 센서

있으면 스프링 b는 진동에 따라 변위하고, 스프링에 변형이 발생한다. 이 변형을 스트레인 게이지의 저항치 변화로 검출한다. 외함 속에는 제동(damping)을 위해 적당한 점도를 갖는 실리콘 유를 봉입한다.

그림 11.7(a)의 우측 그림은 측정회로를 나타낸 것으로, 4개의 스트레인 게이지를 휘트스토운 브리지로 조합해서 변형에 비례하는 저항치의 변화를 전압의 변화로 출력한다. 출력 전압은 수 [mV]로 작아서 증폭기를 필요로 한다.

금속 스트레인 게이지를 사용한 가속도계의 측정범위는 ±2~1,000 [G], 비직선성은 0.5~1 [%], 분해능은 0.1 [%]이다. 실리콘 유의 댐핑 비(damping ratio)는 0.6~0.7이며, 진폭의 편차를 ±5 [%]로 하면, 응답 주파수 범위는 고유진동수의 약 60 [%]이다.

반도체 게이지는 금속 게이지에 비해 게이지 율이 수 10~100까지 크기 때문에 감도를 크게 할 수 있다. 또, 금속 게이지의 저항 값은 증가하는 방향(정방향)으로만 변화하지만, 반도체 게이지의 저항값은 증가(正)와 감소(負)하는 방향으로도 가능하므로 능동소자만으로 브리지를 구성할 수 있다. 또 소형 경량화가 가능하여 압전형과 거의 같은 정도로까지 작게 할 수 있다.

## 11.6 정전용량형 가속도 센서

그림 11.8은 두 종류의 정전용량형 가속도계(capacitive accelerometer) 구조를 나타낸다. 둘 다 두 개의 고정전극과, 그 사이에 샌드위치된 가동전극으로 구성된다. 가동전극은 질량과 스프링의 역할을 한다. 가동 전극판이 가속도를 받으면 변위를 일으켜 전극사이의 거리가 변하므로 가동전극과 두 고정전극간의 정전용량이 변화한다. 정전용량형 가속도 센서는 이러한 정전용량의 변화를 이용하여 가속도를 검출하는 것이다. 두 정전용량은 브리지 회로로 접속된다.

정전용량 값은 수십 $[\mu\mathrm{F}]$에서 수 $[\mathrm{pF}]$로 작아서 신호처리회로를 검출부 가까이에 둘 필요가 있다. 검출부 자체만으로는 잡음이 존재하므로 사용할 수 없고, 일반적으로 시판되고 있는 정전용량형 가속도 센서는 신호처리회로가 내장되어 있다.

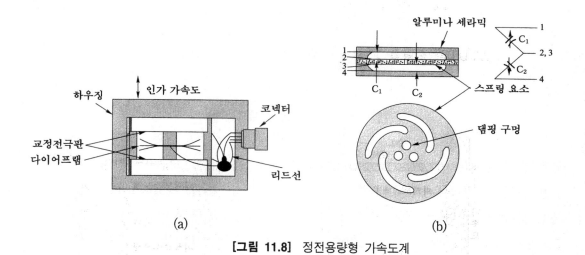

[그림 11.8] 정전용량형 가속도계

정전용량형 가속도 센서의 검출부를 구성하는 전극부는 보통 기계부품(금속판)으로 구성되는 형식과, 실리콘 마이크로머시닝기술(micromachining)로 만드는 형식 등의 2가지가 있다. 후자에 대해서는 11.8절에서 설명한다.

정전용량형 가속도 센서 모두 정적인 가속도의 검출이 가능하고 정도가 우수하다. 앞으로도 발전이 기대되는 가속도 센서이며 충돌 검출용 센서로 많이 사용된다.

## 11.7 LVDT형 가속도 센서

그림 11.9는 질량의 변위를 LVDT 사용해 검출하는 가속도계의 구조를 나타낸다. 그림 11.9(a)와 같이 위로 향하는 가속도를 받으면, 질량 $m = W/g$ ($g =$ 중력가속도)에 의해서 아래로 작용하는 힘이 발생하여 외팔보 스프링(cantilever spring)은 아래로 $x$만큼 변위한다. 이것은 위로 향하는 힘 $kx$(복원력)를 발생시킨다. 두 힘이 평형된 상태에서

$$ma = \frac{W}{g} a = kx \tag{11.12}$$

LVDT의 출력을 $V_o = k_L x$라고 하면, 가속도 $a$는

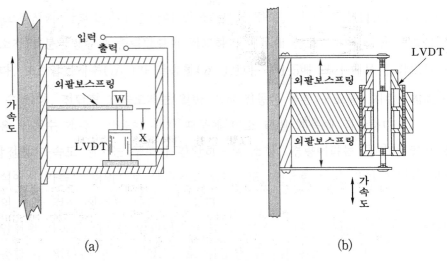

[그림 11.9] LVDT형 가속도계

$$\frac{a}{g} = \frac{k}{W} x = \frac{k}{Wk_L} V_o \tag{11.13}$$

따라서, 측정하고자하는 가속도는 LVDT의 출력전압에 비례한다. 그림 11.9 (b)의 가속도계에서는 LVDT의 철심(core) 자체가 질량으로 작용한다.

## 11.8 전위차계형 가속도 센서

그림 11.10은 질량의 변위를 측정하는데 전위차계를 이용한 가속도계이다. 질량 $m$이 정지하면 전위차계의 와이퍼는 중앙 위치에 정지하여 출력전압은 0으로 된다. 인가된 가속도에 의해서 질량이 위로 이동하면 출력은 $+V_o$로 되고, 아래로 이동하면 $-V_o$로 된다. 전위차계의 저항 범위는 $1000 \sim 10,000\,[\Omega]$이다.

전위차계식 가속도계의 측정범위는 $\pm 1\,[g] \sim \pm 50\,[g]$이고, 고유진동수는 $f_n = 100\,[Hz]$ 이하이다. 이 방식의 가속도계는 출력이 크고, 비교적 저가라는 장점이 있으나, 전위차계의 관성과 마찰력을 극복하기 위해서 질량을 크게 할 필요가 있기 때문에 사용주파수가 $100\,[Hz]$ 이하로 낮다. 따라서 천천히 변하는 정상상태의 가속도 측정에 사용된다.

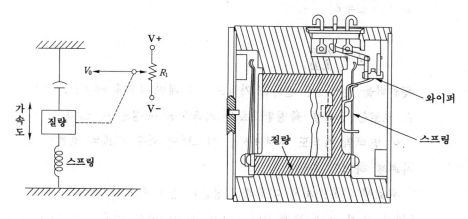

**[그림 11.10]** 전위차계식 가속도계

## 11.9 서보형 가속도 센서

서보형 가속도계(servo accelerometer)는 암페어의 법칙(Ampere's law)에 기본을 두고 있다. 즉, 자계 내에 놓여있는 도체에 전류가 흐르면, 도체에는 다음 식으로 주어지는 작용하는 힘이 작용한다.

$$F_m = ILB \sin \theta \tag{11.14}$$

여기서, $I$는 도선에 흐르는 전류, $L$은 도선의 길이, $B$는 자속밀도, $\theta$는 도체와 자속이 이루는 각이다.

그림 11.11은 서보형 가속도계의 일예를 나타낸 것으로, 귀환(feedback)에 원리를 두고 있다. 질량에 가속도가 가해지면, 질량이 평형위치로부터 벗어난다. 이 변위를 변위센서로 검출해서, 서보 증폭기를 통해서 구동부에 전류를 흘리고 변위에 비례하는 복원력을 발생시켜 질량을 평형위치로 복귀시킨다.

지금, 아래로 향하는 가속도가 작용한다고 가정하자. 암페어의 법칙에 의해서, 코일이 경험하는 힘은

$$F = ma = ILB \tag{11.15}$$

위 식으로부터 전류는

$$I = \frac{ma}{LB} \tag{11.16}$$

복원력을 발생시킨 전류는 가속도에 비례하기 때문에 서보 증폭기로부터 구동부로 흐르는 전류를 측정함으로써 가속도를 측정할 수 있다.

이 방식의 가속도 센서에서는 시스템이 외부 자계의 영향을 받지 않도록 자기 자폐를 하여야 한다.

서보형 가속도계의 대표적인 성능은 감도 $0.1\,[\mathrm{V/m/s^2}]$, 진동수 범위 0~수백 [Hz], 측정 레벨 범위 $10^{-6} \sim 10^2\,[\mathrm{m/s}]$ (미소 가속도 측정에 적합) 등이다.

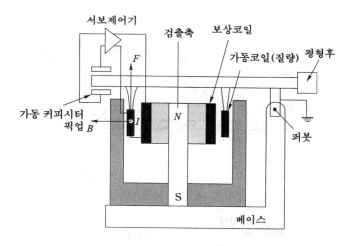

**[그림 11.11]** 서보형 가속도계

## 11.10 마이크로 가속도 센서

마이크로가속도계(microaccelerometer)는 최근에 상품화된 가속도 센서로, 실리콘 마이크로머시닝 기술을 이용해서 만든 초소형 가속도계이다. 현재 상품화된 실리콘 가속도 센서의 구조는 매우 다양하기 때문에 여기서는 간단한 구조를 예로 들어 그 기본원리를 설명한다.

실리콘 가속도계는 크게 정전형(capacitive microaccelerometer)과 압저항형(piezoresistive microaccelerometer)으로 분류된다. 그림 1.12(a)는 정전형 가속도계의 기본구조이다. 인가된 가속도에 의해서 실리콘 질량이 변위하면 전극사이의 거리가 변하여 정전용량의 변화로 검출된다.

그림 11.12(b)는 압저항형 가속도계의 원리이다. 가속도에 의해서 실리콘 질량이 변위하면, 질량을 지지하고 있는 암(suspension arm)에 만들어진 압저항(piezoresistor)의 저항 값이 변한다. 이러한 압저항 효과는 압저항형 압력센서에서 설명한 것과 동일한 원리에 의해서 일어난다.

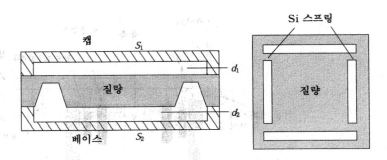

(a) 정전용량형 마이크로가속도 센서

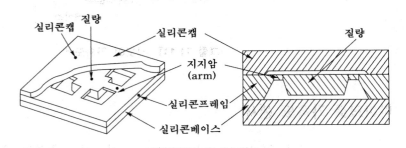

(b) 압저항형 마이크로가속도 센서

**[그림 11.12]**  실리콘 마이크로가속도 센서

표 11.2는 압저항형 실리콘 가속도계의 특성 예를 나타낸 것이다. 실리콘 가속도계는 주파수 범위가 넓고, 10,000 [g]의 과충격에도 견딜 수 있다.

**[표 11.2]**  압저항형 실리콘 가속도계의 특성 예

| 특성 | Endevco | conventional |
|---|---|---|
| 다이 크기 [mm] | 1.65×1.78 | – |
| 범위 [g] | ±1,000 | ±1,000 |
| 감도, typ. [mV/g] | 0.2 | 0.1~0.25 |
| 직선성 [%] | 1 | 1~3 |
| 공진 주파수 [kHz] | 65 | 25 |
| 횡감도, max. [%] | 3 | 3 |
| 가속도 0일 때 출력 [mV] | ±25 | ±50 |

| 특성 | Endevco | conventional |
|---|---|---|
| 동작 온도 범위 [℃] | −54 ~ +135 | −20 ~ +65 |
| 내충격도 [g] | 10,000 | 5,000 |
| 무게 [g] | 0.8 | 1~5 |

실리콘 가속도계는 현재 자동차의 에어 백 등에 사용되고 있다.

## 11.11  3축 가속도 센서

3축 가속도 센서는 1개의 검출소자로 가속도 A의 3축 성분($A_x$, $A_y$, $A_z$)을 검출할 수 있는 것으로, 최근에 개발된 새로운 형태의 가속도 센서이다. 압전형, 압저항형, 그리고 정전용량형 등 3종류가 있다.

### 11.11.1  압전형 3축 가속도 센서

압전형 3축 가속도 센서는 3장의 압전 세라믹스를 사용하여 가속도의 3축 성분을 검출한다. 그림 11.13(a)는 압전형 3축 가속도 센서의 구조를 나타낸다. 다이어프램 위에는 압전 세라믹이 형성되고, 아래는 가속도에 의해 압전소자가 변형할 수 있도록 추(錘)가 접합되어 있다. 압전소자의 표면에는 그림 10.16(b)와 같은 전극 패턴이 형성된다.

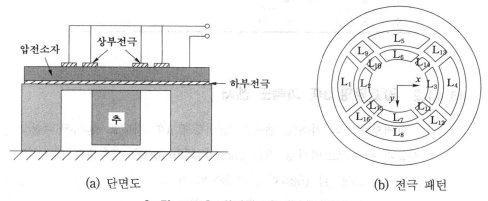

(a) 단면도                    (b) 전극 패턴

**[그림 11.13]** 압전형 3축 가속도 센서

　　$X$, $Y$, $Z$ 방향의 가속도가 작용했을 때 압전소자는 그림 11.14과 같이 변위하여 각 전극에는 표 11.3에 보인 바와 같은 전하가 발생한다. 표 11.3에 보인 각 전극끼리 각각의 축에 연결함으로써 3축 가속도 성분($A_x$, $A_y$, $A_z$)이 검출된다. 각축의 가속도는 차동으로 검출되므로 파이로 효과의 영향을 받지 않으며 온도 변화에 대해서 안정하다.

　　압전형 3축 가속도 센서는 1축 형식과 마찬가지로 정적인 가속도를 검출하는 것이 불가능하다는 단점이 있고 취급상 주의할 필요가 있다.

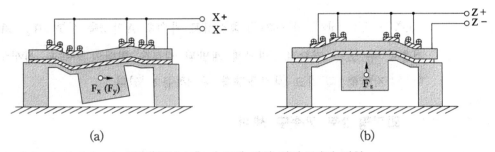

(a) (b)

**[그림 11.14]** 속도에 의한 압전소자의 변형

**[표 11.3]** 각 가속도에 의한 정·부전하의 발생

| | $X$축 검출 | | | | $Y$축 검출 | | | | $Z$축 검출 | | | | | | | |
|---|---|---|---|---|---|---|---|---|---|---|---|---|---|---|---|---|
| | $L_1$ | $L_2$ | $L_3$ | $L_4$ | $L_5$ | $L_6$ | $L_7$ | $L_8$ | $L_9$ | $L_{10}$ | $L_{11}$ | $L_{12}$ | $L_{13}$ | $L_{14}$ | $L_{15}$ | $L_{16}$ |
| $A_X$ | + | + | + | + | 0 | 0 | 0 | 0 | + | − | + | − | + | − | − | |
| $A_Y$ | 0 | 0 | 0 | 0 | + | + | + | + | + | − | + | − | + | − | + | − |
| $A_Z$ | + | − | − | + | + | − | − | + | + | + | + | + | + | + | + | + |

## 11.11.2　압저항형 3축 가속도 센서

　　압저항형 3축 가속도 센서는 압저항형 1축 가속도 센서와 마찬가지로 반도체 기술과 마이크로머시닝 기술(micromachining)을 이용하여 만든다. 실리콘 기판 표면에는 그림 11.15(a)과 같이 3축의 가속도 성분을 검출하기 위한 3조의 압저항 소자가 형성되어 있다. 이면에는 환상의 다이어프램이 형성되고 또 중앙부와

주변부에는 각각 추와 지지대가 접합(bonding)되어 있다. 추와 지지대를 1장의 유리 기판에 만들어 놓고 이 유리기판을 실리콘 기판의 다이어프램 면에 접합한 후 유리기판을 절단함으로써 추와 지지대가 분리된다. 이러한 조립방식에 따라서 일괄 처리와 제조공정의 자동화가 가능하다.

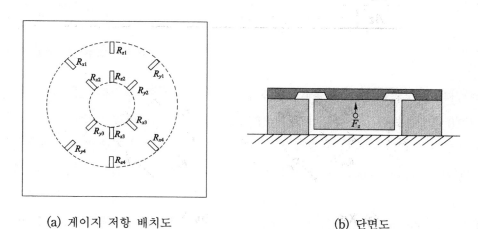

(a) 게이지 저항 배치도         (b) 단면도

**[그림 11.15]** 압저항형 3축 가속도 센서

그림 11.16은 동작원리를 나타낸다. 추에 X(또는 Y) 방향의 가속도가 작용하면 다이어프램은 그림 10.19(a)과 같이 변위되고, Z축 방향으로 작용하면 그림 11.16(b)와 같이 변위한다. 이 때 실리콘 기판 위에 형성된 압저항 소자는 표 10.4와 같이 변화한다. 표에서 "+"는 저항값의 증가, "−"는 감소, "0"는 변화가 없음을 나타낸다. 이러한 압저항 소자를 그림 10.20과 같은 브리지 회로로 결선함으로써 각 축의 가속도를 구할 수 있다.

(a) X(Y)축 가속도에서 다이어프램의 변위    (b) Z축 가속도에서 다이어프램의 변위

**[그림 11.16]** 압저항형 3축 가속도 센서의 동작

**[표 11.4]** 각 축 가속도에 의한 압저항 소자의 저항변화

| | $R_{X1}$ | $R_{X2}$ | $R_{X3}$ | $R_{X4}$ | $R_{Y1}$ | $R_{Y2}$ | $R_{Y3}$ | $R_{Y4}$ | $R_{Z1}$ | $R_{Z2}$ | $R_{Z3}$ | $R_{Z4}$ |
|---|---|---|---|---|---|---|---|---|---|---|---|---|
| | X축 검출 | | | | Y축 검출 | | | | Z축 검출 | | | |
| $A_X$ | + | − | + | − | 0 | 0 | 0 | 0 | + | − | + | − |
| $A_Y$ | 0 | 0 | 0 | 0 | + | − | + | − | + | − | + | − |
| $A_Z$ | − | + | + | − | − | + | + | − | − | + | + | − |

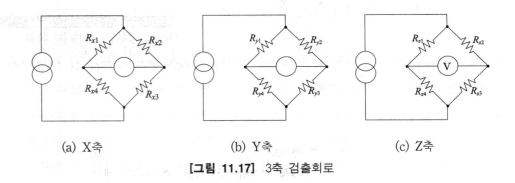

(a) X축       (b) Y축       (c) Z축

**[그림 11.17]** 3축 검출회로

압저항형 3축 가속도 센서는 압저항형 1축 가속도 센서와 거의 같은 사양을 가지며, 대량생산이 가능하고 저가, 소형, 고신뢰성이라는 특징을 갖고 있다. 충돌 검출용 센서로써 사용하면 1개의 센서로 모든 방향에서 충돌을 검출할 수 있다.

## 11.11.3 정전용량형 3축 가속도 센서

정전용량형 3축 가속도 센서도 전술의 압저항형 3축 가속도 센서와 마찬가지로 반도체 기술과 마이크로머시닝기술을 이용하여 만든다. 고정기판(유리기판) 표면에는 그림 11.18(a)와 같이 3축의 가속도 성분을 검출하기 위한 5개의 전극이 형성되고, 그것과 마주보는 실리콘 기판 표면에 1개의 전극이 형성되어 5개의 커패시터가 만들어진다. 실리콘 기판의 이면에는 원형의 다이어프램이 형성되고 중앙과 주변에는 각각 추와 지지대가 접속된다. 추와 지지대도 각각 1장의 유리기판으로 되어 있고 유리기판을 실리콘 웨이퍼의 다이어프램에 접합 한 후

유리기판을 절단함으로써 추와 지지대가 분리된다. 이 조립 방법에 따라서 일괄 처리와 제조공정의 자동화가 가능하다.

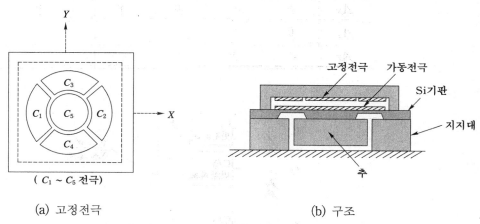

(a) 고정전극                  (b) 구조

[**그림 11.18**] 정전용량형 3축 각속도 센서

그림 11.19는 동작원리를 나타낸다. 추에 X(또는 Y) 방향의 가속도가 작용하면 다이어프램은 그림 11.19(a)와 같이 되고 Z축 방향은 그림 10.22(b)와 같이 변위한다. 이 때 실리콘 기판과 고정기판 사이에 형성된 정전용량은 표 11.5와 같이 변화한다. 표에서 "+"는 정전용량의 증가, "−"는 감소, "0"는 변화가 없음을 나타내고 있다. 이러한 정전용량을 그림 11.20과 같은 회로에 접속함으로써 각 축의 가속도를 구할 수 있다.

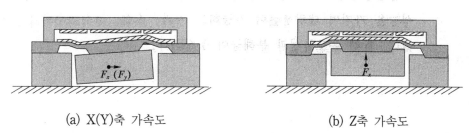

(a) X(Y)축 가속도               (b) Z축 가속도

[**그림 11.19**] 정전용량형 가속도 센서의 동작

**[표 11.5]** 정전용량의 변화와 각 축 검출

|  | X축 가속도 검출 | | Y축 가속도 검출 | | Z축 가속도 검출 |
|---|---|---|---|---|---|
|  | $C_1$ | $C_2$ | $C_3$ | $C_5$ | $C_5$ |
| $A_X$ | + | − | 0 | 0 | 0 |
| $A_Y$ | 0 | 0 | + | − | 0 |
| $A_Z$ | + | + | + | + | + |

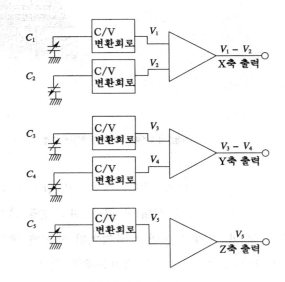

**[그림 11.20]** 정전용량형 3축 가속도 센서의 회로구성

정전용량형 3축 가속도 센서는 전술한 압저항형 3축 가속도 센서와 거의 같은 성능을 가지며 대량생산이 가능하고 저가, 소형, 고신뢰성이라는 특징을 갖고 있다. 특히 온도특성과 분해능이 우수하다.

# 제 *12* 장

# 유량 · 유속센서

## 12.1 개 요

### 12.1.1 유체의 특성

유체(流體; fluid)란 전단력(剪斷力; shear force)을 받았을 때 연속적으로 변형하는 물질을 말하며, 체적을 용이하게 바꿀 수 있는 기체와, 그렇지 않은 액체로 나뉘어진다. 또, 압력을 변화시켰을 때 밀도변화가 없는 유체를 비압축성 유체(incompressible fluid), 압력변화에 대해서 밀도변화가 있는 유체를 압축성유체(compressible fluid)라고 부른다. 물이나 기름등은 사실상 비압축성 유체이다.

흐름 또는 유동(flow)이란 유체의 운동(motion)으로 정의된다. 액체나 기체의 흐름은 그림 12.1과 같이 층류(層流; laminar flow)이거나 난류(亂流; turbulent flow)이다. 그림 12.1(a)의 층류는 흩어짐이 없이 질서정연하고 규칙적인(orderly and regular) 흐름을 말한다. 층류에서 각 체적 셀(volume cell)은 용기벽과 다른 셀에 평행하게 흐른다. 균일한 흐름(uniform flow)은 한 단면을 가로질러 유체의 모든 입자가 동일한 속도로 흘러갈 때 존재하는데, 이러한 흐름은 단지 매우 짧은 거리에 대해서만 실현된다.

한편, 그림 12.1(b)의 난류는 겉보기에 매우 불규칙하게(random manner) 소용돌이(whorls, eddies, vortexes)들이 발생하고 사라지는 무질서한 흐름이다.

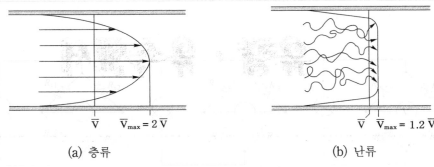

|(a) 층류|(b) 난류|

**[그림 12.1]** 층류와 난류

흐름이 층류인가 난류인가는 그 시스템의 레이놀드 수(Reynolds number)를 검토해서 결정된다. 레이놀드 수는

$$Re = \frac{\rho \bar{v} D}{\mu} \tag{12.1}$$

여기서, $Re$는 레이놀드 수, $\rho$는 유체밀도(density), $\bar{v}$는 평균유체속도(mean velocity), $\mu$는 점성(viscosity), $D$는 유체가 흐르는 관의 직경이다. 일반적으로 레이놀드 수가 4000 이상이면 난류고, 2000 이하이면 층류를 나타낸다. $Re$가 2000~4000 사이이면, 흐름은 과도상태에 있고 두 모드가 다 존재할 수 있다.

관의 단면에서 유속은 일정하지 않으며, 흐름의 형태에 의존한다. 층류에서는 큰 점성 때문에 관벽부근에서 유체의 속도가 느려져 속도분포는 포물선(parabolic)으로 된다. 이러한 조건하에서, 관의 중심에서 유체속도는 관 단면에 대한 평균속도의 2배로 된다. 층류는 관벽의 거칠음(roughness)에 영향을 받지 않는다.

한편, 난류에서는 관성력(inertia force)이 지배적이고, 이것에 비해 관벽의 영향은 덜 하다. 그리고 속도분포는 더 편평해지고, 중심속도는 평균속도의 약 1.2배로 된다. 난류에서 정확한 속도분포는 관벽의 거칠음과 레이놀드 수에 의존한다.

### 12.1.2 유량

유량(flow rate or flux)이란 단위시간에 임의의 단면을 통과하는 물질의 양이며, 유체의 질량(mass or weight)과 체적(volume)으로 나타낸다.

체적유량(volumetric flow rate)은 단위시간당 전달되는 물질의 체적을 나타내며 단위로는 $[m^3/s]$, $[cm^3/s]$ 등이 사용된다. 체적유량 $Q_v$에 대한 식은

$$Q_v = \frac{dV}{dt} = A\overline{v} \tag{12.2}$$

여기서, $dV$는 시간 $dt$ 동안 통관한 체적, $A$는 관의 단면적, $v$는 관의 단면에서 평균유속(average velocity)이다.

질량유량(mass flow rate)은 단위시간당 전달되는 질량이며, 단위로는 $[kg/s]$이 사용된다. 유체의 체적 $V$, 질량 $m$, 밀도 $\rho$ 사이의 관계는

$$m = V\rho \tag{12.3}$$

이므로, 위 두 식으로부터 질량유량 $Q_m$은 다음과 같이 유도된다.

$$Q_m = \frac{dm}{dt} = Q_v\rho + V\frac{d\rho}{dt} \tag{12.4}$$

만약 유체의 밀도가 시간에 따라 변하지 않는다면, 위 식으로부터 질량유량은 다음 식으로 된다.

$$Q_m = Q_v\rho = \rho A\overline{v} \tag{12.5}$$

### 12.1.3 유량계 분류

유량계를 동작원리에 따라 분류하면 다음 표 12.1과 같다. 아직도 기계식 유량계가 널리 사용되고 있어, 본서에서도 간단히 설명한다.

또 다른 분류방식은 유량센서와 유체사이에 에너지 교환 모드에 따른 분류인데, 유량측정시 유체 에너지를 소비하는 에너지 추출형(energy extractive; EE)과, 유량계로부터 유체로 에너지가 전달되는 에너지 추가형(energy additive ;EA)이 있다.

**[표 12.1]** 유량계의 분류

| 유량계 그룹 | 유량계 형식 |
|---|---|
| 차압식 유량계<br>(differential pressure flowmeter) | 피토관 유량계 |
| | 면적 유량계 |
| 기계식 유량계<br>(mechanical flowmeter) | PD 유량계 |
| | 터빈 유량계 |
| | 로타리 유량계 |
| 전자식 유량계<br>(electronic flowmeter) | 자기 유량계 |
| | 와 유량계 |
| | 초음파 유량계 |
| 질량 유량계<br>(mass flowmeter) | 열선식 유량계 |
| | 코리올리 유량계 |

## 12.2 면적 유량계

면적 유량계(variable area flowmeter)는 유체가 흘러나가는 단면적이 변하는 것을 이용하는 유량계이다. 그림 12.2에 면적 유량계의 일종인 로터미터(rotameter)의 구조를 나타내었다. 단면적이 위쪽으로 갈수록 크게 되어있는 관

내부에 자유로이 상하로 움직이는 플로트(float)가 들어있다. 유체가 관의 아래쪽으로부터 유입하면, 플로트는 관 위쪽으로 올라간다. 플로트의 전후에 압력차가 발생하고, 이 차압에 의해 플로트는 위로 향하는 힘을 받아 상승한다. 플로트는 이 힘과 플로트에 작용하는 유효중량과 평형되는 위치에서 정지한다. 플로트는 관내를 흐르는 유량이 클수록 높은 위치에서 멈추고, 그 위치에 따라 관내의 유량을 알 수 있다. 플로트의 위치에 따라 유체가 홀러나가는 단면적이 변화하는 것을 이용하여 유량을 구하므로, 이것을 면적 유량계라고 한다.

로터미터(rotameter)의 종류에는, 관이 투명하여(경질 유리, 아크릴 수지 등) 플로트의 위치를 직접 읽어 유량을 측정하는 것, 관을 금속성으로 한 현장지시계, 관내의 플로트의 움직임을 자기결합에 의해 외부로 꺼내어 유량값를 전기신호 또는 공기압 신호로 변환하여 전송하는 전송형이 있다.

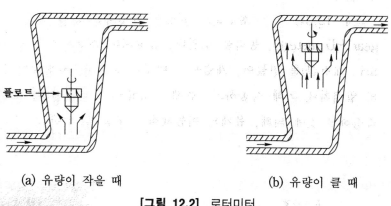

(a) 유량이 작을 때　　　　　(b) 유량이 클 때

**[그림 12.2]** 로터미터

로터미터는 매우 편리하고 저가의 유량계로서, 깨끗한 가스나 액체의 중·저유량 측정에 사용된다. 동작압력($P_{max} \leq 20$ [bar])과 동작온도($T_{max} \leq 200$ [℃])는 낮다.

## 12.3 기계식 유량계

### 12.3.1 체적 유량계

체적 유량계 또는 정변위 유량계(正變位流量計; positive displacement flow-meter or PD meter)는 일정체적의 용기로 유체의 체적을 측정하면서 송출하는 방식의 유량계로, 일정시간 동안 또는 단위시간 동안 흘려 내보내는 횟수로 유량과 적산유량을 구할 수 있다. 정변위(正變位)라고 부르는 것은 동작시 유체가 유량계를 통과하기 위해서는 반드시 측정 엘레멘트를 이동시켜야만 되기 때문이다. 예를 들면, 다음에서 설명하는 터빈식에서는 로터(rotor)와 유량계 몸체사이에 여유가 있어 이곳을 통해 유체가 통과할 수 있지만, 정변위식에서는 회전부(回轉部)가 측정 챔버벽과 접촉하고 있어 회전체의 이동없이는 유체는 빠져나갈 수 없다.

그림 12.3은 높은 정밀도로 유량을 측정하는 오발 기어식 체적 유량계(oval gear PD meter)의 동작을 보인다. 유량계의 계량부에 일정 체적의 공간부(틀, 또는 계량실)를 만들어, 계량부의 내부의 운동이, 유량계의 유입측과 유출측과의 압력차에 의해 작동하고, 유체는 유출측에 보내진다. 회전자의 작동회수를 측정하는 것에 의해, 유체의 이동체적을 구할 수 있다.

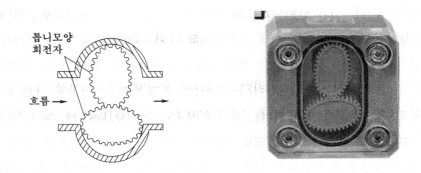

**[그림 12.3]** 오벌 기어식 유량계

체적 유량계는, 계측정도가 높고, 화학액체를 비롯한 각종 석유제품으로부터 냉·온수, 기체의 유량측정까지 광범위하게 사용되고 있다. 정도는 통상 ±0.5[%] 이하이다.

### 12.3.2 터빈 유량계

그림 12.4는 터빈 유량계(turbine flowmeter)의 기본 구조를 나타낸 것으로, 여러 개의 날개(multi-blade)가 달린 회전자(rotor)가 유체의 흐름 속에서 자유롭게 회전할 수 있도록 설치되어 있다. 또 상류측에는 유체속에 있는 입자들로부터 터빈 날개를 보호하는 스크린(screen)의 역할을 할 뿐 만 아니라 흐름을 직선으로 해주는 날개(flow straightener)가 있다.

터빈식 유량계에 의해서 측정되는 총 유량 $Q$는 다음 식으로 주어진다.

$$\frac{\omega}{Q} = K \tag{12.6}$$

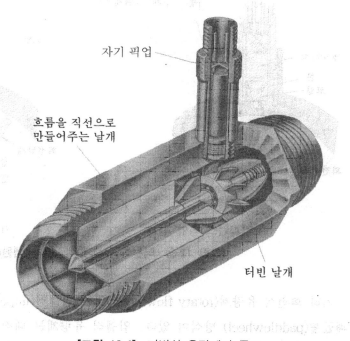

자기 픽업

흐름을 직선으로
만들어주는 날개

터빈 날개

**[그림 12.4]** 터빈식 유량계의 구조

여기서, $\omega$는 회전자의 각속도, $K$는 상수이다. 이와 같이, 터빈식에서는 유량은 회전자의 회전 각속도에 정비례한다.

터빈 회전은 릴럭턴스(reluctance), 인덕턴스(inductance), 정전용량, 홀 효과 픽업(pick-up)으로 검출된다. 그림 12.5는 릴럭턴스 픽업과 인덕턴스 픽업을 사용한 터빈식 유량계의 구조이다. 그림 12.5(a)에서, 릴럭턴스 픽업은 영구자석과 코일로 구성되어 있다. 회전자 날개가 코일을 통과할 적마다 전압이 발생한다.

그림 12.5(b)의 인덕턴스 픽업에서는 영구자석이 회전자에 부착되던가 또는 날개를 영구자석으로 만든다. 두 방식 모두 연속적인 정현파를 출력하며, 이것의 주파수가 유량에 비례한다.

터빈 유량계는 액체와 기체의 유량 측정에 모두 사용되며, 매우 정확하고 신뢰성이 높은 유량계이다.

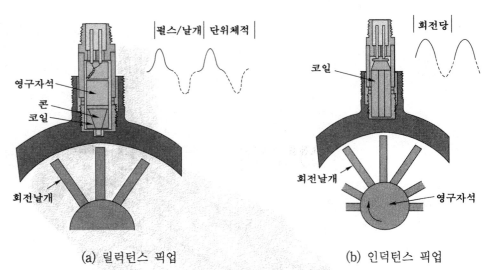

(a) 릴럭턴스 픽업      (b) 인덕턴스 픽업

**[그림 12.5]** 터빈식 유량계의 신호 발생원리

기타 회전식 유량계(rotary flowmeter)로는 임펠러(impeller, propeller) 방식과 패들휠(paddlewheel) 방식이 있다. 임펠러 유량계는 대직경(4인치 이상)에 사용

되며, 확도는 낮지만 가격이 저렴하다. 패들휠 유량계에서는 회전자의 회전축이 흐름에 수직으로 놓이고, 터빈식과는 달리 회전날개는 평평하다.

## 12.4 초음파식 유량계

초음파 유량계(ultrasonic flowmeter)는 초음파를 이용해서 유량을 측정하는 센서로써 여러 종류가 있으나, 현재 주요한 방식은 주행시간 방식(transit time)과 도플러(Doppler) 방식이다. 주행시간 유량계(transit time flowermeter)는 유체 중에서 초음파의 전파속도가 유속의 영향을 받는 것을 이용한다. 한편, 도플러 유량계는 유체와 함께 운동하고 있는 입자에 의한 초음파의 산란파가 받는 도플러 효과를 이용하는 방법이다.

### 12.4.1 주행시간 초음파 유량계

주행시간 초음파 유량계는 흐름에 의해 발생된 초음파 펄스의 주행시간차를 이용하는 유량센서로, 초음파 변환기의 설치방식에 따라 대각선식(diagonal mode)과 반사식(reflect mode)이 있다.

그림 12.6은 초음파 변환기가 대각선으로 배치된 주행시간 유량계의 구조를 나타낸다. 초음파가 유체 속을 전파할 때, 전파방향이 유체흐름 방향과 같으면 흐름이 정지되어 있을 때 보다 전파속도가 빠르게 되고, 서로 방향이 반대이면 전파속도는 흐름이 정지되어 있을 때보다 늦게된다. 이 현상을 이용하기 위해서 상류측과 하류측에 각각 초음파 진동자가 설치되어 있고, 유체 관로에 경사지도록 초음파를 전파시킨다. 두 진동자는 초음파 펄스의 송신, 수신을 교대로 한다. 상류 → 하류(downstream direction)로 향하는 초음파 펄스의 주행시간(transit time) $t_{12}$ 와, 하류 → 상류(upstream direction)로 향하는 주행시간 $t_{21}$ 를 측정하고, 연산 처리하여 유량신호를 회로적으로 변환한다.

유체 내에서 초음파의 속도를 $c$, 유체의 평균속도를 $v$ 라고 하면, 주행시간 $t_{12}$, $t_{21}$ 는 다음과 같이 된다.

$$t_{12} = \frac{L}{c + v\cos\theta} , \quad t_{21} = \frac{L}{c - v\cos\theta} \tag{12.7}$$

따라서, 축방향으로 평균유속 $v$는 다음과 같이 얻어진다.

$$v = \frac{L}{2\cos\theta}\left(\frac{1}{t_{21}} - \frac{1}{t_{12}}\right) = \frac{D}{2\cos\theta\sin\theta}\left(\frac{1}{t_{21}} - \frac{1}{t_{12}}\right) \tag{12.8}$$

즉, 주행시간 $t_{12}$, $t_{21}$을 측정함으로써 유속 $v$를 구할 수 있다. 유량으로 변환할 때는 관 단면적이나 보정계수를 고려해서 유속으로부터 산출한다.

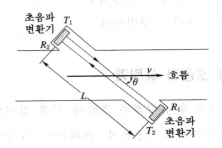

[그림 12.6] 주행시간차 초음파 유량센서

## 12.4.2 도플러 초음파 유량계

그림 12.7은 도플러 방식의 초음파 유량계의 원리를 나타낸다. 초음파가 전파하는 유체 중에 입자가 유체와 함께 운동하는 경우를 생각해 보자. 송신기로부터 보내진 초음파는 입자에 의해 산란되어 수신기에 도달한다. 이때 송신 초음파의 주파수를 $f_t$라 하면, 산란된 초음파의 주파수는 다음 식으로 주어진다.

$$f_r = f_t \frac{c + v\cos\theta}{c - v\cos\theta} \tag{12.9}$$

여기서, $f_r$은 산란 주파수, $c$는 음속, $v$는 입자속도, $\theta$는 입자의 운동방향과 초음파 진행방향이 이루는 각도이다. 음속에 비해 입자속도가 매우 작다고 가정하면, 두 주파수 $f_t$와 $f_r$ 사이의 차, 즉 도플러 주파수 $f_d$는

$$f_d = |f_t - f_r| \approx \frac{2v\cos\theta}{c} f_t \tag{12.10}$$

로 주어지고, 유속에 정비례함을 알 수 있다.

위 원리에서 알 수 있듯이 도플러 방식은 관의 중심부에서의 유속만을 측정하고 있으므로 이 경우도 유량환시 유속분포를 가정한 보정계수를 필요로 한다.

초음파 유량계는 액체, 기체에 모두 사용이 가능한데, 특히 대형 관로의 물의 유량측정에 사용되는 경우가 많다. 이 경우에는 초음파 송수신기를 관의 외부에 부착하여 관벽을 통해서 초음파를 전파시킬 수 있는 장점이 있다.

도플러 방식은 주행시간차 방식에 비해 더 일반화되어 있고 저가이지만, 주행시간차 방식만큼 정확하지는 않다.

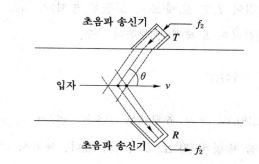

**[그림 12.7]** 도플러식 초음파 유량계

그림 12.8은 초음파 유량계에 사용되고 있는 초음파 변환기의 예를 보여준다.

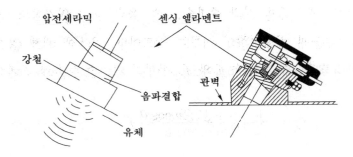

**[그림 12.8]** 초음파 변환기의 구조

## 12.5 전자 유량계

전자 유량계(電磁流量計; electromagnetic flowmeter)는 패러데이의 전자유도 법칙(Faraday's law of electromagnetic induction)을 이용하여 도전성 유체의 유량을 측정하는 유량계이다.

그림 12.9(a)는 전자 유량계의 원리인 패러데이 법칙을 나타낸다. 자계 $B$내를 가로질러 길이 $L$인 도체(또는 도전성 물체)가 속도 v로 이동하면 그 속도에 비례하는 기전력이 도체에 발생한다. 즉,

$$e = BLv \qquad (12.11)$$

그림 12.9(b)는 전자 유량계의 구조를 나타낸다. 센서(전극 $S_1$, $S_2$)는 자계 $B$ 와 유체흐름 방향에 90°로 설치되어 있다. 여기서 그림 12.9(a)의 도체에 해당하는 것은 관내를 흐르는 도전성 유체이고, 도체길이 $L$은 두 전극 $S_1$, $S_2$ 사이의 거리 즉 관의 직경 $D$와 같다. 지금 관내에 평균유속 $v$[m/s]의 도전성 액체가 흐르면, 식 (12.11)에 따라 자계와 유체흐름 모두에 직각인 방향으로 기전력 $e$ [V]가 발생한다.

$$e = BDv \qquad (12.12)$$

관의 단면적을 $A$라고 하면, 체적유량 $Q\,[\text{m}^3/\text{s}]$는

$$Q = A \times v = \frac{\pi D^2}{4}\,v \tag{12.13}$$

식 (12.12), (12.13)로부터 기전력 $E\,[\text{V}]$는

$$e = \frac{4B}{\pi D}\,Q \tag{12.14}$$

이와 같이, 체적유량 $Q$는 기전력 $E$에 비례하는 것을 알 수 있다. 위 식에서 관의 내경 $D$와 자속밀도 $B$는 일정하므로, 기전력 $e$의 측정에 의해 유량 $Q$가 얻어진다. 통상 기전력의 크기는, 유속 $1\,[\text{m/s}]$에서 $1\,[\text{mV}]$ 정도이다.

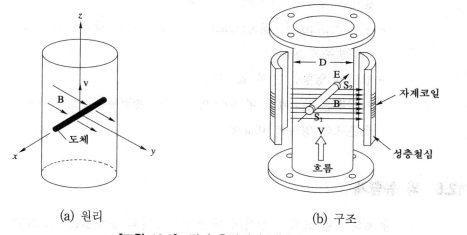

(a) 원리  (b) 구조

**[그림 12.9]** 전자 유량계의 원리와 구조

전자 유량계는 여자 방식에 따라 교류(AC), 펄스(pulse), 직류(DC) 전자유량계로 분류된다. 교류식에서는 $10\,[\text{Hz}] \sim 5000\,[\text{Hz}]$의 교류를 사용해 자속을 발생시킨다. 교류식은 전극에서 분극효과(polarization effect)를 감소시키기 때문에 공업적 응용면에서 역사적으로 가장 자주 사용되어왔다. 또 관내의 액체흐름분

포에 덜 영향을 받으며, 드리프트가 작은(low drift) 고입력 임피던스의 증폭기와 잡음제거를 위한 고역 필터(high pass filter)의 사용이 가능하다. 교류식의 주요 단점은 강한 교류자계가 측정회로에 교류신호를 유도하는 점이다. 그래서, 직류식보다 훨씬 자주 0속도에서 주기적인 0점 조정이 필요하다.

직류식 또는 펄스식 전자유량계는 3[Hz]~8[Hz]에서 동작하는 자계를 사용한다. 정현파 교류 여자방식에 비해 안정된 신호를 얻을 수 있어 공업적으로 널리 사용되고 있다.

직류식은 액체 금속 등 특수한 조건의 유량측정에 사용된다. 전자유량계의 특징은 다음과 같다.

- 지시치에 대하여 ±0.5[%]의 고정도이다.
- 기계식의 가동부가 없기 때문에 정기 보수는 필요 없다.
- 유체의 통과하는 관내에는 방해물이 없어 압력손실이 없다.
- 출력은 유량에 직선적으로 비례한다.
- 구경 2.5[mm]~2600[mm], 스팬설정 가능 범위는 0.3[m/s]~10[m/s]로 측정범위가 넓다.
- 점도의 영향을 받지 않는다.
- 기전력은 전극부의 관 단면에 있어서 평균유속으로서 구해지기 때문에, 유속분포의 영향이 비교적 적다.

## 12.6 와 유량계

유체의 흐름 속에 유선형이 아닌 기둥모양의 물체(blunt body)를 놓으면, 그림 12.10(a)와 같이 그 물체의 양측에서 번갈아 규칙적인 소용돌이(渦; vortex)가 방출되어 하류에는 안정된 와류열(渦流列; array of voxtex)이 형성된다. 이 와류열을 연구자의 이름을 따서 카르만 와열(Karman vortex street)이라고 부른다. 이 소용돌이 발생 주파수(vortex shedding frequency) $f$ 는

$$f = \frac{N_{st}v}{d} \quad \text{또는} \quad v = \frac{fd}{N_{st}} \tag{12.15}$$

여기서, $v$는 유속, $d$는 소용돌이 발생체(shedding body)의 폭, $N_{st}$는 스트로할 수(Strouhal number)이다. $N_{st}$는 실험적으로 결정되는 수이며, 일반적으로 유량측정범위에서는 그림 12.10(b)와 같이 일정한 값으로 된다. 또 와 발생체로는 그림 12.10(c)와 같이 여러 종류가 있어 $d$값도 달라진다.

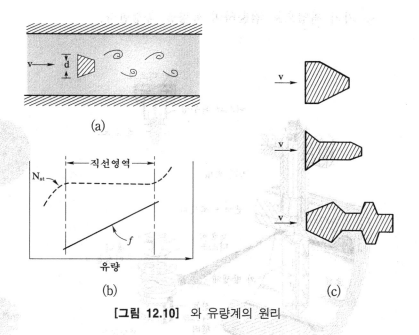

**[그림 12.10]** 와 유량계의 원리

지금, 유체의 평균속도를 $\bar{v}$, 유량계의 스트로할 수를 $N_{st}'$라 하면,

따라서, 체적유량 $Q$는

$$Q = A \times \bar{v} = \frac{Ad}{N_{st}'} f \tag{12.16}$$

로 되어, 유량은 소용돌이 발생 주파수에 비례하고, 이와 같은 성질을 이용하여 유량을 측정하는 방식을 와 유량계(vortex - shedding flowmeter)라고 부른다. 소용돌이의 규칙성이나 주파수를 검출하는 방법으로는 열선(또는 가열 서미스터)의 냉각효과를 이용한 열선식 풍속계 방식(hot - wire thermal anemometer

sensor), 압력(힘) 변화를 이용하는 압전기 및 스트레인 게이지 방식, 초음파의
진폭 주파수 변조를 이용하는 방식, 자기 근접 센서(magnetic proximity pick -
up)으로 검출하는 방식 등이 있다.

그림 12.11은 자기 픽업을 사용한 와 유량계의 구조를 나타낸다. 소용돌이에
의해 발생된 차압은 챔버속에 들어있는 작은 볼(ball)의 진동을 일으키고 이 운동
을 자기 픽업으로 검출하여 유량을 측정한다.

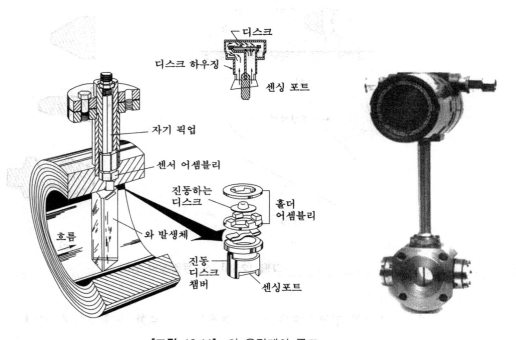

[**그림 12.11**] 와 유량계의 구조

와 유량계의 특징은 유량에 비례하는 주파수 출력이 얻어지는 것, 측정범위가
넓은 것, 정도가 높은 것, 가동부가 없고 기체와 액체 모두에 적용이 가능하다는
점 등이다.

## 12.7 열식 질량 유량센서

열을 이용해 유체의 유량을 측정하는 유량계를 열식 유량계(thermal flow - meter)라고 한다. 식 (12.5)에서 질량유량은 다음 식으로 정의되었다.

$$Q_m = \frac{dM}{dt} = Q_v\rho = \rho A v \qquad (12.17)$$

질량속(質量束; mass flux; 단위시간당 단위면적을 통과하는 질량)은

$$\phi_m = \frac{Q_m}{A} = v\rho \qquad (12.18)$$

열식 유량계는 질량속에 비례하는 신호를 출력한다. 즉, 열전달(heat transfer)을 통해 질량유량을 전기적 신호(전류, 전압)로 변환한다. 그래서 열식 질량유량계(thermal mass flow sensor)라고 부른다.

열식 질량유량계를 분류하면 열선 또는 열박막식 (hot - wire or hot - film sensor), 열량측정식(calorimetric sensor), 비행시간식(time - of - flight sensor) 등이 있으며, 여기서는 널리 사용되고 있는 열선식(열방막식)과 열량측정식에 대해서 설명한다.

### 12.7.1 열선식(열박막식) 유량계

가열된 물체가 유체속에 놓여있을 때 잃게되는 열량은 유체의 유속이나 유량과 밀접한 관계를 갖는데, 열선식(열박막식) 유량계는 유체 속에 놓여진 열선(hot - wire)이나 열박막(hot - film)의 손실 열량과 유체흐름의 관계를 이용한다. 그림 12.12는 두 종류의 열선식(열박막식) 유량계의 구조를 나타낸다. 흐르고 있는 유체 중에 가열한 저항(열선 또는 열박막)을 두면, 유체의 속도의 함수로서 냉각되므로, 열선(열박막)의 온도변화에 근거한 저항변화를 측정하면 유속을 알 수 있다.

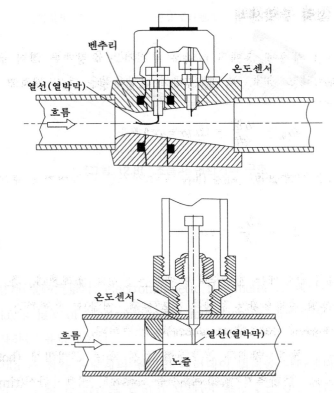

**[그림 12.12]** 열선(열박막)식 유량 센서

그림 12.13은 열선과 열박막의 구조 예를 나타낸다. 그림 12.13(a)는 산업용으로 백금선을 감은 구조이고, 그림 12.13(b)는 단일 열선이다. 열선의 재료는 백금(Pt), 백금 - 이리듐 합금(Pt - Ir alloy), 백금이 코팅된 텅스텐 선등이 사용된다. 열선으로서는, 가는 것일수록 열용량이 적어지므로 가열전류가 작아도 되지만, 강도를 고려해서 두께는 $2.5 \sim 10\,[\mu m]$이고, 길이는 $0.8 \sim 2\,[mm]$ 정도가 좋다. 열선은 매우 약하므로 깨끗한 공기나 가스의 유량측정에만 사용된다.

한편 그림 12.13(c)는 열박막의 구조로, 고순도의 백금박막이 사용되며, 강도가 높기 때문에 액체 또는 오염된 가스의 유량 측정에 사용된다. 가스에 사용될 때는 백금박막은 알루미나(alumina)로 코팅되며, 액체에 사용될 때는 석영(quartz)으로 코팅된다.

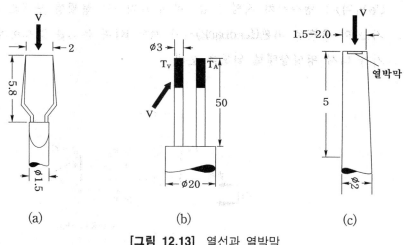

[그림 12.13] 열선과 열박막

온도 변화에 따른 열선(열박막)의 저항변화는

$$R = R_r[1 + \alpha(T - T_r)] \tag{12.19}$$

여기서, $R$ : 동작온도 $T$에서 저항

$R_r$ : 기준온도 $T_r$에서 저항

$\alpha$ : 열선(열박막)의 온도계수

그림 12.14는 열선(열박막)을 제어하고 평가하는 방식을 나타낸 것이다. 그림 (a)의 정전류법(constant-current)에서는 가열 전류를 일정하게 유지하여 열선의 전기저항의 변화를 측정한다. 이 회로에서, 저항 $R_3$와 $R_4$는 센서저항 $R_1$에 훨씬 더 크다. 따라서, $R_1$을 통과하는 전류는 센서저항 $R_1$의 변화에 무관하다. 관에 유체가 흐르면, 열선(열박막)의 저항은 식 (12.19)에 따라 감소하고 브리지는 불평형되어 출력전압 $V_o$를 발생하고, 이것은 질량유량과 관련된다.

한편, 그림 12.14(b)의 정온도법(constant-temperature)에서는 열선(열박막)의 전기저항(온도)이 일정하게 유지되도록 가열 전류를 변화시킨다. 유체의 흐름이 없으면, 브리지는 평형상태로 되어 출력은 0으로 된다. 유체가 흐르면 열선

(열박막)을 냉각시켜 저항이 감소해서 브리지는 불평형 상태로 된다. 차동 증폭기는 이 출력을 귀환(feedback)시켜 저항 R1의 온도를 일정하게 유지시켜 브리지가 다시 평형상태로 되도록 한다.

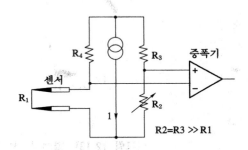

(a) 정전류법(constant - current)

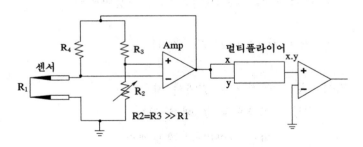

(b) 정온도법(constant - temperature)

**[그림 12.14]** 열선(열박막)을 제어하고 평가하는 방식

## 12.7.2 열량측정식 유량계

열량측정식 유량계는 유체의 흐름에 의해서 히터 주위의 온도 분포 변화를 측정하는 방식이다.

그림 12.15는 토마스 열식 유량센서(Thomas thermal flow sensor)이다. 관로 내부에 유체를 가열하는 히터를 두고, 그 상류측과 하류측에 온도센서를 설치한다. 히터를 전류로 가열하면 유체의 온도가 상승한다. 온도센서 $TS_1$은 들어오는 유체의 온도를 측정하고, 온도센서 $TS_2$는 가열된 유체의 온도를 측정한다.

이때 유체의 온도상승과 공급한 에너지사이에는 다음의 관계가 성립한다.

$$W = C_p \Delta T M \tag{12.20}$$

여기서, $E$는 인가된 에너지[J], $C_p$는 유체의 정압비열[J/kg·K], $\Delta T = T_2 - T_1$는 유체의 온도상승[K], $M$은 기체의 질량[kg]을 나타낸다.

비열을 일정하게 유지하면, 위 식에서 공급하는 에너지를 일정하게 유지하여 온도차의 측정으로부터, 또는 온도차가 일정하도록 에너지를 공급해 그 에너지를 측정함으로써 유량의 적산값을 구할 수 있다.

위 식으로부터 단위시간당 공급하는(전달되는) 에너지는

$$w = C_p \Delta T \frac{M}{t} \tag{12.21}$$

로 되므로, 질량유량(mass flow rate) $Q_m = M/t$를 구할 수 있다.

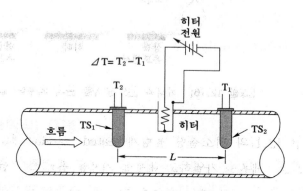

[그림 12.15] 토마스 열식 유량센서

토마스 열식 유량센서에서는 히터와 온도센서가 관 내부에 설치되기 때문에, 부식 등으로 손상되며, 또한 유체가 누설될 위험이 증가한다. 이와 같은 제약을 극복하기 위해서, 히터와 온도센서를 관의 외부에 설치한 구조가 그림 12.16의 유량센서이다.

이 방식에서는 관벽의 온도와 유체의 온도는 관벽 근처에서 구배가 생기고, 그 이외의 영역에서는 온도변화가 없다고 생각한다. 공급열량, 온도차등의 사이에는 다음 관계식이 성립한다.

$$Q = F \Delta T h \tag{12.22}$$

여기서, $Q$는 통과단면적 $F[\text{m}^2]$를 통해서 단위시간에 흐르는 열량$[\text{J/m}^2\text{s}]$, $\Delta T$는 관내외의 온도차$[\text{K}]$, $h$는 경계층의 열전달 계수$[\text{W/m}^2\text{K}]$로 난류상태에서는 질량유량의 0.8승에 비례하고, 층류에 대해서는 1/3승에 비례한다. 이와 같이 온도차 $\Delta T$를 일정하게 유지하면 단위시간당 흐르는 열량 $Q$는 $h$에 비례하므로 $Q$를 측정하여 질량유량을 결정할 수 있다.

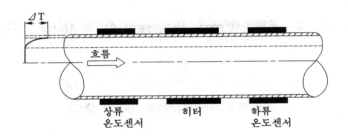

**[그림 12.16]** 히터와 온도센서를 관의 외부에 설치한 유량센서

그림 12.17의 미소질량 유량계(heated-conduit flowmeter)는 그림 12.16의 변형으로, 세관을 가열하고 내부에 기체를 흘리면 그림과 같은 온도분포에 비대칭성이 생긴다. 이 때의 열전대 $TC_1$과 $TC_2$로 온도분포를 측정하여 유량을 구한다. 유체의 흐름이 없을 때는 온도분포는 대칭적으로 되지만, 유량의 크기에 따라 비대칭의 정도가 변하므로 그 비대칭의 정도를 측정하면 질량유량을 구할 수 있다.

각 열전대의 출력전압 $V_{T1}$과 $V_{T2}$는 각각 두 점에서의 온도 $T_1$과 $T_2$에 비례하므로, 출력전압은 $\Delta V \propto \Delta T$으로 된다. 그런데, 온도상승 $\Delta T = T_2 - T_1$는 질량유량에 비례하므로 출력전압으로부터 질량유량을 알 수 있다.

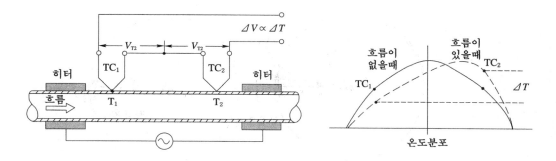

**[그림 12.17]** 미소 질량 유량계

## 12.8 코리올리 질량 유량계

코리올리 질량 유량계(Coriolis mass flowmeter)는 코리올리 힘(Coriolis force)를 이용한 질량 유량계이다. 먼저 코리올리 힘에 대해서 설명한다.

### 12.8.1 코리올리 원리

그림 12.18은 코리올리 힘이 어떻게 발생하는가를 보여주는 그림이다. 지금 그림 (a)와 같이 각속도 $\omega$로 회전하는 원판(platform) 위에 두 사람 $A$, $B$가 회전축으로부터 거리 $r_A$와 $r_B$의 위치에 서 있다고 가정하자. $A$에 있는 사람이 $B$를 향해 수평속도 $v$로 야구공을 던지면, 야구공은 초기에 반경방향으로 속도 $v$를 가질 뿐만 아니라, 원판이 회전하므로 접선방향으로 $v_A = r_A \omega$의 속도를 가진다. 만약 $B$에 있는 사람이 $A$와 같은 속도 $v_A = r_A \omega$를 갖는다면, 공은 정확히 사람 $B$에 도달할 것이다. 그러나 사람 $B$의 속도는 $v_B = r_B \omega (> v_A)$이므로 공이 $B$점에 도달했을 때는 사람 $B$가 이미 지나간 지점을 통과하게 될 것이다. 따라서, 야구공은 사람 $B$를 지나 그림 11.18(b)의 점선과 같은 경로를 따라 날아갈 것이다. $v$에 수직하게 옆으로 작용하는 이러한 효과를 코리올리 가속(Coriolis acceleration)이라고 부르며, 가공의 코리올리 힘에 기인한다고 말한다. 코리올리 가속도는 다음 식으로 주어진다.

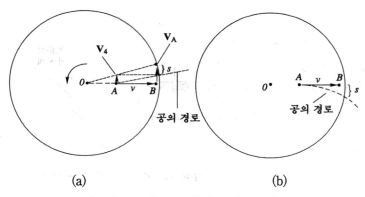

**[그림 12.18]** 코리올리 효과의 기원

$$a_C = 2\omega v \tag{12.23}$$

이제, 코리올리 원리를 유체에 적용해보자. 그림 12.19(a)와 같이, 각속도 $\omega$로 회전하고 있는 탄성체 관에 유체가 속도 $v$로 흐르고 있다고 가정하자. 그림 12.18에서 설명한 코리올리 효과에 의해서 유체는 경로 $B$를 따라 이동하므로 관도 같은 모양으로 휠 것이다. 지금 이 상황을 그림 12.19(b)와 같이 확대해서 생각해 보자. 입자 $(dm)$이 속도 $v$로 관내를 흐르고 있고, 관은 $P$점을 축으로 해서 회전하고 있다. 거리 $r$에 있는 입자는 중심 $P$점을 향하는 가속도 $a_r$과 이에 수직한 코리올리 가속도 $a_C$를 받으며 각속도 $\omega$로 움직이고 있다.

$$a_r = \omega^2 r \tag{12.24}$$

$$a_C = 2\omega v \tag{12.25}$$

코리올리 가속도에 의해 입자가 받는 코리올리 힘은

$$F_c = a_C \, (dm) = 2\omega v \, (dm) \tag{12.26}$$

따라서, 만약 단면적 $A$인 회전하는 관속을 밀도 $\rho$인 유체가 일정속도 $v$로 흐른다면, 관 길이 $x$내에 있는 유체가 받는 코리올리 힘의 크기는 다음 식으로 된다.

$$F_c = 2\omega v \rho A x \tag{12.27}$$

식 (12.27)로부터 질량유량(mass flowrate)은 다음과 같이 쓸 수 있다.

$$질량유량 = \rho v A = \frac{F_C}{2\omega x} \tag{12.28}$$

따라서, 회전하는 관내를 흐르는 유체에 의해서 발생하는 코리올리 힘을 측정하면 질량유량을 알 수 있다.

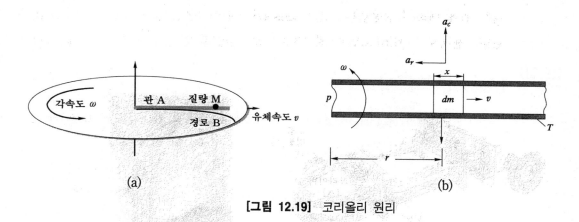

**[그림 12.19]** 코리올리 원리

## 12.8.2　코리올리 질량유량계의 구조와 동작

상용의 유량계에서는 관을 회전시키지 않고 진동시켜 동일한 효과를 얻고 있다. 그림 12.20은 코리올리 유량계에 사용되고 있는 관의 모양을 나타낸다.

**[그림 12.20]** 코리올리 유량계에 사용되는 관의 종류

그림 12.21은 상용 코리올리 유량계의 구조와 동작원리를 보여주고 있다. 관의 양단은 고정되어 있고, 두 양단사이가 진동한다. 이것은 스프링 - 질량 어셈블리(spring - mass)가 진동하는 것으로 생각할 수 있다. 따라서 관의 공진 주파수(natural resonance frequency)는 관의 질량의 함수이다 (제 10장 참조).

유체는 유량계 입구(inlet)에서 둘로 나누어 흐르다가 출구(outlet)에서 다시 합쳐진다. 드라이버(driver)는 관을 진동시킨다. 드라이버는 코일과 자석으로 구성되어 있는데, 코일은 하나의 관에 접속되어 있고, 자석은 다른 관에 접속되어 있다. 코일에 교류를 인가하면, 자석이 끌려왔다 반발했다를 교대로 반복하므로 다른 관에 대해서 진동한다. 센서(sensor)는 관의 위치, 속도 또는 가속도를 검출한다. 센서로는 픽업 코일과 영구자석으로 구성된 전자기 센서(electromagnetic

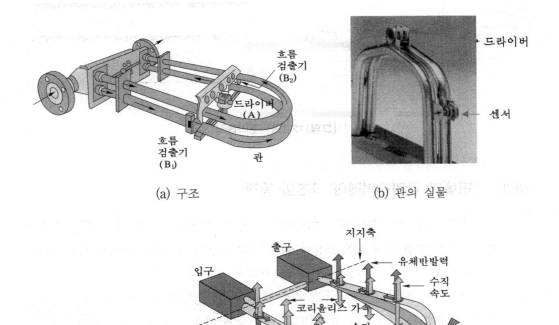

(a) 구조          (b) 관의 실물

(c) 관의 진동 모양

[그림 12.21] 코리올리 유량계의 구조와 원리

sensor)가 사용된다. 관이 진동하면, 센서에 있는 픽업코일과 자석의 상대적 위치가 변하게 되고, 이것은 코일을 통과하는 자계를 변화시켜 코일에는 정현파 전압이 유기된다. 이 출력은 코일의 운동을 나타낸다.

그림 12.22는 유체의 흐름이 없을 때 관의 진동을 나타낸다. 코일 - 자석 드라이버에 의해서 발생된 구동력(driving force) $F_d$에 의해서 두 관은 끌어당겼다 반발했다를 반복하면서 그림과 같이 진동하고, 관의 변위는 두 검출 지점 ($B_1$과 $B_2$)에서 동일하다.

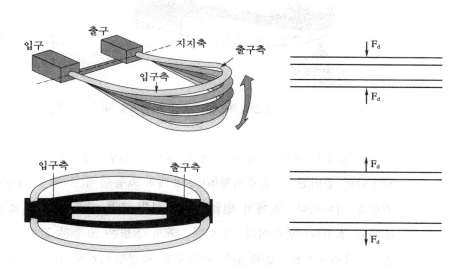

**[그림 12.22]** 흐름이 없을 관의 진동

유체가 흐르면, 코리올리 힘이 작용한다. 그러나 입구측과 출구측에서 흐름의 방향이 반대이므로, 유체가 U - 관의 입력측 부분에 흐를 때 관은 서로를 향하여 움직이고, 출구측 부분에 흐를때는 서로 반대방향으로 이동한다. 이러한 코리올리 비틀림 작용(Coriolis Twist action)으로 그림 12.23과 같이 비틀리는 진동(twisting vibration)이 발생하고, 그 결과 상대적 운동에 작은 위상차가 발생한다.

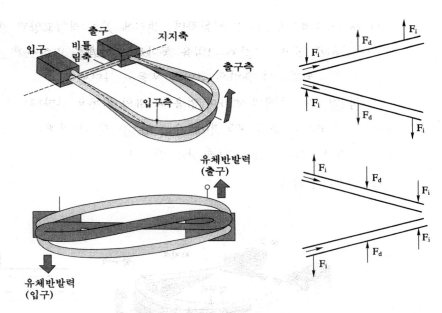

**[그림 12.23]** 흐름이 존재할 때 관의 진동

이상 설명한 관의 진동에 의해서 센서의 픽업코일에는 그림 12.24와 같은 출력전압이 얻어진다. 출력파형(a)는 유체의 흐름이 없을 때 드라이버에 의해 생긴 진동을 나타낸다. 앞에서 언급했듯이 관의 진동 주파수는 총 질량(관의 질량+유체의 질량)의 함수이다. 그런데, 관의 질량은 고정된 값이고, 유체의 질량은 밀도×체적이므로, 출력(a)의 주파수를 측정함으로써 유체의 밀도를 결정할 수 있다.

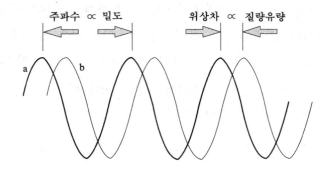

**[그림 12.24]** 유체 흐름의 유무에 따른 출력파형

출력파형(b)는 유체가 흐를 때 코리올리 비틀림(Coriolis Twist)에 의해 발생된 위상차이다. 이 위상차는 유체의 질량유량에 비례한다.

## 12.9 초소형 유량센서

최근까지, 반도체와 MEMS 기술을 이용한 각종 초소형 유량센서(microflow sensor)의 연구개발이 활발히 진행되고 있다. 여기서는 오래전에 상품화된 열식 초소형 질량유량센서에 대해서 설명한다.

그림 12.25는 열식 초소형 질량유량센서의 원리를 나타낸다. 상류측과 하류측에 유체의 흐름에 수직하게 두 금속저항(Pt 또는 Ni‑Fe 합금)을 배치하고, 그 사이에 히터를 설치한다. 실리콘 질화막(silicon nitride membrane)은 상하류측 저항과 히터 모두를 열적으로 절연시킨다.

지금, 유체가 흐르면, 상류측 히터는 냉각되어 온도가 내려가고, 하류측 히터를 가열되어 온도가 상승한다. 각 히터 가까이 있는 온도 민감성 금속저항은 각 히터의 온도변화를 측정하고, 이것으로부터 유량을 계산한다.

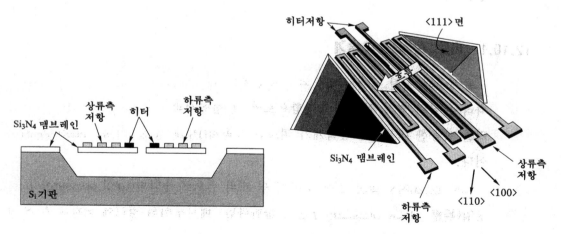

[그림 12.25] 초소형 유량센서의 원리

표 12.2는 상품화된 두 초소형 유량센서의 특성을 나타낸 것이다.

**[표 12.2]** 초소형 실리콘 유량센서의 특성

| 사양 | AWM 3100 [V] | AWM 3300 [V] |
|---|---|---|
| 동작 범위 [ml/s] | 0~200 | 0~1000 |
| 소비 전력 [mW] | 30 | 30 |
| FSO에서 출력 전압 [V] | 5.0 DC | 5.0 DC |
| 0 전압 [V DC] | 1.00±0.05 | 1.00±0.10 |
| 반복성 [% FSO] | ±0.5 | ±1.0 |
| 응답시간 max. [ms] | 3 | 3 |
| 동작 온도 범위 [℃] | −25~+85 | −25~+85 |

## 12.10 유속센서

지금까지 설명한 각종 유량계의 대부분은 원리적으로 관로의 평균유속을 측정하는 방법이므로, 유속 측정에도 사용할 수 있다. 여기서는 유체중의 어떤 한 점에서의 유속(point velocity) 측정에 널리 사용되고 있는 3가지 방식에 대해서 설명한다.

### 12.10.1 피토 정압관 유속계

유체내의 어떤 점에서 압력과 유속관계는 베르누이의 식에 의해서 주어진다. 따라서 어떤 점의 압력을 측정함으로써 그 점에서의 유속을 알 수 있다. 이 원리를 이용한 대표적인 유속계가 피토관 유속계(Pitot‑static tube anemometry)이다.

그림 12.26처럼 흐름 속에 놓여진 두 개의 관으로 총압력(total pressure) $p_o$와 정압(靜壓; static pressure) $p$을 검출한다면, 베르누이의 정리에 의해서 두 압력의 차, 즉 동압(動壓; dynamic pressure)은

$$\Delta p = p_o - p = \Delta h w = \frac{wv^2}{2g} \tag{12.29}$$

또는

$$\Delta h = \frac{\Delta p}{w} = \frac{1}{2} \rho v^2 \tag{12.30}$$

여기서, $\rho$는 유체의 밀도, $v$는 유속, $g$는 중력가속도, $w=\rho g$는 비중량 (specific weight)이다. 이 관계로부터 동압을 측정하면 유속을 구할 수 있다. 이 원리에 의한 유속 검출기가 피토관 유속계이다. 그림 12.25(b)는 현재 사용되고 있는 피토 정압관(Pitot‑static tube)의 조립도를 나타낸 것이다.

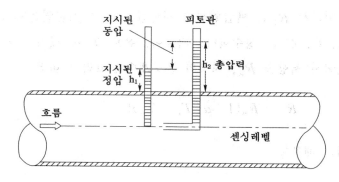

(a) 정압, 동압, 총압력을 측정하는 피토관 법

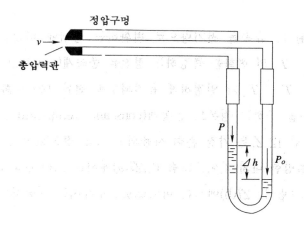

(b) 현재 사용되고 있는 피토 정압관

**[그림 12.26]** 피토관 유속계

## 12.10.2  열 유속계

열 유속계(thermal anemometry)의 원리는 앞에서 설명한 열선식 유량계와 동일하다. 백금열선(속도센서)에 전류 $I$를 흘려 가열하면 백금선 저항의 온도는 상승하지만, 유체에 의해서 냉각되므로 유체의 속도 $v$의 어떤 값에서 평형상태에 도달한다. 평형상태에서, 백금열선에서 발생된 전기 에너지와 대류(convection)에 의해서 손실되는 에너지는 같으므로

$$I^2 R_w = (C + C_o \sqrt{v})(T_w - T_a) \tag{12.31}$$

여기서 $R_w$는 백금열선의 저항값, $T_v$는 백금열선의 온도, $T_a$는 유체의 온도, $C$, $C_o$는 정수이다. 더욱이, 온도 $T_a$에 있어서 저항을 $R_a$, 온도 $T_w$에 있어서 저항을 $R_w$, 저항의 온도계수를 $\alpha$라고 하면

$$R_w = R_a \{1 + \alpha(T_w - T_a)\} \tag{12.32}$$

이기 때문에

$$I^2 R_w = \frac{(C + C_o \sqrt{v})(R_w - R_a)}{\alpha R_a} \tag{12.33}$$

로 된다. 유속을 전기량으로 변환하는 방식에 따라, 전류 $I$를 일정하게 하고 $T_v - T_a$의 변화를 측정하는 정전류 풍속계(constant - current anemometer)와, 또는 $T_v - T_a$가 일정하게 유지되도록 전류 $I$를 변화시켜 그 $I$를 측정해서 유속 $v$를 구하는 정온도 풍속계(constant - temperature anemometer)가 있다.

그림 12.27은 가장 흔히 사용되고 있는 정온도형 열 풍속계를 나타낸다. 앞에서 설명한 바와 같이, 그림 12.27(a)에서는 브리지 회로를 이용해 유속을 측정하고, 그림 12.27(b)에서는 마이크로프로세서를 이용해 디지털 출력을 얻고 있다.

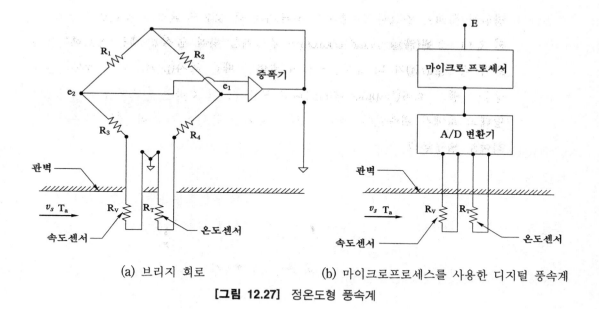

(a) 브리지 회로　　　　　　　(b) 마이크로프로세스를 사용한 디지털 풍속계

**[그림 12.27]** 정온도형 풍속계

## 12.10.3 레이저 도플러 유속계

레이저 풍속계(laser anemometry) 또는 레이저 유속계(laser velocimetry)는 레이저를 이용해 속도를 측정하는 모든 기술을 하며, 가장 흔히 사용하는 방법은 도플러 쉬프트(Doppler shift)를 이용해 한 점에서의 유체속도를 측정하는 레이저 도플러 유속계(laser Doppler velocimetry; LDV) 또는 레이저 도플러 풍속계(laser Doppler anemometry; LDA)이다. 먼저 도플러 효과를 간단히 설명한다.

### 1. 도플러 효과

그림 12.28과 같이 정지해 있는 불자동차로부터 주파수 $f$의 사이렌 소리를 듣고 있는 두 관측자를 생각해보자. 같은 주파수의 사이렌을 내면서 불자동차가 움직이면, 진행방향의 음파는 정지해 있을 때 보다 더 조밀하게 된다. 이것은 움직이는 불자동차가 앞서 방출한 음파를 따라잡기 때문이다. 이와 같이, 불자동차가 향하는 쪽에 있는 관측자 A는 단위시간당 통과하는 더 많은 물마루(wave crest)를 경험하게 되어 더 높은 주파수의 소리를 듣는다. 한편 불자동차 뒤로

방출된 음파는 간격이 더 멀어져 관측자는 더 낮은 주파수의 소리를 듣는다. 이
와 같이, 음원(音源;sound source)이 관측자를 향해 움직일 때는 정지해있을 때
보다 피치(pitch)가 더 높고, 음원이 멀어질 때는 피치(pitch)가 더 낮아지는 현
상을 도플러 효과(Doppler effect)라고 부른다. 이 효과는 음파뿐만 아니라 모든
형태의 파에서 관측된다. 또한 도플러 효과는 음원이 정지해 있고 관측자가 움
직여도 발생한다.

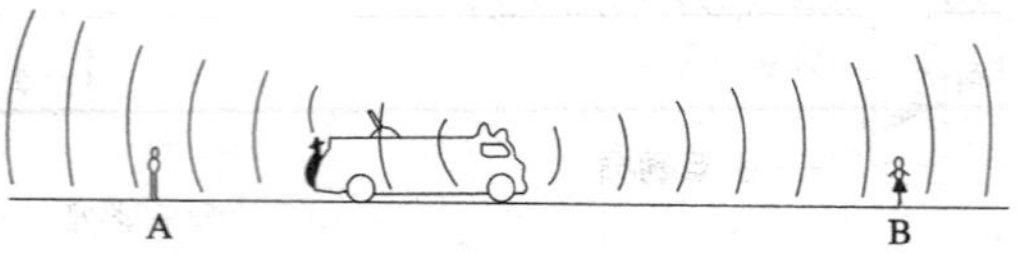

(a) 불자동차 정지시

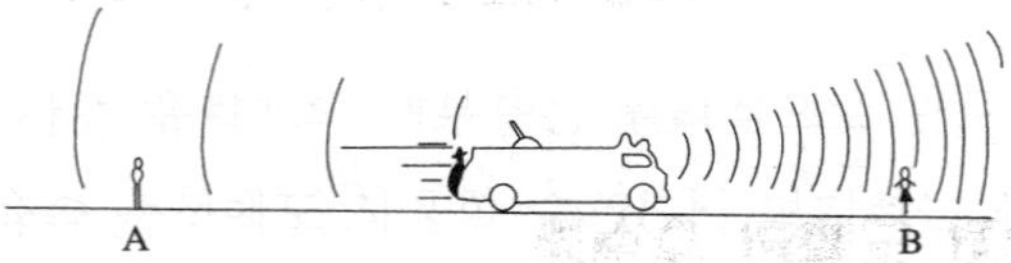

(b) 불자동차 이동시

**[그림 12.28]** 도플러 효과를 설명하기 위한 그림

## 2. LDV(LDA)

LDV는 유체 속에 있는 입자에 레이저 빔을 조사할 때 일어나는 산란광의 도
플러 쉬프트 주파수를 이용해 유속을 측정한다. 유체 내의 입자가 레이저 빔을
통과하면 빔은 모든 방향으로 산란된다. 입자의 레이저 빔의 이와 같은 충돌을
보고있는 관측자는 주파수가

$$f_s = f_i \pm f_D \tag{12.34}$$

인 빛으로 인식한다. 여기서, $f_i$는 입사 레이저 빔의 주파수, $f_D$는 도플러 쉬프
트(Doppler shift), $f_s$는 산란된 레이저 빔의 주파수이다. 레이저 광의 도플러
쉬프트 주파수는 너무 적어 실제로 검출하기가 매우 어렵다. 그래서 듀얼 빔 방
식(dual‑beam mode)을 사용한다.

그림 12.29는 듀얼 빔(dual‑beam) LDV의 구성을 나타낸다. 빔 분리기(beam splitter)는 하나의 레이저 빔을 강도가 같고 평행한 두 개의 빔으로 분리한다. 집광렌즈는 두 빔을 교차시켜 한 점 F에서 초점이 맞도록 한다. 파장은 동일하나 방향이 다른 레이저 광이 교차하면, 교차점에 간섭 무늬(interference fringe pattern)가 생긴다. 초점(focal point)은 유효 측정체적(sensing volume)을 형성한다. 유체 내에 존재하는 입자가 이 간섭무늬를 통과하면 레이저 광은 산란되고, 수광장치(렌즈/핀홀)가 이 산란된 레이저 광을 선택적으로 수집된다. 그 다음 광센서(포토트랜지스터)에 의해서 검출되어 광세기‑시간의 관계가 스코프에 묘사되고, 동시에 신호처리기에 의해서 처리되어 유속이 측정된다.

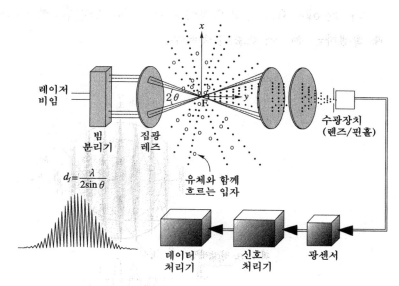

[**그림 12.29**] 듀얼 빔 LDV의 구성

그림 12.30은 측정 체적(sensing volume)에서 간섭무늬를 나타낸다. 간섭무늬 사이의 간격은

$$d_f = \frac{\lambda}{2\sin\theta} \tag{12.35}$$

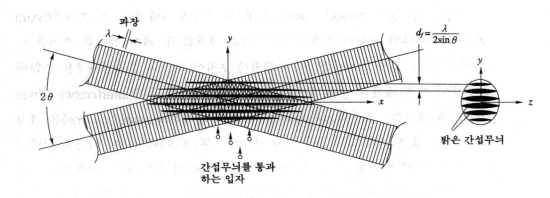

**[그림 12.30]** 측정체적에서 간섭무늬

그림 12.31은 속도 $v$의 입자가 밝고 어두운 간섭무늬에 수직하게 가로질러 할 때 발생하는 전기적 신호의 주파수는

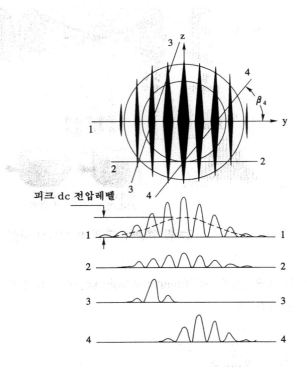

**[그림 12.31]** x=0에서 신호진폭-입자위치(숫자는 입자의 궤적을 나타낸다.)

$$f_D = \frac{2v\sin\theta}{\lambda} \quad \text{또는} \quad v = \frac{\lambda}{2\sin\theta}\, f_D = d_f f_D \tag{12.36}$$

이와 같이, 도플러 주파수는 유속에 정비례한다.

레이저 유속계는 다음과 같은 특징을 갖는다.

- 속도를 직접 측정하는 방식이다.
- 유체 중에 센서를 삽입하지 않고 유속을 측정할 수 있다.
- 공간적, 시간적 분해능이 높다.
- 유체의 온도, 성질에 의한 영향을 받지 않는다.

한편, 결점으로는

- 광학계의 설치가 어렵다.
- 측정부는 빛이 통하도록 투명해야 한다.
- 구조가 복잡하고 고가이다.

방출된 음파는 규칙이 멀어진다고 보 초자에 더 향이 되는 것 소리를 듣는다. 이와 같이 음원(音源, sound source)이 관측자를 향해 음의 한 파의 향치해였을 때 낮다 피치(pitch)가 나 음원이 분 때는 음의 pitch가 낮아지는 현상을 도플러 효과(Doppler effect)로 다. 음원 또는 음제 뿐만 아니라 모든 형태의 파에서 관측된다. 또한 그림과 음파는 음원이 정지해 있으로 관측자가 움직여도 발생한다 음파는 음속 도는 波속 향속 따라 음속.

(b) 음파의 이동사
[그림 12.26] 도플러 효과를 설명하기 위한 그림

## 2. LDV(LDA)

LDV는 유체 속에 있는 입자에 레이저 빔을 조사할 때 일어나는 산란광의 도플러 쉬프트 주파수를 이용해 유속을 측정한다. 유체 내의 입자가 레이저 빔을 통과하면 빔은 모든 방향으로 산란된다. 입자의 떨어지 점의 이와 같은 충돌을 보고있는 관측자는 주파수가

$$f_s = f_i \pm f_D \tag{12.34}$$

인 빛으로 인식한다. 여기서 $f_i$는 입사 레이저 빔의 주파수, $f_D$는 도플러 쉬프트(Doppler shut), $f_s$는 산란된 레이저 빔의 주파수이다. 레이저 광의 도플러 쉬프트 주파수로 너무 적어 실제로 검출하기가 매우 어렵다. 그래서 듀얼 빔 방식(dual-beam mode)을 사용한다.

제 **13** 장

# 레벨센서

## 13.1 개 요

액체의 레벨(liquid level)이란 기준점에 대한 액면(液面; liquid surface)의 높이로 정의되며, 또한 준액체(quasi - liquid)로 생각되는 분체면(粉體面; surface of powered solid)이나 입체면(粒體面; surface of granular solids)의 높이에 대해서도 레벨이라고 부른다. .

레벨센서(level sensor)는 액체나 준액체의 레벨을 검출하는 센서로서, 프로세스 계측·제어에서 매우 중요한 역할을 담당하고 있다.

표 13.1에 열거한 바와 같이, 레벨센서는 그 원리와 구조가 매우 다종다양해서 여기에서 모든 것을 설명하는 것은 곤란하지만, 대별하면 연속 레벨센서(continuous level sensor)와 불연속 레벨센서(또는 점 레벨센서)(discrete or point level sensor)가 있다. 연속 레벨센서는 측정범위 내에서 레벨을 연속적으로 모니터 한다. 이에 반하여 불연속 레벨센서는 상한, 하한 레벨 등 어떤 특정 레벨 위치를 검출하여 경보를 울린다던가 또는 제어하는 것을 목적으로 하는 센서이다.

[표 13.1] 레벨센서의 분류

| 측정방식 | 레벨센서 |
|---|---|
| 연 속<br>측 정 | 부력식(플로트식, 디스플레이서식) |
| | 중량측정식 |
| | 압력식 |
| | 정전용량식 |
| | 초음파식 |
| | 방사선식 |
| | 마이크로파식 |
| 불연속<br>측 정 | 도전율식 |
| | 열전달식 |
| | 정전용량식 |
| | 광학식 |
| | 초음파식 |
| | 마이크로파식 |

## 13.2 도전율식 레벨센서

도전율식 레벨센서(conductivity level sensor)는 도전성 액체의 레벨 측정에 사용된다. 그림 13.1은 이 방식의 레벨센서의 원리를 나타낸 것으로, 일정 깊이 $L$에 두 개의 전극 A, B가 설치되어 있다. 도전성 액체의 레벨이 $L$ 이상으로 상승하면 두 전극은 단락되어 전극사이의 저항은 고저항에서 저저항 상태로 급격히 변화한다. 만약 탱크의 벽이 금속으로 되어 있으면 전극 B대신 벽 자체를 전극으로 사용할 수 있다.

그림 13.1(b)와 같이 전극 깊이를 달리해서 여러 개 설치하면, 각 전극은 다른 레벨을 지시할 수 있는 멀티 레벨 센서로 된다. 그림(b)의 경우, 전극 $E$를 기준 전극으로 사용하면 4개의 레벨을 측정할 수 있다.

도전율식 레벨 센서의 단점은 측정 액체가 도전성이고, 부식성이 없고, 금속과 반응하지 않아야 되는 점이다. 그렇지 않으면, 액체가 오염되거나 센서가 열화 또는 파괴될 수 있다.

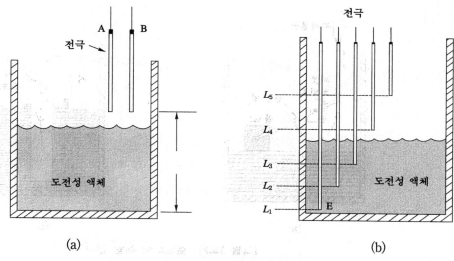

**[그림 13.1]** 도전율식 레벨센서

## 13.3 부력식 레벨센서

부력식 레벨 센서(buoyancy level sensor)는 액면의 상하 이동에 따라 플로트 (float) 또는 디스플레서(displacer)를 상하로 이동시켜 레벨을 검출하는 방식이다.

그림 13.2는 플로트식 레벨 센서(float‐type level sensor)이다. 플로트는 디스플레이서와 유사하지만, 부력에 의해 액체의 표면상에 떠 있는 것이 다르다. 그래서 플로트의 밀도는 액체의 밀도보다 더 낮아야한다. 그림 13.2(a)는 레버 암(lever arm)을 사용한 레벨 센서로, 센스 암(sense arm)은 액면에 떠 있는 플로트(float)와 피봇 조인트(pivot joint)에 연결되어 있다. 플로트가 레벨의 변화에 따라 상하로 이동하면, 이것이 센서 암의 다른쪽 끝을 회전시켜 위치센서나 변위센서를 동작시킨다. 이 방식의 레벨 센서에서 출력은 액체 레벨에 비례하는 전류 또는 전압이다. 그림 13.2(b)에서는 플로트와 자기적으로 결합된 리드 스위치(reed switch)를 이용한 레벨 센서이다. 다수의 리드 스위치를 사용하면 레벨을 거의 연속적으로 측정할 수 있다. 리드 스위치 대신에 홀 효과 스위치가 사용되기도 한다.

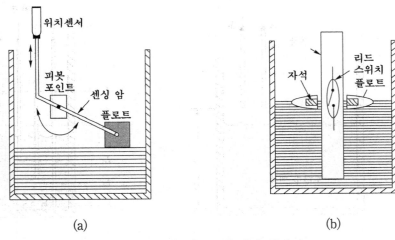

**[그림 13.2]** 플로트식 레벨 센서

그림 13.3은 디스플레이서를 이용한 레벨센서이다. 디스플레이서는 부분적으로 액체속에 잠긴 것으로, 부력을 측정한다. 그림 13.3(a)에서 디스플레이서의 단면적을 $A$, 길이를 $b$라고 하면, 질량 $m$에 작용하는 힘은

$$F_G = gm = gAb\rho_D \tag{13.1}$$

한편 부력 $F_B$는

$$F_B = gAL_d\rho_L + gA(b - L_d)\rho_A \tag{13.2}$$

식 (13.1)과 (13.2)를 결합하면, 적절한 방법에 의해 측정될 수 있는 힘이 얻어진다.

$$F_R = F_G - F_B \tag{13.3}$$

따라서, 디스플레이서의 밑면과 관련된 레벨 $L_d$는 다음 식으로 된다.

$$L_d = \frac{b(\rho_D - \rho_A) - \dfrac{F_R}{gA}}{\rho_L - \rho_A} \tag{13.4}$$

디스플레이서의 밀도는 액체 밀도보다 더 커야한다. 그렇지 않으면 측정동작 범위가 제한된다. 그림 13.3(b)는 디스플레이서를 이용한 레벨 전송기(level transmitter)의 구성 예를 나타낸다. 디스플레이서는 토크 암(torque arm)에 매달려 있고, 이것의 겉보기 중량은 토크 튜브(torque tube)의 각변위를 일으킨다. 이 각변위는 디스플레이서의 중량에 비례한다.

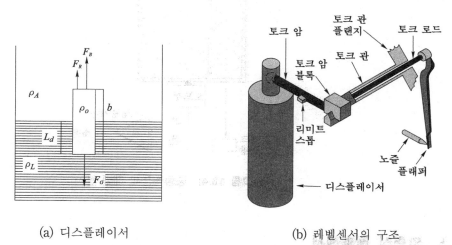

(a) 디스플레이서  (b) 레벨센서의 구조

**[그림 13.3]** 디스플레이서를 이용한 레벨 센서

## 13.4 중량측정식 레벨센서

그림 13.4는 중량측정식 레벨센서(weight level sensor 또는 load - cell level sensor)의 구성을 나타낸 것으로, 로드 셀로 탱크 속의 액체 중량을 측정해서 레벨을 결정하는 방식이다. 비어있는 용기의 중량(tare)을 $W_t$, 액체가 존재할 때 측정된 총 중량을 $W$ 라고 하면, 액체만의 중량 $W_L$ 는

$$W_L = W - W_t \tag{13.5}$$

빈 용기의 중량 $W_t$는 이미 알려진 양이므로, $W$를 차동 증폭기의 (+)입력단

자에, $W_t$를 (−)단자에 입력시키면 그 출력신호는 식 (13.5)이 되어 레벨 $L$을 측정할 수 있다.

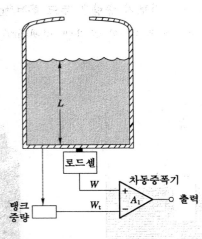

**[그림 13.4]** 중량측정식 레벨 센서

## 13.5  압력식 레벨센서

액체의 레벨 측정에 가장 흔히 사용되는 방식은 수두(水頭; head)를 측정하는 방식이다. 즉, 용기 또는 탱크 내에 정지되어있는 액체의 임의 기준점에서의 압력이 액면 높이에 비례하는 원리를 이용한다.

그림 13.5에서 액면 이상에서의 압력을 $P_2$, 액면으로부터 깊이 $L$에서의 압력을 $P_1$이라 하면,

$$L = \frac{P_1 - P_2}{w} = \frac{P_1 - P_2}{\rho_L g} \tag{13.6}$$

여기서, $w$는 액체의 비중, $\rho_L$은 밀도, $g$는 중력가속도이다. 따라서, 밀도가 일정한 액체의 레벨은 차압 $P_1 - P_2$을 측정함으로써 알 수가 있다.

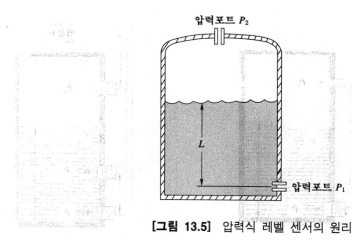

**[그림 13.5]** 압력식 레벨 센서의 원리

압력식 레벨 센서는 그 종류가 매우 다양하다. 그림 13.6은 개방 탱크(open tank)에서 액체의 레벨을 측정하는 경우이다. 이 경우 압력 $P_2$는 대기압이므로 레벨 $L$과 압력 $P$ 사이에는 $L = P/\rho_L g$의 관계가 성립하고, 압력 $P$을 측정하면 레벨 $L$이 구해진다.

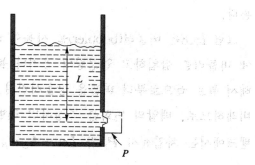

**[그림 13.6]** 개방 탱크의 레벨 측정

그림 13.7은 밀폐된 탱크(closed tank)의 레벨을 측정하는 원리이다. 그림 (a)에서는 차압센서를 사용해 $P - P_o$를 측정해서 레벨을 결정한다. 그림 (b)는 3개의 센서를 사용한 구조로, $P_1$, $P_2$는 액체의 밀도가 변하는 경우 그 영향을 보상하는데 사용된다. 그림 13.7에서

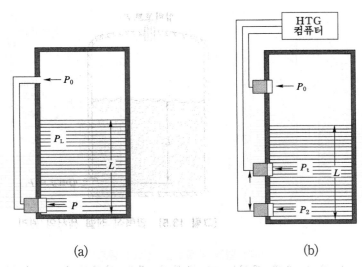

(a) (b)

**[그림 13.7]** 밀폐 탱크의 레벨 측정

$$\rho_L = \frac{P_2 - P_1}{g\,l} \rightarrow L = \frac{P_2 - P_o}{P_2 - P_1}\,l \tag{13.7}$$

이 방식의 레벨 측정 시스템을 자주 HTG(hydroststic tank gaging)이라고 부른다.

그림 13.8은 버블러(bubbler)를 사용한 레벨 센서의 구조를 나타낸다. 액체 속에 버블러를 삽입하고 일정량의 공기나 불활성 가스를 튜브에 연속적으로 주입해서 튜브 끝으로부터 버블을 방출시킨다. 이때 배압(back-pressure)은 레벨에 비례하므로, 배압의 변화를 측정하면 레벨을 알 수 있다. 그림 13.8(b)의 밀폐 탱크에서는 차압센서 $P_D$가 $Lw - h_B w_B$ ($w_B$ : 가스비중)를 측정하여 레벨을 결정한다.

버블러 시스템은 센서를 하부에 설치할 수 없거나 액체에 접촉시킬 수 없을 때 사용된다.

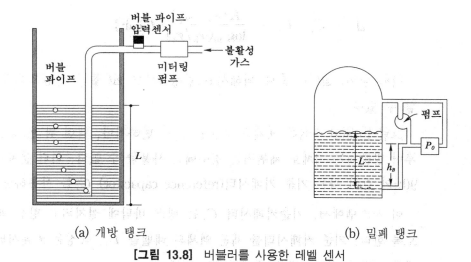

(a) 개방 탱크          (b) 밀폐 탱크

**[그림 13.8]** 버블러를 사용한 레벨 센서

## 13.6 정전용량식 레벨센서

두 개의 절연된 도체가 있으면, 그 사이에는 정전용량이 존재한다. 정전용량은 두 도체의 치수, 상대적 위치, 도체사이에 존재하는 유전체의 유전율에 의해서 결정된다. 그림 13.9는 정전용량식 레벨 센서의 원리를 나타낸다. 탱크가 비어있을 때 두 개의 동심원통전극 사이의 정전용량을 $C_o$, 액체가 레벨 $L$까지 채워졌을 때의 용량을 $C_l$이라고 하면,

$$C_o = \frac{K\varepsilon_o h}{\log_{10}(r_2/r_1)} \tag{13.8}$$

$$C_l = \frac{K\varepsilon_o(h-L)}{\log_{10}(r_2/r_1)} + \frac{K\varepsilon_l L}{\log_{10}(r_2/r_1)} \tag{13.9}$$

여기서, $K$는 상수, $\varepsilon_o$, $\varepsilon_l$는 각각 공기와 액체의 유전율, $h$은 원통전극의 높이, $r_1$, $r_2$는 각각 원통전극의 반경이다. 따라서, 정전용량의 변화는

$$\Delta C = C_l - C_o = \frac{K(\varepsilon_l - \varepsilon_o)}{\log_{10}(r_2/r_1)} L \, [\text{pF}] \tag{13.10}$$

이와 같이, $\Delta C$는 $L$에 의해서만 결정되므로 $\Delta C$를 측정함으로써 레벨 $L$을 알 수 있다.

그림 13.9(a) 방식은 액체의 유전율 $\varepsilon_l$이 변하거나, 액면 위 빈 공간이 액체로 부터 방출되는 기체로 채워지는 경우에는 사용할 수 없다. 이런 문제는 그림 13.9(b)와 같이 작은 기준 커패시터(reference capacitor) $C_r$를 사용하면 해결된다.

이 시스템에서, 기준커패시터 $C_r$는 탱크 바닥에 설치되고 항상 액체에 잠기도록 한다. 기준 커패시터를 채운 액체의 레벨을 $L_r$, 측정용 커패시터의 정전용량을 $C$라고 하면, 다음 관계가 얻어진다.

$$\frac{L}{L_r} = \frac{\Delta C}{C_r} \tag{13.11}$$

그림 13.9(c)는 불연속 정전용량식 레벨센서를 나타낸다. 여기서, 동심원통형 커패시터는 탱크에 수평으로 설치된다. 액체가 설정된 레벨까지 상승하면, 정전용량이 크게 변화하여 센서는 경고를 보낸다.

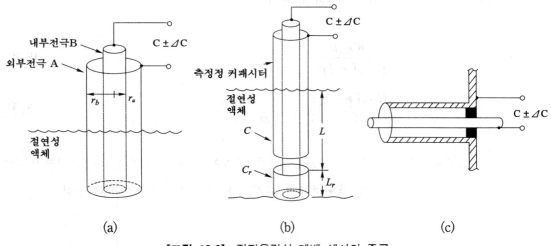

[그림 13.9] 정전용량식 레벨 센서의 종류

## 13.7  열전달식 레벨센서

　가열된 발열체로부터 열전달율은 기체보다 액체가 더 크다. 이 원리를 이용해서 액체의 레벨을 측정하는 것이 열전달식 레벨 센서(heat‐transfer level sensor)이며, 주로 두 가지 방식이 사용된다.

　그림 13.10는 발열체로 서미스터(thermistor)를 사용한 레벨센서이다. 외부로부터 서미스터에 충분한 전류를 공급하여 주위온도에 따라 저항값이 크게 변하는 자기가열점(self‐heating point)까지 가열시킨다. 액면이 상승하여 액체가 서미스터에 닿으면 방열이 좋아지므로 서미스터는 냉각되어 저항치가 급격히 변화한다. 액체의 레벨이 아래로 내려가서 서미스터가 공기 중에 다시 노출되면 방열이 나쁘므로 자기가열에 의해 서미스터의 저항치가 다시 낮아진다.

　이 방식은 자동차의 연료 잔유량 경고 센서(low‐level warning indicator)에 사용되고 있다.

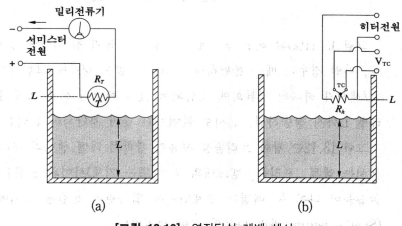

[**그림 13.10**] 열전달식 레벨 센서

## 13.8  광학식 레벨센서

　탱크 속의 액체가 가시광이나 적외선(IR)에 불투명하다면, 광학식 레벨 센서 (optical leevel sensor)의 구성이 가능하다. 그림 12.11(a)는 광학식 레벨 센서의 기본 구성을 나타낸다. 액면이 광원 – 센서 사이의 광로(光路; optical path) 이하일 때에는 광원으로부터 방출된 빛이 광 센서에 입사되어 출력이 발생한다. 액면이 광로 위로 상승하면, 빛이 액체에 **흡수**되어 출력은 0으로 된다. 이 센서의 단점은 광 센서가 주위의 광원에 민감하다는 것이다.

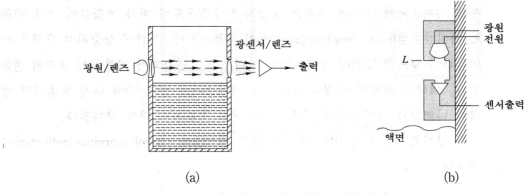

(a)                      (b)

**[그림 13.11]** 광학적 레벨 센서

그림 13.11(a)의 레벨 센서에서는 광로가 용기 전 직경에 걸쳐서 있어야 되므로, 어떤 경우는 매우 불편하다. 그래서, 많은 경우에 그림 13.11(b)와 같이 광원/센서가 하나의 모듈화에 조합되어 있어 탱크의 한쪽 벽에 설치된다. 액면이 레벨 L까지 상승하면, 센서로 들어가는 빛이 차단되어 출력은 0으로 된다.

그림 13.12는 광학 프리즘을 사용한 광학식 레벨 센서의 원리를 나타낸다. 이 센서는 액체, 프리즘, 탱크내의 공기(또는 기체)사이의 굴절율 차를 이용한다. 굴절율이 다른 두 매질의 경계면에서 입사광과 굴절광 사이에는 스넬의 법칙(Snell's law)에 따라 다음의 식이 성립한다.

$$n_1 \sin \alpha_i = n_2 \sin \alpha_{rr} \tag{13.12}$$

또는 굴절각은

$$\alpha_{rr} = \sin^{-1}\left(\frac{n_1 \sin \alpha_i}{n_2}\right) \tag{13.13}$$

여기서, $n_1$은 프리즘의 굴절율, $n_2$는 공기의 굴절율이다. 위 식에서 주어진 굴절율의 비 $n_1/n_2$에 대해서, 그림 13.12(a)와 같이 특정의 입사각 $\alpha_i$에서 굴절광은 0으로 되고 모든 입사광은 프리즘 속으로 전반사(全反射)된다. 이 빛은 두 번째 프리즘에서 다시 전반사되어 광센서로 들어가 출력을 발생시킨다. 만약 액면이 상승하여 그림 13.12(b)와 같이 프리즘에 닿게 되면 입사각은 고정되어 있으나 $n_1/n_2$는 $n_1/n_3$로 되므로 입사광은 전반사되지 않고 액체속으로 굴절한다. 따라서 광센서의 출력은 0으로 된다.

그림 13.12(c)는 프리즘을 수평으로 설치해서 측정하는 방식으로, 원리는 동일하다.

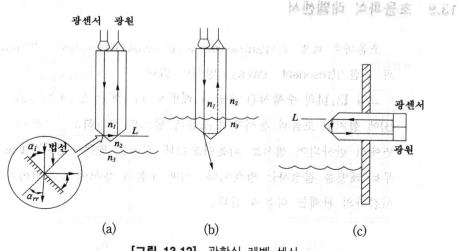

[그림 13.12] 광학식 레벨 센서

그림 13.13은 광섬유(optical fiber)를 사용해 프리즘에 있는 광원/센서 포트(port)와 실제의 광원과 센서에 있는 커플링(coupling)에 접속하는 방식이다. 여기서 광섬유는 입사광과 반사광의 통로를 제공한다. 동작원리는 그림 13.12와 동일하다.

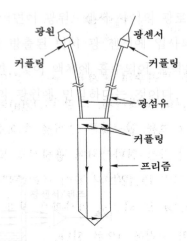

광원       광센서

커플링       커플링

광섬유

커플링

프리즘

[그림 13.13] 광섬유를 사용한 광학식 레벨 센서

## 13.9  초음파식 레벨센서

초음파식 레벨 센서(ultrasonic level sensor)에는 주행시간(transit‐time)방식과 공진기(resonant‐cavity) 방식이 있다.

그림 13.14의 주행시간 초음파 레벨센서는 탱크 상부(센서 A) 또는 하부(센서 B)에 설치된 초음파 센서에서 초음파 펄스를 발사하고, 그것이 액체‐가스 경계면에서 반사되어 센서로 되돌아오는데 걸리는 왕복주행시간(transit‐time)으로부터 레벨을 결정하는 방식이다. 이때 초음파 센서에서 액면까지의 거리와 왕복시간과의 관계는 다음과 같다.

$$\text{센서 A의 경우} : L = h - L_1 = h - \frac{v_a t}{2} \tag{13.14}$$

$$\text{센서 B의 경우} : L = \frac{v_l t}{2} \tag{13.15}$$

여기서, $v_a$와 $v_l$는 각각 공기와 액체 중에서 초음파 속도, $t$는 왕복주행시간, $h$는 탱크 높이이다.

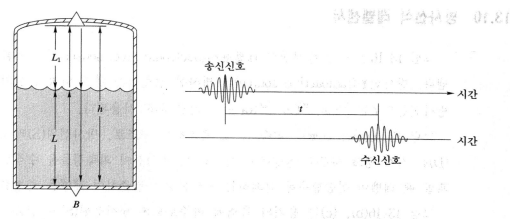

**[그림 13.14]** 주행시간식 초음파 레벨센서

　그림 13.15는 공진기식 초음파 레벨 센서의 기본 원리를 나타낸다. 초음파 송신기로부터 방출된 연속적인 초음파 신호는 탱크 내부로 전파해 간다. 이때 초음파에 대한 탱크의 공진은 탱크 내의 빈 공간체적의 함수이다. 이와 같은 현상은 일부가 물로 채워진 병의 주둥이를 불면 소리가 나는 현상과 같다. 액체 레벨이 낮으면(빈 공간의 체적이 크면), 공진 주파수가 낮고, 반대로 액체 레벨이 높으면(빈 공간체적이 작으면), 공진 주파수는 높아진다. 탱크가 완전히 비어있을 때의 공진주파수가 알려지면, 이러한 공진 주파수의 측정으로부터 액체 레벨을 알 수 있다. 공진 주파수를 찾기 위해서 가변 주파수 발진기가 사용된다.

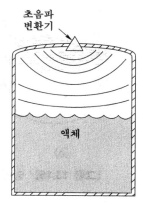

**[그림 13.15]** 공진기식 초음파 레벨 센서

## 13.10 방사선식 레벨센서

그림 13.16은 각종 방사선식 레벨센서(nucleonic level sensor)의 구조를 나타낸다. 방사선원(radioactive source)과 방사선 검출기는 탱크 외벽에 설치된다. 방사선원으로는 $^{137}$Cs, $^{60}$Co, $^{226}$Ra 등이 가장 흔히 사용된다.

그림 13.16(a)는 레벨을 연속적으로 측정하는 구조로, 방사선원(S)과 검출기 (D)를 각각 탱크 하부와 정상부에 설치하고, 방사선이 피측정물을 수직으로 투과할 때 레벨이 상승할수록 감쇠하는 방사선량을 검출하여 레벨을 측정한다.

그림 13.16(b), (c)는 용기의 측벽에 마주보도록 방사선원(S)과 검출기(D)를 한 점 또는 여러 점에 설치한다. 액체 레벨이 그 사이를 통과하여 방사선을 끊을 때 감쇠량을 측정해서 레벨을 측정한다. 만약 레벨을 연속적으로 측정하려면 스트립(strip) 형태의 긴 방사선원과 검출기를 사용하던가, 또는 서보제어시스템 (servo control system)을 사용해서 방사선원과 검출기를 액체 - 기체 경계면의 증감에 따라 자동으로 상승 · 하강시키는 방식이 사용된다.

방사선식 레벨 센서는 비접촉 측정이므로 피측정물의 부식성이 큰 물질이라든가 또는 고온 고압의 경우에 아주 적합하다.

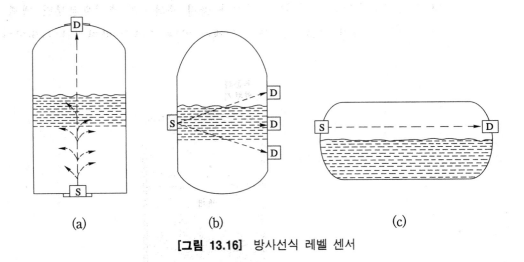

(a)  (b)  (c)

[그림 13.16] 방사선식 레벨 센서

## 13.11 마이크로파 레벨센서

마이크로파 레벨 센서(microwave level sensor)는 마이크로파 에너지 (microwave energy)의 투과(transmittance)와 반사(reflection)를 이용해서 레벨을 불연속적으로 측정하는 레벨 센서이다. 보통 10GHz의 마이크로파 펄스가 사용된다.

그림 13.17(a)는 투과식 센서의 구조로, 탱크의 측벽에 송신기와 수신기를 마주보도록 설치하고 그 사이로 발사되는 마이크로파가 액체에 의해서 차단될 때 감쇠되는 것을 이용하여 레벨을 측정한다. 분립체의 레벨 스위치로 사용된다.

그림 13.17(b)는 반사식으로, 탱크의 정상부에 고정한 송수신기로부터 발사된 마이크로파가 액면에서 반사되어 송수신기에 수신될 때까지의 시간을 측정해서 레벨을 연산한다. 원유의 탱커에 유일하게 응용된다.

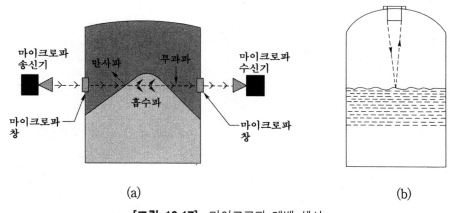

(a)                    (b)

**[그림 13.17]** 마이크로파 레벨 센서

[그림 13.13]

## 13.9   초음파식 래벨센서

초음파식 래벨 센서(ultrasonic level sensor)에는 주행시간(transit time)방식
과 공진기(resonant cavity) 방식

그림 13.14의 주행 ... 래벨센서는 용기의 상부(센서 A) 또는 하부(센서
B)에 설치된 초음파 센서에서 초음파 펄스를 발사하여, 그것이 액체나 가스 경계
면에서 반사되어 센서로 되돌아오는데 걸리는 왕복주행시간(transit time)으로
부터 래벨을 결정하는 방식이다. 이때 초음파 센서에서 액면까지의 거리와 왕복
시간과의 관계는 다음과 같다.

센서 A의 경우 :   $L = h - L_i = h - \dfrac{v_a t}{2}$              (13.14)

센서 B의 경우 :   $L = \dfrac{v_l t}{2}$                              (13.15)

여기서, $v_a$와 $v_l$은 각각 공기와 액체 중에서의 음속의 속도, $t$는 왕복주행시
간, $h$는 탱크 높이이다.

제 **14** 장

# 광섬유 센서

## 14.1 광섬유 원리와 특성

광섬유(optical fiber)는 가늘고 유연하고 투명한 유리 또는 고분자 섬유이며, 이를 통해 가시광선을 전송할 수 있다. 광섬유는 광통신뿐만 아니고 광을 응용한 계측에서 매우 유용하게 사용되고 있다. 광섬유 센서는 광 계측의 공통적 특징인 비파괴, 전자적 무유도(電磁的 無誘導), 고속, 고분해능과 함께 내환경성, 초고감도, 원격계측, 분포계측 등 새로운 특징을 가진다. 광섬유 센서의 발전은 반도체 광 센서, 레이저, 광섬유 기술의 비약적인 진보에 힘입음 바 크다.

광섬유 센서는 광섬유를 단지 전송로(傳送路)로서 사용하는 것과, 광섬유 자체를 센서로서 사용하는 것으로 대별할 수 있는데, 어느 방식이든 광섬유의 구조와 그 특성을 나타내는 기본적인 파라미터를 이해할 필요가 있다. 따라서, 먼저 광섬유에 대해서 설명한다.

### 14.1.1 광섬유의 기본 구조와 원리

광섬유는 그림 14.1과 같이 기본적으로 코어(core), 클래딩(cladding), 재킷 (jacket) 등 3개의 요소로 구성된다. 코어는 유리(glass)나 플라스틱(plastic)으로 만들어지며, 빛이 전파(傳播)되는 부분이다. 코어를 둘러싸고 있는 클래딩은 빛을 코어에 가두는 광 도파관(optical waveguide)를 형성한다. 클래딩도 코어와 마찬가지로 유리나 플라스틱으로 되어 있다. 클래딩 주위를 둘러싸고 있는 재킷은 코어와 클래딩을 물리적 또는 환경적 손상으로부터 보호하고 강도를 향상시키기 위한 플라스틱 피복이다. 광섬유의 사이즈는 보통 코어, 클레딩, 재킷의 외경으로 주어진다. 예를 들면, 200/230/500은 코어의 직경이 $200\,[\mu\mathrm{m}]$, 클래딩의 직경이 $230\,[\mu\mathrm{m}]$, 재킷의 직경이 $500\,[\mu\mathrm{m}]$임을 의미한다.

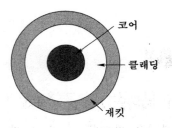

**[그림 14.1]** 광섬유의 구조

이제, 광섬유의 원리를 살펴보자. 그림 14.2는 굴절률이 다른 2개 매질의 경계면에서 빛의 반사와 굴절을 나타낸 것이다. 일반적으로 빛이 동일한 매질 속을 전파할 때는 직진한다. 그러나, 굴절률이 다른 2개 매질의 경계면에 입사하는 빛의 운동은 에너지 법칙에 따른다. 매질의 굴절률(屈折率; index of refraction)은 다음 식 (14.1)과 같이 정의한다.

$$\text{굴절률} = \frac{\text{진공에서 빛의 속도}(c)}{\text{물질내에서 빛의 속도}(v)} \tag{14.1}$$

그림 14.2(a)와 같이 굴절률이 다른 두 매질의 경계면을 빛이 통과할 때, 입사

광의 일부는 매질 2로 투과하고, 일부는 반사된다. 이 경우 매질 2로 투과된 빛의 방향, 즉 굴절각은 두 매질의 굴절률에 의해 결정되며 다음과 같은 스넬의 법칙(Snell's law)으로 주어진다.

$$n_1 \sin \theta_1 = n_2 \sin \theta_2 \tag{14.2}$$

여기서, $n_1$＝매질 1의 굴절률, $n_2$＝매질 2의 굴절률, $\theta_1$＝입사각, $\theta_2$＝굴절각이다.

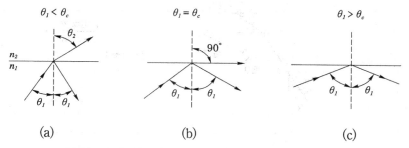

[그림 14.2] 두 매질의 경계면에서 빛의 반사와 굴절

만약 $n_1 > n_2$일 때, 입사각 $\theta_1$를 점점 증가시켜 그림 14.2(b)와 같이 임계각 (臨界角; critcal angle) $\theta_c$에 이르면, $\theta_2 = 90°$로 되어 매질 2내에서 굴절광은 0으로 되고, 빛은 입사된 매질 내부로 다시 반사된다. 이때 입사광은 경계면에서 전반사(全反射; total internal reflection)한다고 말한다. 이와 같은 조건에서, 임계각 $\theta_c$는 다음 식으로 주어진다.

$$\theta_c = \sin^{-1}\left(\frac{n_2}{n_1}\right) \tag{14.3}$$

그림 14.2(c)에 나타낸 것과 같이, $\theta_1$이 임계각 $\theta_c$보다 커지면, 입사광선은 완전히 반사되고, 에너지는 매질 2로 전달되지 않는다. 이와 같은 전반사 현상이 광섬유 동작의 기본원리이다.

이제 광섬유의 경우를 생각해 보자. 그림 14.3과 같이 코어의 굴절률 $n_1$은 클래딩의 굴절율 $n_2$보다 약간 크므로, 만약 $\phi \geq \theta_c$이면, 즉

$$\sin \phi \geq \frac{n_2}{n_1} \quad \text{또는} \quad \cos \phi \leq \sqrt{1 - \left(\frac{n_2}{n_1}\right)^2} \tag{14.4}$$

이면, 입사된 빛은 코어/클래딩 경계면에서 매번 전반사 되어 코어 내부에 갇히게 된다. 그러므로, 빛은 코어 내를 통해 전파되어 코어의 다른 끝에 도달한다.

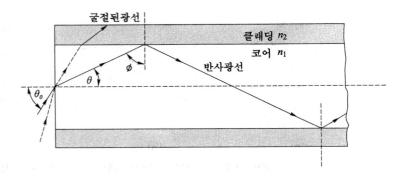

[**그림 14.3**] 전반사는 입사각이 임계각보다 더 클 때 일어난다.

만약, 광선이 광섬유에 각 $\theta_o$로 입사하면, 광선은 코어에 다음 식으로 주어지는 각 $\theta$로 들어간다.

$$n_o \sin \theta_o = n_1 \sin \theta = n_1 \cos \phi \tag{14.5}$$

식 (14.4)와 (14.5)로부터 전반사가 일어날 조건은

$$\sin \theta_o \leq \frac{n_1}{n_o} \sqrt{1 - \left(\frac{n_2}{n_1}\right)^2} \tag{14.6}$$

공기의 경우 $n_o = 1$이므로, 광섬유의 최대 허용각(maximum angle of acceptance)은

$$\sin \theta_{o,\max} = \sqrt{n_1^2 - n_2^2} = NA \tag{14.7}$$

식 (14.7)을 광섬유의 개구수(開口數; numerical aperture; NA)라고 하며, 광섬유의 수광특성을 나타내는 것으로, 코어의 입력단에 입사되는 광선이 코어 내를 전파할 수 있는 최대 허용각이다. 따라서, 광선은 광섬유 단면에 허용각 이내로 입사해야 코어 속으로 들어갈 수 있다. 위 식에서 $\theta_{o,\max}$를 반허용각(半許容角; half‐acceptance angle)이라고도 부른다. 이와 같이, 광선이 $\theta_o \le \theta_{o,\max}$로 입사하면 $\phi \ge \theta_c$로 되어, 빛은 코어/클래딩 경계면에서 연속적으로 전반사되어 코어 내를 통해 전파됨으로써 코어의 다른 끝에 도달한다. $\theta_o > \theta_{o,\max}$인 광선은 $\phi < \theta_c$로 되므로, 코어 밖으로 빠져나가 클래드에서 손실된다.

클래딩의 굴절률은 코어의 굴절률보다 약간 작아야 하며, 이것을 논할 때 두 굴절률차의 비, 즉 비굴절률차(比屈折率差; fractional difference between the two refractive indices) $\Delta n$를 도입하는 것이 편리하다.

$$\Delta n = \frac{n_1 - n_2}{n_1} \ \ \text{또는} \ \ n_2 = n_1(1 - \Delta n) \tag{14.8}$$

통상 $\Delta n$은 %로 나타낸다. $\Delta n$를 사용하면, 개구수 NA는 다음 식으로 된다.

$$NA = \sin \theta_{o,\max} = \sqrt{n_1^2 - n_2^2} = n_1 \sqrt{2\Delta n - \Delta n^2} \tag{14.9}$$

그런데, 보통 광섬유에서 $\Delta n^2 \ll 2\Delta n$이므로,

$$NA = \sin \theta_{o,\max} \approx n_1 \sqrt{2\Delta n} \tag{14.10}$$

만약, $n_1 = 1.48$, $n_2 = 1.46$이면, $\Delta n = 0.01351$, $NA = 0.242$, $\theta_{o,\max} = 14°$이다.

### 14.1.2 전파 모드와 $v$-파라미터

빛이 광섬유를 통해 운반될 때, 코어/클래드 경계면에서 반사가 일어나고 위상이동(位相移動; phase shift)이 발생한다. 이때 경계면에서 반사된 모든 빛이 전파되는 것이 아니고, 빛의 전파를 강화시키는 위상이동(constructive phase shifts)를 만드는 특별한 각도의 광선만이 전파된다. 이와 같이 특별히 허용되는 빛의 경로(徑路; path)를 모드(mode)라고 부르며, 전자장 해석에 의해서 구해진다. 각 모드는 광섬유 중심축(軸)에 대해 다른 각도로 광섬유 내를 이동하므로, 각 모드가 광섬유의 입력 측에서 출력 측까지 이동하는 경로의 길이(path length)도 다르다.

주어진 광섬유에서 전파될 수 있는 모드 수(數)는 빛의 파장, 코어 직경, 코어/클래드 굴절률차(差) 등에 의해서 결정된다. 예를 들면, 그림 14.4(a)는 단일 모드(single mode)이며, 빛의 전파경로가 1개이다. 그림 14.4(b)는 멀티 모드(multi-mode)로써, 다수의 광선 경로가 존재한다.

(a) 단일 모드        (b) 멀티 모드

**[그림 14.4]** 광섬유의 모드

광섬유에서 빛의 전파특성을 나타내는 가장 중요한 파라미터로써 $v$-파라미터($v$-parameter 또는 $v$-value)가 있다. 이 값은 광섬유에서 전파될 수 있는 모드 수를 나타내는 파라미터로, 다음과 같이 주어진다.

$$v = \frac{2\pi a}{\lambda} NA = \frac{2\pi a}{\lambda} \sqrt{n_1^2 - n_2^2} = \frac{2\pi}{\lambda} a n_1 \sqrt{2\Delta n} \qquad (14.11)$$

여기서, $\lambda$는 진공 중에서 입사광의 파장, $a$는 코어의 반경이다. $v$의 값이 크면 클수록, 광섬유에서 전파가 허용되는 모드 수는 증가한다. 예를 들면, 계단형(step index) 광섬유의 경우, $v = 2.405$를 경계로 해서 광섬유의 $v$값이 이보다 작으면 단일 모드로 되고, 더 큰 경우에는 멀티모드로 된다. 이것에 대해서는 다음에 더 자세히 설명한다.

### 14.1.3 광섬유의 종류

그림 14.5는 현재 사용되고 있는 광섬유의 종류를 나타낸다. 일반적으로 광섬유는, $v$ - 파라미터 값이 2.40보다 작아 하나의 기본 모드(fundamental mode)만이 전파되는 단일 모드 광섬유(single - mode fiber)와, v값이 충분히 커 다수의 모드가 전파되는 멀티모드 광섬유(multi - mode fiber)로 분류된다. 멀티모드 광섬유는 코어 직경이 단일 모드 광섬유보다 훨씬 더 크기 때문에 기본 모드뿐만 아니라 더 높은 차수(次數)의 모드까지 전파된다.

단일 모드 광섬유의 코어 직경은 5~10 [$\mu$m], 비굴절율차가 0.3 [%] 정도이며, $v$ - 파라미터 값은 2.40 이하로 설계된다. 단일 모드 광섬유에서는 멀티모드에서 나타나는 모드사이의 전파시간차가 없기 때문에 멀티모드 광섬유에 비해 더 높은 대역폭(帶域幅;bandwidth)을 가진다. 단일 모드 광섬유는 멀티모드에서 무시되는 빛의 편광(偏光;polarization)이나 위상(位相;phase)을 이용할 수 있기 때문에 광섬유 센서에 중요하다. 그러나, 코어 직경이 10$\mu$m이하로 가늘어서 광선과의 결합이 어려운 점등 취급이 힘들다.

그림 14.5(b)의 계단형 멀티모드 광섬유(step index multimode fiber)에서 코어의 굴절률이 균일하기 때문에 광선은 코어 - 클래딩 경계면에서 전반사된다. 각 모드의 광파는 길이가 다른 경로를 가지기 때문에 다른 전계분포를 가지며, 높은 모드에서는 축방향의 속도가 늦어서 전송대역이 좁은 원인이 된다.

그림 14.5(c)의 경사형 멀티모드 광섬유(graded index multimode fiber)에서 코어의 굴절률은 중심축으로부터 경계면으로 자승분포(自乘分布)에 따라서 감소한다. 그 결과 각 모드는 파동 모양의 경로를 따라 진행한다. 빛이 굴절을 반복하는 위치는 전반사각이 클수록 외측에 있다.

계단형과 경사형 멀티모드 광섬유의 코어 직경은 통상 $50\,[\mu\text{m}]$, 비굴절률차는 $1\,[\%]$ 정도로 크기 때문에, 광선파의 결합효율이 높고, 광섬유사이의 접속이 비교적 용이한 등의 특징이 있다.

멀티모드 광섬유를 센서에 응용하는 경우에는 단순히 전송 매체로써 사용되는데, 굴곡 손실이나 흡수 손실 등이 이용되고 있다.

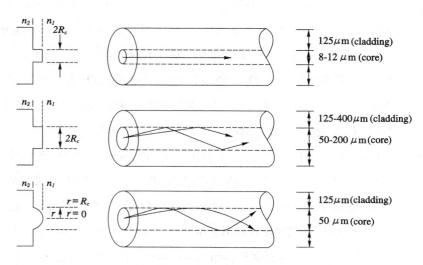

**[그림 14.5]**  광섬유의 종류

## 14.1.4  광섬유의 손실

감쇠(減衰; attenuation)는 빛이 광섬유를 통해 전파될 때 전파거리에 따른 신호강도의 감소를 말한다. 길이 $L$인 광섬유에서, 감쇠는 다음 식에 따라 데시벨(decibel)로 측정된다.

$$감쇠율 = \frac{-10\log(P_{in}/P_{out})}{L}\,[\text{dB/km}] \tag{14.12}$$

여기서, $P_{in}$는 광섬유에 입력된 광 에너지, $P_{out}$는 광섬유로부터 출력된 광 에너지이다. 광섬유의 감쇠는 주파수에 의존하기 때문에 특정 주파수에 대해

dB/km로 나타낸다. 대표적인 손실률(attenuation rate)의 값은 계단형의 경우 850 [nm]의 측정 주파수에서 ~ 10 [dB/km], 단일 모드의 경우 측정 주파수 1550 [nm]에서 1 [dB/km] 이하이다.

광섬유 손실의 주원인은 물질 내에서 흡수(吸收; absorption), 굴곡(屈曲; bending), 산란(散亂; scattering) 등에 기인한다. 흡수손실은 단파장 측에서 UV흡수, 장파장 측에서 IR흡수, 불순물(예를 들면, $H_2O$) 등에 의한 흡수에 의해서 발생한다. 최근의 광섬유 기술은 불순물에 의한 영향을 매우 낮은 수준으로 감소시키고 있다.

산란손실은 유리의 굴절률이 미세하게 불균일하기 때문에 이로 인해 빛이 여러 방향으로 산란되어 발생한다. 이 현상을 레일리 산란(Rayleigh scattering)이라고 하며, 현재 광섬유 손실의 대부분(90 [%]까지)을 차지한다. 레일리 손실은 파장에 의존하며, 장파장일수록 작아진다.

굴곡손실을 일으키는 원인에는 그림 14.6과 같이 제조공정이나 기계적 응력(stress)에 의해서 발생하는 마이크로밴드(microbend)와, 광섬유가 cm정도의 곡률 반경으로 휘어질 때 발생하는 매크로밴드(macrobend)가 있다. 이러한 굴곡이 존재하는 위치에서 빛이 코어 - 클래딩 경계면에 부딪치면, 빛은 클래딩 속으로 투과해서 손실이 발생한다.

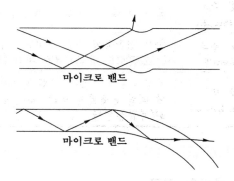

[**그림 14.6**] 마이크로밴딩과 매크로밴딩에 기인하는 굴곡손실

## 14.2 광섬유 센서의 측정원리와 분류

### 14.2.1 광섬유 센서의 원리

빛은 전자파이므로 전계와 자계로 나타낼 수 있다. 광섬유의 코어를 통해 정현파로 전파되는 광파(lightwave)의 전계 $E$는 다음과 같이 표시된다.

$$E = E_0 \sin(\omega t + \phi) \tag{14.13}$$

여기서, $E_0$는 진폭(振幅), $\omega$는 주파수, $\phi$는 위상(位相)을 나타낸다.

광섬유 센서에서는 광파의 강도 $|E_0|^2$, 편광(偏光 ; 벡터 $E_0$의 방향 등), 주파수, 위상이 계측대상에 의해 변조되는 현상을 이용하고 있다. 표 13.1은 현재 광섬유 센서에 이용되고 있는 광변조현상을 요약한 것이다. 다음 절 부터는 이러한 빛의 속성을 변조하는 물리효과를 이용한 센서들에 대해서 설명한다.

**[표 14.1]** 광 변조와 측정 방법

| 변조(modulation) | 물리적 메카니즘 |
|---|---|
| 광강도 변조<br>(intensity) | 광섬유를 전파할 때 흡수, 방출, 굴절율 등의 변화를 통해 광세기가 변조됨. |
| 파장 변조<br>(wavelength) | 흡수, 방출, 굴절률의 파장 의존성 이용 |
| 위상 변조<br>(phase) | 측정 광섬유와 기준 광섬유사이의 간섭현상을 이용하던가 또는 멀티모드 광섬유에서 여러 전파모드 사이의 간섭현상 이용 |
| 편광 변조<br>(polarization) | 자성체에서 자계에 의한 편파면의 회전, 압전결정에서 전계에 의한 굴절율의 변화, 탄성체에서 변형에 의한 굴절율의 변화(복굴절성)을 이용. |

### 14.2.2 광섬유 센서의 분류

광섬유 센서는 광섬유가 사용되는 방식에 따라 두 종류로 대별된다.

## 1. 순수 광섬유 센서

순수 광섬유 센서(intrinsic or all fiber - optic sensor)는 그림 14.7(a)와 같이 광섬유 자체를 센서(즉 신호 변환기)로써 사용하기 때문에 센서작용이 광섬유 내에서 일어난다. 한다. 이 방식의 광섬유 센서에서는 광섬유 내를 전파하는 광의 속성(강도, 위상, 편광)이 측정하고자하는 외부신호(기계적, 열적 자극 등)에 따라 변화하는 것을 이용한다.

광의 강도변화를 이용하는 경우에는 주로 멀티 - 모드 광섬유가 사용되고, 광의 위상과 편광 변화를 이용하는 경우에는 단일 모드 광섬유가 사용된다. 특히 광의 위상변화를 이용하는 방식에서는 각종 광섬유 간섭계를 구성하여 검출하므로 고감도 계측이 가능하게 되어 활발한 연구 개발이 진행되고 있다.

## 2. 광전송로형 광섬유 센서

그림 14.7(b)는 광전송로형 광섬유 센서(extrinsic fiber - optic sensor)를 나타낸다. 여기서 광섬유는 외부자극에 응답해서 통과하는 광을 변조시키는 광변조기(光變調器;light modulator)와 발광·수광 소자를 연결하는 광전송로(傳送路)만 단지 사용되고 있다. 이때 빛의 강도(intensity), 위상(phase), 주파수(frequency), 편파(polarization), 스펙트럼(spectral content) 등이 변한다. 이 방식의 광섬유 센서는 구성이 간단하며 신뢰성이 높은 점등의 특징을 가지며 이미 각종 센서가 상용화되어 있다.

(a) 순수 광섬유 센서          (b) 광전송로형 광섬유 센서

**[그림 14.7]** 광섬유 센서의 대분류

## 14.3 광섬유 온도센서

광섬유 온도센서는 광섬유 자체를 온도를 검출하는 센서로 이용하는 순수 광섬유 온도센서와, 광섬유를 단지 온도정보의 전송로로써 사용하고 그 단면에 센서를 부가하는 전송로형 광섬유 온도센서로 분류할 수 있는데, 여기서는 후자의 예를 들어 설명한다.

그림 14.8은 광루미네슨스 효과의 온도 의존성(temperature‑dependent photoluminescence)을 이용한 광섬유 온도 센서를 나타낸다. 온도의존성 광루미네슨스 소자인 AlGaAs 결정 칩을 광섬유의 선단에 부착한다. LED에서 방출된 빛(피크 파장 $\lambda_o = 750$ [nm])이 광섬유를 통해서 센서에 도달하면 AlGaAs 칩에서 흡수되어 광루미네슨스를 일으킨다. 이때의 발광은 동일한 광섬유를 통해서 다시 측정기로 들어가고, 여기서 파장 800 [nm] ($\lambda_1$)과 900 [nm] ($\lambda_2$)의 광을 분리해서 두 광의 상대강도비 $I_1(\lambda_1)/I_2(\lambda_2)$를 계산한다. 이 강도비가 온도에 비례하는데, 이 효과를 온도 검출에 사용한다. 이 방법의 온도센서의 측정범위는 0 [℃]~200 [℃]이며, 분해능은 약 0.1 [℃]이다. 센서 선단의 직경은 약 0.5 [mm]이다.

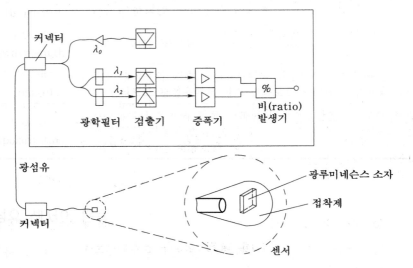

[**그림 14.8**] AlGaAs 칩의 광루미네슨스의 온도 의존성을 이용한 광섬유 온도 센서

## 14.4 광섬유 자계·전류 센서

광섬유 자계(전류) 센서는 편광변조(polarization modulation)를 일으키는 효과를 이용한다. 편광(偏光;polarization)이란 진동방향이 한 방향으로 치우쳐 있는 광을 의미하는데, 어떤 광섬유는 한 방향의 편광만을 전파하는 성질을 갖는 것이 있다. 편광변조(polarization modulation)를 일으키는 효과에는 여러 가지가 있으나, 여기서는 패러데이의 자기 - 광 효과(Faraday magneto - optic effect)를 이용한 자계센서, 전류 센서에 대해서 설명한다.

### 14.4.1 패러데이 효과

패러데이 자기 - 광 효과는 그림 14.9와 같이, 자성체 내를 직선 편광파가 전파될 때, 빛의 진행방향과 같은 방향으로 자계 $H$가 존재하면 빛의 편파면이 회전하는 현상을 말한다. 광 패러데이 효과에 의한 편파면의 회전각 $\theta_r$은 다음과 같이 주어진다.

$$\theta_r = V_r H L \tag{14.17}$$

여기서, $L$은 자성체의 광로 길이, $V_r$은 베르디 정수(Verdet constant)이며 패러데이 효과의 크기를 나타내는 물질고유의 상수이다. 이와 같은 패러데이 효과는 광섬유 자체에서도 일어난다.

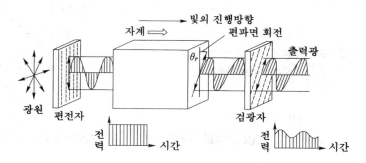

[그림 14.9] 패러데이 효과

## 14.4.2 자계 센서

그림 14.10은 패러데이 효과를 이용한 광섬유 자계 센서의 구성도를 나타낸다. 센서 소자부는 편광자(polarizer), 패러데이 소자, 검광자로 되어 있고, 광원에서 방출된 일정 강도의 광이 멀티-모드 광섬유에 의해 센서 소자부로 보내지고, 편광자에 의해 직선편광된 후, 패러데이 소자 내를 전파하는 동안 편파면이 각 $\theta_F$만큼 회전한다. 이 회전각은 검광자를 통과한 후 광강도의 변화로써 검출된다. 편광자와 검광자 광축의 실효적 상대각도가 45°라면, 수광소자 면상의 광강도 $P$는 다음 식으로 주어진다.

$$P = P_0 \left(1 + \sin \theta_F\right) \tag{14.18}$$

여기서 $P_0$는 자계가 인가되지 않을 때의 수광전력이다. 식 (14.17)과 (14.18)로부터 광°전기로 변환된 신호의 강도를 측정함으로서 인가된 자계의 세기를 측정할 수 있다. 패러데이 재료로 이용되고 있는 것은 납 유리, BGO($Bi_{12}SiO_{20}$), BSO($Bi_{12}GeO_{20}$), ZnSe 단결정 등의 반자성체 재료, YIG, $(YSmLuCa)_3(FeGe)_5O_{12}$ 등의 강자성체 재료 등이 있다.

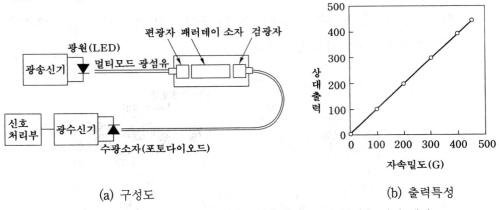

(a) 구성도　　　　　　　　　　　(b) 출력특성

[그림 14.10] 패러데이 효과를 이용한 광섬유 자기 센서

### 14.4.3 전류 센서

그림 14.11은 패러데이 효과를 이용한 전류 센서의 예를 나타낸다. 편광 광섬유가 전류 $I$가 흐르는 전선에 감겨있다. 전류 $I$에 의해서 전선 주위(반경 $r$)에 발생하는 자계 $H$는 암페어 법칙에 따라

$$H = \frac{I}{2\pi r} \tag{14.19}$$

앞에서 설명한 바와 같이, 패러데이 효과란 자계 $H$에 의해서 편광이 회전하는 것을 말하며, 이 회전각 $\theta$는 다음 식으로 주어진다.

$$\theta = VlH \tag{14.20}$$

여기서, $V$는 재료의 베르디 정수, $l$은 광섬유의 길이이다. 그림 13.11의 센서에서 편광자는 입사광과 동일방향의 편광만을 통과시키므로 광 센서의 출력 $I_p$는 다음 식으로 된다.

$$I_p = kP\cos\theta = kP\cos(VlH) = kP\cos(KI) \tag{14.21}$$

여기서, $k$는 광 센서의 감도, $P$는 광의 강도, $K$는 정수이다. 즉, 광 센서의 출력 $I_p$는 측정하고자하는 전류 $I$의 함수가 되어 전류 값이 측정된다.

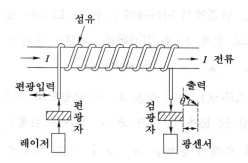

[그림 14.14] 편광 변조형 전류 센서

## 14.5 광섬유 전계·전압센서

### 14.5.1 포켈스 효과

전기 - 광학 효과(electro - optic effect)란 어떤 결정(강유전체)에 외부전계를 인가할 때 발생하는 굴절률의 변화를 말한다. 특히, 굴절률 변화가 전계 강도에 비례하는 현상을 포켈스 효과(Fockels effect)라고 부른다. 포켈스 효과를 식으로 나타내면, 굴절률 변화는 다음과 같이 된다.

$$\Delta n = \alpha_1 E \tag{14.22}$$

여기서, $\alpha_1$은 선형 전기 - 광학 효과 계수(linear electro - optic effect coefficient), $E$는 인가전계이다.

일반적으로, 이방성 결정(異方性結晶;anisotropic crystal; 그 성질이 방향에 따라 다른 결정)의 굴절률은 전기적 주축(主軸; principal axes; 결정축과 동일) $x$, $y$, $z$에 대응하는 주 굴절률 $n_1$, $n_2$, $n_3$를 사용하여 다음과 같이 굴절률 타원체로 된다.

$$\frac{x^2}{n_1^2} + \frac{y^2}{n_2^2} + \frac{z^2}{n_3^2} = 1 \tag{14.23}$$

예를들면, $LiNbO_3$(lithium niobate)와 같은 결정에서는 $n_1 = n_2 \neq n_3$로 되며, 이것을 $xy$ 단면에서 나타내면 그림 14.15(a)와 같다. 여기에 그림(b)와 같이 $y$ - 축 방향으로 전계 $E_a$를 인가하면, 포켈스 효과에 의해서 굴절율 $n_1$, $n_2$는 각각 $n_1 \rightarrow n_1{}'$, $n_2 \rightarrow n_2{}'$로 변화한다.

이러한 $LiNbO_3$ 결정 속을 $z$ - 축 방향으로 광파가 전파해 가는 경우를 생각해 보자. 그림 14.16에서, 전계 $E_a$는 광파의 진행방향에 수직하게 인가된다. 포켈스 효과에 의해서 굴절율 $n_1$, $n_2$는 각각 다음과 같이 변화한다.

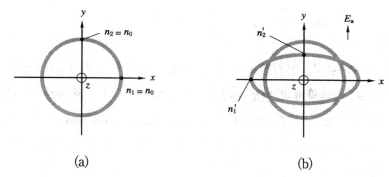

**[그림 14.15]** LiNbO₃ 결정에서 굴절율 곡면(refractive index surface)의 단면도

$$n_1{}' \approx n_1 + \frac{1}{2} n_1^3 r_{22} E_a \tag{14.24a}$$

$$n_2{}' \approx n_2 - \frac{1}{2} n_2^3 r_{22} E_a \tag{14.24b}$$

LiNbO₃ 결정의 경우 $n_1 = n_2 = n_0$로 되도, $r_{22}$는 포켈스 계수(Pockels coefficient)라고 부르는 상수이며, 그 값은 결정구조와 재료에 의존한다. 외부전 계에 의해서 굴절률을 제어하면, 포켈스 결정을 통해 위상변조(phase modulation) 가 가능해 진다. 이와 같은 위상 변조기(phase modulator)를 포켈스 셀(Pockels cell)이라고 부른다. 그림 14.16에서 입사광 $E$는 $y$-축에 대해 $45°$만큼 직선편파 되었다고 가정하자. 입사광 $E$는 $x$-축 편파 $E_x$와 $y$-축 편파 $E_y$로 나타낼 수 있다. 이 두 성분은 각각 굴절율 $n_1{}'$를 $n_2{}'$경험하게 된다. 따라서, $E_x$와 $E_y$ 가 거리 $L$만큼 진행하게 되면 위상은 그들의 위상은 각각

$$\phi_1 = \frac{2\pi n_1{}'}{\lambda} L \tag{14.25a}$$

$$\phi_2 = \frac{2\pi n_2{}'}{\lambda} L \tag{14.25a}$$

만큼 변하고, 두 전계 성분사이의 위상차 $\Delta\phi$는 다음 식으로 주어진다.

$$\varDelta\phi = \phi_1 - \phi_2 = \frac{2\pi}{\lambda}\, n_o^3\, r_{22}\, \frac{L}{d}\, V \tag{14.26}$$

이와같이, 인가전계는 두 전계성분사이에 조정가능한 위성차를 만든다. 그러므로 출력광파의 편광상태는 인가전압의 의해서 제어될 수 있으며, 이러한 이유에서 포켈스 셀은 편광변조기(polarization modulator)이다. 그림 14.16에서 입사된 직선편광파가 포켈스 셀 위상변조기를 통과한 후 원형(타원) 편광파로 변환되었다.

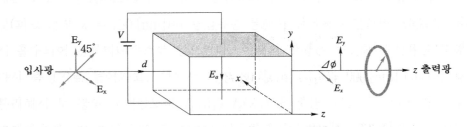

[그림 14.16] 포켈슨 셀 위상 변조기

## 14.5.2  전계·전압 센서

그림 14.17은 포켈스 효과를 이용한 광섬유 전계 센서의 구성를 나타낸 것이다. 센서는 광원, 광섬유 전송로, 센서 소자부, 수광소자, 신호 처리부로 구성된다. 광원(LED)으로부터 세기가 일정한 방출광은 석영유리 멀티-모드 광섬유에 의해서 센서 소자부까지 전송되고, 여기서 포켈스 소자에 인가된 측정 전계 또는 전압에 의해서 광강도 변조가 발생한다. 센서 소자부에서 강도가 변조된 빛은 멀티-모드 광섬유를 통해 수광소자(포토다이오드)에 들어가 전기신호로 변환된다. 이때, 수광소자면에서 광강도 $I$는 다음 식으로 된다.

$$I = I_o\left[1 + \sin\left(\frac{\pi V}{V_\pi}\right)\right] \tag{14.27}$$

여기서, $V$ : 인가전압, $V_\pi$ : 2개의 직선편광 모드 사이의 위상차가 $\Delta\phi = \pi$로 되는 반파장 전압(half-wave voltage), $I_o$ : 인가전압이 0일 때의 수광강도이 다. 이와 같이, 광·전기 변환된 신호를 측정함으로써, 포켈스 소자에 인가된 전 압 또는 전계를 측정할 수 있다.

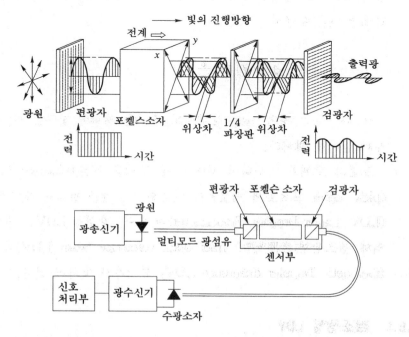

**[그림 14.17]** 포켈스 소자를 이용한 광섬유 전기센서의 구성과 원리

포켈스 재료로써는 산화물 단결정($LiNbO_3$, $LiTaO_3$, $Bi_{12}GeO_{20}$, $Bi_{12}SiO_{20}$), 화합물 반도체(ZnS, CdTe) 등이 있다.

## 14.6 광섬유 레이저 도플러 속도계

제12장에서 레이저 도플러 유속계에 대해서 설명하였다. 물체의 이동속도나 유량 측정에 사용되는 광섬유 레이저 속도계(fiber optic laser Doppler veloci-meter)를 설명한다.

앞에서 설명한 바와 같이, 도플러 효과(Doppler effect)는 광원과 관측자가 상대적으로 움직이고 있을 때, 관측자에게는 광원이 갖는 고유의 주파수 $f$가 아니고, $f$가 상대속도에 따라 편이(偏移; shift)된 주파수 $f'$으로 관측되는 효과를 말한다. 예를 들면, 주파수 $f$인 레이저 광을 이동하는 물체에 조사해서 반사된 광의 주파수는 입사광의 원래 주파수와 다르다. 이 편이된 주파수를 식으로 나타내면 다음과 같다.

$$f' = f \pm \Delta f = f\left(1 \pm \frac{v}{c}\right) \tag{14.28}$$

여기서, $c$는 광속, $v$는 상대속도, (+)는 광원에 접근할 때, (−)는 광원으로부터 멀어질 때이다.

도플러 효과를 이용하여 레이저 광 조사용 프로브(probe) 또는 산란광 픽업 (pick‐up)용 프로브에 광섬유를 이용한 속도계를 광섬유 레이저 도플러 속도계 (LDV: Laser Doppler Velocimeter)라 한다. 광섬유 LDV는 광학계의 구성법에 의해 참조광형(參照光型; fiber optic reference beam LDV)과 차동형(差動型; fiber optic Doppler difference LDV) 등 2가지 방식이 있다.

### 14.6.1 참조광형 LDV

그림 14.18(a)는 참조광형 LDV의 원리를 나타낸다. 레이저 광은 비임 분리기 (beam splitter) a에서 2개로 분기되는 데, a를 통과한 광은 비임 분리기 b를 거쳐 피측정체에 조사되고, 반사광은 참조광으로 이용된다. 피측정체로부터 산란된 후방 산란광의 도플러 주파수 $f$는

$$f = \frac{2v}{\lambda} \cos\theta \tag{14.29}$$

여기서, $\lambda$는 레이저 광의 파장, $v$는 피측정체의 속도, $\theta$는 조사광과 피측정 물체 속도가 이루는 각이다. 이 산란광과 참조광을 빔 분리기 b로 합하여 비트 신호를 검출함으로써 도플러 주파수 $f$를 알 수 있다. 이때, 그림에 나타낸 것과

같이, 초음파 광변조기에 의해 참조광의 주파수를 미리 쉬프트 해 두면 속도의 방향도 식별할 수 있다.

그림 14.18(b)는 실용화된 광섬유 LDV의 구성을 보이고 있다. 광섬유는 단일모드 또는 멀티-모드가 사용된다. 광섬유 프로브를 통하여 레이저 광을 조사하고, 도플러 효과에 의한 후방 산란광을 같은 프로브로 수광한다. 이 산란광과 본래의 레이저 광을 광섬유 앞단에서 간섭시킨다. 이것을 광 헤테로다인 검파하므로써 도플러 주파수를 갖는 계측 신호를 갖는다.

참조광형 LDV는 프로브를 미소화할 수 있으므로 혈관중의 혈류 속도 측정등 미소 영역에서의 계측에 이용되고 있다.

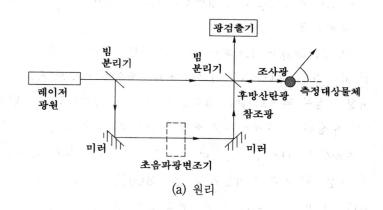

(a) 원리

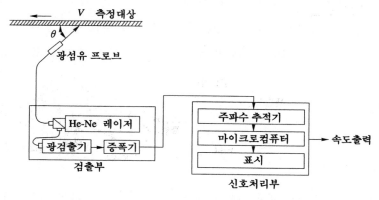

(b) 실용화된 LVD의 구성도

[**그림 14.18**] 참조광형 LDV

## 14.6.2 차동형 LDV

그림 14.19는 차동형 LDV의 구성을 나타낸 것이다. 그림 (a)에서, 빔 분리기에 의해서 2개로 분기된 레이저 광은 교차각 $\delta$에서 피측정체를 향해 사출되며, 그 산란광은 적당한 집광용 렌즈계를 거쳐 광검출기에서 광 헤테로다인 검파시킨다. 이때, 전기신호로 얻어지는 비트(beat) 신호의 주파수는

$$f_b = \frac{2v}{\lambda} \sin\frac{\delta}{2} \tag{14.30}$$

이 비트 신호의 주파수 $f_b$를 측정함으로써 이동물체의 속도를 알 수 있다. 차동형 LDV에서도 초음파 광변조기 등의 주파수 시프터(shifter)를 사용하면 속도의 방향을 알 수 있다.

그림 14.19(b)에 실용화된 차동형 LDV의 구성을 보이고 있다, 광섬유로는 단일 모드 또는 멀티-모드가 사용된다. 광섬유 프로브 A, B에서 출사되어, 계측대상에 정부 역으로 같은 양만큼 주파수 시프트를 얻어 산란광을 광섬유 프로브 C로 수광하고, 수광소자로 헤테로다인 검파하여 도플러 계측 신호를 얻는다.

차동형 LVD에서는 도플러 주파수 $f$가 관측방향에 무관하므로 교정이 용이하여 고정도의 계측이 가능하다. 20~2000 [m/min]의 속도범위에서 정도 0.4[%]이다. 이 방식은 철강, 비철, 필름 등의 각종 프로세스 라인에서 속도계측에 이용되고 있다.

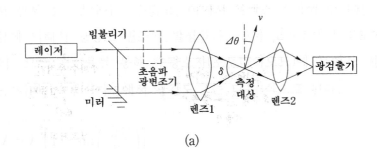

(a)

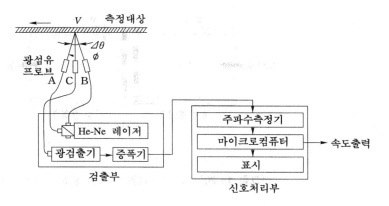

(b) 차동형 LVD

**[그림 14.19]** 차동형 LVD

## 14.7 광섬유 변위·위치 센서

그림 14.20은 광섬유 축의 어긋남에 기인하는 광손실을 이용한 변위 센서이다. 그림 14.20(a)에서 2개의 동일한 코어를 갖는 광섬유를 미소 간격($2 \sim 3 \, [\mu\text{m}]$)으로 결합시키고, 빛을 통과시키면, 결합손실은 축 어긋남에 비례해서 증가하고, 그 결과 수광용 광섬유의 출력 강도는 축이 어긋난 정도 즉 변위의 크기에 따라 감소한다. 그림 14.20(b)와 같이 광섬유 단면에 불투명막으로 된 스트라이프를 등간격으로 만들면 격자 간격 $S$만의 축 어긋남 변위에 의해서 투과 강도가 최대에서 최소까지 변화하므로 변위 센서의 감도를 크게 증가시킬 수 있다. 예를 들

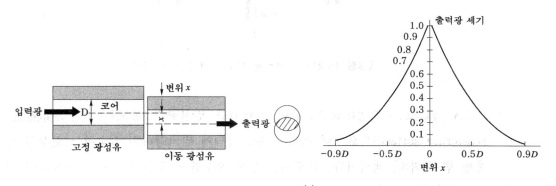

(a)

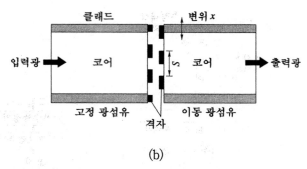

(b)

**[그림 14.20]** 축 어긋남을 이용한 광섬유 변위센서

면, 코어 직경이 $50\,[\mu m]$일 때 $S=10\,[\mu m]$의 격자를 형성하면 격자가 없는 것에 비해 감도를 최대 5배까지 증가시킬 수 있다.

그림 14.21은 광섬유 자체를 움직이는 대신에 차폐판(shutter)을 이용한 광섬유 변위센서이다. 그림 13.21(b)는 광섬유 단면에 렌즈를 장착하여 광 비임의 직경을 확대시켜 측정범위와 감도를 향상시킨 것이다.

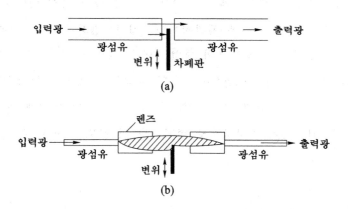

**[그림 14.21]** 차폐판를 이용한 광섬유 변위센서

그림 14.22는 측정대상으로부터 산란되는 반사광의 강도는 산란면(散亂面; scattering surface)으로부터 거리의 자승($l^2$)에 반비례하여 감소하는 현상을 이용한 변위(위치) 센서이다. 프로브는 투광 광섬유와 수광 광섬유로 구성되어 있다. 산란광을 수광하는 광섬유의 배열에는 분할형, 동축형(투광중심형), 분포형

등 여러 방식이 사용되고 있다. 측정 대상표면에서의 투광원과 수광원이 겹쳐진
부분의 반사광만이 수광 광섬유에 수광된다. 수광량은 산란점에서 광섬유 단면
까지의 거리(변위)에 따라 변화한다.

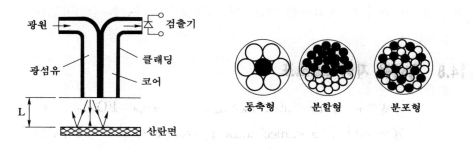

[그림 14.22] 반사를 이용한 변위센서

그림 14.23은 광섬유 로터리 인코더(rotary encoder)를 나타낸다. 센서에 들어
온 빛은 격자 모노크로메터(grating monochromator)에 의해서 파장이 다른 10개

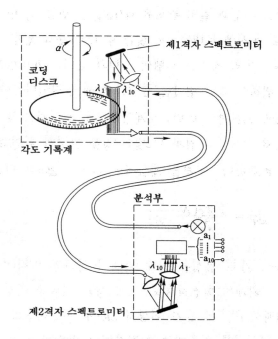

[그림 14.23] 광섬유 로터리 인코더

의 채널로 분리된다. 이 분리된 10개의 빛은 10개 트랙(track)의 인코딩 디스크를 통과한 후 다시 합쳐져 분석장치로 보내지고, 여기서 다시 10개의 빛으로 분류된다. 이 10개의 신호는 디스크의 회전각을 나타내는 2진수를 형성한다. 로터리 인코더는 회전축의 회전각, 위치의 아날로그량을 디지털로 변환하기 위해서 사용되며, 광섬유를 사용하면 원격설치가 가능한 장점이 있다.

## 14.8 광섬유 자이로스코프

광섬유 자이로스코프(fiber optic gyroscope; FOG)는 널리 사용되고 있는 기계식 자이로스코프(mechanical gyroscope)에 비해 가동부분이 없으며, 고감도로 할 수 있고, 기동시간이 짧고, 저소비전력 등의 특징이 있다.

### 14.8.1 광섬유 자이로스코프의 원리

그림 14.24는 광섬유 자이로스코프의 기본원리인 샤냑 효과(Sagnac effect)를 나타낸다. 그림과 같이 광섬유 링(ring)을 만들고, 빛을 양단(점 1)에서 서로 반대 방향으로 동시에 보내면, 두 빛은 링 내를 반대 방향으로 진행하여 동시에 점 1에 도달한다. 만약 지금 시스템이 그림과 같이 시계방향으로 각속도 $\Omega$로 회전하면, 빛이 회전하는 동안 점 1은 점 2를 향해 움직인다. 반시계 방향으로 회전하는 빛은 점 2에 도달하는 반면, 시계방향으로 회전하는 빛은 아직도 점 2로부터 $2\Delta$만큼 떨어져 있다. 그 결과 두 빛이 링을 완전히 회전하였을 때 두 빛 사이에는 위상차가 존재한다. 이것을 계산하면 위상차 $\Delta\phi$는 다음 식으로 주어진다.

$$\Delta\phi = \frac{8\pi A N}{\lambda c} [\Omega] \tag{14.31}$$

여기서, $A$는 광섬유 링에 의해 둘러싸인 면적(링의 내면적 $\pi R^2$), $N$은 권수, $\Omega$는 외계의 회전각속도, $\lambda$는 광의 진공중 파장, $c$는 진공중 광속이다. 식 (19.20)에서 각속도 $\Omega$가 위상차 $\Delta\phi$에 직선적으로 비례함을 알 수 있다. 따라서, 이 위상차를 검출하면 회전각이나 방위의 측정도 가능하다.

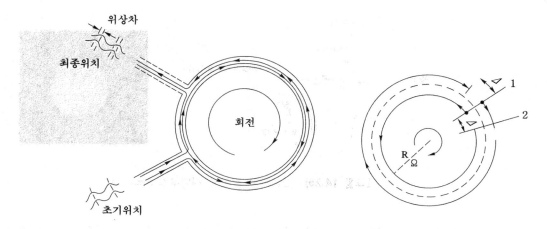

[그림 14.24] 샤낙 효과

## 14.8.2 광섬유 자이로스코프

샤낙 효과에 의한 위상 시프트 $\Delta\phi$를 측정하는 방법에 따라 광 자이로스코프를 여러 가지로 분류하며, 여기서는 광섬유 자이로스코프에 대해서만 설명한다.

그림 14.25는 간섭계형 광섬유 자이로스코프(interferometric fiber optic gyroscope; IFOG)의 기본구성을 나타낸 것이다. 샤낙 효과에 의한 두 광사이의 위상차 $\Delta\phi$는 식 (14.28)으로 주어진다. 이 위상차를 측정함으로써 각속도 $\omega$를 알 수 있다. 그림 14.25의 구성에서는, 두 광파의 간섭 출력은 다음 식으로 주어지는 여현파 모양의 곡선(cosine - shaped intensity curve)으로 된다.

$$I = \frac{I_o}{2}\,(1 + \cos\Delta\phi) \tag{13.32}$$

여기서, $I_o$는 위상차가 없을 때 광의 세기이다. 이 광의 세기 $I$를 검출기 $D$로 검출한다. 그런데, 저속회전시 즉 $\Delta\phi \to 0$일 때 $I$는 최대로 되지만, 위상변화에 대한 감도는 $dI/d\phi \to 0$으로 되어 저속 회전시의 회전검출이 불가능하다.

**[그림 14.25]** 간섭계형 광섬유 자이로스코프의 원리

그래서 $\cos \Delta\phi \rightarrow \sin \Delta\phi$ 만드는데 필요한 두 레이저 빔 사이에 $\pi/2$ 위상차를 주기 위해서 그림 13.26과 같이 변조기(變調器; modulator)를 사용한다. 간섭계형 자이로스코프는 변조방법에 따라 DC 바이어스형, 위상변조형, 주파수변조형으로 분류된다.

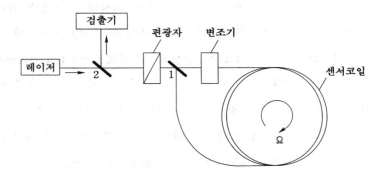

**[그림 13.26]** 간섭계형 광섬유 자이로스코프

# 14.9 광섬유 압력센서

## 14.9.1 다이어프램 반사형 압력센서

그림 14.27은 다이어프램(diaphragm)의 변위에 의한 반사광의 변화를 검출해

서 압력을 측정하는 광섬유 압력센서이다. 다이어프램의 양측 압력이 평형되어 있는 상태(즉 차압이 0)의 반사광을 검출하여 탱크내의 압력을 측정한다.

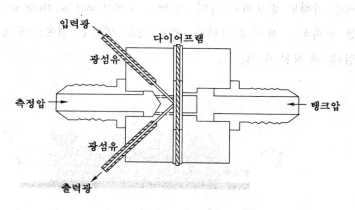

**[그림 14.27]** 다이어프램 반사식 광섬유 압력센서

그림 14.28은 격자(grating)가 달린 두 개의 그리드(grid)를 마주 보게 설치하고, 그 중 하나는 압력이 작용하는 다이어프램에 고정시킨다. 다이어프램에 압력이 가해지면 변형이 발생하고 이로 인해 출력광의 세기가 변하는 것을 검출한다. 이 압력센서는 mPa 정도의 미소압력을 검출하는 데 사용될 수 있다.

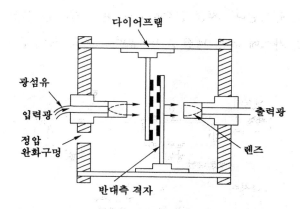

**[그림 14.28]** 가동격자를 갖는 다이어프램을 사용한 광섬유 압력 센서

## 14.9.2 마이크로밴드 손실에 의한 압력 센서

그림 14.29는 주기적인 톱니를 가진 두 판 사이에 광섬유를 넣고 맞물린 후 압력을 가하면 발생하는 마이크로밴딩 효과(microbending effect)에 의해서 광섬유를 전파하는 광이 손실된다. 광의 강도 변화를 검출하여 평판상에 가한 압력(음압)을 측정할 수 있다.

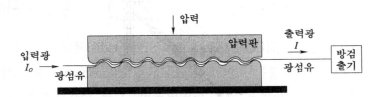

**[그림 14.29]** 마이크로밴드 손실을 이용한 광섬유 압력센서

## 14.10 광섬유 화학 센서

그림 14.30은 저손실 광섬유를 사용한 미량 가스 분석 시스템의 기본 구성을 나타낸다. 멀티 모드 광섬유는 피측정 가스분자의 고유 흡수 스펙트럼에 일치하는 파장 $\lambda_1$의 광과, 그 근처에서 흡수되지 않는 파장 $\lambda_2$의 광을 관측용 가스 용기 속으로 유도한다. 지금 분석하고자 하는 가스를 가스 용기 속으로 통과시키면, 피측정 가스에 의해 파장 $\lambda_1$의 광만이 흡수된다. 용기를 통과한 광출력을 파장

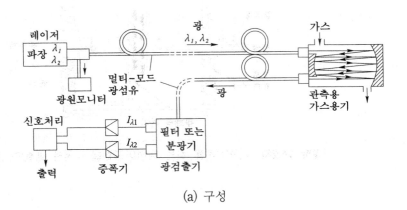

(a) 구성

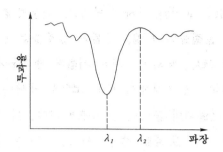

(b) 가스 분자의 흡수 스펙트럼의 예

**[그림 14.30]** 광섬유 미량 가스 분석기

$\lambda_1$과 $\lambda_2$의 광으로 분리하여 그 출력비로부터 가스 농도를 검출한다. 이 센서는 대기 오염 물질($NO_x$, $SO_x$ 등)의 농도를 측정하는 데 사용된다.

그림 14.31은 적외선 가스 분석기(infrared gas analyser)의 원리를 나타낸다. 셀(cell) A에는 분석하고자 하는 가스 샘플을, 셀 B에는 관심 있는 순수한 가스를 통과시킨다. 광원으로부터 나온 적외선은 회전하는 기계식 쵸퍼(chopper)에 의해서 펄스로 되고, 두 셀 내부를 통과한다. 이때 셀 A를 통과하는 가스 속에 관심 있는 가스가 포함되어 있으면, 이 가스분자들이 적외선을 흡수하여 투과량이 감소하므로 검출기 $D_1$의 출력이 변한다. 두 검출기 출력의 비 R은 샘플 가스 속에 포함되어 있는 흡수분자의 농도에 의존해서 변하므로 관심 있는 가스 농도를 측정할 수 있다.

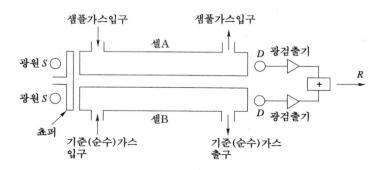

**[그림 14.31]** 광섬유 적외선 가스 분석계

그림 14.32은 물이나 기체 속에 있는 기름방울의 존재여부를 검출하는 시스템이다. 물의 굴절률은 1.33, 기름의 굴절률은 1.6 전후로 코어(석영)의 굴절률 1.45보다 더 크다. 따라서, 만약 기름이 광섬유에 부착하게되면, 클래드의 굴절률이 변화하여  그 지점에서 빛은 코어를 벗어나므로 광섬유의 전송손실이 증가하게 되고, 검출기의 출력이 감소하게 된다. 이 센서는 파이프 라인의 기름 누설 또는 바다의 기름 오염을 검출하거나, 석유 기지 등의 계장 시스템에 사용되고 있다.

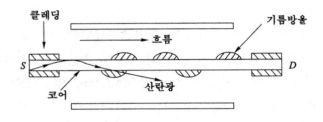

[**그림 14.32**]  광섬유 액체 센서

# 제 15 장

# 화학센서

## 15.1 개 요

화학센서(chemical sensor)는 기체나 액체 속에 있는 특정 입자(원자, 분자, 이온 등)의 농도를 검출하는 센서이다. 특히 생체 물질을 검출하는 경우에는 바이오센서(biosensor)라고 부르며, 최근에 그 중요성이 점점 증대되고 있어 화학센서와는 별도로 다루는 경우가 많아 본서에서는 제 15장에서 설명한다.

화학센서는 물리센서와는 매우 다르다. 첫째로, 센서에 작용하는 화학종(化學種)의 수가 무척 많다. 물리센서의 경우 검출하는 물리적 변수가 약 100여종이지만, 화학센서의 경우 수 백배 더 많다. 두 번째로, 화학센서는 측정 대상이 되는 매질에 노출되어야 하기 때문에 보통의 물리센서처럼 패키징할 수가 없다. 이것은 화학센서가 햇빛, 부식과 같은 바람직하지 못한 영향을 받게 된다는 것을 의미한다.

최근에 화학센서에 대한 산업적, 사회적 니즈가 크게 증가하고 있다. 그 이유는 프로세싱 과정이 점점 복잡해지고, 에너지 및 원료 절감, 환경 오염의 방지,

삶의 쾌적성과 편리성에 대한 요구 증가하기 때문으로 생각된다.

검출해야될 화학적 변수가 많듯이 또한 화학센서의 종류도 그 만큼 다종다양하다. 본 장에서는 습도센서(humidity sensor), 가스센서(gas sensor), 이온센서(ion electrode)를 중심으로 설명한다.

습도센서는 정밀산업, 전자산업, 식품산업, 섬유산업 등에서 생산관리 및 품질향상을 위해서 그 사용이 점점 증가하고 있다.

가스센서는 산업체, 가정등에서 사용하는 각종 가스의 농도측정, 가스누출사고를 방지를 위한 가스 경보기, 자동차의 불완전 연소를 검출하는 배기 가스센서등에 사용된다.

이온전극(ion electrode)은 용액 속의 어떤 특정 이온농도를 선택적으로 정확히 측정할 수 있는 기능을 갖고 있는 것으로, 최근에는 이온센서라고도 한다. 따라서, 용액 속에 다른 이온이 공존하고 있어도 목적하는 이온을 선택적으로 측정 가능하기 때문에 일반적으로 이온 선택성 전극(ion selective electrode)이라고도 부른다.

## 15.2  습도센서

### 15.2.1  습도의 정의와 표시 방법

건조한 공기(dry air)는 약 78[%]의 질소($N_2$), 21[%]의 산소($O_2$), 기타 1[%]로 구성되는 기체이다. 물이 증발하여 수증기로 되면 공기 중에 포함된다. 여름철과 같이 습기가 많으면 덥고 불쾌하며, 겨울철은 건조하면 화재가 발생하기 쉽다. 이와 같이 우리 생활 속에는 대기중의 수증기 양과 관계된 현상이 많다.

습도(humidity)란 기체 중에 포함되어 있는 수증기의 질량 또는 비율을 말한다. 그리고, 액체나 고체 속에 흡수 또는 흡착되어 있는 물의 양을 수분(moisture)이라고 한다.

보통 일상생활에서는 대기중의 수증기 비율을 습도라 하는데, 기상용어로써 오래 동안 사용되어 왔다. 습도를 나타내는 방법에는 여러 가지가 있으며, 다음에 습도와 관련된 용어의 정의 및 습도의 표시방법에 대해서 중요한 것을 기술한다.

## 1. 수증기압

기체 중에 존재하는 수증기의 분압(分壓; partial pressure)을 수증기압이라 하고, 단위는 압력의 단위[Pa]를 사용한다.

## 2. 포화수증기압

물 또는 얼음과 수증기가 공존하여 평형상태에 있을 때의 수증기압을 포화 수증기압이라 한다. 습도와 포화수증기압의 관계를 나타내는 일반적인 방법으로는 Goff - Gratch식이 사용되고 있다.

## 3. 절대습도

단위체적($1\,[\text{m}^3]$)의 기체 중에 포함되어 있는 수증기의 질량[g]을 절대습도(absolute humidity)라 하고 $[\text{g/m}^3]$로 나타낸다. 즉, 절대습도는 공기 중에 포함되어 있는 물의 양을 나타낸다. 절대습도 $D\,[\text{g/m}^3]$는, 보일 - 샤르의 법칙을 사용하여 물의 분자량(18.016), 공기의 분자량(28.996) 및 $0\,[\text{℃}]$, 1기압에서 공기의 밀도($1293\,[\text{g/m}^3]$)를 대입하면, 기체의 팽창계수는 0.00366 /deg이므로 다음과 같이 나타낼 수 있다.

$$D = \frac{0.00794\,e}{1 + 0.00366\,t} \tag{15.1}$$

여기서, $t$ : 온도$[\text{℃}]$, $e$ : 수증기압$[\text{Pa}]$이다.

## 4. 상대습도

상대습도(relative humidity)는 기체 중의 수증기압 ($e$)과, 그것과 동일한 온도, 압력에서의 포화수증기압 ($e_s$)과의 비로 정의되거나, 또는 공기의 절대습도 ($D$)와, 그것과 동일한 온도, 압력에서 포화된 기체의 절대습도 ($D_s$)와의 비로 정의되며, % 또는 %RH로 표시한다. 즉, 상대습도 ($RH$)는 다음 식으로 주어진다.

$$RH = \frac{e}{e_s} \times 100 = \frac{D}{D_s} \times 100 \, [\%] \tag{15.2}$$

1기압, $t\,[\text{℃}]$의 공기 중에서 상대습도 $(RH)$를 절대습도 $(D)$로 변환하는 식은 다음과 같다.

$$D = \frac{RH}{100} D_s = \frac{RH}{100} \times \frac{0.00794 e_s}{1 + 0.00366t} \tag{15.3}$$

## 5. 노점

기체에 포함될 수 있는 수증기량에는 한도가 있다. 보통 온도가 낮아지면 포화수증기압은 작아진다. 그러므로, 기체를 냉각시키면, 그 속에 포함된 수증기량의 변화는 없어도 상대습도는 점차로 증가하여 마침내 어떤 온도에서 100 [%]로 포화된다. 온도가 이 보다 더 내려가면 수증기의 일부분은 액화되어 부근의 고체 표면에 응결하여 이슬이 생긴다. (0 [℃] 이하에는 서리가 된다.) 일정 압력하에서 기체를 냉각시킬 때 포함되어있는 수증기가 포화되는 온도를 노점(露点; dew point)이라 한다. 냉각하기전의 온도 $t\,[\text{℃}]$에서 기체의 상대습도$(RH)$는 다음과 같다.

$$RH = \frac{e_s(t_d)}{e_s(t)} \times 100 \tag{15.4}$$

여기서, $t_d$ : 노점 $[\text{℃}]$, $e_s$ : 포화수증기압 $[\text{Pa}]$ 이다.

## 15.2.2 습도센서의 종류

습도는 측정하기가 매우 곤란하다. 이것은 신뢰성 있는 습도센서가 없기 때문이다. 습도센서는 감습부를 외기에 노출한 상태에서 사용하므로 오염과 환원작용 등에 의한 재질 변화를 방지하기가 곤란하여 다른 센서에 비해 특성이 현저히 떨어진다.

습도는 공기중의 수증기와 관련된 여러 현상이나 물리적 성질을 이용하여 검출하는데, 여기서는 습도를 전기신호로 변화하여 검출할 수 있고, 또 연속 측정이 가능한 습도 센서만을 다룬다.

표 15.1은 각종 습도센서의 감습재료와 검출원리에 대해서 요약한 것이다. 최근 가장 많이 사용되는 센서는 유기고분자나 세라믹스를 이용한 습도센서이다. 저항변화형 습도센서(resistive humidity sensor)에서는 습도가 변화함에 따라 센서의 저항값이 변화하고 그 변화를 전기신호로 출력한다. 한편 정전용량형 습도센서(capacitive humidity sensor)는 습도가 변화하면 감습재료의 유전율이 변화하여 전극간 정전용량이 변화하는 습도센서를 말한다. 저항변화형 고분자 습도센서는 가전용으로 널리 사용되고, 정전용량형은 빌딩 공조 등에 사용되고 있다. 저항 변화형 세라믹 습도센서는 빌딩 공조, 공장 공조, 산업용 습도관리에 널리 이용되고 있다.

[표 15.1] 습도센서의 분류

| 분 류 | 검출 방식 | 센서 재료 예 |
|---|---|---|
| 고 분 자 | 저항변화형 | 폴리스틸렌술폰산 수지<br>폴리아클릴산 |
| | 용량변화형 | 폴리이미드<br>PMMA(polymethylmethacrylate) |
| 세라믹스 | 저항변화형 | $ZnCr_2O_4$, $TiO_2$ - $SnO_2$<br>$MgCr_2O_4$, $TiO_2$ - $V_2O_5$<br>$Al_2O_3$ - $TiO_2$ - $SnO_2$<br>$ZrO_2$ - $MgO$, NASICON |
| | 기체의 열전도도 | 서미스터(Mn, Ni, Co, Fe 산화물) |
| 기 타 | | $\alpha$선 투과율의 변화<br>적외선 흡수율의 변화<br>수정진동자의 주파수 변화<br>지르코니아 한계전류식 산소센서의 이용 |

### 15.2.3 고분자 습도센서

고분자 재료를 이용한 습도센서는 전기저항식과 정전용량식이 있다. 전기 저항식 습도센서는 이온 전도에 따라 전기 전도도가 변화하는 것을 이용하는 방식이다. 한편 물에 녹지 않는 고분자의 경우에는 적당한 친수기를 얻는 재료로 되면 정전용량식 습도센서를 만들 수 있다. 고분자 재료의 비유전율은 3~4 정도인데 비해서 물은 80으로 크므로 흡습량의 증가에 따라서 비유전율이 크게 변화한다. 다음에 전기저항식 습도센서 및 정전용량식 습도센서의 예를 설명한다.

### 1. 저항형 고분자 습도센서

그림 15.1은 저항형 고분자 습도센서의 구조를 나타내고 있다. 알루미나(또는 실리콘) 기판 위에 한 쌍의 빗형 금 전극을 형성하고 이 금 전극 표면에 감습막을 형성시킨 구조이다.

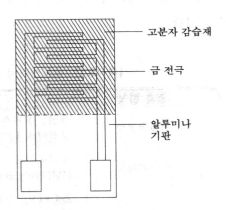

고분자 감습재

금 전극

알루미나 기판

**[그림 15.1]** 저항형 고분자 습도센서의 구조

그림 15.2는 센서 기판 위에 코팅된 감습재료의 3차원화 된 구조를 나타낸 것으로, 암모늄염 $N^+(CH_3)_3Cl^-$이 흡습에 따라 이온전도를 일으킨다. 이 경우 $N^+(CH_3)_3$는 고분자 주쇄(主鎖) 중에 결합되어 있기 때문에 자유롭게 움직일 수 없는 고정이온이고, 이에 반해서 $Cl^-$은 완전히 자유로운 상태이기 때문에 전리(電離)되어 움직이기 쉬운 가동이온이다. 전기 전도는 거의 이 가동이온에

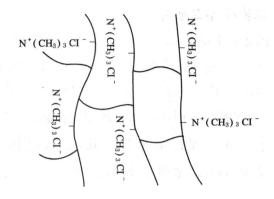

**[그림 15.2]**  3차원화 된 구조도

의해서 생기며, 습도가 증가하면 전리작용이 쉽게 되기 때문에 가동이온의 농도
가 증대한다. 역으로 습도의 감소는 가동이온의 농도를 감소시킨다. 이와 같이
이온전도를 이용한 고분자 습도센서는 감습막 상에서 수분의 가역적인 **흡탈착**이
일어난다. 센서에 전압하면 가동 이온의 이동이 임피던스의 변화로써 나타난다.

그림 15.3(a)는 고분자 습도센서의 저항 - 상대습도 특성을 나타낸 것으로, 온
도계수는 0.5%RH/℃이고 온도보상을 할 필요가 있음을 알 수 있다. 또 그림
15.3(b)의 응답특성에서 흡·탈습 과정이 약 2분 정도로 길다.

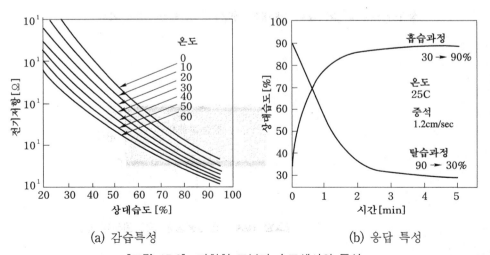

(a) 감습특성              (b) 응답 특성

**[그림 15.3]**  저항형 고분자 습도센서의 특성

## 2. 용량형 고분자 습도센서

그림 15.4에 용량형 고분자 습도센서의 원리도를 나타낸다. 고분자막의 비유전율($\varepsilon_r$)은 건조상태에서 약 3, 물은 약 80 정도이다. 그러므로, 고분자막이 흡습하면 등가 유전율은 증가한다. 이와 같이 고분자막의 물분자 흡탈착에 의해 비유전율이 변화하기 때문에 센서의 정전용량을 변화시켜 이것을 전기신호로 취하면 상대습도를 측정할 수 있다. 상대습도 $x\,[\%]$에서 정전용량 $C(x)$의 변화율 $dC(x)/dx$은 다음과 같이 표현된다. 즉

$$\frac{dC(x)}{dx} = \varepsilon_o \frac{S}{h} \frac{d\varepsilon_r(x)}{dx} \tag{15.5}$$

여기서, $\varepsilon_r(x)$는 상대습도 $x\,[\%]$일 때의 비유전율, $S$는 전극면적, $h$는 전극간격이다. 그러므로 상대습도 $x\,[\%]$에 대해서 습도센서의 정전용량 $C(x)$는 다음과 같다.

$$C(x) = C_o + a\frac{dC(x)}{dx} \tag{15.6}$$

여기서, $C_o$는 상대습도 $0\,[\%]$에서 정전용량, $a$는 센서의 형상에 대응하는 정수이다, $C_o$와 $a$는 개개의 센서에 고유한 정수이다.

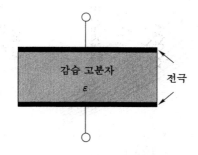

[그림 15.4] 정전용량형 습도센서의 원리

그림 15.5는 두 종류의 정전용량형 습도센서의 구조를 나타낸 것이다. 그림 (a)에서는 평면형 전극 위에 고분자 박막이 감습층(sensitive layer)으로 형성되고, 그림 (b)의 샌드위치 구조에서는 감습층 상하부에 두 전극이 형성된다. 샌드위치 구조에서는 상부전극을 통해 수증기가 통과할 수 있어야 하기 때문에 상부전극은 보통 금 박막으로 만들어진다. 기판으로는 알루미나가 사용된다. 감습재료로는 흡습성 고분자인 셀룰로스 아세테이트 등의 셀루로스 에스텔 화합물이나, 폴리비닐 알콜, 폴리 아크릴 아세트, 폴리비닐 피로틴, 폴리이미드 등이 사용된다. 용매는 알콜, 2염화 에틸렌, 에텔과 알콜의 혼합용액 등이 있다. 감습막의 제작에는 스핀 코팅 또는 함침법이 사용되고, 고분자 막의 두께가 균일하게 재현성을 유지하도록 제어하여야 한다.

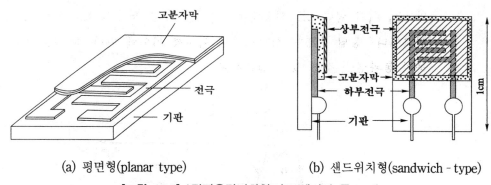

(a) 평면형(planar type)  (b) 샌드위치형(sandwich - type)

**[그림 15.5]** 정전용량변화형 습도센서의 구조 예

그림 15.6(a)는 용량형 고분자 습도센서의 상대습도 - 정전용량의 기본특성을 보이고 있다. 측정 주파수는 1[MHz]이다. 그림 15.6(b)는 센서의 주파수 특성을 나타낸 것으로, 측정 주파수 10[kHz]에서는 직선성이 나쁘며, 통상 1[MHz]~5[MHz] 정도의 주파수가 사용되고 있다.

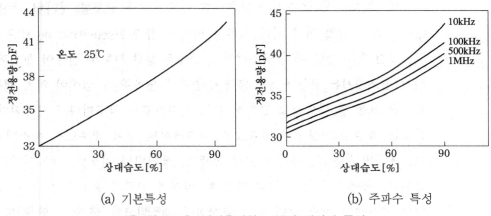

(a) 기본특성 (b) 주파수 특성

[그림 15.6] 정전용량형 고분자 센서의 특성

그림 15.7은 일반적인 응답 특성을 나타내고 있다. 상대습도 0[%]의 항습조와 90[%]의 항습조를 사용하여, 센서를 서로 두개의 항습조에 넣어서 측정한 결과이다. 응답 속도는 상부전극의 막두께 차이에 따라 다르다. 상부전극은 수분의 통과성을 갖는 것이 필요하다.

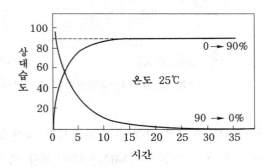

[그림 15.7] 정전용량형 고분자 습도센서의 응답특성

정전용량형 고분자 습도센서의 특징은 측정범위가 넓고(0~100 %RH) 상대습도에 대해서 직선적인 출력을 얻을 수 있고, 상온 부근에서 사용하는 경우 온도 의존성이 작은 특징을 갖고 있다. 보통 산, 알카리, 유기용제를 포함하는 분위기 또는 고온 중에서의 사용은 삼가야 한다.

### 15.2.4 세라믹 습도센서

### 1. 습도센서용 세라믹

세라믹(ceramics)은 고온소결하여 제조된 비금속의 무기질 고체이다. 세라믹은 이온결합 또는 공유결합으로 되어있어 견고하고, 불에 타지 않는 성질을 갖고 있어, 내환경성, 수명 등 신뢰성이 우수한 장점을 있다.

그림 15.8은 대표적인 세라믹의 구조를 나타낸 것으로, $\mu$m 단위의 작은 결정입(結晶粒; grain), 결정의 접합계면(粒界; grain boundary), 공간과 결정의 계면(표면), 기공(氣孔; pore)등으로 이루어져 있다.

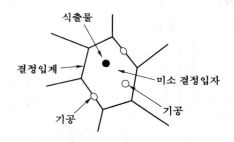

**[그림 15.8]** 세라믹스의 대표적인 미세구조

세라믹은 소결조건을 제어함으로써 치밀한 조직에서부터 다공질 구조를 갖는 세라믹의 제조가 가능하다. 습도센서는 세라믹의 다공성을 이용한다. 다공질 세라믹에서 수증기나 가스는 기공을 통해 세라믹 내부로 확산하여 결정 표면에 흡착한다. 특히, 반도체 세라믹에서는 표면 층에서 습도나 가스의 흡착에 의해 전기 전도도가 민감하게 변화한다. 이와 같이 세라믹은 그 구조적인 특징 때문에 습도센서 재료로 적당하다.

세라믹의 감습 기구는 물의 물리흡착 이온전도에 의한 것과 화학흡착 전자전도형으로 구분할 수 있다. 대부분의 세라믹 습도센서는 물리흡착 이온전도형이며, 여기에는 안정된 수산기를 형성시킨 것과, 역으로 화학흡착 수산기 자체를 해리하기 쉬운 친수성인 것이 있다. 전자의 예로는 $Al_2O_3$계, $ZnO$ - $Li_2O$ - $V_2O_5$ - $Cr_2O_3$계 등이 있고, 후자의 예로는 $MgCr_2O_4$ - $TiO_2$계, $ZrO_2$ - $MgO$계 등이 있다.

## 2. ZnO - Cr₂O₃계 습도센서

그림 15.9은 $ZnO-Li_2O-V_2O_5-Cr_2O_3$계 습도센서의 감습 모델을 나타내고 있다. 주 구성입자는 $2\sim3\,[\mu m]$의 $ZnCr_2O_4$ 이다. 이 입자표면은 감습성이 높은 리튬 이온(Li)을 함유한 유리상의 금속산화물로 피복되어 있다. 이 피복층의 화합물 조성은 $LiZnVO_4$, $Li-V-O-(H_2O)n$, $Li-V-O-(OH)n$ 중 하나이거나 혼재된 것을 생각된다. 이 감습성 유리 표면상태는 안정된 OH기를 가진 구조이므로, 이 OH기 위에 물분자가 물리흡착되어 다층의 물분자 흡착층이 형성되어 습도에 대해서 전도성을 나타낸다.

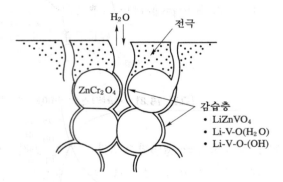

**[그림 15.9]** $ZnCr_2O_4$계 습도 센서의 모식도

그림 15.10은 $ZnO-Cr_2O_3$계 습도센서의 구조이다. 원판상의 다공질 세라믹 소체의 양면에 전극을 부착하고 Pt - Rh선을 용접한다. 이 센서는 다음에서 설명하는 $MgCr_2O_4-TiO_2$계 습도센서와는 달리 히터에 의한 가열 클리닝을 필요하지 않고 0.5 [mW]의 미소전력으로 사용할 수 있다. 또 센서는 소형으로 되고, 생산면에서 양산성이 우수하며 저가격이 가능하다.

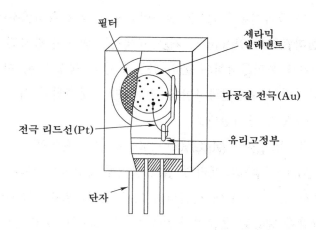

**[그림 15.10]** ZnO-Cr₂O₃계 습도센서의 구조

그림 15.11은 ZnO－Cr₂O₃계 습도센서의 특성을 나타낸 것으로, 습도가 증가하면 저항이 감소함을 알 수 있다. 또, 응답속도는 매우 느리다.

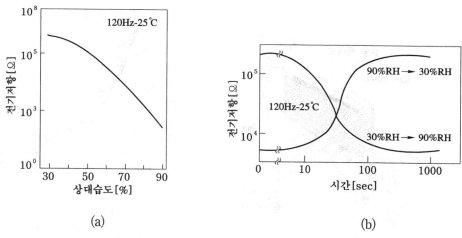

(a)                                        (b)

**[그림 15.11]** ZnO-Cr₂O₃계 습도센서의 특성

## 3. $MgCr_2O_4-TiO_2$계 습도센서

$MgCr_2O_4 - TiO_2$계 습도센서의 수분흡착 양상은 다음과 같이 생각할 수 있다. 기공으로 침투한 최초 소량의 수증기($H_2O$)가 해리되어 $H^+$와 $OH^-$가 되고,

OH$^-$는 금속이온에 H$^+$은 산소이온에 각각 **화학결합**하여 표면 수산기를 형성하는 **화학흡착**이 일어난다. 제2단계에서는 앞에서 흡착된 2개의 표면 수산기 위에 수증기가 물리흡착하여 물의 다분자 층을 형성한다. 마지막으로 다량의 수증기가 존재하면 대향전극사이에 연속적인 수분흡착에 의해 전해질층이 형성되고 전기 전도도가 증가한다.

그림 15.12에 MgCr$_2$O$_4$-TiO$_2$계 습도센서의 구조와 특성을 나타낸다. MgCr$_2$O$_4$-TiO$_2$계 세라믹 칩의 양면에 물분자가 투과하기 쉬운 RuO$_2$계 전극을 도포하고, 그 주위에 세라믹 히터를 설치하였다. 다공질을 통하여 분위기의 수증기압에 대응된 물분자가 미립자 결정표면에 물리적으로 **흡탈착**함으로써 전기저항이 변화하는 것을 이용한다. 또, 여러 가지의 유기물이 표면에 부착하기 때문에 히터로 400~500[℃]에서 가열 크리닝을 하면 센서의 오염을 청결하게 하고, 정밀도를 높일 수 있다.

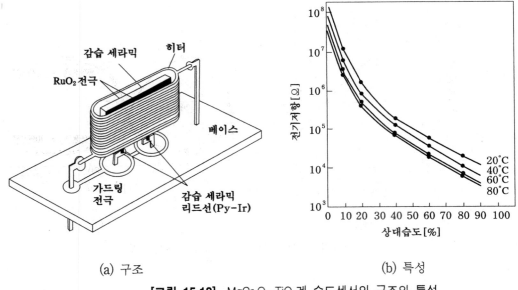

(a) 구조   (b) 특성

**[그림 15.12]** MgCr$_2$O$_4$-TiO$_2$계 습도센서의 구조와 특성

### 15.2.5 절대습도센서

절대습도센서(absolute humidity sensor)는 기체 중에 포함되어 있는 수증기의 질량(g)을 측정한다. 절대습도센서에는 서미스터가 흔히 사용되는 데, 그래서 이 센서를 동작원리에 따라 분류할 때는 열전도도 습도센서(thermal conductivity humidity sensor)라고 부르기도 한다 .

그림 15.13은 서미스터를 이용한 절대습도센서의 구조와 등가회로를 나타낸다. 하우징으로 빠져나가는 열손실을 최소화하기 위해서 두 개의 작은 서미스터 $R_{t1}$과 $R_{t2}$는 가는 도선에 의해서 지지되어 있다. 서미스터 $R_{t1}$은 작은 구멍을 통해서 외기에 노출되어 있고, $R_{t2}$는 건조공기 속에 밀봉되어 있다. 두 서미스터는 그림 14.13(b)와 같이 브리지 회로로 접속된다. 서미스터는 자기가열에 의해서 주위온도보다 높은 온도(170[℃]까지)로 가열된다. 초기에 건조공기상태에서는 두 서미스터의 저항이 같으므로 평형상태를 유지한다. 절대습도가 증가하면 서미스터 $R_{t1}$이 주위로 발산하는 열량이 달라지므로 서미스터의 온도가 변해 그 저항값도 따라서 변한다. 반면 서미스터 $R_{t2}$는 건조공기에 밀봉되어 있으므로 저항값의 변화가 없다. 따라서 브리지는 불평형 상태로 되어 출력이 발생한다. 두 서미스터의 저항차는 절대습도에 비례하기 때문에, 브리지의 출력전압도 그림 15.14와 같이 절대습도에 비례해서 증가한다.

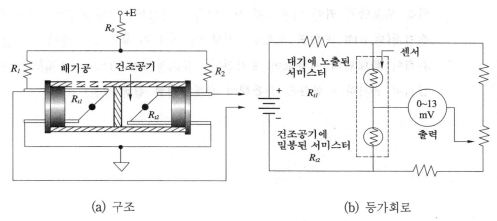

(a) 구조　　　　　　　　　　　(b) 등가회로

**[그림 15.13]** 절대습도센서

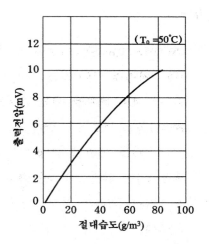

**[그림 15.14]** 절대습도센서의 특성

## 15.2.6  결로센서

결로란 대기중의 수증기가 액화하여 물방울이 되어 물체 표면에 부착되는 현상이다. 따라서, 결로센서는 고습영역(100 [%] 가까이)에서 그 특성이 급격히 변하는 고습도 스위칭 센서라고 할 수 있다.

그림 15.15는 고분자 결로센서의 일 예를 나타낸다. 알루미나 기판상에 빗살모양의 금 전극을 형성하고 그 위에 고분자로 된 감습 저항막을 코팅한다. 감습막을 보호하기 위한 다공성의 보호막을 도포한다. 감습저항막은 흡습수지에 도전입자(탄소)를 혼합한 것으로, 저항막은 수분의 흡착에 의해서 탄소입자사이의 간격이 확대되어 저항값이 증가한다. 결로상태에 가까운 94 %RH에서 저항이 급격히 증가하는 현상을 응용해서 결로상태를 검출한다.

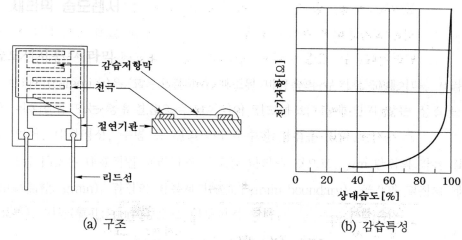

(a) 구조　　　　　　　　　　　　　(b) 감습특성

**[그림 15.15]** 결로센서의 구조와 특성

## 15.3 가스센서

### 15.3.1 개요

가스센서는 기체 중에 포함된 특정의 성분가스를 검지하여 그 농도에 따라 적당한 전기신호로 변환하는 소자이다. 가스센서는, 검출하는 가스의 종류에 의해 센서의 재료, 구조, 동작원리 등이 다르다. 가스센서로서의 조건은
- 가스의 농도를 검출, 측정할 수 있을 것
- 다른 가스 또는 물질, 물리 현상에 의한 간섭이 없을 것
- 경년 변화가 없고, 장시간 안정하게 동작할 것
- 응답 속도가 빠를 것
- 보수가 용이하고 값이 저렴할 것

등이다. 측정대상 가스의 종류가 많고, 한 종류의 센서로 모든 가스를 검출하는 것은 불가능하며 가스의 종류, 농도, 조성, 용도 등에 의해 검출 센서 및 방법이 달라진다. 표 15.2는 현재 사용되고 있는 대표적인 가스센서의 예를 보인다.

일반적으로 가스센서는 기능재료에 따라 반도체형 가스센서, 고체 전해질형 가스센서, 촉매 연소형 가스센서, 기타 등으로 분류한다. 여기서는 대표적인 가스 센서에 대해서 설명한다.

**[표 15.2]** 대표적인 가스센서

| 가스 센서 | 재료 | 검출 가스 | 응용 예 |
|---|---|---|---|
| 반도체 가스센서 | $SnO_2$, $ZnO$, $WO_3$ 등 | 도시가스, LPG, 알콜 등 가연성 가스 | 가스 경보기 |
| 접촉연소식 가스센서 | Pt촉매/알루미나/Pt선 | 메탄, 이소부탄, 도시가스(가연성가스) | 가스 경보기, 가연성가스 농도계 |
| 배기가스 센서 | 안정화 지르코니아 ($ZrO_2-Y_2O_3$, $ZrO_2-CaO$ 등) | 배기가스 | 배기가스센서, CO, 불완전 연소센서 |

## 15.3.2 반도체 가스센서

반도체 가스센서는 반도체 표면에 가스가 흡착되면 센서의 전기저항이 변하는 성질을 이용하고 있다. 센서 물질로는 비교적 고온의 산화성 또는 환원성 분위기 중에서 물리적 및 화학적으로 안정되어야 하기 때문에 대부분 산화물 반도체가 사용된다. 산화주석(tin oxide; $SnO_2$), 산화아연($ZnO$), $\gamma$-$Fe_2O_3$ 등의 소결체를 사용하지만, 여기서는 현재 가장 널리 사용되고 있는 것은 $SnO_2$에 촉매 Pd 등을 첨가하여 소결한 금속 산화물 반도체 가스센서에 대하여 기술한다.

그림 15.16에 반도체 가스센서의 구조를 보인다. 산화주석 등의 금속산화물의 소결체는 n형 반도체의 특성을 보인다. 금속산화물 반도체 가스센서는 이 반도체를 검지부로 하고, 이것을 가열하기 위해서 히터를 내장하고 있다. 히터에 의해 200~400[℃]로 가열된 반도체 표면에 가스 분자가 흡착되면, 가스 분자와

반도체사이에 전자의 주고받음이 일어나 전자농도가 변화하여 반도체의 전기저항이 변화한다. 측정대상 가스는 산소, 질소산화물과 같이 음이온 흡착성을 가진 산화성 가스와, 수소, 일산화탄소, 탄화수소, 알콜 등과 같이 양이온 흡착성을 가진 환원성 가스로 나뉘어진다.

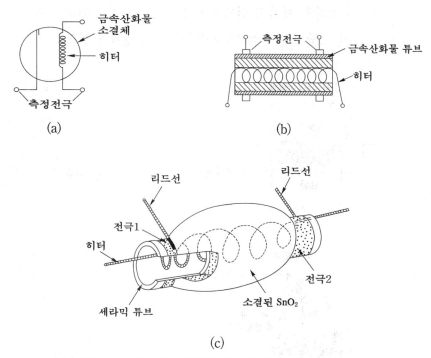

**[그림 15.16]** 금속산화물 반도체 가스 센서의 구조

그림 15.17은 가스 검출원리를 나타낸다. 지금, 그림 15.17(a)와 같이 반도체 센서에 산화성 가스분자(산소, 할로겐 등)가 흡착하면, 가스는 부이온을 흡착하고, 정공을 반도체에 주어 전도대의 전자 수를 감소시킨다. 이 때문에 센서의 저항값은 증가한다. 이 상황을 에너지 밴드로 설명하면 그림 15.17(c)와 같이 반도체 입자의 결합체인 센서에는 입자접촉계면에 전위장벽(potential barrier)이 존재하고, 접촉계면에 전자수용성 가스(산화성 가스)가 흡착되면 장벽이 높아진다.

한편, 반도체 가스센서에 환원성 가스분자(수소, 탄화수소 등)가 흡착하면, 그림 15.17(b)와 같이 환원성 가스분자는 반도체에 전자를 주고 정전하를 흡착한다. 이 반도체에 주어진 전자는 반도체 자신이 갖고 있는 자유 전하 중의 소수 전하인 정공을 속박한다. 이 때문에, 전도대에서 전류에 기여하는 자유 전자의 재결합 확률은 감소하고, 외관상의 자유 전자수는 증가하여 센서의 저항 값이 감소한다. 이 상황을 에너지 밴드로 설명하면 그림 15.17(d)와 같이 접촉계면에 전자 공여성 가스(환원성 가스)가 흡착하면 전위장벽은 낮아진다.

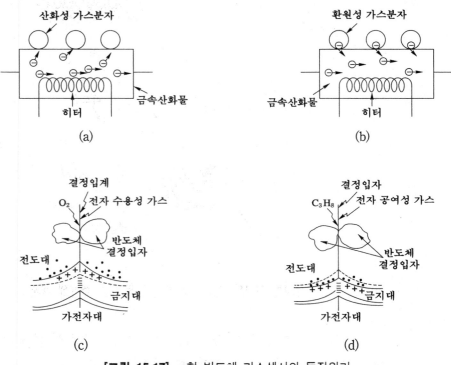

[**그림 15.17**] n형 반도체 가스센서의 동작원리

측정대상 가스는, 산소, 질소산화물과 같은 음이온 흡착성을 가진 산화성 가스와, 수소, 일산화탄소, 탄화수소, 알콜 등과 같은 양이온 흡착성을 가진 환원성 가스로 나뉘어진다. 상기와 같이 산화성 가스에 대하여는 저항이 증대하고, 환원성 가스에서는 감소하여, 전기저항의 변화를 측정하여 가스 농도를 측정할

수 있다. 센서의 전기저항 $R_s$와 환원성 가스의 농도 $C$ 사이의 관계는 다음식으로 된다.

$$R_S = kC^{-\alpha} \qquad\qquad (15.7)$$

여기서, $k$와 $\alpha$는 가스 종류에 따라 결정되는 상수이며, 특히 $\alpha$는 $R_s - C$ 기울기를 나타낸다.

그림 15.18은 $SnO_2$ 후막 메탄가스 센서의 대표적인 감도특성을 나타낸 것이다. 실제 센서의 저항은 센서마다 다르기 때문에 감도특성을 $R_S/R_o$로 나타내었다.

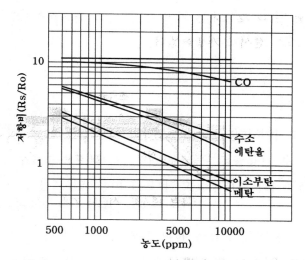

**[그림 15.18]** $SnO_2$ 후막 메탄가스센서의 특성 :
　　　　　　$R_S$ : 각 가스의 여러 농도에서 센서저항
　　　　　　$R_o$ : 메탄가스농도 3500ppm에서 센서저항

표 15.3은 시판중인 몇몇 금속 산화물 반도체 가스센서의 특성을 나타낸 것이다. 일반적으로 측정가능 범위는 수 ppm~수 %이며, 반복측정 정도는 수%이내, 응답 속도는 5초 이내이다. 이러한 센서의 가장 큰 단점은 소비전력이 너무 크다는 점이다.

**[표 15.3]** 시판중인 몇몇 금속 산화물 반도체 가스센서의 특성

| 제조사 | 모델 | 센서 재료 | 측정 대상 | 범위 [PPM] | 소비전력 [MW] |
|--------|------|-----------|-----------|------------|---------------|
| Figaro Inc. (Japan) | TGS842 | Doped SnO₂ | 메탄 | 500~10000 | 835 |
| Figaro Inc. (Japan) | TGS825 | Doped SnO₂ | 황화수소 | 5~100 | 660 |
| Figaro Inc. (Japan) | TGS800 | Doped SnO₂ | 공기 (smoke) | <10 | 660 |
| FiS (Japan) | SB5000 | Doped SnO₂ | 독성가스 - CO | 10~1000 | 120 |
| FiS (Japan) | SP1100 | Doped SnO₂ | HC | 10~1000 | 400 |
| Capteur (UK) | LGS09 | Undoped oxide | Cl | 0~5 | 650 |
| Capteur (UK) | LGS21 | Undoped oxide | 오존 | 0~0.3 | 800 |

이러한 문제점을 해결하고자 그림 15.19와 같이 실리콘을 마이크로머시닝하여 제작한 SiNx 맴브레인 위에 감지물질을 형성하여 소비전력이 수 십 [mW]인 저전력 가스 센서가 개발되었다.

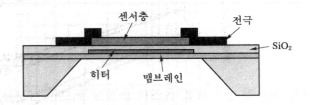

**[그림 15.19]** 저전력 가스 마이크로센서

### 15.3.3 접촉 연소식 가스센서

접촉 연소식 가스센서(catalytic gas sensor)는 가연성 가스를 검출하는 가스센서이다. 구조는 그림 15.20과 같이 알루미나(Al₂O₃)나 ThO₂를 산화촉매(Pt, Pd)와 함께 소결한 세라믹에 0.05 [mm] 이하의 백금 저항선 코일을 집어넣은 구조로 되어있다. 백금 저항선에 일정 전류를 흘리고 소자를 200~300 [℃]로 가열한다. 가연성 가스가 이것에 접촉하면, 촉매의 작용에 의해 접촉연소가 일어나 반응열이 발생한다. 이 반응열에 의해 소자의 온도가 상승하고, 백금 저항선의

전기 저항이 증가한다. 그런데 접촉연소에 의해서 생기는 반응열은 완전연소가 일어나는 범위에서 가연성 가스의 농도에 비례하므로, 저항 변화를 전기신호로 서 출력하여 가연성 가스의 농도를 측정할 수 있다.

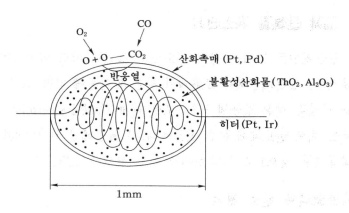

**[그림 15.20]** 접촉 연소식 가스 센서

접촉 연소식 가스센서의 검출회로는 그림 15.21과 같이 온도보상용 센서와 함 께 브리지 회로로 조합해서 차동 출력을 취하여 가스 농도를 측정한다. 가스가 없을 때에는 회로의 평형상태가 유지되고, 가스를 접촉시키면 센서의 저항이 상 승하여 브리지는 불평형 상태로 되어 단자 A, B 사이에 가스 농도에 상응하는 출력이 나타난다. 측정 가능 범위는 0.1[%]로부터 폭발하한(Lower Explosion Limit; LEL)까지, 정도는 5~10[%] 정도, 응답속도는 20초 정도이다.

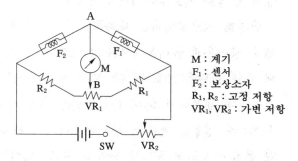

M : 계기
$F_1$ : 센서
$F_2$ : 보상소자
$R_1, R_2$ : 고정 저항
$VR_1, VR_2$ : 가변 저항

**[그림 15.21]** 접촉연소식 가스센서의 기본회로

접촉 연소식 가스 센서는 대부분 석유화학, 플랜트, 화학 발전 프랜트, 염료, 도료, 인쇄 등 화학공장 등에서 가연성 가스, 독가스 등의 누설 검출에 사용되고 있다.

## 15.3.4 고체 전해질 가스센서

일반적으로 고체는 전기 전도도의 크기에 따라 금속, 반도체, 절연체로 구분하지만, 절연체중에는 고온에서 이온의 이동에 따라 도전성을 보이는 것이 있는데 이것을 이온 도전체 또는 고체 전해질(solid electrolyte)이라고 부르며, 도전율은 거의 반도체와 같은 정도이다. 고체전해질 센서(solid electrolyte sensor)의 대표적인 것으로는 지르코니아 산소 센서가 있다.

### 1. 지르코니아 산소 센서

지르코니아($ZrO_2$)는 열에 강하고 용융된 금속에도 침투당하지 않기 때문에 내화물로서 우수한 성질을 갖는다. 그러나 그림 15.22(a)와 같이 $T_j$라고 하는 온도 전후에서 특이한 체적변화를 일으키기 때문에 내화물로 만들어진 지르코니아도 반복해서 사용하면 조작조각 깨져 버리는 결점이 있다. 이것은 $T_j$ 부근에서 지르코니아의 결정 구조가 단사정계에서 정방정계로 변하기 때문이다. 이 결정 구조의 변화를 억제하기 위해서 지르코니아에 $Y_2O_3$ 또는 CaO 등의 금속 산화물를 첨가해서 소결하면 이들이 $ZrO_2$의 결정구조 속으로 침투해서 그림 15.22(b)와 같이 온도 - 체적 관계가 안정화되며, 이것을 내화물로 사용하는 데 적합하기 때문에 안정화 지르코니아라고 부른다.

안정화 지르코니아는 내화물로서만 우수한 것이 아니다. 만약 순수한 $ZrO_2$의 경우 양이온과 음이온의 비는 1 : 2이다. 그러나 CaO와 $Y_2O_3$를 첨가하면 양이온에 대한 음이온(산소이온)의 비가 낮은 물질을 넣어주는 결과가 되기 때문에 산소이온이 부족하게 되어 산소이온($O^{-2}$)의 위치에 빈자리가 생기게 된다. 이 산소이온의 결함을 통해서 산소이온이 이동하게 된다. 산소이온이 이동하면 당연히 전류가 흐르게 되므로 안정화 지르코니아는 산소이온 전도체로 된다. 더구나 전자와 정공의 이동이 거의 없는 순수한 이온 전도체가 되는 것이다. 지르코니아 산소센서는 이와 같은 특성을 갖는 안정화 지르코니아의 소결체가 사용된다.

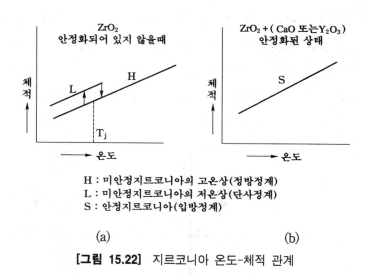

H : 미안정지르코니아의 고온상(정방정계)
L : 미안정지르코니아의 저온상(단사정계)
S : 안정지르코니아(입방정계)

(a)　　　　　　　　　　　　　(b)

[**그림 15.22**] 지르코니아 온도-체적 관계

그림 15.23은 산소센서의 기전력 발생원리를 나타낸다. 치밀한 구조의 지르코니아를 가운데 두고 양측의 산소농도(즉, 산소 분압)를 다르게 하면, 산소이온 ($O^{-2}$)은 산소 분압이 높은 쪽에서 낮은 쪽으로 확산하여 흐른다.

다공질 백금전극 Pt(2)가 높은 $O_2$ 농도에 접촉될 때 일어나는 반응은

$$O_2 + 4e^- \rightarrow 2O^{2-} \tag{15.8}$$

산소이온 $O^{2-}$는 지르코니아 내를 통해 이동하여 백금전극 Pt(1)에 도달하고, Pt(1)에서 일어나는 반응은

$$2O^{2-} \rightarrow O_2 + 4e^- \tag{15.9}$$

이 결과 산소 분압이 높은 쪽이 (+), 산소 분압이 낮은 쪽이 (−)로 되어 전계가 발생하고, 이것은 산소이온의 흐름을 저지하려는 방향이다. 평형상태에서 이 기전력을 $E$라고 하면

$$E = \frac{RT}{4F} \ln \frac{P_1}{P_2} = 0.0498 \times T(K) \times \log\left(\frac{P_1}{P_2}\right) \tag{15.10}$$

여기서, $R$은 기체 정수, $F$는 페러데이 정수, $T$는 절대온도, $P_1$는 산소농도가 높은 쪽(공기)의 산소분압, $P_2$는 산소농도가 낮은 쪽의 산소분압이다. 따라서, 한쪽 전극에 산소가스 농도를 이미 알고 있는 기체(예를 들면, 공기)를 사용하면, 다른 쪽의 산소 가스의 농도를 알 수 있다.

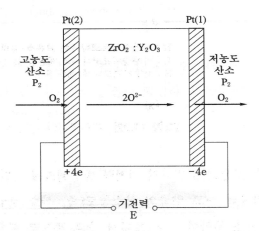

[그림 15.23] 지르코니아 산소센서의 원리

그림 15.24는 자동차의 배기가스에서 산소농도를 검출하는 산소센서의 구조를 나타낸 것이다. 산화 이트륨($Y_2O_3$)이 약 8[mol%] 정도 함유된 안정화 지르코니아(Yttria stabilized zriconia; YSZ)의 양면에는 가스 투과성이 있는 다공질의 백금(Pt) 전극을 설치하고 500[℃] 이상의 고온으로 유지한 상태에서, 고체 전해질의 한쪽에는 산소농도가 부족한 배기가스를, 다른 한 쪽에는 공기를 공급하면, 그림 15.24와 같이 두 전극사이의 산소가스 농도차에 대응하는 기전력이 발생한다. 지르코니아 센서의 출력 특성은 이론 공연비에서 출력전압이 급변하도록 되어 있으며, 이것을 이용해 공연비 제어를 한다.

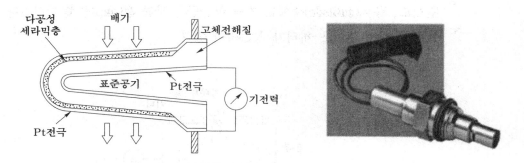

**[그림 15.24]**　자동차 배기가스 제어용 지르코니아 산소센서

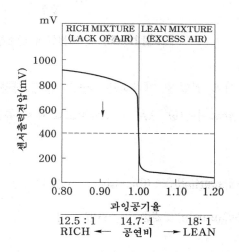

**[그림 15.25]**　지르코니아 산소센서의 특성

　　지르코니아 산소 센서는 그 출력이 산소 농도의 대수에 비례하기 때문에 다이나믹 레인지가 넓고, 저농도까지 측정이 가능하다. 측정 범위는 $0.1 \sim 100\,[\%]$, 정도는 $\pm 2\,[\%]$, 응답 속도는 1초 이내이다.

## 2. 한계전류식 산소센서

　　그림 15.26은 한계 전류식 산소센서의 기본구조를 나타낸 것으로, 지르코니아 세라믹의 산소 펌핑작용을 이용한다. 지르코니아의 양면에는 다공질 백금전극을

붙이고, 음극(carhode)측에는 기체 확산공을 갖는 갭(gap)을 봉착시킨다. 또, 갭 상부에 센서 가열용 히터가 형성되어 있다.

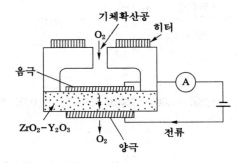

**[그림 15.26]** 한계전류식 산소센서의 구조

지금 센서에 전압을 인가하면, 산소 펌핑 작용에 의해 양극(anode)측에서 음극측으로 산소이온($O^{2-}$)을 이동시킴으로써 전류가 흐른다. 전극반응은 다음과 같다.

$$\text{음극(cathode)} : O_2 + 4e^- \rightarrow 2O^{2-} \tag{15.11}$$

$$\text{양극(anode)} : 2O^{2-} \rightarrow O^2 + 4e^- \tag{15.12}$$

음극 근방과 센서 외부사이에 산소 농도차가 존재하면 피크의 법칙(Fick's law)에 따라 산소분자가 유입된다. 그러나, 갭에 의한 산소분자의 유입은 제한되기 때문에 그림 15.27에 나타낸 바와 같이 한계전류(限界電流; limiting current) 특성이 관측된다.

한계전류치 $I_L$은 다음의 식으로 주어진다.

$$I_L = -\frac{4FDSP}{RTl} \ln\left(l - \frac{P_{O_2}}{P}\right) \tag{15.13}$$

여기서, $F$는 패러데이 정수, $D$는 산소분자의 확산계수, $S$는 확산공의 단면적, $P$는 전압(全壓), $R$은 기체정수, $T$는 절대온도, $l$는 확산공의 길이, $P_{O_2}$는 산소분압이다.

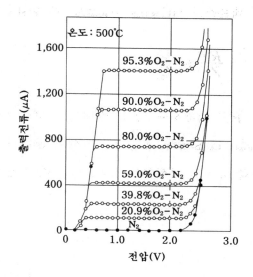

[그림 15.27] 한계전류식 산소센서의 출력특성

## 15.4 이온센서

### 15.4.1 이온전극(센서)

이온전극(ion electrode)은 용액 속의 어떤 특정 이온농도를 선택적으로 정확히 측정할 수 있는 기능을 갖고 있는 것으로, 최근에는 이온센서라고도 한다. 이온전극은 용액 속에 다른 이온이 공존하고 있어도 목적하는 이온을 선택적으로 측정가능하기 때문에 일반적으로 이온 선택성 전극(ion selective electrode)이라고도 부른다.

그림 15.28은 이온전극의 원리를 나타낸 것으로, 그림에서와 같이 이온농도가 다른 용액 1, 2가 특정 이온에만 선택적으로 감응하는 막을 사이에 두고 접해 있으면, 이온은 농도차를 감소시키는 방향으로 확산에 의해서 이동하여 막의 양측에 전위차 $U$를 발생시킨다. 이것을 막전위라고 부르며, 농담전지의 경우와 같이 다음의 네른스트 식(Nernst equation)이 성립한다.

$$U = \frac{RT}{ZF} \ln \frac{C_1}{C_2} \tag{15.14}$$

여기서, $R$은 기체정수, $T$는 절대온도, $Z$는 이온의 하전수, $F$는 패러데이 정수(Faraday constant), $C_1$, $C_2$는 각각 용액 1, 2의 이온농도이다. 따라서, 용액의 한쪽 농도와 기전력을 알면, 다른 쪽의 용액의 농도를 구할 수 있다.

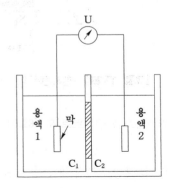

[**그림 15.28**]  이온전극의 원리

그림 15.29는 실제의 각종 이온전극의 구조를 나타낸 것이다.  막과 내부의 표준액 및 전극까지를 포함하는 부분을 이온전극이라고 부른다.  이온전극은

(1) ⊖기준전극 | 시료액 | 감응막 | 내부액 | 내부전극⊕
(2) ⊖기준전극 | 시료액 | 감응막 | 금속(흑연)전극⊕

중 하나이다. (2)는 (1)이 발전한 전극이다. 이온전극에 사용하는 막은 유리이외

에, 고체결정이나 이온 교환액을 이용한다. 특정 이온의 농도를 측정하고자 할 때 측정액에 녹아있는 다른 이온들이 방해하는 경우가 있으므로, 미리 염(鹽)등을 첨가하여 제거하여 둘 필요가 있다.

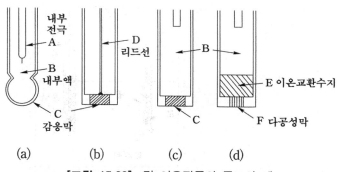

[**그림 15.29**] 각 이온전극의 구조의 예

이온전극 가운데 가장 많이 사용되는 것은 유리 막을 사용한 수소 농도계(pH meter)이다. pH는 중성용액에서는 pH=7, 산성용액에서는 pH < 7, 알칼리성 용액에서는 pH > 7이다.

그림 15.30에 pH미터의 원리를 보인다. 두께 $25\,[\mu\mathrm{m}]$의 유리막을 사이에 두고 수소이온 농도 $C_1$과 $C_2$의 수용액이 접해 있을 때, 막의 양측에 식 (14.13)에 따른 전위차 $U$가 발생한다. $T=18\,[℃]$, $Z=+1$로 하면, 식 (14.14)은 다음 식으로 된다.

$$U = 0.058 \log \frac{C_1}{C_2} \; [\mathrm{V}] \tag{15.15}$$

여기서, $C_1$은 외부 용액에 있는 미지의 수소이온 농도, $C_2$는 내부 용액의 기지의 수소이온 농도이다. 즉, 수소이온 농담 전지의 기전력 ($U$)은 유리막 양측의 pH의 차에 비례하고, $1\,[\mathrm{pH}]$당 $58\,[\mathrm{mV}]$로 같다. 유리 막(glass membrane)을 가진 용기의 내부에는, 일정 농도의 염산(chloride)를 포함하는 기준용액과 기준전극이 있다. 이것에 따라 유리막 내면의 전위를 측정한다. 한편, 비교전극에

의해 유리막 외부의 전위를 측정한다. 비교전극은, 통상, 염화칼륨(KCl) 용액을
내액으로 하고, 염화은(AgCl) 전극을 내부전극으로 하여, 내액이 다이어프램을
통해 소량씩 침출하고, 외부액과 전기적으로 접속된다.

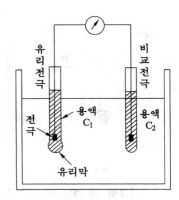

**[그림 15.30]**  pH미터의 원리

## 15.4.2  반도체 이온센서(ISFET)

절연게이트형  전계효과  트랜지스터(MISFET)는  그림  14.31과  같이  소스
(source; S),  드레인(drain; D),  게이트(gate; G)등 3개의 전극이 있는 3단자 반도체
소자이다. 이 트랜지스터는 소스와 게이트 사이에 인가하는 전압의 크기에 따라
반도체 표면층에 형성되는 채널(channel)의 크기가 달라져 드레인 - 소스 사이에
흐르는 드레인 전류를 제어한다.

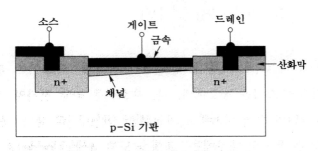

**[그림 15.31]**  MISFET의 구조와 원리

ISFET(Ion - Selective FET)는 그림 15.32에 나타낸 것과 같이, 그림 15.31
의 MISFET에서 게이트의 금속전극 대신에 이온 선택성 막을 붙이고, 이온이
녹아있는 측정액을 접촉시켰을 때 생기는 전위차에 의해 이온농도를 측정하는
것이다. 측정액 중의 이온이 이온선택성 막에서 **흡착**되거나 반응을 일으키면 게
이트 전위를 변화시킨다. 기준전극에 의해 측정액의 전위를 일정하게 유지시켜
소스에 접속하여 두면, 측정액 중의 이온농도에 따라 게이트 표면의 전위(즉 소
스 - 게이트간 전압)가 달라지므로, 드레인 - 소스간 전류가 변하며, 이를 측정함
으로써 측정액의 농도를 알 수 있다. ISFET는 응답속도가 **빠르고**, 출력 저항이
작은 특징을 갖고 있다.

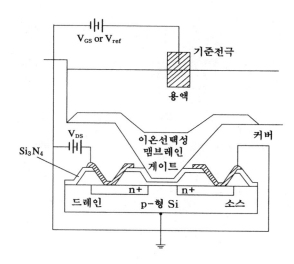

[**그림 15.32**] ISFET의 구조

표 15.4는 각종 이온을 검출할 수 있는 이온 선택성 막의 종류를 나타낸다.

**[표 15.4]** 이온선택성막과 검출가능한 이온 예

| 멤브레인 종류 | 이온 선택성 물질 | 검출 가능 물질 |
|---|---|---|
| 유 전 체 | $Si_3N_4$, $Al_2O_3$, $Ta_2O_5$<br>$Al^-$, $B^-$, Na - Al 실리게이트 | $H_3O^+$<br>$Na^+$, $K^+$, $Ca^{2+}$ |
| 결 정 질 | AgCl, AgBr, $Ag_2S$, $LaF_3$ | $AG^+$, $La^{3+}$,<br>$Cl^-$, $F^-$, $Br^-$, $S^{2-}$ |
| 이종물질 | 이온교환체<br>고분자 + 이온투과체(ionophore)<br>이온 주입된 $SiO_2$, $Si_3N_4$ | $H_3O^+$, $Ka^+$, $Na^+$,<br>$Cl^-$, $F^-$, $NO_3^+$,<br>$NH_4^+$ |

제 *16* 장

# 바이오센서

## 16.1 바이오센서의 원리와 분류

의료, 식품, 환경, 공업 프로세스 등 광범위한 분야에서 화학물질의 측정이 이루어지고 있고, 이를 위해 각종 물리화학 센서 또는 장치가 사용되고 있다. 그러나, 일반적으로 이들 장치는 조작이 복잡하고 측정에 긴시간이 소요되기 때문에 간단·신속하게 직접 측정할 수 있는 방법과 장치가 강력하게 요구되어 왔다. 이러한 요구에 따라 각종 화학센서가 개발되어 사용되고 있거나 연구 중에 있다. 가스, 습도, 이온센서 등의 화학센서에 대해서는 이미 15장에서 설명하였다. 본 장에서는 의료용 바이오센서를 중심으로 설명한다.

일반적으로 화학물질은 단독으로 존재하지 않고 여러 종류가 섞여있다. 따라서 특정한 화학물질을 선택적으로 측정하기 위해서는 이것들을 식별할 수 있는 재료와 시약이 필요하다. 대부분의 생체물질(生體物質; biological material)은 매우 우수한 분자식별기능(分子識別機能; molecular recognition)을 나타낸다. 예를 들면, 효소(酵素; enzyme)는 기질(基質; substrate; 효소의 작용을 받는 물질)을, 항체(抗體; antibody)는 항원(抗原; antigen)을 식별한다.

바이오센서(biosesnor)는 분자식별기능을 가진 생체재료(bioreceptor)와 식별한 결과를 전기적 신호로 변환하는 각종 트랜스듀서(transducer)를 결합하여 구성한다. 바이오센서는 생체물질을 이용함으로써 측정대상에 대한 선택성(selectivity)이 탁월하고, 감도(sensitivity)가 매우 높다. 선택성이란 센서가 여러 종(種) 가운데서 단지 하나의 화학 원소나 종에만 응답하는 능력을 말한다.

현재 상품화되어 사용되고 있는 바이오센서의 종류는 많지 않으며, 대부분 연구개발 단계에 있다.

본 장에서는 바이오 센서의 기본구성과 개념을 설명하고, 현재 상품화되었거나 연구개발이 진행되고 있는 몇 가지 바이오 센서를 소개할 것이다.

### 16.1.1 바이오센서의 원리

그림 16.1은 바이오센서의 기본 구성을 나타낸 것이다. 앞서 언급한 바와 같이, 바이오센서는 분자인식기능을 가진 생체재료와 인식한 결과를 전기적 신호(즉 전압과 전류)로 변환하는 트랜스듀서(transducer)를 결합하여 특정한 화학물질을 선택적으로 검출하는 센서이다. 각 구성요소의 기능을 설명하면 다음과 같다.

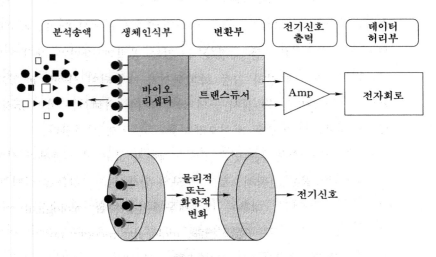

[**그림 16.1**] 바이오센서의 기본 구성

## 1. 바이오리셉터

바이오리셉터(bioreceptor;그림 16.1에서 ▶-)는 분석하고자하는 종(species ; 그림 16.1에서 ●)를 인식하여 트랜스듀서가 검출할 수 있는 물질로 변환시킨다. 이와 같은 기능을 수행하는 생체물질에는 효소(enzyme), 미생물(micro - organism; 박테리아 등), 조직(tissue), 오르가넬(organelle; 세포 소기관), 세포(cell), 항체(antibodies), 핵산(nucleic acids; DNA) 등이 있다. 표 15.1은 바이오센서에 사용되는 생체인식요소(bio - recognition elements)를 나타낸다. 이러한 생체물질의 분자인식기능이 바이오센서의 우수한 선택성을 만들어낸다.

## 2. 트랜스듀서

트랜스듀서(transducer)는 생체인식물질에 의해 인식된 결과를 전압이나 전류와 같은 전기적 신호로 변환하는 소자이다. 트랜스듀서에는 전극(電極; electrode), 전계효과트랜지스터(FET), 서미스터(thermistors), 광학소자(optical devices; photodiode 등), 광섬유(optical fiber), 압전소자(piezoelectric device)등이 있으며, 이중 가장 많이 사용되는 것이 전극이다. 초기에 산소전극이나 과산화수소전극이 사용되었는데, 최근에는 반도체 가공기술에 의해서 제조된 마이크로산소/과산화수소 전극, ISFET, 광소자 등으로 대체되어 가고 있다. 표 16.1은 현재 연구 개발 되고 있는 각종 트랜스듀서를 나타낸다.

**[표 16.1]** 바이오센서에 사용되는 생체인식요소와 트랜스듀서

| 생체인식 요소 | 트랜스듀서 | 예 |
|---|---|---|
| 오르가니즘 | 전기화학 센서: | |
| 조직(Tissues) | a. 전위검출형 | 마이크로 전극 |
| 세포(Cells) | | |
| 오르가넬(Organelles) | | ISFETs |
| 멤브레인(Membranes) | b. 전류검출형 | 마이크로 전극 |
| 효소 | c. 저항검출형 | 마이크로 전극 |
| 리셉터(Receptors) | 광 센서 | 광섬유 압토드 (optode), 루미네슨스 |
| 항체 | 열형 센서 | 서미스터와 서모커플 |
| 핵산 | 음파(질량) 센서 | SAW 지연선 |
| | | BAW 마이크로밸런스 |

## 3. 인식 가능한 생체물질

생체인식요소에 의해서 인식 가능한 생화학물질은 생체 시스템에서 일어나는 반응의 종류에 따라 변한다. 표 16.2는 인식 가능한 생체물질을 열거한 것이다.

**[표 16.2]** 인식 가능한 생체화학물질

| 분석대상 물질 | 예 |
|---|---|
| 신진대사물질 | 산소, 메탄, 에탄올 등 |
| 효소기질(Enzyme substrates) | 글루코스, 페니실닌, 요소 |
| 리간드(Ligands) | 신경전달물질, 호르몬, 페로몬, 독소 |
| 항원과 항체 | 면역 글로불린, 항인 면역글로불린 |
| 핵산 | DNA, RNA |

## 16.1.2  바이오센서의 분류

표 16.1에 주어진 바이오리셉터와 트랜스듀서를 결합하면 수많은 바이오센서를 구성할 수 있다. 그래서, 그 명칭도 매우 다양하다. 현재 사용되고 있는 용어를 대별하면 다음과 같다.

### 1. 생체요소에 따른 분류

사용되는 생체인식재료에 따른 명칭으로, 효소센서(효소), 면역센서(항체), 미생물센서(미생물) 등이 있다.

### 2. 측정대상물질에 따른 분류

생체인식요소에 의해서 인식될 수 있는 생체물질(바이오센서의 검출대상)에 따른 분류로, 글루코오스 센서(glucose sensor), 요소센서(urea sensor), 콜레스테롤 센서(cholesterol sensor) 등이 있다.

### 3. 신호변환원리에 따른 분류

전기신호로 변환화는 방식에 따라 분류하는 것으로, 전기화학 바이오센서 (electrochemical biosensor), 광 바이오센서(optical biosensor), 열 바이오센서

(thermal biosensor), 질량검지 바이오 센서(mass biosensor)등이 있다. 이중 전기화학 바이오센서는 가장 다양하고 연구개발이 잘 이루어진 센서이며, 동작 모드에 따라 더 세분화하면 전압을 측정하는 전위검지형(potetiometric biosensor), 전류를 측정하는 전류검지형(amperometric biosensor), 컨덕턴스(conductance) 또는 저항 측정에 의존하는 컨덕턴스검지형(conductometric biosensor) 등이 있다.

## 16.2 생체인식 요소의 고정화

바이오센서의 제작에서 가장 중요한 것은 생체인식요소와 트랜스듀서를 일체화시키는 고정화(固定化; immobilization) 기술이다. 고정화에 요구되는 사항은
- 트랜스듀서에 고정화시킨 생체인식물질이 바이오센서의 수명동안 빠져나오지 말아야한다.
- 분석 하고자는 하는 액체에 접촉이 가능해야한다.
- 반응생성물질이 고정화막을 통해 확산해 나올 수 있어야한다.
- 생체물질을 변성(變性)시키지 말아야한다.

위 조건 중 마지막 조건이 가장 중요한데, 그 이유는 효소, 항체 등 모든 생체물질이 기계적 손상, 열이나 냉동, 화학적 독소 등에 의해서 쉽게 불활성으로 될 수 있기 때문이다.

고정화 기술을 크게 구분하면 화학적 방법(즉 결합)과 물리적 방법이 있다. 그림 16.2는 고정화 기술을 요약해서 나타낸 것이다.

### 16.2.1 맴브레인 고정화

맴브레인 고정화법(membrane confinement)은 가장 직접적인 물리적 고정화 방법으로, 반투과성 맴브레인을 사용해서 생체물질을 포함한 용액을 트랜스듀서의 표면에 고정화시키는 것이다. 이때 맴브레인의 기공은 분석물질, 반응생성물, 용액 등이 통과할 수 있을 만큼 충분히 커야되는 반면, 또한 생체물질은 빠져나가지 못하도록 충분히 작아야한다. 맴브레인으로는 폴리아미드(polyamide), 폴리에테르 설폰(polyether sulfon)과 같은 고분자 막이 사용된다.

## 16.2.2  공유결합

공유결합(covalent coupling)은 생체물질을 트랜스듀서 표면에 강하게 결합시킨다. 공유결합에 의한 고정화의 장점은 다음과 같다.

- 생체물질이 트랜스듀서 표면에 직접 고정화되기 때문에 반응 생성물이 트랜스듀서로 확산되는 시간이 짧아져 바이오센서의 응답시간이 감소한다.
- 트랜스듀서에 결합이 물리흡착보다 훨씬 강해 센서 수명이 증가한다.

주요 단점으로는 공유결합이 생체분자를 부분적으로 또는 완전히 변성시킬 수 있다.

## 16.2.3  가교

가교(架橋; cross - linking)에 의한 고정화란 2기능(bifunctional) 또는 다기능성(multi - functional) 시약을 사용해 생체분자사이에 가교반응을 일으켜 생체분자가 막 위에 고정화되는 방법이다.

가장 널리 사용되는 가교제로는 2기능 시약인 글루타르알데히드(glutaraldehyde)이다.

## 16.2.4  흡착

흡착(adsorption)은 가장 간단한 고정화법이다. 트랜스듀서 표면을 생체물질에 일정 시간동안 노출시켜면, 생체물질은 반 데어 발스력(van der Waals force), 수소결합, 이온력 등에 의해서 표면에 흡착된다.

이 방법은 사용이 용이하고 분자의 활성을 손상시키지 않고 고정화할 수 있지만, 표면에 약하게 결합하기 때문에 온도, 분석용액의 농도, pH 등의 변화에 의해서 생체물질이 박리(剝離)될 수 있는 단점이 있다.

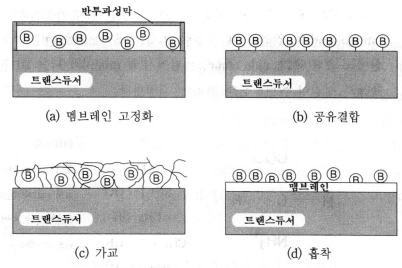

**[그림 16.2]** 생체인식요소의 고정화

## 16.3 효소센서

효소센서(enzyme sensor)는 바이오센서 중에서 가장 먼저 실용화된 센서로, 1970년대 후반에 글루코오스 센서(glucose sensor)가 시판되었다. 효소센서는 효소를 고정화한 막과 효소의 촉매작용에 의해 생성 또는 소비된 물질을 검지하는 전극으로 구성된다. 먼저 효소에 대해서 설명한 다음, 글루코오스 센서를 예로 들어 구조 동작 등을 설명한다.

### 16.3.1 효소

효소(enzyme)란 생물체 내에서 각종 화학반응을 촉매하는 단백질(protein)이다. 효소촉매반응(enzyme‑catalyzed reaction)의 반응속도는 매우 높은데, 비촉매 반응(uncatalyzed reaction)에 비해 $10^6 \sim 10^{12}$배 더 크다.

단백질은 모든 생물의 몸을 구성하는 고분자 유기물이며, 수많은 아미노산(amino acid)의 연결체이다. 그림 16.3은 아미노산의 구조를 나타낸다. 아미노산에는 측쇄(側鎖; side chain; 그림에서 R group)가 다른 20 종류가 있으며, 이 측쇄의 성질이 아미노산의 특성을 결정한다.

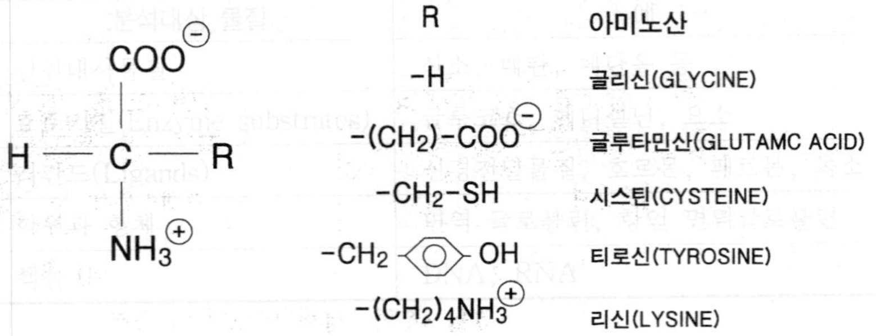

| R | 아미노산 |
|---|---|
| -H | 글리신(GLYCINE) |
| $-(CH_2)-COO^{\ominus}$ | 글루타민산(GLUTAMC ACID) |
| $-CH_2-SH$ | 시스틴(CYSTEINE) |
| $-CH_2$⟨◎⟩$OH$ | 티로신(TYROSINE) |
| $-(CH_2)_4NH_3^{\oplus}$ | 리신(LYSINE) |

[그림 16.3]  아미노산의 구조

아미노산들은 펩티드 결합(peptide bonds)이라는 화학결합에 의해서 길게 연결되어있다. 그 결과 단백질을 자주 폴리펩티드(polypeptide)라고 부른다. 그림 16.4는 일 예를 나타낸다.

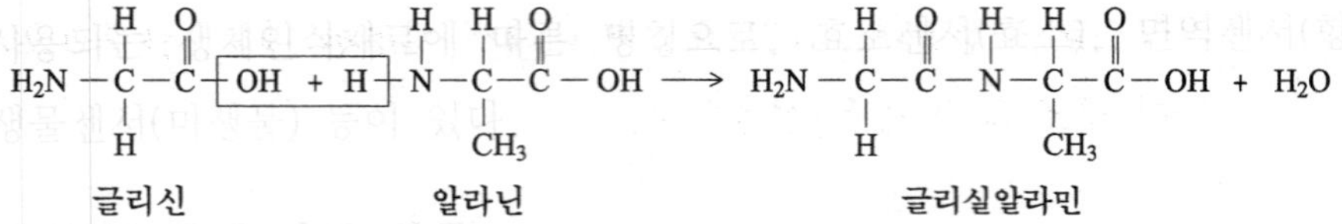

글리신        알라닌                글리실알라닌

[그림 16.4]  펩티드 결합의 예

단백질은 다양한 기능을 가지며, 생물체의 구성성분으로 매우 중요하다. 모든 세포의 세포막은 예외 없이 단백질과 지질(脂質; lipid)로 구성되어 있다. 생물체 내의 각종 화학반응의 촉매 역할을 담당하는 효소가 모두 단백질이다.

모든 화학반응은 반응물질 외에 미량의 촉매(觸媒; catalyst)가 존재함으로써 반응속도가 현저히 증가하는데, 생물체 내에서도 모든 화학반응이 촉매에 의해 속도가 빨라진다. 그러나 무기반응의 촉매와는 달리 생물체 내의 촉매는 단백질이다. 따라서 생물체 내의 촉매를 특히 효소(酵素; enzyme)라고 부른다.

효소는 두 가지 현저한 특성을 갖는다. 그들은 주어진 기질(substrate)에 극히 민감하다. 또 하나는 반응율을 증가시키는데 매우 효과적이라는 것이다.

그림 16.5와 같이 효소는 기질(基質; substrate)과 결합하여 효소 - 기질 복합체(complex)를 형성한다. 기질이란 효소에 의해서 반응속도가 커지는 물질, 즉 효소에 의하여 촉매작용을 받는 물질을 말한다. 예를 들면, 소화효소인 프티알린(ptyaline; 침속에 있음)은 녹말만을 말토오스(maltose; 맥아당)로 분해하는 촉매작용을 한다. 또 펩신(pepsin)은 단백질만을 부분 가수분해하는 기능을 가진다.

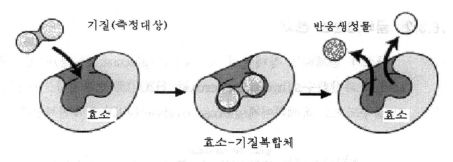

[그림 16.5]  효소의 작용

효소는 아무 반응이나 비선택적으로 촉매하는 것이 아니고, 하나의 효소는 하나의 반응만을, 또는 극히 유사한 몇 가지 반응만을 선택적으로 촉매하는 데, 이것을 기질 특이성(基質特異性; substrate specificity)이라고 한다. 그림 16.5에서 효소 - 기질 반응은 마치 열쇠(key) - 자물쇠(lock)의 관계에서 특정한 형태와 크기를 가진 열쇠만이 자물쇠를 열수 있는 것처럼, 효소는 기질을 식별한다.

기질의 종류만큼 효소의 종류도 많다. 러한 효소의 성질을 이용한 많은 효소 센서가 연구개발 되고 있는데, 표 16.3은 몇 가지 예를 열거한 것이다.

[**표 16.3**] 각종 효소를 기반으로 하는 바이오센서

| 성 분 | 효 소 |
|---|---|
| 글루코오스(포도당) | 글루코오스 옥시다이제(glucose oxidase) |
| 콜레스테롤 | 콜레스테롤 옥시다이제(cholesterol oxidase) |
| 크레아틴(creatine) | 크레아티나제(creatinase) |
| 페니실린 | 페니실리나제(penicillinase) |
| 요소 | 우레아제(urease) |
| 도파민(dopamine) | 모노아민옥시다이제(, monoamineoxidase) |
| 아세틸콜린(acetylcholine) | 아세틸콜린에스테라제(acetycholinesterase) |
| 에탄올 | 알콜 디히드로게나제(alcohol dehydrogenase) |
| 유산(lactic acid) | 유산 디히드로게나제(lactic acid dehydrogenase) |
| 질화물(nitrite) | 질산염 환원효소(nitrate reductase) |

## 16.3.2 글루코오스 센서

산소가 존재하는 상태에서 글루코오스(glucose; 포도당)는 글루콘산(gluconic acid)과 과산화수소(hydrogen peroxide; $H_2O_2$)로 변환된다. 이 반응을 산화효소인 글루코오스 옥시다아제(glucose oxidase; GOD)가 촉진시킨다.

$$\text{glucose} + O_2 \xrightarrow{\text{glucose oxidase}} \text{gluconic acid} + H_2O_2 \qquad (16.1)$$

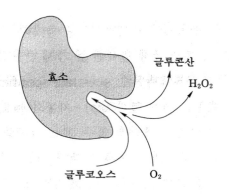

[**그림 16.6**] 글루코오스 센서의 동작원리

GOD를 고정화한 막은 여러 가지 분자가 존재한 용액 속에서 글루코오스만을 찾아낼 수 있다. 즉, 분자인식기능이 있다.

위 효소반응(enzymatic reaction)에서 산소($O_2$)가 소비되고, 과산화수소($H_2O_2$)와 글루콘산이 생성된다. 따라서, 글루코오스 농도가 증가하면, (a) 산소농도가 감소한다, (b) pH가 감소한다. (c) 과산화수소 농도가 증가한다. 이들 중 $O_2$와 $H_2O_2$는 전기화학반응을 이용해서 용이하게 검출된다. 그래서 $O_2$ 또는 $H_2O_2$를 검출할 수 있는 트랜스듀서와 GOD를 고정화한 막을 조합하면 글루코오스 센서가 얻어진다.

그림 16.7은 $H_2O_2$ 농도를 검출하는 글루코오스 센서의 기본구조와 원리를 나타낸다. 보호 맴브레인(protective membrane)은 센서와 측정 매질을 분리한다. $H_2O_2$만을 선택적으로 통과시켜 전극에 도달하도록 한다. 식 (15.1)에 따라 발생된 과산화수소는 (+)로 바이어스된 Pt 전극에서 다음 반응에 따라 산화된다.

$$H_2O_2 \rightarrow O_2 + 2H^+ + 2e^- \tag{16.2}$$

Pt 전극에 일정 전위를 인가하면 우리가 검출하고자하는 글루코오스의 농도 N에 비례하는 전류가 측정된다. 이와 같이 전류를 검출하는 전기화학적 센서를 전류검지형 바이오센서(amperometric biosensor)라고 부른다.

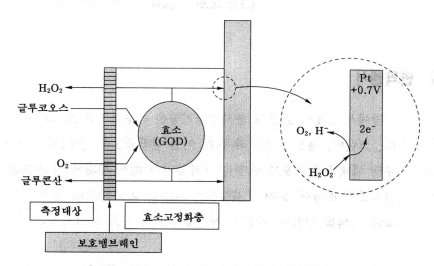

[**그림 16.7**] 전류검지형 글루코오스 센서의 구조

그림 16.8은 상품화되어 있는 일회용 글루코오스 센서의 구조를 나타낸 것이다. 센서는 두 개의 탄소 지시전극(indicator electrode)과 하나의 Ag/AgCl 기준전극으로 구성된다. 지시전극 1은 효소 GOD와 매개자(mediator)로 코팅되어 있다. 매개자는 글루코오스와 전극사이에 전자를 나르는 물질이며, 순 반응(net reaction)에는 참여하지 않는다. 매개자로는 페로신(ferrocene)이 널리 사용되고 있다. 지시전극 2는 GOD 없이 매개자로만 코팅되는데, 이것은 지시전극 1에 코팅된 매개자가 혈액속의 비타민 C,  요소 등과 반응해서 일으킬지도 모르는 간섭현상을 상쇄시키기 위함이다. 미량(약 $4\,[\mu L]$)의 혈액을 원형 주입구에 떨어트리면, 친수성 망(mesh)에 의해서 3개의 전극위로 이동하여 전극과 반응한다.

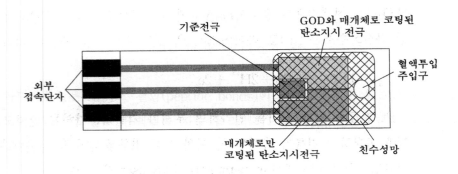

[그림 16.8]  상품화된 효소센서의 예

## 16.4  면역센서

앞에서 설명한 효소의 분자인식기능은 우수하지만 효소의 종류는 한정되어 있다. 그런데, 생물은 자신과 다른 이질 단백질, 즉 항원(抗原; antigen)이 외부로부터 체내에 들어오면 이것을 제거하기 위해서 체내에 항체(抗體; antibody)라는 단백질을 만들어 항원과 결합시켜 항원을 파괴하거나 침전시켜 제거한다. 이와 같이 항체를 만들어 항원을 제거함으로써 생물의 개체성을 유지하려는 현상이

면역(免疫)이며, 모든 항체는 전부 단백질이다. 효소센서는 저분자 화학물질의 측정에 사용되지만, 단백질, 항원, 호르몬, 의약품 등의 고분자 측정에는 면역 반응이 이용된다.

항체의 항원인식기능을 이용하여 특정의 항원을 선택적으로 고감도로 측정하는 방법을 면역측정(immunoassay)이라고 부르는데, 생의학 관련분야에서 널리 활용되고 있다. 면역측정은 항원항체반응에 의해 생성되는 특이한 복합체(complex)를 검출하는 것을 기본으로 하고 있다.

면역센서(immunosensor)는 항체의 항원인식기능과 항원결합기능을 이용한 바이오센서이며, 항원 - 항체 복합체의 형성을 직접 전기신호로 변환함으로써 면역측정을 가능하게 한다.

## 16.4.1  항체

동물의 면역체계(immune system)의 주 기능은 동물의 몸 속으로 침투하려는 외부분자(viruses, bacteria, fungi 등)에 대항해서 몸을 보호하는 것이다. 즉, 외적으로 보이는 이종분자가 생체 내에 침입하면 림프구는 재빨리 이것을 발견하고, 곧 외적을 봉쇄하기 시작한다. 면역체계는 선천적 면역체계(innate immune system)와 적응면역체계(adaptive immune system)로 분류된다. 전자는 외부분자에 비특정적으로 응답하는 셀(cell)에 의해서 조정되는데, 이러한 셀들은 식세포(phagocytes: 백혈구 등)를 가지고 있어 외부 침입자들을 먹어서 파괴하거나, 또는 외부분자와 결합해서 파괴한다. 후자는 침입분자와 특정한 반응을 한다. 즉 그것의 구조에 기초해서 침입분자를 특수하게 인식할 수 있는 분자를 생성한다.

$\beta$ - 림프구(球)($\beta$ - Lymphocyte; 적응면역체계를 조정하는 셀)는 흔히 항체(抗體; antibody)라고 하는 특정의 결합 단백질(binding protein)을 만들어낸다. 그림 16.9는 항체의 구성을 나타낸다. 항체는 4개의 폴리펩티드 사슬(polypeptide chain)으로 구성된다. 그중 2개는 고분자량(m.w. 55,000)이며 H-

사슬(heavy chain)이라 부르고, 다른 두 개는 저분자량(m.w. 25,9000)이며 L-사슬(light chain)이라고 부른다. 이들 H-, L-사슬들은 이황화 브리지(disulfid bridge)와 비공유결합력(noncovalent force)에 의해서 결합되어 있다. 모든 항체들은 H-사슬과 L-사슬의 끝에 아미노산 서열의 변화가 매우 큰 가변영역(variable domain ; 그림에서 $V_H$와 $V_L$)를 가지는데, 이 $V_H$와 $V_L$ 영역에서 항원결합자리(antigen - binding site)를 형성한다. 항체는 외부침입 분자, 즉 항원(抗原;antigen)과 결합하여 항체 - 항원 복합체(antibody - antegen complex)를 형성하고, 이 복합체는 면역체계의 다른 부분에 의해서 제거된다.

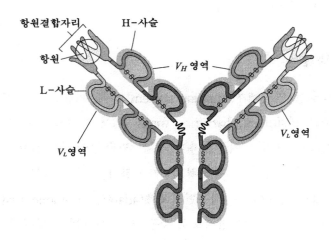

**[그림 16.9]** 항체의 구조

그런데, 다른 항체는 다른 항원결합자리를 갖고어, 높은 특이성(specificity)을 가지고 각자의 항원을 인식한다. 예를 들면, 그림 16,10은 4개의 다른 항체가 각각 다른 항원을 인식하여 항원 - 항체 복합체를 형성한 모양을 나타낸 것이다. 항원항체 반응은 임상화학검사에서 매우 광범위하게 이용되고 있다.

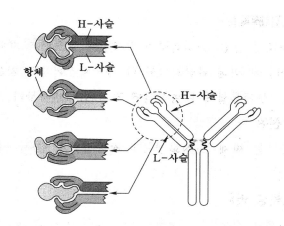

H-사슬

항체

L-사슬

H-사슬

H-사슬

L-사슬

[그림 16.10] 항체의 특이성(항체-항원 복합체 형성)

## 16.4.2 면역센서의 기본구성

이미 설명한 바와 같이 면역센서의 선택성은 항체분자에 의해서 나타난다. 각 항체분자는 대응하는 항원을 식별할 수 있도록 만들어진 단백질이다. 항체에는 효소와 같은 촉매기능은 없기 때문에 면역센서의 구성은 효소센서나 미생물 센서하고는 다소 차이가 있다.

항체는 대응하는 항원을 식별하여 항원·항체 복합체를 형성한다. 효소와 기질의 복합체 형성이 과도적인 것에 비해서, 항원항체 복합체는 매우 안정하다. 항원-항체 복합체의 형성을 어떤 방법으로 전기적 신호로 변환하는가에 따라 면역센서에는 다음과 같이 2종류가 있다.

### 1. 비표식(非標識) 면역센서

표식제(標識劑; label)를 사용하지 않고 항원-항체 복합체를 직접 검출하는 방법이다. 그림 16.11은 비표식 면역센서의 구성을 나타낸 것이다. 항체(또는 항원)가 고정화된 고체 기판이 항원(항체)을 갖는 용액과 접촉하면 그 표면에 항원-항체 복합체가 형성된다. 매트릭스 표면에 항원-항체 복합체가 형성되기 전후의 물리적 성질을 비교하면 다음과 같은 여러 형태의 물리적 변화가 일어난다.

- **막전위(膜電位)**

  항체(또는 항원) 고정화막이 전해질에 닿으면 막전위가 발생한다. 막전위는 투과 이온에 의해 확산전위와 막 매트릭스의 계면전위로 구성되는데, 막표면에 항원 - 항체복합체가 형성되면 막전위가 변동한다.

- **전극전위**

  항체(또는 항체) 고정화전극의 전극전위가 항원 - 항체복합체의 생성으로 변동한다.

- **압전특성 변화**

  항체(또는 항원)가 고정화된 압전체의 공진 주파수가 항원 - 항체 복합체의 생성으로 변동한다.

- **광학특성 변화**

  광도파관(optical waveguide) 등의 표면에 항원 - 항체 복합체가 생성되면 표면의 광학적 특성이 변동한다.

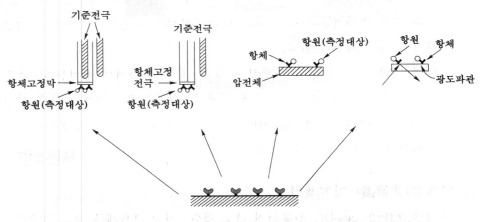

[**그림 16.11**]  비표식(非標識) 면역센서

## 2. 표식면역센서

효소와 같은 표식제를 사용하여 면역센서의 고감도화를 도모한 것으로, 항체를 표식하는 방식(labeled antibody)과 항원을 표식하는 방식(labeled antigen)이 있다.

그림 16.12는 항체를 표식하는 방법을 나타낸다. 그림 (a)에서, A는 항체를 센서표면에 고정화하고, 샌드위치 수법으로 측정대상항원을 결합하는 방식이고, B는 항원을 센서표면에 고정화하고, 표식항체(labeled antibody)를 고정화 항원과 용액중의 측정대상항원에 경합적(競合的;competitive)으로 결합하는 방식이다. 그림 (b)는 항체를 센서표면에 고정화하고, 측정대상항원과 표식항원(labeled antigen)을 경합 반응시키는 방식을 나타낸다.

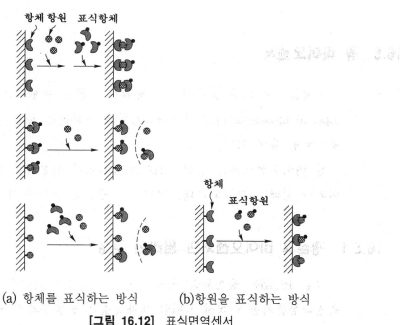

(a) 항체를 표식하는 방식        (b)항원을 표식하는 방식

**[그림 16.12]** 표식면역센서

그림 16.12 (a), (b)중 어떤 방식을 선택하든 최종단계는 표식제를 검출하는 것이다. 표식제를 검출하는 방식에는 (a) 전위측정, (b) 전류측정, (c) 광학적 방법 등이 있다. 이상 설명한 원리와 검출방식을 조합하여 다종다양한 면역센서가 구성된다. 표식제로는 효소가 많이 사용되는데, 효소를 표식제로 사용하는 면역센서를 총칭하여 효소면역센서라고 부른다. 표식제가 효소이므로 화학증폭으로 감도를 현저히 향상시킨다.

　　지금까지 설명한 면역센서는 항체의 항원인식기능에 의한 높은 선택성, 항체의 항원 친화력(親和力; affinity)에 의한 초저농도 측정이 가능하므로 초고감도성, 대부분의 측정대상에 대해서 항체를 만드는 것이 가능하여 적용범위가 매우 광범위하고(범용성), 항체의 대량제작이 가능한 점 등 많은 우수한 특질을 갖고 있다,

　　면역센서에 대한 니즈(needs)가 점점 확대되고 있으며, 생의학 관계뿐만 아니라 환경계측, 식품계측, 공업 프로세스 계측 등의 분야에서 니즈가 높아지고 있다.

## 16.5  광 바이오센서

　　생체물질에 의한 분자인식을 광학적 변화로 변환하는 방식을 광 바이오센서(optical biosensor)라고 부른다. 광학적 변화에는 흡수, 반사, 굴절률 변화, 형광, 발광 등이 있다.

　　광 바이오센서에는 광섬유(optical fiber)를 이용하는 광섬유 바이오센서와 그 이외의 형태로 분류되는데, 여기서는 광섬유 센서에 대해서만 설명한다.

### 16.5.1  광섬유 바이오센서의 원리와 구성

　　그림 16.13은 광섬유를 이용한 바이오센서의 일반적 구성을 나타낸 것이다. 측정대상분자를 인식하기 위한 생체물질은 광섬유의 일정부위에 고정된다. 광의 흡수나 형광 등의 변화를 이용하는 광섬유센서는 보통 그림 16.13(a), (b)와 같이 입력광과 출력광의 2광로(光路)가 필요하다. 한편 발광현상을 이용하는 광섬유센서는 출력광을 위한 1광로 만이 요구된다.

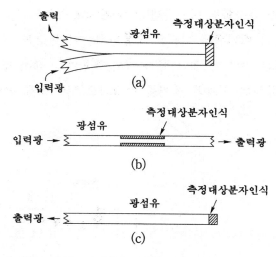

**[그림 16.13]** 광섬유를 이용한 바이오센서의 구성

## 16.5.2 광섬유 면역센서

광섬유 면역센서(optical fiber immunosensor)에는 표면감쇠파 광섬유 면역센서(evanescent wave fiber‐optic immunosensor)와 효소표식 광섬유 면역센서가 있다.

그림 16.14는 표면감쇠파(表面減衰波; evanescent wave)를 이용한 광섬유 면역센서이다. 광선은 광섬유 내부에서 전반사 되지만, 일부는 코어(core)로부터 굴절률이 낮은 주위매질로 매우 짧은 거리(short distance)를 새어나온다. 이 비전파전자파(非傳播電磁波; nonpropagating electromagnetic radiation)를 표면감쇠파(evanescent wave)라고 부른다. 항체는 광섬유의 코어를 노출시킨 부분에 고정화되고, 그 표면에서 형광표식항체(fluorescently labeled antibody)와 항원(측정대상)이 샌드위치 면역복합체(sandwich immunocomplex)를 형성한다. 이 면역복합체는 감쇠파영역 내에 놓이게 된다. 복합체를 형성한 형광표식항체가

감쇠파를 흡수하면 여기상태(excited state)로 되고, 그 다음 여기된 분자는 흡수한 여분의 에너지를 빛으로 방출한다. 이 현상을 형광(fluorescence)라고 한다. 이 과정은 일반적으로 다른 분자와 충돌에 의해서 또는 화학반응에 의해서 일어난다. 발생된 형광의 세기를 측정함으로써 용액 속의 형광물질의 양을 측정할 수 있다.

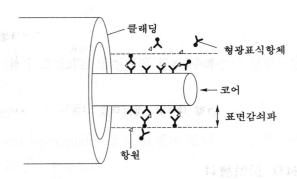

**[그림 16.14]** 표면감쇠파를 이용한 광 면역센서

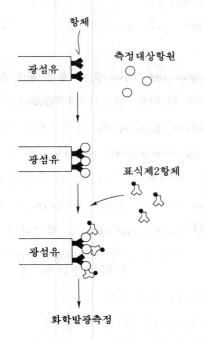

그림 16.15는 화학발광(chemiluminescence)을 이용한 광섬유 효소센서이다. 광섬유의 선단에 항체를 고정화하고 효소표식항원과 비표식항원(측정대상)이 경합적으로 반응한다. 남은 반응물질은 물로 제거한 후 루미놀(luminol)/과산화수소($H_2O_2$) 등의 발광반응물질을 첨가하면 발광한다. 발광의 세기는 표식제의 량에 의존한다.

**[그림 16.15]**  효소를 표식제로 사용한 화학발광 면역센서

## 16.6 기타 바이오센서

### 16.6.1 열 효소센서

효소촉매반응은 통상 정압(定壓)하에서 진행되며 반드시 발열 또는 흡열현상
과 같은 열량변화(엔탈피변화)를 수반한다. 이 효소반응에 수반되는 엔탈피
(enthalpy) 변화를 서미스터를 사용해 온도변화로써 검출하는 바이오센서를 열
효소센서(thermal enzyme sensor) 또는 효소 서미스터(enzyme thermistor)라고
부른다.

그림 16.16은 열 효소센서의 구조를 나타낸다. 두 개의 서미스터가 사용되는
데, 하나의 서미스터에는 그림과 같이 적당량의 효소가 그 선단에 고정화된다.
또 다른 서미스터에는 효소를 고정화하지 않고 기준온도센서로 사용한다. 이 센
서는 주위 온도변화를 검출하여 이것에 기인하는 열적 교란을 보상한다. 유리로
된 시이스(glass sheath)는 대류에 의한 열교란을 방지한다. 효소반응에 의해 발
생된 열의 일부는 용액속으로 확산해가고, 나머지는 서미스터에 전달되어 그 저
항값을 변화시킨다. 서미스터의 저항변화는 브리지 회로등을 사용해 전기신호로
출력된다.

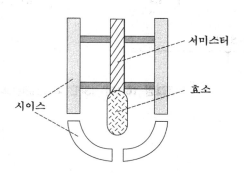

[그림 16.16] 효소 서미스터의 구조

## 16.6.2 효소 FET

제 14장에서 반도체 이온센서인 ISFET(ion - selective FET)에 대해서 설명한바 있다. 여기서는 ISFET와 동일한 원리로 동작하는 반도체 효소센서인 면역 FET(enzyme field - effect transitor;ENFET)에 대해서 설명한다.

그림 16.17은 ISFET와 ENFET의 구조를 비교해서 나타낸 것이다. ENFET 바이오센서에서는 ISFET의 이온선택성 막(ion - selective membrane) 위에 효소가 고정화하여, 효소의 분자식별기능을 이용해 선택성을 부여한다.

예를 들면, 요소(尿素; urea)를 검출하는 ENFET는 ISFET에 유레아제 (urease)를 고정화한다. 측정액 중에 요소가 존재하면 효소고정화 막에서 pH가 변하여 측정액 중의 요소에 따라 게이트 표면의 전위(즉 소스 - 게이트간 전압)가 달라지므로, 드레인 - 소스간 전류가 변하며, 이를 측정함으로써 측정액중의 요소 농도를 알 수 있다.

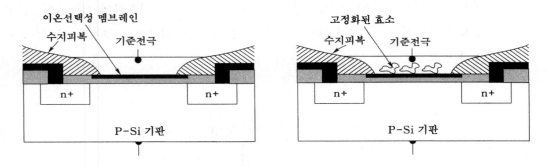

[**그림 16.17**] ISFET와 ENFET의 기본구조

제 **17** 장

# 이미지 센서

## 17.1 개 요

이미지 센서(image sensor)는 1차원 또는 2차원적인 광강도 분포를 읽어서 시계열(時系列)의 전기신호로 변환하는 센서이며, 공간적으로 배치한 복수개의 광센서를 순차적으로 주사하여 촬상(撮像)을 행한다. 이미지 센서는 주사 방식에 따라 고체 이미지 센서(solid state image sensor)와 촬상관(撮像管; image pick - up tube)으로 분류되는데, 여기서는 고체 이미지 센서에 대해서만 설명한다.

고체 이미지 센서에는 CCD(Charge Coupled Device)와 MOSFET(Metal - Oxide - Semiconductor Field Effect Transistor) 등이 있으며, CCD가 더 우수한 성능을 제공하고 있어 현재 CCD를 사용한 것이 주류를 이루고 있다.

최근에는 CMOS기술의 발전으로 CMOS 이미지 센서의 성능이 많이 향상되고 있어, 소비전력, 크기, 가격면에서 장점을 갖는 CMOS 이미지 센서의 사용이 점점 증가하고 있는 추세이다.

이미지 센서를 간단히 분류하면 표 16.1과 같다. 차원에 의해 1차원 이미지 센서(linaer image sensor)와 2차원 이미지 센서(area image sensor)로 분류된다. 1차원 센서는 다시 축소형(shrink type)과 밀착형(contact type)으로 분류된다. 2차원 CCD 이미지 센서는 전하 전송방식의 구성에 따라 FF(full-frame-transfer) CCD, FT(frame-transfer) CCD, IL(interline transfer) CCD 등이 있다.

여기서는 CCD와 CMOS 이미지 센서의 기본 원리를 중심으로 설명한다.

**[표 17.1]** 이미지 센서의 분류

| 1차원 이미지 센서 (line image sensor) | MOS | −축소형(shrink type image sensor) |
|---|---|---|
| | CCD | −밀착형(contact type image sensor) |
| 2차원 이미지 센서 (area image sensor) | MOS | |
| | CCD | FF CCD |
| | | FT CCD |
| | | IL CCD |

## 17.2 CCD 이미지 센서

### 17.2.1 CCD의 기본 구조와 원리

그림 16.1은 CCD 소자의 기본 구조를 나타낸 것으로, 실리콘 반도체 표면에 산화막($SiO_2$)과 금속[그림 17.1에서는 금속 대신 다결정(多結晶) 실리콘(polysilicon)이 사용됨]이 수직적으로 적층된 구조로 되어 있다. 이와 같은 구조를 MOS(Metal-Oxide-Semiconductor; 금속-산화막-반도체) 구조라고 부르며, CCD는 MOS 소자의 이론에 기초를 두고 있다. MOS 구조에서 금속(다결정 실리콘)을 게이트(gate)라고 부른다. 산화막은 전류가 흐르지 않는 절연체이다. 전압을 게이트(다결정 실리콘)에 인가하면, 실리콘 표면에서 전위(電位;electrostatic potential)의 변화가 일어난다. 지금 중앙의 게이트 $G_2$에 $+V$전압을, 양측의 게

이트 $G_1$, $G_3$에 $-V$ 전압을 인가하면, 게이트 $G_2$밑의 반도체 전위는 (−), 게이트 $G_1$, $G_3$밑의 반도체 전위는 (+)로 되어 그림과 같은 전위우물(potential well)이 형성되고, 입사광에 의해서 국부적으로 발생된 전자들은 이 우물에 의해서 수집된다. 우물을 둘러싸고 있는 더 높은 전위영역을 전위장벽(電位障壁; potential barrier)라고 하며, 이 장벽에 의해서 전자들은 게이트 $G_2$밑에 갇히게 된다.

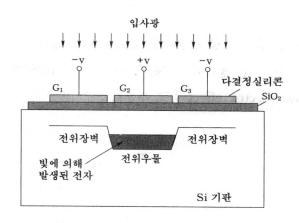

**[그림 17.1]** CCD의 기본 구조

CCD에 의해서 이미지를 얻는 것은 다음과 같이 3단계 과정을 거쳐 수행된다.

- **노광(露光; exposure)** : 빛을 전하로 변환하는 과정
- **전하전송(charge transfer; 電荷轉送)** : 빛에 의해 발생된 전하가 축적되면, 이들을 순차적으로 이동시킨다.
- **전하 - 전압 변환과 출력 증폭** : 전하를 전압으로 변화하고 증폭한다.

다음 절부터는 이 과정에 대해서 좀 더 상세히 설명한다.

## 17.2.2 빛을 전하로 변환

CCD에 입사된 빛은 전자−정공 쌍(pair)을 발생시킨다. 그림 17.2는 이 과정을 설명하는 그림이다. 주파수 $\nu$인 빛의 광자(光子; photon) 에너지 $E_{ph}(=h\nu)$가 실리콘의 에너지 밴드 갭(gap) $E_g$와 같거나 더 크면, 가전자대에 있는 전자는 전도대로 여기(勵起)되어 자유전자로 된다. 즉,

$$E_{ph} \geq E_g \ \text{또는} \ h\nu = \frac{hc}{\lambda} \geq E_g \tag{17.1}$$

여기서, $h$는 플랑크 상수(Planck's consstant), $\nu$와 $\lambda$는 각각 입사광의 주파수와 파장, $c$는 광속이다. 제2장에서 설명한 바와 같이 이것을 광전효과(光電效果; photoelectric effect)라고 부른다.

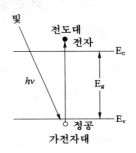

[그림 17.2] 빛에 의한 전자-정공 쌍의 발생

주어진 물질에서 전자를 발생시킬 수 있는 빛의 파장(주파수)를 임계파장(臨界波長; critical wavelength)이라고 하며, 이것은 식 (17.1)로부터,

$$\lambda_c = \frac{hc}{E_g} = \frac{1.24}{E_g[\text{eV}]} \ [\mu\text{m}] \tag{17.2}$$

따라서, 입사광의 파장이 $\lambda > \lambda_c$이면, 광자의 에너지는 $E_{ph} < E_g$로 되어 전자를 가전대로부터 전도대로 여기시킬 수 없다. 이 경우 빛은 물질에 **흡수되지**

않고 완전히 투과한다. 진성 실리콘 반도체의 에너지 갭은 $E_g = 1.12 \, [\text{eV}]$이므로, 임계파장을 계산하면, $\lambda_c = 1.11 \, [\mu \text{m}]$로 되어,  적외선(infrared) 영역에 해당한다.

주어진 파장의 빛에 의해서 발생되는 전자 수는 단위시간당 단위면적에 입사되는 광자의 수에 직선적으로 비례한다. 그래서 이상적으로는 실리콘에 입사하는 파장이 $\lambda \leq 1.11 \, [\mu \text{m}]$인 모든 광자는 그것에 대응하는 전자를 발생시킨다고 가정할 수 있다. 그러나, 실제로는 광자가 신호전자로 모두 변환되지는 않기 때문에 전하발생과정의 효율은 나빠진다. 그래서, 입사 양자당 발생하는 신호전자의 수를 양자효율(量子效率; quantum efficiency)이라고 정의하며, 양자효율은 CCD의 응답성(應答性; responsivity)을 계산하는 데 사용된다.

지금까지 설명한 내용을 CCD MOS 구조에 대해서 적용해보자. 입사광의 일부(그림 17.3에서 $h\nu_1$)는 반사되고, 또 다른 일부 ($h\nu_2$)는 게이트에서 흡수된다. 광자 $h\nu_7$는 에너지가 작으므로(즉 $E_{ph} < E_g$) 실리콘에서 흡수되지 않고 완전히 통과한다. 지금 입시광 $h\nu_3$, $h\nu_4$, $h\nu_5$, $h\nu_6$를 생각해 보자. 주파수(파장)가 다른 빛이 실리콘에 입사하면 광자는 그들의 파장에 따라 다른 깊이에서 흡수되어 자유전자를 발생시킨다. 이중 $h\nu_6$에 의해서 발생된 전자는 수집영역

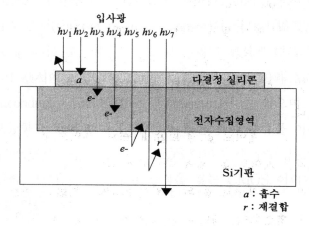

**[그림 17.3]** 빛(광자)과 실리콘의 상호작용

으로 이동하는 도중 정공을 만나 재결합(再結合; recombination)하여 소실되고, 나머지 전자들은 수집영역으로 들어가 축적된다. 위 과정에서 광자 $h\nu_1$, $h\nu_2$, $h\nu_6$, $h\nu_7$는 신호전자의 발생에 기여하지 못하므로 양자효율을 저하시키는 요인이 된다.

### 17.2.3  전하전송 방식

일단 빛에 의해 발생된 전하가 전위우물에 축적되면, 이들을 순차적으로 이동시킨다. 현재 가정 흔히 사용되는 전하전송(電荷轉送; charge transfer) 기술에는 4가지가 있으며, 여기서는 3상 CCD를 예로 들어 설명한다.

그림 17.4는 3상 CCD의 전하전송과정을 나타낸다. 3개의 게이트 $\phi_1$, $\phi_2$, $\phi_3$는 하나의 화소(畵素; pixel)를 정의한다. 이들 게이트를 칼럼(column)을 형성하는 하나의 축을 따라 길게 형성시킨 것을 시프트 레지스터(shift register)라고 부른다. 우리가 이들 게이트 중 하나에 'high level' 전압을 인가하면 그 게이트 밑에는 전위우물이 형성되고, 반면 'low level' 전압을 인가하면 전위장벽을 형성한다.

① 시간 $t_1$ : 만약 $\phi_1$ 게이트에 high level 전압을 인가하고, 반면 게이트 $\phi_2$와 $\phi_3$에 low level 전압을 인가하면, 게이트 $\phi_1$ 밑에는 전위우물이 형성되어 화소 $P_n$에서 빛에 의해서 발생된 전하들 ($Q_1$)를 수집하여 축적한다.

② 시간 $t_2$ : 게이트 $\phi_2$의 전압을 low에서 high로 변화시키면 $\phi_2$ 밑에도 전위우물이 형성되어, 게이트 $\phi_1$ 밑에 축적되어 있던 전하의 일부가 $\phi_2$로 이동한다.

③ 시간 $t_3$ : 게이트 $\phi_2$을 high level로, 게이트 $\phi_1$, $\phi_3$를 low level 전압으로 유지하면 게이트 $\phi_1$ 밑에 축적되어 있던 전하 $Q_1$이 모두 $\phi_2$ 밑으로 이동한다.

④ 시간 $t_4$ : 게이트 $\phi_3$의 전압을 low에서 high로 변화시키면 $\phi_3$ 밑에도 전위장벽이 형성되어, 게이트 $\phi_2$ 밑에 축적되어 있던 전하의 일부가 $\phi_3$로 이동한다.

⑤ 시간 $t_5$ : 게이트 $\phi_3$을 high level로 유지하고, 게이트 $\phi_1$, $\phi_2$에 low level

전압을 인가하면, 게이트 $\phi_2$ 밑에 축적되어 있던 전하 $Q_1$이 모두 $\phi_3$ 밑으로 이동한다.

⑥ 시간 $t_6$ : 화소 $P_{n+1}$의 게이트 $\phi_1$의 전압을 low에서 high로 변화시키면 $\phi_1$ 밑에도 전위우물이 형성되어, 게이트 $\phi_3$에 축적되어 있던 전하 $Q_1$의 일부가 $\phi_1$으로 이동한다.

⑦ 시간 $t_7$

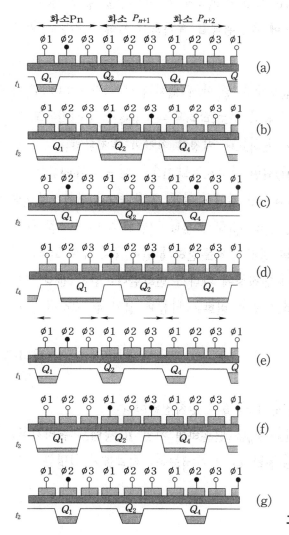

화소 $P_{n+1}$의 게이트 $\phi_1$을 high level로 유지하고, 게이트 $\phi_2$, $\phi_3$를 low level로 유지하면, 전하 $Q_1$이 모두 화소 $P_{n+1}$의 게이트 $\phi_1$ 밑으로 이동한다.

이제 화소 $P_n$에 축적되어 있던 전하 $Q_1$이 모두 화소 $P_{n+1}$의 전극 $\phi_1$밑으로 이동하였으며, 이로써 1회의 전송 사이클(one transfer cycle)이 완료되었다. 이와 같은 전송과정을 모든 전하가 출력측에 도달할 때까지 반복하면 전하를 어레이(array)에 따라 전송할 수 있고, 시프트 레지스터로써 동작될 수 있다.

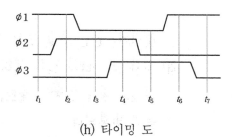

(h) 타이밍 도

**그림 17.4]** 3상 CCD의 전하전송과정

### 17.2.4 출력기술(Readout)

앞에서 설명한 전송과정에 따라 전하(전자)는 결국 출력 센싱 노드(output sensing node)까지 시프트 되어, 내장되어 있는 증폭기에 의해서 전압으로 변환된 후 전압신호로써 출력한다. 현재 내장된 출력 증폭기로는 보통 플로팅 디퓨전 센싱 노드(floating diffusion sense node)를 사용한다. 그림 17.5는 이미지 센서의 출력단과 타이밍 도를 나타낸다. 플로팅 디퓨전이란 말은 그것의 전위 레벨이 노드에 존재하는 전하량에 따라 변하기 때문이다. 출력신호 증폭기로는 입사광, 발생된 전자와 출력전압사이에 직선관계를 유지하기 위해서 소오스 폴로워 (source follower)가 사용된다.

① 시간 $t_1$ : 리셋 게이트(reset gate) 신호 $\phi_R$에 의해서 리셋 트랜지스터 $T_1$이 턴 - 온(turn - on)되면, 플로팅 디퓨전 노드(다이오드의 n측)는 (+)전위로 리셋되고 신호용 트랜지스터 $T_2$의 게이트에 일정한 전하가 축적된다.

② 시간 $t_2$ : 리셋 FET가 오프(off)되면 다이오드의 n측은 플로트(float)된다.

③ 시간 $t_3$ : 상 2의 클록 $\phi_2$을 오프하고 상 1의 클록 $\phi_1$을 온(on)한다. 상 2의 클록이 오프로 변함에 따라 신호전하 $Q_1$이 플로팅 디퓨전 노드 속으로 유입되면, 앞에서 축적되었던 일정의 전하가 신호전하 분만큼 감소하게 되고, 신호용 FET의 게이트 전압은 신호전하량에 따라서 변화한다. 전하 센싱 노드에서 전하의 크기 $\Delta N$에 기인하는 전압 변화는 다음과 같이 될 것이다.

$$\Delta V = \frac{q\Delta N}{C} \tag{17.3}$$

여기서, $C$는 유효 노드 정전용량이고, $q$는 전자전하이다.

④ 시간 $t_4$ : 다시 리셋 게이트 신호 $\phi_R$를 턴온하면 시간 $t_1$ 상태로 돌아가고, 상 2의 전극 밑에는 새로운 신호전하 $Q_2$가 축적되어, 지금까지 설명한 사이클이 반복된다.

리셋 게이트가 턴-오프 되고 상 2가 턴-오프 되기 전(즉, 시간 $t_2$ 에서) 출력 전압 레벨을 리셋 레벨(reset level)이라고 부른다. 이 레벨은 대표적으로 7~9 [V]이다. 신호용 FET는 소오스 폴로워(source follower)로 동작하므로, 전압출력 $V_o$ 는 게이트 전압에 비례한다. 즉, $V_o$ 는 신호전하에 비례한다. 이와 같이 CCD 이미지 센서는 이 신호출력이 전압출력으로 되므로 어드레스 방식의 이미지 센서의 경우와 다르고, 증폭기로는 전압 증폭기가 사용된다.

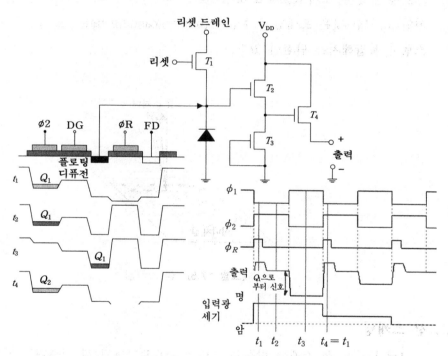

**[그림 17.5]** 대표적인 이미지 센서의 출력단 (플로팅 디퓨젼(floating diffusion) 방식)

## 17.2.5 CCD 포맷(format)

이미지 센싱은 점 스캐닝(point scanning), 선 스캐닝(line scanning), 면적 스캐닝(area scanning) 등 3가지 기본 기술을 사용해서 수행될 수 있는데, CCD는 선 스캐닝과 면적 스캐닝 포맷을 취한다.

## 1. 점 스캐닝

그림 17.6은 점 스캐닝(point scanning)의 개념을 나타낸다. 단일 셀 검출기, 또는 화소(pixel or picture element)를 사용해서 개별의 x, y 좌표에서 이미지 신에 대한 정보(scene information)을 순차적으로 얻기 위해서 이미지는 스캐닝 된다. 이 방식은 고해상도(high resolution), 각 지점에서 측정의 균일성, 검출기 가 저가이고 간단한 장점을 갖는다. 그러나, 신(scene)이나 검출기의 x, y이동 으로부터 등록 오차(registration error), 스캐닝 시간의 증가(노광 수의 증가에 기인)로 인한 낮은 프레임 스캐닝 율(frame scanning rate), x, y이동 때문에 시 스템이 복잡해지는 단점이 있다.

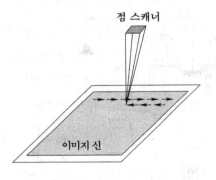

[그림 17.6]  점 스캐닝

## 2. 선 스캐닝

그림 17.7은 선 스캐닝 방식을 나타낸 것으로, 단일 셀 검출기를 하나의 축을 따라 배열한 어레이이다. 이 경우, 이미지 신으로부터 정보의 라인(line)이 얻어 지고, 다음 라인으로 진행하기 전에 소자를 빠져나간다. 리니어 CCD 스캐너의 물리적 길이는 소자를 만드는데 사용되는 실리콘 웨이퍼의 크기에 의해서 제약 받는데, 이러한 제약을 극복하기 위해서 때로는 몇 개의 리니어 CCD를 이어서 전체 길이를 증가시키지만, 시스템의 가격과 복잡성이 증가한다.

선 스캐닝의 스캔 시간은 수초에서 수분정도로 점 스캐닝 보다 훨씬 우수하지 만, 아직도 많은 응용분야에 부적합하다. 선 스캐닝의 또 다른 이점은 해상도가 높고, 스캐닝 메카닉스가 덜 정교해도 된다는 점이다. 그러나, 해상도가 한 방향으로의 화소간격(spacing)과 크기(size)에 의해서 제약받는다. 리니어 CCD의 가격은 단일 셀 검출기보다 더 고가이다.

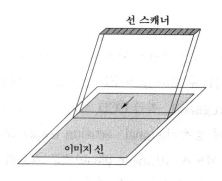

[**그림 17.7**] 선 스캐닝

## 3. 면적 스캐닝

그림 17.8은 면적 스캐닝(area scanning) 방식을 나타낸다. 검출기를 2차원으로 배열한 어레이이다. 검출기나 이미지 신을 이동하지 않고 한번의 노출에 의해서 전체 이미지가 얻어진다. 면적 스캐닝은 화소사이의 등록 확도(registration accuracy)가 가장 높고, 가장 높은 프레임 율(frame rate)을 만들 수 있다. 시스템의 복잡성도 최소로 유지할 있다. 그러나, 해상도는 두 방향으로 제약을 받는다. 또 다른 단점은 2차원 어레이 검출기의 가격이 선 어레이보다 더 고가로 되고 일반적으로 신호 - 대 - 잡음(S/N) 성능이 낮다.

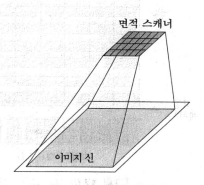

[**그림 17.8**] 면적 스캐닝

## 17.2.6 2차원 CCD 이미지 센서

2차원 CCD 이미지 센서는 전송방식에 따라 FF(full‑frame‑transfer) CCD, FT(frame‑transfer) CCD, IL(interline transfer) CCD로 분류된다.

### 1. FF CCD

FF CCD는 가장 간단한 아키텍쳐를 가지며, 제조와 동작이 가장 용이하다. 그림 17.9에 나타낸 바와 같이 FF 전송방식은 병렬 CCD 시프트 레지스터(parallel CCD shift register), 직렬 CCD 시프트 레지스터(series CCD shift resister), 신호 센싱 출력 증폭기(signal‑sensing output amplifier)로 구성된다.

이미지는 이미지 면(image plane)으로 작용하는 병렬 어레이에 광학적으로 투사된다. 소자는 이미지 신에 대한 정보(scene information)을 취해서 이미지를 각각의 엘레멘트로 분해한다. 각 엘레멘트는 이미지 신(scene)을 양자화(quantizing)하는 화소수(畵素數; number of pixels)에 의해서 정해진다. 그 결과 얻어지는 신 정보(scene information)의 열(row)은 직렬 레지스터까지 병렬로 시프트되고, 여기서 정보의 열을 직렬 데이터로 출력 측까지 시프트시킨다. 위 과정은

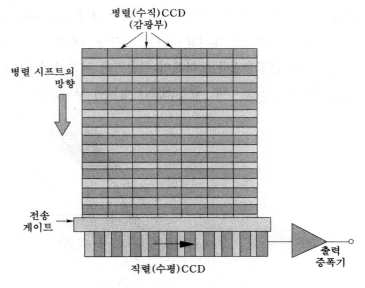

[**그림 17.9**] FF CCD 이미지 센서

모든 열이 칩(chip) 밖으로 전송되어 나올 때까지 반복된다. 그 다음 이미지는 시스템에 의해서 재구성된다.

병렬 레지스터가 신 검출(scene detection)과 출력(readout)에 모두 사용되기 때문에, 전하전송이 시작되기 전에 입사광을 제거하기 위한 외부 셔터(shutter)가 요구된다. FF 디자인은 간단하기 때문에 가장 고해상도와 고밀도를 갖는 CCD 이미저(imager)를 만든다.

그림 17.10은 FF CCD 이미지 센서의 외관이다. 이 센서의 화소수는 2048×2048(H×V)이고, 이미지 사이즈는 18.4×18.4(H×V [mm])이며, 응용분야로는 전자식 스틸 카메라, 산업용 이미지 검출, 현미경에 의한 검사(microscopy)등 있다.

**[그림 17.10]** FF 이미지 센서(Kodac)

## 2. FT CCD

그림 17.11은 FT CCD의 기본구성을 나타낸 것으로, 감광부, 축적부 및 시프트 레지스터로 되어 있다. FT CCD의 아키텍처는 FF CCD와 유사하지만, 축적 어레이(storage array)라고 부르는 별도의 병렬 레지스터를 가지는 점이 다르다. 이 레지스터는 빛에는 반응을 하지 않고, 이미지 어레이로부터 얻어진 신(scene)을 신속히 축적 어레이로 시프트시키는 작용을 한다. 그 다음 축적 레지스터로부터 칩(chip) 밖으로 출력하는 것은 FF 소자에서 기술한 것과 마찬가지로 직렬 레지스터에 의해서 수행된다. 그동안 저장 어레이는 다음 프레임(frame)을 집적한다.

이 방식의 장점은 연속동작(shutter없는 동작)이 가능하고, 그 결과 프레임 율이 더 빠르다. 그러나, 이 구조에서는 2배의 실리콘 면적이 요구되기 때문에 FT CCD는 해상도가 낮고 가격이 고가로 된다.

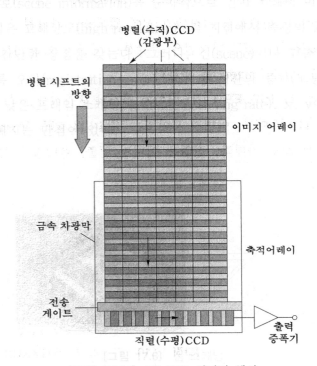

**[그림 17.11]** FT CCD 이미지 센서

## 3. IL CCD

그림 17.12는 IL CCD의 기본구성을 나타낸 것으로, IL CCD는 빛에 민감한 감광부(photosite)와 빛이 차단된 병렬 시프트 레지스터(readout CCD)가 FET 스위치를 통하여 교대로 배치된다. FT CCD형과 같은 축적부를 필요로 하지 않기 때문에 칩 크기가 작아지지만 셀 구조는 복잡해진다. 이와 같이, 광검출 기능 (photo‐detecting function)과 출력기능(readout function)을 분리한 구조로 해서 FT의 단점을 해결한다. 화소에 수집된 신호는 동시에 광이 차단된 병렬

CCD에 전달되고, 출력으로 전송되는 과정은 FF 및 FT CCD와 동일한 방식으로 수행된다. 출력동안 다음 프레임이 집적된다. 그래서, 연속적인 동작과 더 높은 프레임 율이 얻어진다.

IL CCD의 주요 단점은 소자구조가 복잡해져 가격이 비싸고 감도가 낮다는 점이다. 저감도는 광차단 출력 CCD로 인해 각 화소에서 광민감 영역(photosite)이 작아지기[즉 개구도(aperture)가 감소하기] 때문이다. 더구나, 양자화 또는 샘플링 오차(sampling error)는 감소된 개구도(aperture) 때문에 더 커진다. 또, 포토다이오드를 사용한 몇몇 IL CCD에서는 포토다이오드로부터 CCD로 전하전송의 결과로써 이미지 지연(image lag)이 문제가 된다.

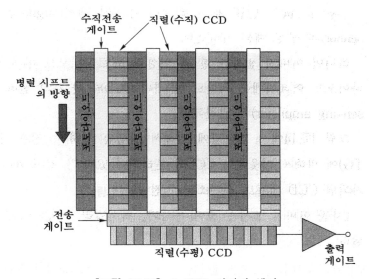

**[그림 17.12]** IL CCD 이미지 센서

그림 17.13은 IL CCD 이미지 센서의 예이다. 화소수는 1024×1024(H×V), 이미지 크기는 9.22×9.22(H×V[mm])이다. 이 센서는 산업체 등에서 검사, 의료용 이미지, 로봇 비젼 등과 같은 실시간 이미지 캡쳐(real time image capture)에 응용되고 있다.

**[그림 17.13]** IL CCD 이미지 센서(Kodac)

## 17.2.7 리니어 CCD 이미지 센서

그림 17.14는 단일 채널 리니어 이미지 센서(single channel linear image sensor)의 구성 예를 나타낸다.

리니어 이미지 센서는 한 개 이상의 포토다이오드 어레이를 가지며, 각 포토다이오드 어레이에는 적어도 한 개의 CCD와 한 개의 전하 센싱 증폭기(charge sensing amplifier)가 관련된다.

그림 17.14에서 입사광에 의해서 발생된 전하는 전송 게이트(transfer gate; TG)에 의해서 이웃하는 CCD와 분리되어 있다가 전송 게이트에 바이어스가 인가되면 CCD 시프트 레지스터로 전송된다.

1차원 이미지 센서는 종이 복사기, 팩시밀리, 필름 스캐너와 같은 곳에 응용된다.

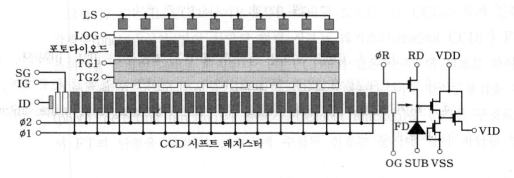

**[그림 17.14]** 단일 채널 리니어 이미지 센서

그림 17.15는 1차원 이미지 센서의 외관을 나타낸다. 화소수는 10200×3(H× V), 이미지 사이즈가 72.0×0.315(H×V [mm])이다. 주로 칼라 스캐닝과 같이 초고해상도가 요구되는 곳에 응용된다.

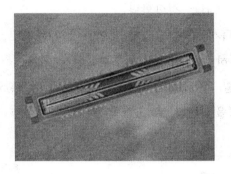

[그림 17.15] 1차원 CCD 이미지 센서

## 17.3 MOS 이미지 센서

CCD와는 달리 CMOS 이미지 센서는 수광센서 배열부와 동일한 칩에 아날로 그 및 디지털 신호처리회로를 집적하여 표준의 CMOS 반도체 공정으로 만들어 진다. 과거에는 CMOS 이미지 센서가 CCD에 비해 영상의 질이 매우 떨어졌었 지만, 능동화소센서(active‑pixel‑sensor; APS) 기술을 채용한 CMOS 이미지 센서는 이러한 단점들을 짧은 시간 안에 극복하고 있다. 여기서는 CMOS 이미 지 센서의 기본 개념을 설명한다.

### 17.3.1 CMOS 이미지 센서의 구조와 동작원리

가장 간단한 CMOS 이미지 센서는 그림 17.16에 나타낸 수동화소(passive pixel) 구조이다. 이것은 p형 실리콘 기판을 이용한 n‑채널 MOSFET 구조로, 소스(source) 영역의 p‑n 접합부는 빛을 전하로 변환하는 광전변환과 함께 전하 축적부로 동작한다. 먼저, 게이트 전극에 (+)펄스 전압을 인가하면, 게이트 전

극 하부의 실리콘 표면에 n - 채널이 형성되고, 소스 접합이 드레인 전압과 같아
질 때까지 드레인(drain)으로 전하를 공급하여 다이오드를 충전한다. 게이트 전
압이 오프(off)되고 채널이 닫히면 소스 전위(축적전하)는 그대로 유지된다. 이
상태로 입사광에 의해 케리어가 여기되면, 축적전하는 이 케리어에 의해서 방전
하고 소스 전위는 저하한다.

다음에 다시 주사 펄스가 게이트에 가해지면, 방전전하에 상당하는 충전전류
가 소스 전하로 유입되어 외부회로에서 이 량을 검출한다. 방전전하는 입사광량
과 게이트를 온(on)하는 간극시간의 곱에 비례한다. 이를 전하 축적 모드라고 부
르고, 출력을 시간으로 조정할 수 있는 이점이 있다.

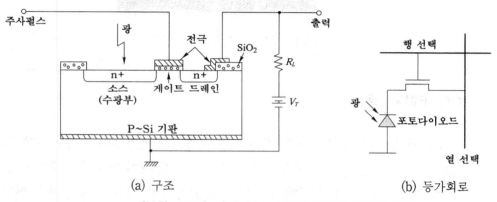

(a) 구조　　　　　　　　　　　(b) 등가회로

**[그림 17.16]** 수동 화소 CMOS 이미지 센서의 구조

그림 17.17은 능동화소 센서(active pixel sensor)의 기본구조와 등가회로를 나
타낸다. 각각의 화소는 빛을 전자로 변환하는 포토다이오드, 전하 - 전압 변환
부, 리셋(reset) 및 선택(select) 트랜지스터, 그리고 증폭부로 구성된다. 이러한
구조에서는 화소 자체에서 축적된 전하를 전압으로 바꾸고 일반 메모리처럼 쉽
게 정보를 읽어 올 수 있다. 과거에는 조정 잡음과 함께 이미지 센서로서 많은
어려움이 있었으나 현재 기술의 발달로 이러한 문제를 극복하고 영상영역도 보
다 크고 저잡음 이미지 센서로 발전되고 있다.

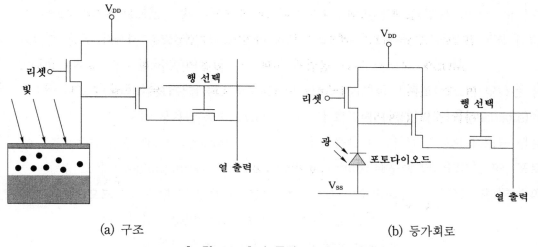

(a) 구조                                    (b) 등가회로

**[그림 17.17]**  능동화소 CMOS 이미지 센서

## 17.3.2  MOS형 1 및 2차원 이미지 센서

그림 17.18에 MOS형 1차원 이미지 센서의 기본적인 구성 예를 보인다. CCD 이미지 센서의 신호전송방식과는 달리 어드레스(address) 방식이 사용된다. MOSFET로 구성된 다이나믹형 시프트 레지스터에 의해 만들어진 연속적인 펄스가 어드레스 스위치를 통해 포토다이오드에 인가되면, 포토다이오드에 축적되어있던 전하를 공통 신호선으로 출력한다.

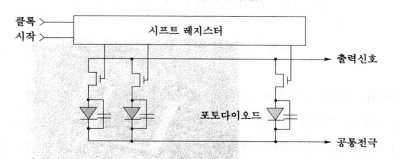

**[그림 17.18]**  MOS형 1차원 이미지 센서의 기본구성 예

　　그림 17.19에 나타낸 2차원 어레이의 경우에는 수직 시프트 레지스터로써 게이트 전압을, 수평 시프트 레지스터로써 바이어스 전압을 인가하도록 구성되어 있다.

　　MOS형 구조는 다른 방법에 비해 제조공정이 간단하고, 신호축적용량이 크며, 2차원의 경우는 개구율도 비교적 크므로, 큰 출력신호를 얻는데 잡음이 커지는 것이 문제이다.

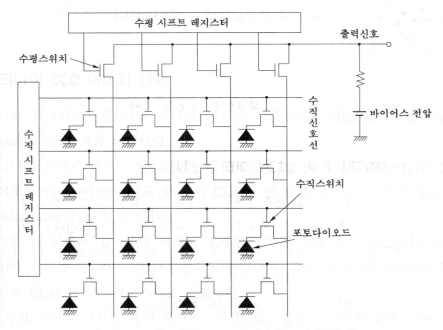

**[그림 17.19]**　2차원 MOS 이미지 센서의 구성 예

**[그림 17.20]**　CMOS 능동화소 이미지 센서

CCD와 CMOS 이미지 센서를 비교하면, CCD 이미지 센서의 최대 장점은 고해상도(고감도)이다. 그러나, 저렴한 가격의 영상소자와 특히 저전력이 요구되는 휴대용 기기에는 CMOS 이미지 센서가 더 적합하다.

# 참고문헌 및 자료목록

## ■ 전문서적

1. J. Fraden, *Handbook of Modern sensors : Physics, designs, and applications* , AIP press, 1996.

2. J. W. Gardner, *Microsensors : Principles and applications* , Wiley, 1994.

3. P. T. Moseley and , A. J. Crocker, *Sensor Materials*, Institute of Physics Publishing, 1996.

4. H. N. G. Wadley, P. A. Parrish, B. B. Rath, and S. M. Wolf, *Intelligent processing of Materials and advanced sensors,* A publication of the metallurgical society, Inc. , 1987.

5. R. Ohba and F. R. D. Apps, *Intelligent Sensor Technology* , Wiley, 1992.

6. J. W. Gardner, V. K. Varadan, and O. O. Awadelkarim, *Microsensors MEMS and Smart Devices*, Wiley, 2001.

7. J. J. Carr, *Sensors and Circuits*, PTR Prentice Hall, 1993.

8. R. P. Areny and J. G. Webste, *Sensors and signal conditioning*, Wiley, 2001

9. J. M. Lopez−Higuera, *Handbook of Optical Fibre Sensing technology.* Wiley, 2002

10. A. P. F. Turner and R. Renneberg, *Advances in Biosensors*, Jai Press Inc., 1999.

11. S. O. Kasap, Electronic materials and devices, McGraw−Hill, 200.

12. D. Diamond, *Principles of Chemical and Biological Sensors*, Wiley, 1998.

13. R.M.Canh, *Biosensors*, Chapman and Hall, 1991.

14. Sensors : Verlagsgesellschaft, 1995

    vol. 1 : T. Grandke and W. H. Ko,

    vol. 2/3 : W. Gopel, T. A. Jones, M. Kleitz, I. Lundstrom, and T. Seiyama,

    vol. 4 : T. Ricolfi and J. Scholz.

    vol. 5 : R. Boll and K. J. Overshott.

    vol. 6 : E. Wagner, R. Dandliker and K. Spenner.

    vol. 7 : H. H. Bau, N. F. deRooij and B. Klo.

    vol. 8 : H. Meixner and R. Jones

**15.** S. M. Sze, *Semiconductor sensors,* Wiley, 1994.

**16.** S. Soloman, *Sensors Handbook,* McGraw—Hill, 1999.

**17.** J. G. Webster, *The measurement, instrumentation and sensors handbook,* CRC press, 1999

**18.** *Motorola Sensor Device Data/handbook*

**19.** 南任 청雄, センサと基礎技術, 工學圖書株式會社, 1994.

**20.** 高橋 清 外, センサ ェレクトロニクス, 昭晃堂, 1984.

**21.** 片岡照榮 外, センサ ハソドブック,

**22.** 高橋 清, センサの 事典, 朝倉書籍, 1991.

# ■ 저널

- **Sensors**    http://www.sensorsmag.com
- **IEEE Sensors Journal**    http://ieeexplore.ieee.org
- **Sensor Review**    http://proquest.umi.com
- **Sensors and Actuators**    http://www.elsevier.com

# ■ 인터넷

## ▶ 광센서

- **Hamamatsu**    http://usa.hamamatsu.com
- **Perkinelmer**    http://optoelectronics.perkinelmer.com
- **OSRAM**    http://www.osram.com
- **Roithner—laser**    http://www.roithner—laser.com
- **Fairchild semiconductor**    http://www.fairchildsemi.com

## ▶ 자기 센서

- **Allegro microsystem**    http://www.allegromicro.com
- **Infineon technologies**    http://www.infineon.com
- **Honeywell**    http://content.honeywell.com
- **NVE**    http://www.nve.com

## ▶ 온도 센서

- **Omega**    http://www.omega.com
- **US sensors**    http://www.ussensor.com
- **National semiconductor**    http://www.national.com
- **Perkinelmer**    http://optoelectronics.perkinelmer.com
- **Thermometrics**    http://www.thermometrics.com
- **murata**    http://www.murata.com
- **Infineon**    http://www.infineon.com

## ▶ 위치 변위센서

- **Rdpelectronics**    http://www.rdpelectronics.com
- **Macrosensors**    http://www.macrosensors.com
- **Integrated publishing**    http://www.tpub.com/index.htm
- **BEI**    http://www.motion−control−info.com
- **Class note**    http://design.stanford.edu/Courses/me220/lectures

## ▶ 점유 이동 근접 센서

- **Banner engineering**    http://www.bannerengineering.com
- **Siemens**    http://www.sea.siemens.com
- **Turck−usa**    http://www.turck−usa.com
- **Meder electronic**    http://www.meder.com
- **Glolab**    http://www.glolab.com

## ▶ 힘 토크 촉각센서

- **Omega**    http://www.omega.com
- **CAS**    http://www.cask.co.kr
- **Class note**    http://www.soton.ac.uk

## ▶ 압력센서

- **Omega**    http://www.omega.com

- **Motorolar**    http://e-www.motorola.com
- **Infineon**    http://www.infineon.com
- **TI**    http://www.ti.com

▶ **초음파 표면파 센서**

- **Piezo system, Inc**    http://www.piezo.com
- **murata**    http://www.murata.com

▶ **속도센서**

- **Trans-Tek**    http://www.transtekinc.com
- **Electro-sensors.**    http://electro-sensors.com/index.cfm
- **sensorsolutions.**    http://sensorsolutions.info

▶ **가속도센서**

- **Trans-Tek**    http://www.transtekinc.com
- **Pcb Piezotronics**    http://www.pcb.com
- **Endevco**    http://www.endevco.com

▶ **가속도센서**

- **Sparling Instruments, Inc.**    http://www.sparlinginstruments.com
- **Flowmeterdirectory**    http://www.flowmeterdirectory.com
- **Omega**    http://www.omega.com

▶ **유량 유속센서**

- **Dantec Dynamics**    http://www.dantecmt.com
- **Flowmeterdirectory**    http://www.flowmeterdirectory.co.uk

▶ **레벨센서**

- **Omega**    http://www.omega.com

### ▶ 광섬유 센서

- **Optical fiber technology**     http://www.elsevier.com/locate/issn
- **Omega**     http://www.omega.com

### ▶ 화학 센서

- **citytech**     http://www.citytech.com
- **Vaisala**     http://www.vaisala.com
- **Ohmic instruments**     http://www.ohmicinstruments.com
- **Figaro sensor**     http://www.figarosensor.com

### ▶ 바이오센서

- **Class note**     http://www.sbu.ac.uk/biology
- **Fraserclan.co**     http://www.fraserclan.com/biosens1.htm
- **webbook**     http://www.chemeng.drexel.edu/web_books

### ▶ 이미지 센서

- **Kodak**     http://wwwkr.kodak.com/global/en/digital/ccd
- **Micron**     http://www.micron.com
- **Fillfactory**     http://www.fillfactory.com/index.htm

# 센서전자공학

인    쇄 / 2017년 8월  7일
발    행 / 2017년 8월 11일

저    자 / 민 남 기
펴 낸 이 / 정 창 희
펴 낸 곳 / 동일출판사
주    소 / 서울시 강서구 곰달래로31길7 (2층)
전    화 / (02) 2608-8250
팩    스 / (02) 2608-8265
등록번호 / 제109-90-92166호

ISBN 89-381-0358-7-93560

**값 / 23,000원**